西安交通大学

本科“十三五”规划教材

2018年陕西普通高等学校优秀教材

现代控制理论

（第2版）

杨清宇 马训鸣 朱洪艳 连 峰 编著

西安交通大学出版社
XI'AN JIAOTONG UNIVERSITY PRESS

内容简介

本书较为全面地介绍了线性控制系统的状态空间分析与设计方法，以及最优控制、最优估计与滤波的基础知识。全书从状态空间描述的基本概念入手，介绍了线性连续时间系统的状态响应、状态能控性和能观测性的概念及判断方法；对李雅普诺夫稳定性理论做了基本阐述；讨论了线性连续定常系统状态反馈和状态观测器的设计；对线性离散时间系统的状态空间分析与设计方法、线性二次型最优控制、最优估计与滤波的原理和方法作了介绍。此外，本书结合 MATLAB 程序仿真实例，给出了 MATLAB 相关函数在线性控制系统状态空间分析与设计中的使用方法。

本书内容阐述由浅入深，通俗易懂，基本概念和基本原理叙述清楚，语言简练，注重全书各章节内容的衔接。本书可作为高等学校自动化及相关专业的教材，也可作为从事控制工程技术研发人员的参考书。

图书在版编目(CIP)数据

现代控制理论 / 杨清宇等编著. —2 版. — 西安：西安交通大学出版社，2020.1(2025.7 重印)
ISBN 978-7-5693-1543-1

Ⅰ. ①现… Ⅱ. ①杨… Ⅲ. ①现代控制理论
Ⅳ. ①0231

中国版本图书馆 CIP 数据核字(2020)第 001866 号

书　　名 现代控制理论(第 2 版)
编　　著 杨清宇　马训鸣　朱洪艳　连　峰
责任编辑 任振国

出版发行 西安交通大学出版社
(西安市兴庆南路 1 号　邮政编码 710048)
网　　址 http://www.xjtupress.com
电　　话 (029)82668357　82667874(市场营销中心)
(029)82668315(总编办)
传　　真 (029)82668280
印　　刷 西安日报社印务中心

开　　本 787mm×1092mm　1/16　**印张** 16.25　**字数** 402 千字
版次印次 2020 年 3 月第 2 版　2025 年 7 月第 5 次印刷
书　　号 ISBN 978-7-5693-1543-1
定　　价 43.00 元

如发现印装质量问题，请与本社市场营销中心联系。
订购热线：(029)82665248　(029)82667874
投稿热线：(029)82664954
读者信箱：jdlgy@yahoo.cn

第二版前言

本书自 2013 年出版以来，得到了读者的较好评价。读者反映该教材知识点明确，结构层次清楚，文字表述通俗易懂。本书 2018 年获西安交通大学优秀教材一等奖以及陕西普通高等学校优秀教材二等奖。

在过去几年中，编者收到了一些读者的反馈，对本书第一版在编写、内容等方面存在的不足之处，读者提出了很多好的意见和建议。在本次修订中，编者根据读者的反馈意见，结合编者在近几年教学实践中的体会，对本书第一版的内容进行了充分的修正和改编。本书第二版的主要修改之处：在状态空间描述部分，增加了组合系统的状态空间描述和传递函数矩阵方面的知识；在状态能控性和能观测性部分，增加了对角线标准型判据和约当标准型判据的说明过程；在李雅普诺夫稳定性分析部分，增加了相关判据的证明；对部分例题和习题进行了修改，并增加了一些例题和习题；在第 4 章、第 6 章到第 8 章，增加了使用 MATLAB 进行状态空间分析与设计的方法；在本书最后，增加了各章课后习题的参考答案。

杨清宇、马训鸣对第 1 章到第 6 章的内容进行了修订，朱洪艳对第 7 章和第 8 章的内容进行了修订，连峰给出了各章课后习题的参考答案，杨清宇对全书进行了统稿。

由于编者水平所限，本书第二版中还可能存在一些错误和不足，敬请读者批评指正。

编　者

2020 年 1 月

前　言

本书是在编者讲授"现代控制理论基础"课程讲义的基础上，参考国内外相关专家学者的著作编写而成。力求基本概念准确，解题思路清晰，内容重点突出。

本书共分为八章。第1章介绍线性连续控制系统的状态空间描述方法，讨论了状态空间模型的基本概念、建立方法及线性非奇异变换方法；第2章介绍线性控制系统状态方程的求解方法以及状态转移矩阵的相关内容；第3章介绍状态能控性和能观测性的概念和判断方法，以及系统的结构分解和传递函数(阵)最小实现问题；第4章介绍控制系统的李雅普诺夫稳定性分析方法，阐述了李雅普诺夫稳定性的概念及稳定性判据；第5章介绍状态反馈和状态观测器的设计；第6章介绍线性离散时间系统的状态空间分析与设计方法，包括状态方程的解、状态能控性和能观测性、状态反馈和状态观测器的设计等内容；第7章介绍动态规划及线性二次型最优控制的理论和方法；第8章介绍最优估计与滤波技术及应用。在相关章节中，通过MATLAB程序仿真实例，介绍了使用MATLAB工具进行状态空间分析与设计的一般方法。

本书由杨清宇、马训鸣、朱洪艳编写，全书由杨清宇统稿。在编写过程中，得到西安交通大学自动化科学与技术系诸多同仁的关心和帮助，张爱民老师和葛思擘老师对全书内容提出了宝贵的修改意见和建议，在此对他们表示真诚的感谢。

虽然编者对本书文稿进行了认真的修改和完善，但由于编者的水平所限，书中的错误和不足在所难免，恳请广大读者批评指正。

编　者

2013年3月

目　录

第 1 章　控制系统的状态空间描述方法

控制系统的数学模型是系统分析与设计的基础，对于给定的系统，可以采用不同的数学工具建立其数学模型，一个系统往往可以通过多种数学模型来加以描述。

在经典控制理论中，常用的数学模型是输入输出模型，用来描述系统的输入与输出之间的关系，如微分方程和传递函数，这种模型反映的是系统外部变量间的因果关系，没有给出系统内部变量和内部结构信息，是一种不完全描述。在现代控制理论中，采用状态空间的方法来描述系统，状态空间描述不仅反映了系统的外部特性，同时也给出了系统的内部状态信息；既描述了系统输入变量和内部变量之间的相互关系，也描述了系统的输入变量、内部变量和输出变量间的因果关系，是对系统的一种完全描述。

1.1　状态变量和状态变量模型

1.1.1　状态空间描述的基本概念

在给出系统状态空间描述方法之前，首先介绍状态、状态变量、状态向量、状态空间和状态轨迹等基本概念。

1. 状　态

所谓状态，是指系统的运动状态，可以是物理的或非物理的，如位置、速度、加速度、电压、电流等。从物理意义上讲，动力学系统必定包含着记忆元件，它能够记忆输入量的作用，这些记忆元件确定了系统的内部状态。从这个意义上讲，状态可以理解为系统记忆，$t=t_0$ 时刻的初始状态能记忆系统在 $t<t_0$ 时的全部输入信息。

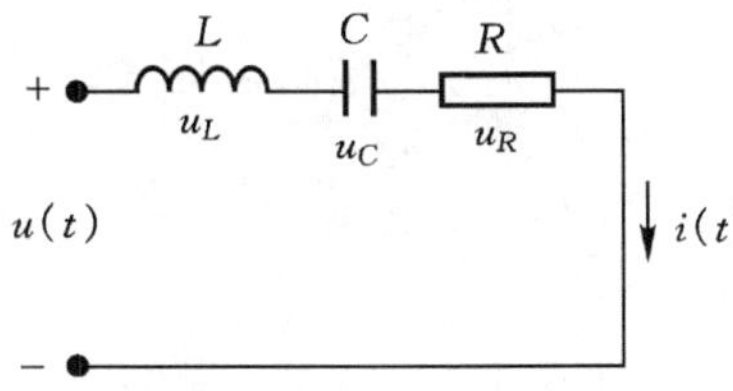

图 1.1.1　*RLC* 电路系统

如图 1.1.1 所示的 *RLC* 电路系统，当给定 $t=t_0$ 时刻的初始条件和输入电压 $u(t)$ 时，$t>t_0$ 任何时刻电路中的电流 $i(t)$，电感元件 L 两端的电压 u_L，电容元件 C 两端的电压 u_C 或电阻元件 R 两端的电压 u_R 以及它们的导数，都反映了系统的状态。

2. 状态变量

状态变量是完全描述系统运动状态的最小个数的一组变量，通常用 $x_1(t), x_2(t), \cdots, x_n(t)$ 加以表示。这里有两个重要的概念："完全描述"和"最小个数"。所谓"完全描述"是指一旦给定 $t=t_0$ 时的初始状态和 $t\geqslant t_0$ 时的输入量，系统在 $t\geqslant t_0$ 任何瞬间的时域行为就完全确定。"最小个数"意味着这组变量之间是互相独立的，减少变量则对系统的描述不完整，增加变量则一定存在线性相关的变量，对于系统的描述毫无必要。

状态变量具有一个非常重要的性质,即状态变量的选择不是唯一的,但变量个数是确定的,通常等于系统独立储能元件的个数。状态变量选择的非唯一性是导致状态空间描述多样性的原因所在。状态变量可以是物理上可测量的或可观测的量,也可以是某些没有物理意义的变量,它们有时既不能被测量,又不能被观测。

3. 状态向量

对于一个给定的系统来说,如果把它的 n 个状态变量 $x_1(t),x_2(t),\cdots,x_n(t)$看成是向量 $\boldsymbol{x}(t)$ 的分量,则由这 n 个状态变量所构成的向量 $\boldsymbol{x}(t)$称为状态向量,记作

$$\boldsymbol{x}(t)=\begin{bmatrix}x_1(t)\\x_2(t)\\\vdots\\x_n(t)\end{bmatrix} \quad 或 \quad \boldsymbol{x}(t)=[x_1(t) \quad x_2(t) \quad \cdots \quad x_n(t)]^{\mathrm{T}}$$

4. 状态空间

以状态变量 $x_1(t),x_2(t),\cdots,x_n(t)$为坐标轴构成的 n 维空间,称为状态空间。在某一特定时刻 t,状态向量 $\boldsymbol{x}(t)$是状态空间中的一个点。

5. 状态轨迹

以 $\boldsymbol{x}(t)=\boldsymbol{x}(t_0)$为起点,随着时间的推移,$\boldsymbol{x}(t)$将在状态空间中绘出一条轨迹,这条由状态向量随时间变化在状态空间中所形成的轨迹,称为状态轨迹。

6. 状态方程

在状态空间描述中,状态方程表征的是系统的输入变量和状态变量之间的因果关系,反映了系统输入引起的内部状态的变化,写成矩阵形式如下

$$\dot{\boldsymbol{x}}=\boldsymbol{A}\boldsymbol{x}+\boldsymbol{B}\boldsymbol{u} \tag{1.1.1}$$

其中

$\boldsymbol{x}=\begin{bmatrix}x_1\\x_2\\\vdots\\x_n\end{bmatrix}$为 n 维状态向量;

$\boldsymbol{u}=\begin{bmatrix}u_1\\u_2\\\vdots\\u_r\end{bmatrix}$为 r 维输入向量;

$\boldsymbol{A}=\begin{bmatrix}a_{11}&a_{12}&\cdots&a_{1n}\\a_{21}&a_{22}&\cdots&a_{2n}\\\vdots&\vdots&&\vdots\\a_{n1}&a_{n2}&\cdots&a_{nn}\end{bmatrix}$为 $n\times n$ 维系统矩阵,表征系统内部状态变量之间的关系;

$\boldsymbol{B}=\begin{bmatrix}b_{11}&b_{12}&\cdots&b_{1r}\\b_{21}&b_{22}&\cdots&b_{2r}\\\vdots&\vdots&&\vdots\\b_{n1}&b_{n2}&\cdots&b_{nr}\end{bmatrix}$为 $n\times r$ 维输入矩阵,表征输入与状态变量间的关系。

7. 输出方程

在状态空间描述中，输出方程表征的是系统的输入变量和状态变量同系统的输出变量之间的因果关系，它反映了系统输入和内部状态引起的系统输出的变化，写成矩阵形式如下

$$\boldsymbol{y} = \boldsymbol{C}\boldsymbol{x} + \boldsymbol{D}\boldsymbol{u} \tag{1.1.2}$$

其中，$\boldsymbol{x}$ 和 $\boldsymbol{u}$ 同上，分别为 n 维状态向量和 r 维输入向量；

$\boldsymbol{y}=\begin{bmatrix} y_1 \\ y_2 \\ \vdots \\ y_m \end{bmatrix}$ 为 m 维输出向量；

$\boldsymbol{C}=\begin{bmatrix} c_{11} & c_{12} & \cdots & c_{1n} \\ c_{21} & c_{22} & \cdots & c_{2n} \\ \vdots & \vdots & & \vdots \\ c_{m1} & c_{m2} & \cdots & c_{mn} \end{bmatrix}$ 为 $m \times n$ 维输出矩阵，表征系统输出和状态变量间的关系；

$\boldsymbol{D}=\begin{bmatrix} d_{11} & d_{12} & \cdots & d_{1r} \\ d_{21} & d_{22} & \cdots & d_{2r} \\ \vdots & \vdots & & \vdots \\ d_{m1} & d_{m2} & \cdots & d_{mr} \end{bmatrix}$ 为 $m \times r$ 维前馈矩阵，又称为直接转移矩阵。

1.1.2 状态空间描述方法

将状态方程(1.1.1)和输出方程(1.1.2)联立，就构成了动力学系统的状态空间描述，联立后的方程组称为动态方程或状态空间表达式，形式如下

$$\begin{cases} \dot{\boldsymbol{x}} = \boldsymbol{A}\boldsymbol{x} + \boldsymbol{B}\boldsymbol{u} \\ \boldsymbol{y} = \boldsymbol{C}\boldsymbol{x} + \boldsymbol{D}\boldsymbol{u} \end{cases} \tag{1.1.3}$$

关于状态空间表达式做如下几点说明。

① 式(1.1.3)表示的是线性连续定常系统的状态空间表达式，即 $\boldsymbol{A},\boldsymbol{B},\boldsymbol{C},\boldsymbol{D}$ 中各元素是与时间无关的常数；对于线性连续时变系统来说，$\boldsymbol{A},\boldsymbol{B},\boldsymbol{C},\boldsymbol{D}$ 中各元素的一部分或全部是时间的函数。因此，线性连续时变系统的状态空间表达式的一般形式如下

$$\begin{cases} \dot{\boldsymbol{x}} = \boldsymbol{A}(t)\boldsymbol{x} + \boldsymbol{B}(t)\boldsymbol{u} \\ \boldsymbol{y} = \boldsymbol{C}(t)\boldsymbol{x} + \boldsymbol{D}(t)\boldsymbol{u} \end{cases} \tag{1.1.4}$$

为描述系统方便，经常用 $\Sigma=(\boldsymbol{A},\boldsymbol{B},\boldsymbol{C},\boldsymbol{D})$ 和 $\Sigma=(\boldsymbol{A}(t),\boldsymbol{B}(t),\boldsymbol{C}(t),\boldsymbol{D}(t))$ 来代表式(1.1.3)和式(1.1.4)。

② 对于一个动力学系统来说，其状态空间表达式是非唯一的，这是状态空间描述方法明显区别于经典控制理论中传递函数的地方。状态变量选择的多样性，导致矩阵 $\boldsymbol{A},\boldsymbol{B},\boldsymbol{C},\boldsymbol{D}$ 非唯一。

③ 在状态空间描述中，系统输出与状态变量是有区别的。系统输出是希望从系统中测得的信息，一般情况下是物理上可以量测到的；而系统的状态变量是描述系统内部行为的信息，物理上不一定可量测。

状态空间描述的模拟结构图如图 1.1.2 所示。

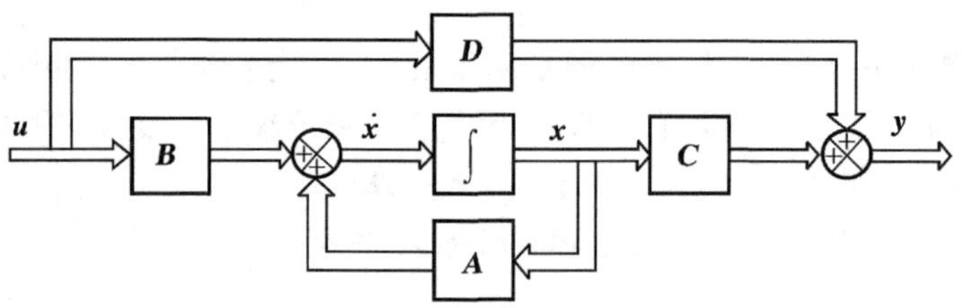

图 1.1.2 状态空间描述的模拟结构图

由图 1.1.2 可知,前馈矩阵 $\boldsymbol{D}$ 表征的是输入对输出的直接传递关系,与系统内部的状态变量无关。当系统为严格正常型(传递函数的分母中 s 最高次幂的幂次高于分子中 s 最高次幂的幂次)时,前馈矩阵 $\boldsymbol{D}=0$。此外,积分器对应状态变量,其左端是状态变量的微分,右端是状态变量本身,积分器个数和状态变量个数相等。

为了进一步说明状态变量的性质和状态空间表达式的构造方法,下面通过一个例子加以说明。

例 1.1.1 如图 1.1.3 所示的 RLC 电路系统,其中,i 是流经电感 L 的电流,u_C 是电容 C 两端的电压。试建立该系统以电压 u 为输入,u_C 为输出的状态空间表达式。

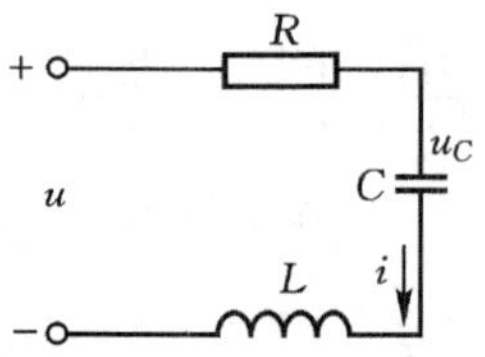

图 1.1.3 RLC 电路

解 根据电路知识,可以列出如下方程组

$$\begin{cases} C\dfrac{\mathrm{d}u_C}{\mathrm{d}t}=i \\ L\dfrac{\mathrm{d}i}{\mathrm{d}t}+Ri+u_C=u \end{cases} \tag{1.1.5}$$

① 如果选择电压 u_C 和电流 i 作为状态变量,即 $x_1=u_C$,$x_2=i$,代入式(1.1.5),整理可得

$$\begin{cases} \dot{x}_1=\dfrac{1}{C}x_2 \\ \dot{x}_2=-\dfrac{1}{L}x_1-\dfrac{R}{L}x_2+\dfrac{1}{L}u \end{cases}$$

写成矩阵形式,可得该系统的状态空间表达式为

$$\begin{bmatrix}\dot{x}_1\\ \dot{x}_2\end{bmatrix}=\begin{bmatrix}0 & \dfrac{1}{C}\\ -\dfrac{1}{L} & -\dfrac{R}{L}\end{bmatrix}\begin{bmatrix}x_1\\ x_2\end{bmatrix}+\begin{bmatrix}0\\ \dfrac{1}{L}\end{bmatrix}u$$

$$y=x_1$$

② 如果选择电压 u_C 及其导数 $\dot{u}_C$ 作为状态变量,即 $x_1=u_C$,$x_2=\dot{u}_C$,代入式(1.1.5),整理可得

$$\begin{cases} \dot{x}_1=x_2 \\ \dot{x}_2=-\dfrac{1}{CL}x_1-\dfrac{R}{L}x_2+\dfrac{1}{CL}u \end{cases}$$

写成矩阵形式,可得该系统的状态空间表达式为

$$\begin{bmatrix}\dot{x}_1\\\dot{x}_2\end{bmatrix}=\begin{bmatrix}0 & 1\\-\dfrac{1}{CL} & -\dfrac{R}{L}\end{bmatrix}\begin{bmatrix}x_1\\x_2\end{bmatrix}+\begin{bmatrix}0\\\dfrac{1}{CL}\end{bmatrix}u$$

$$y=x_1$$

由例 1.1.1 可以看出，选择不同的状态变量，可得到不同形式的状态空间表达式，这就是状态空间描述非唯一性的具体体现。

1.2　连续时间系统状态空间表达式的建立方法

建立系统的状态空间表达式一般有三种方法：根据系统的物理机理建立状态空间表达式；根据微分方程建立状态空间表达式；根据传递函数建立状态空间表达式。本节对这三种方法逐一进行介绍。

1.2.1　通过物理机理建立状态空间表达式

根据系统的物理机理建立状态空间表达式，首先要确定系统的状态变量，通常选取系统储能元件的输出作为状态变量，如质量块运动速度、弹簧位移、电感电流、电容电压等，然后运用电路、力学或机械方面的知识列写出系统的微分方程，最后整理成矩阵形式，即可得到系统的状态空间表达式。

在这种方法中，需要注意的问题是：第一，系统中独立储能元件的个数即为状态变量的个数；第二，选择独立储能元件的变量作为状态变量；第三，输出变量要能用所选择的状态变量线性表示。

下面通过两个实例来介绍根据物理机理建立系统状态空间表达式的方法。

例 1.2.1　*RLC* 电路如图 1.2.1 所示，试写出以电压 $e(t)$ 为输入，u_{R_2} 为输出的状态空间表达式。

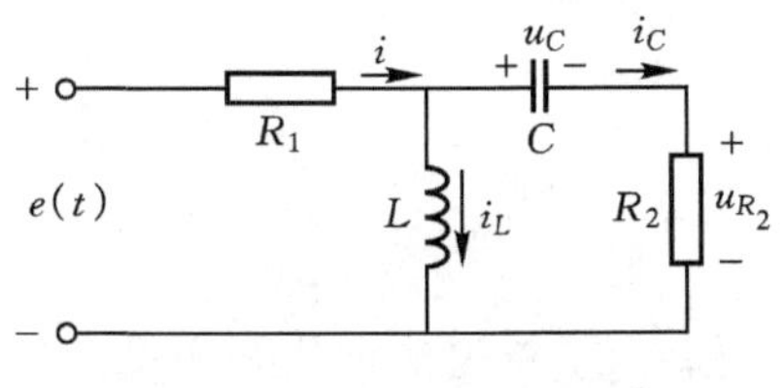

图 1.2.1　*RLC* 电路系统

解　① 首先确定状态变量。系统有两个独立的储能元件，分别是电感 L 和电容 C，所以该系统有两个状态变量。根据状态变量选取方法，选择电容两端电压 u_C 和电感电流 i_L 为状态变量，即 $x_1=u_C$，$x_2=i_L$。

② 列写方程组。根据基尔霍夫电压定律，列写左、右两个回路的微分方程如下

左回路方程：$R_1(i_C+i_L)+L\dfrac{\mathrm{d}i_L}{\mathrm{d}t}=e(t)$

右回路方程：$u_C+R_2 i_C=L\dfrac{\mathrm{d}i_L}{\mathrm{d}t}$

将 $i_C=C\dfrac{\mathrm{d}u_C}{\mathrm{d}t}$ 代入左右回路方程中，整理可得

$$\begin{cases}\dfrac{\mathrm{d}u_C}{\mathrm{d}t}=-\dfrac{1}{(R_1+R_2)C}u_C-\dfrac{R_1}{(R_1+R_2)C}i_L+\dfrac{1}{(R_1+R_2)C}e(t)\\[2ex]\dfrac{\mathrm{d}i_L}{\mathrm{d}t}=\dfrac{R_1}{(R_1+R_2)L}u_C-\dfrac{R_1R_2}{(R_1+R_2)L}i_L+\dfrac{R_2}{(R_1+R_2)L}e(t)\end{cases}$$

将 $x_1=u_C, x_2=i_L$ 代入上式,并写成矩阵形式,可得系统的状态方程为

$$\begin{bmatrix}\dot{x}_1\\ \dot{x}_2\end{bmatrix}=\begin{bmatrix}-\dfrac{1}{(R_1+R_2)C} & -\dfrac{R_1}{(R_1+R_2)C}\\ \dfrac{R_1}{(R_1+R_2)L} & -\dfrac{R_1R_2}{(R_1+R_2)L}\end{bmatrix}\begin{bmatrix}x_1\\ x_2\end{bmatrix}+\begin{bmatrix}\dfrac{1}{(R_1+R_2)C}\\ \dfrac{R_2}{(R_1+R_2)L}\end{bmatrix}e(t) \tag{1.2.1}$$

由电路图的右回路可知

$$u_{R_2}=R_2i_C=R_2C\frac{\mathrm{d}u_C}{\mathrm{d}t}=-\frac{R_2}{R_1+R_2}u_C-\frac{R_1R_2}{R_1+R_2}i_L+\frac{R_2}{R_1+R_2}e(t)$$

将 $x_1=u_C, x_2=i_L$ 代入上式,并写成矩阵形式,可得系统的输出方程为

$$u_{R_2}=\begin{bmatrix}-\dfrac{R_2}{R_1+R_2} & -\dfrac{R_1R_2}{R_1+R_2}\end{bmatrix}\begin{bmatrix}x_1\\ x_2\end{bmatrix}+\frac{R_2}{R_1+R_2}e(t) \tag{1.2.2}$$

③ 写出状态空间表达式。联立式(1.2.1)和(1.2.2),可得系统的状态空间表达式为

$$\begin{cases}\begin{bmatrix}\dot{x}_1\\ \dot{x}_2\end{bmatrix}=\begin{bmatrix}-\dfrac{1}{(R_1+R_2)C} & -\dfrac{R_1}{(R_1+R_2)C}\\ \dfrac{R_1}{(R_1+R_2)L} & -\dfrac{R_1R_2}{(R_1+R_2)L}\end{bmatrix}\begin{bmatrix}x_1\\ x_2\end{bmatrix}+\begin{bmatrix}\dfrac{1}{(R_1+R_2)C}\\ \dfrac{R_2}{(R_1+R_2)L}\end{bmatrix}e(t)\\ u_{R_2}=\begin{bmatrix}-\dfrac{R_2}{R_1+R_2} & -\dfrac{R_1R_2}{R_1+R_2}\end{bmatrix}\begin{bmatrix}x_1\\ x_2\end{bmatrix}+\dfrac{R_2}{R_1+R_2}e(t)\end{cases}$$

例 1.2.2 某机械系统如图 1.2.2 所示,试写出在外力 f 作用下,以质量块 M_1 和 M_2 的位移 y_1 和 y_2 为输出的状态空间表达式。

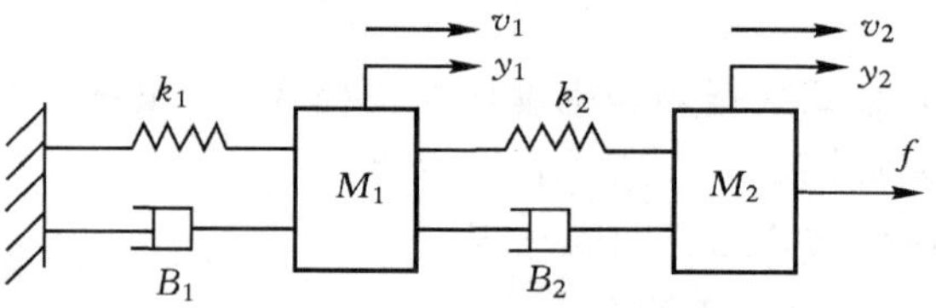

图 1.2.2 机械系统结构图

解 ① 首先确定状态变量。该系统有 4 个独立的储能元件,分别是质量块 M_1 和 M_2,弹簧 k_1 和 k_2,因此系统有 4 个状态变量。取质量块的位移和速度作为状态变量,即

$$x_1=y_1$$
$$x_2=y_2$$
$$x_3=v_1=\dot{y}_1$$
$$x_4=v_2=\dot{y}_2$$

② 列写方程组。首先画出质量块的受力图如图 1.2.3 所示。

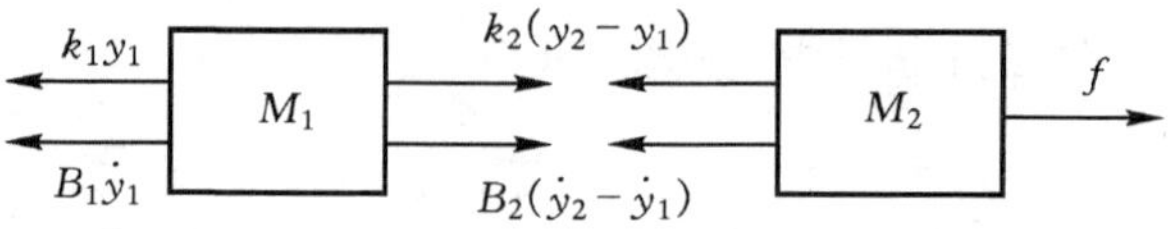

图 1.2.3 质量块受力图

根据牛顿定理，可以得到以下两个方程

$$M_1\ddot{y}_1 = k_2(y_2 - y_1) + B_2(\dot{y}_2 - \dot{y}_1) - B_1\dot{y}_1 - k_1 y_1$$
$$M_2\ddot{y}_2 = f - B_2(\dot{y}_2 - \dot{y}_1) - k_2(y_2 - y_1)$$

将状态变量代入以上两式，整理可得

$$\begin{cases} \dot{x}_1 = x_3 \\ \dot{x}_2 = x_4 \\ \dot{x}_3 = -\dfrac{k_1+k_2}{M_1}x_1 + \dfrac{k_2}{M_1}x_2 - \dfrac{B_1+B_2}{M_1}x_3 + \dfrac{B_2}{M_1}x_4 \\ \dot{x}_4 = \dfrac{k_2}{M_2}x_1 - \dfrac{k_2}{M_2}x_2 + \dfrac{B_2}{M_2}x_3 - \dfrac{B_2}{M_2}x_4 + \dfrac{1}{M_2}f \end{cases}$$

将上式写成矩阵形式，可得系统的状态方程为

$$\begin{bmatrix} \dot{x}_1 \\ \dot{x}_2 \\ \dot{x}_3 \\ \dot{x}_4 \end{bmatrix} = \begin{bmatrix} 0 & 0 & 1 & 0 \\ 0 & 0 & 0 & 1 \\ -\dfrac{k_1+k_2}{M_1} & \dfrac{k_2}{M_1} & -\dfrac{B_1+B_2}{M_1} & \dfrac{B_2}{M_1} \\ \dfrac{k_2}{M_2} & -\dfrac{k_2}{M_2} & \dfrac{B_2}{M_2} & -\dfrac{B_2}{M_2} \end{bmatrix} \begin{bmatrix} x_1 \\ x_2 \\ x_3 \\ x_4 \end{bmatrix} + \begin{bmatrix} 0 \\ 0 \\ 0 \\ \dfrac{1}{M_2} \end{bmatrix} f \tag{1.2.3}$$

系统的输出方程为

$$\boldsymbol{y} = \begin{bmatrix} 1 & 0 & 0 & 0 \\ 0 & 1 & 0 & 0 \end{bmatrix} \begin{bmatrix} x_1 \\ x_2 \\ x_3 \\ x_4 \end{bmatrix} \tag{1.2.4}$$

③ 写出状态空间表达式。联立式(1.2.3)和式(1.2.4)，可得系统的状态空间表达式为

$$\begin{cases} \begin{bmatrix} \dot{x}_1 \\ \dot{x}_2 \\ \dot{x}_3 \\ \dot{x}_4 \end{bmatrix} = \begin{bmatrix} 0 & 0 & 1 & 0 \\ 0 & 0 & 0 & 1 \\ -\dfrac{k_1+k_2}{M_1} & \dfrac{k_2}{M_1} & -\dfrac{B_1+B_2}{M_1} & \dfrac{B_2}{M_1} \\ \dfrac{k_2}{M_2} & -\dfrac{k_2}{M_2} & \dfrac{B_2}{M_2} & -\dfrac{B_2}{M_2} \end{bmatrix} \begin{bmatrix} x_1 \\ x_2 \\ x_3 \\ x_4 \end{bmatrix} + \begin{bmatrix} 0 \\ 0 \\ 0 \\ \dfrac{1}{M_2} \end{bmatrix} f \\ \boldsymbol{y} = \begin{bmatrix} 1 & 0 & 0 & 0 \\ 0 & 1 & 0 & 0 \end{bmatrix} \begin{bmatrix} x_1 \\ x_2 \\ x_3 \\ x_4 \end{bmatrix} \end{cases}$$

1.2.2　通过微分方程建立状态空间表达式

假设 n 阶线性连续定常系统的时域模型为

$$y^{(n)} + a_{n-1}y^{(n-1)} + \cdots + a_1\dot{y} + a_0 y = b_n u^{(n)} + b_{n-1}u^{(n-1)} + \cdots + b_1\dot{u} + b_0 u \tag{1.2.5}$$

要得到式(1.2.5)所示系统的状态空间表达式，其实质就是通过选取合适的状态变量，并由系数 $a_i(i=0,1,2,\cdots,n-1)$ 和 $b_j(j=0,1,2,\cdots,n)$ 确定状态空间表达式的四个矩阵 $\boldsymbol{A}$,$\boldsymbol{B}$,$\boldsymbol{C}$,$\boldsymbol{D}$。

为了便于分析，下面分两种情况来说明通过微分方程建立状态空间表达式的方法。

1. 微分方程中不包含输入函数的导数项

考虑如下的 n 阶系统

$$y^{(n)}+a_{n-1}y^{(n-1)}+\cdots+a_1\dot{y}+a_0y=bu \tag{1.2.6}$$

该类系统其微分方程中不包含输入函数的导数项，即传递函数没有零点。如果已知 $y(0),\dot{y}(0),\cdots,y^{(n-1)}(0)$ 和 $t\geqslant 0$ 时的输入量 $u(t)$，则系统未来的行为就完全确定下来。因此可选择输出及其各阶导数作为状态变量，即以 $y,\dot{y},\cdots,y^{(n-1)}$ 作为系统的 n 个状态变量。

$$\begin{cases} x_1=y \\ x_2=\dot{y} \\ \quad\vdots \\ x_n=y^{(n-1)} \end{cases}$$

对上式两端求导，可以得到

$$\begin{cases} \dot{x}_1=\dot{y}=x_2 \\ \dot{x}_2=\ddot{y}=x_3 \\ \quad\vdots \\ \dot{x}_{n-1}=y^{(n-1)}=x_n \\ \dot{x}_n=y^{(n)}=-a_0x_1-a_1x_2-\cdots-a_{n-1}x_n+bu \end{cases}$$

将上式写成矩阵形式，可得系统的状态方程为

$$\begin{bmatrix} \dot{x}_1 \\ \dot{x}_2 \\ \vdots \\ \dot{x}_{n-1} \\ \dot{x}_n \end{bmatrix}=\begin{bmatrix} 0 & 1 & 0 & \cdots & 0 \\ 0 & 0 & 1 & \cdots & 0 \\ \vdots & \vdots & \vdots & & \vdots \\ 0 & 0 & 0 & \cdots & 1 \\ -a_0 & -a_1 & -a_2 & \cdots & -a_{n-1} \end{bmatrix}\begin{bmatrix} x_1 \\ x_2 \\ \vdots \\ x_{n-1} \\ x_n \end{bmatrix}+\begin{bmatrix} 0 \\ 0 \\ \vdots \\ 0 \\ b \end{bmatrix}u \tag{1.2.7}$$

系统的输出方程为

$$y=\begin{bmatrix} 1 & 0 & \cdots & 0 \end{bmatrix}\begin{bmatrix} x_1 \\ x_2 \\ \vdots \\ x_n \end{bmatrix} \tag{1.2.8}$$

系统矩阵 $\boldsymbol{A}$ 和输出矩阵 $\boldsymbol{C}$ 具有式(1.2.7)和式(1.2.8)所示形式的状态空间表达式，称为第一能观标准型(在第3章介绍)，其模拟结构图如图1.2.4所示。

当微分方程不含输入函数导数项，且选择输出 y 及其各阶导数为状态变量时，得到的状态方程和输出方程具有如下特点：

① 系统矩阵 $\boldsymbol{A}$，其主对角线斜上方1个元素为1，最下面一行为微分方程输出各项系数的负值，其它元素全为0，这种矩阵称为友矩阵或相伴矩阵。其中 $a_0,a_1,\cdots,a_{n-1}$ 称为系统的不变量。

② 系统为严格正常型系统，由模拟结构图可以看到，其输入和输出间无直接传递关系，前馈矩阵 $\boldsymbol{D}=0$。

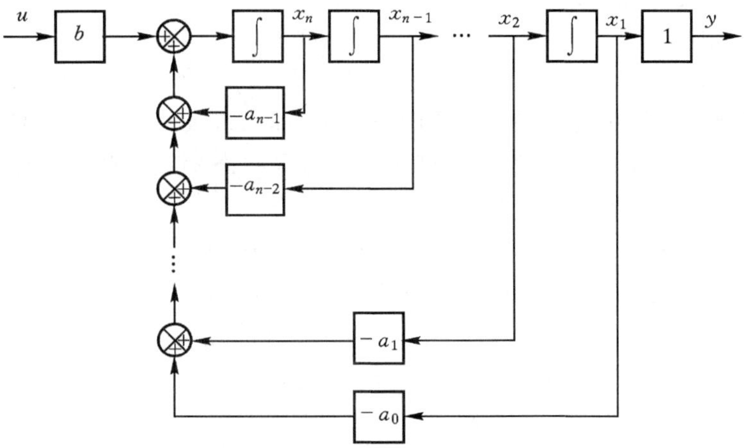

图 1.2.4　式(1.2.7)和式(1.2.8)所示系统的模拟结构图

例 1.2.3　已知某线性连续定常系统的微分方程如下，求其状态空间表达式，并画出系统的模拟结构图。

$$\dddot{y}+2\ddot{y}-4\dot{y}+3y=5u$$

解　该系统为三阶系统，有三个状态变量，选择输出及其各阶导数为状态变量，根据式(1.2.7)和(1.2.8)，可以直接得到该系统的四个矩阵如下

$$\boldsymbol{A}=\begin{bmatrix}0&1&0\\0&0&1\\-3&4&-2\end{bmatrix},\ \boldsymbol{B}=\begin{bmatrix}0\\0\\5\end{bmatrix},\ \boldsymbol{C}=[1\quad 0\quad 0],\ \boldsymbol{D}=0$$

则其状态空间表达式为

$$\begin{cases}\dot{\boldsymbol{x}}=\begin{bmatrix}0&1&0\\0&0&1\\-3&4&-2\end{bmatrix}\boldsymbol{x}+\begin{bmatrix}0\\0\\5\end{bmatrix}u\\ y=[1\quad 0\quad 0]\boldsymbol{x}\end{cases}$$

系统的模拟结构图如图 1.2.5 所示。

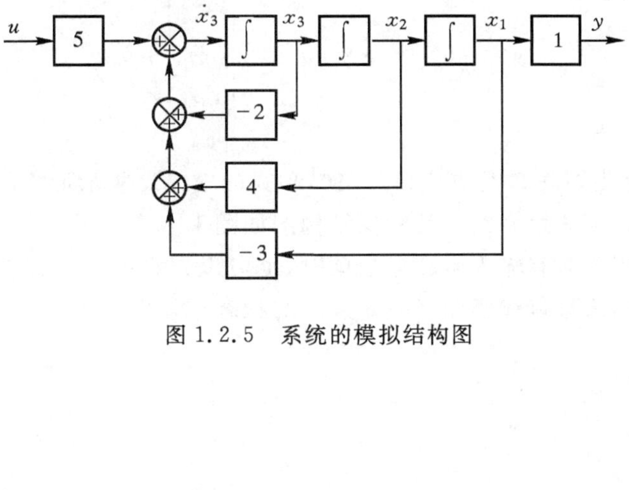

图 1.2.5　系统的模拟结构图

2. 微分方程中包含输入函数的导数项

考虑如下的 n 阶系统

$$y^{(n)}+a_{n-1}y^{(n-1)}+\cdots+a_1\dot{y}+a_0y=b_nu^{(n)}+b_{n-1}u^{(n-1)}+\cdots+b_1\dot{u}+b_0u \tag{1.2.9}$$

该类系统其微分方程中包含输入函数的导数项,即系统传递函数存在零点。这种情况下不能选择输出及其各阶导数为状态变量,其主要原因是状态变量的微分中存在输入函数的导数项。一般情况下可定义如下 n 个状态变量

$$\begin{cases}x_1=y^{(n-1)}+a_{n-1}y^{(n-2)}+\cdots+a_1y-b_nu^{(n-1)}-b_{n-1}u^{(n-2)}-b_{n-2}u^{(n-3)}-\cdots-b_1u\\x_2=y^{(n-2)}+a_{n-1}y^{(n-3)}+\cdots+a_2y-b_nu^{(n-2)}-b_{n-1}u^{(n-3)}-b_{n-2}u^{(n-4)}-\cdots-b_2u\\\quad\vdots\\x_{n-2}=\ddot{y}+a_{n-1}\dot{y}+a_{n-2}y-b_n\ddot{u}-b_{n-1}\dot{u}-b_{n-2}u\\x_{n-1}=\dot{y}+a_{n-1}y-b_n\dot{u}-b_{n-1}u\\x_n=y-b_nu\end{cases}$$

整理上式可得

$$\begin{cases}y=x_n+b_nu\\\dot{x}_1=b_0u-a_0y=-a_0x_n+(b_0-a_0b_n)u\\\dot{x}_2=x_1-a_1y+b_1u=x_1-a_1x_n+(b_1-a_1b_n)u\\\dot{x}_3=x_2-a_2y+b_2u=x_2-a_2x_n+(b_2-a_2b_n)u\\\quad\vdots\\\dot{x}_{n-1}=x_{n-2}-a_{n-2}y+b_{n-2}u=x_{n-2}-a_{n-2}x_n+(b_{n-2}-a_{n-2}b_n)u\\\dot{x}_n=x_{n-1}-a_{n-1}y+b_{n-1}u=x_{n-1}-a_{n-1}x_n+(b_{n-1}-a_{n-1}b_n)u\end{cases}$$

将上式写成矩阵形式,即可得到系统的状态空间表达式为

$$\begin{bmatrix}\dot{x}_1\\\dot{x}_2\\\vdots\\\dot{x}_{n-1}\\\dot{x}_n\end{bmatrix}=\begin{bmatrix}0&0&\cdots&0&-a_0\\1&0&\cdots&0&-a_1\\0&1&\cdots&0&-a_2\\\vdots&\vdots&\ddots&\vdots&\vdots\\0&0&\cdots&1&-a_{n-1}\end{bmatrix}\begin{bmatrix}x_1\\x_2\\\vdots\\x_{n-1}\\x_n\end{bmatrix}+\begin{bmatrix}b_0-a_0b_n\\b_1-a_1b_n\\b_2-a_2b_n\\\vdots\\b_{n-1}-a_{n-1}b_n\end{bmatrix}u \tag{1.2.10}$$

$$y=\begin{bmatrix}0&0&\cdots&0&1\end{bmatrix}\begin{bmatrix}x_1\\x_2\\\vdots\\x_{n-1}\\x_n\end{bmatrix}+b_nu \tag{1.2.11}$$

系统矩阵 $\boldsymbol{A}$ 和输出矩阵 $\boldsymbol{C}$ 具有式(1.2.10)和式(1.2.11)所示形式的状态空间表达式,称为第二能观标准型(在第3章介绍),其模拟结构图如图1.2.6所示。

注意:当微分方程中含有输入函数导数项时,也可以先将微分方程转化为传递函数,然后采用下一小节的方法,通过传递函数来建立系统的状态空间表达式。

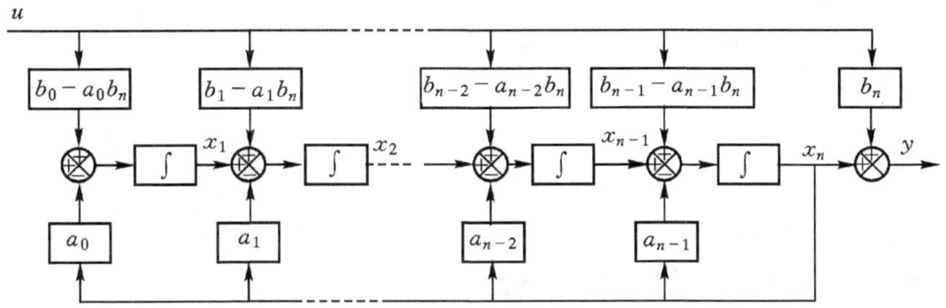

图 1.2.6　式(1.2.10)和式(1.2.11)所示系统的模拟结构图

1.2.3　通过传递函数建立状态空间表达式

由传递函数求状态空间表达式也称为系统的实现，由于状态变量选取的非唯一性，传递函数的实现也不是唯一的。一般情况下，由传递函数求状态空间表达式有三种方法：直接分解、串联分解和并联分解。其中，由直接分解得到的状态空间表达式为能控标准型或能观测标准型，由并联分解得到的状态空间表达式为对角线标准型或约当标准型，这些标准型在现代控制理论的分析和设计中具有非常重要的作用。

1. 直接分解

这种方法适合于传递函数的分子和分母多项式按照 s 的降幂形式排列的情况。某单输入单输出系统的传递函数为

$$G(s)=\frac{Y(s)}{U(s)}=\frac{b_ns^n+b_{n-1}s^{n-1}+\cdots+b_1s+b_0}{s^n+a_{n-1}s^{n-1}+a_{n-2}s^{n-2}+\cdots+a_1s+a_0} \tag{1.2.12}$$

对式(1.2.12)引入中间变量 $Z(s)$，则有

$$G(s)=\frac{Y(s)}{Z(s)}\cdot\frac{Z(s)}{U(s)}$$

令

$$\frac{Y(s)}{Z(s)}=b_ns^n+b_{n-1}s^{n-1}+\cdots+b_1s+b_0 \tag{1.2.13}$$

$$\frac{Z(s)}{U(s)}=\frac{1}{s^n+a_{n-1}s^{n-1}+\cdots+a_1s+a_0} \tag{1.2.14}$$

注意：如果分母中 s 最高次幂的系数不为 1，则先化为 1。

对式(1.2.13)和式(1.2.14)两端分别求拉普拉斯反变换，得到两式对应的微分方程为

$$y=b_nz^{(n)}+b_{n-1}z^{(n-1)}+\cdots+b_1\dot{z}+b_0z \tag{1.2.15}$$

$$u=z^{(n)}+a_{n-1}z^{(n-1)}+\cdots+a_1\dot{z}+a_0z \tag{1.2.16}$$

由于式(1.2.16)所示的微分方程不含有输入函数的导数项，则按照 1.2.2 节的方法，选取状态变量如下

$$\begin{cases}x_1=z\\x_2=\dot{z}\\\quad\vdots\\x_n=z^{(n-1)}\end{cases}$$

将上式代入式(1.2.16)可得

$$\begin{cases}\dot{x}_1 = x_2\\ \dot{x}_2 = x_3\\ \quad\vdots\\ \dot{x}_{n-1} = x_n\\ \dot{x}_n = z^{(n)} = u - a_{n-1}x_n - a_{n-2}x_{n-1} - a_{n-3}x_{n-2} - \cdots - a_1x_2 - a_0x_1\end{cases}$$

将上式写成矩阵形式，即可得到系统的状态方程为

$$\begin{bmatrix}\dot{x}_1\\ \dot{x}_2\\ \vdots\\ \dot{x}_{n-1}\\ \dot{x}_n\end{bmatrix} = \begin{bmatrix}0 & 1 & 0 & \cdots & 0\\ 0 & 0 & 1 & \cdots & 0\\ \vdots & \vdots & \vdots & & \vdots\\ 0 & 0 & 0 & \cdots & 1\\ -a_0 & -a_1 & -a_2 & \cdots & -a_{n-1}\end{bmatrix}\begin{bmatrix}x_1\\ x_2\\ \vdots\\ x_{n-1}\\ x_n\end{bmatrix} + \begin{bmatrix}0\\ 0\\ \vdots\\ 0\\ 1\end{bmatrix}u \tag{1.2.17}$$

将所选状态变量代入式(1.2.15)可得

$$\begin{aligned}y &= b_n\dot{x}_n + b_{n-1}x_n + b_{n-2}x_{n-1} + \cdots + b_1x_2 + b_0x_1\\ &= b_nu + (b_0 - a_0b_n)x_1 + \cdots + (b_{n-2} - a_{n-2}b_n)x_{n-1} + (b_{n-1} - a_{n-1}b_n)x_n\end{aligned}$$

将上式写成矩阵形式，即可得到系统的输出方程为

$$y = \begin{bmatrix}b_0 - a_0b_n & b_1 - a_1b_n & \cdots & b_{n-1} - a_{n-1}b_n\end{bmatrix}\begin{bmatrix}x_1\\ x_2\\ x_3\\ \vdots\\ x_n\end{bmatrix} + b_nu \tag{1.2.18}$$

当 $b_n=0$ 时，式(1.2.18)中的输出矩阵 $\boldsymbol{C}=[b_0\quad b_1\quad\cdots\quad b_{n-1}]$，前馈矩阵 $\boldsymbol{D}=0$。

系统矩阵 **A** 和输入矩阵 **B** 具有式(1.2.17)所示形式的状态空间表达式，称为第二能控标准型(在第 3 章介绍)，其模拟结构图如图 1.2.7 所示。

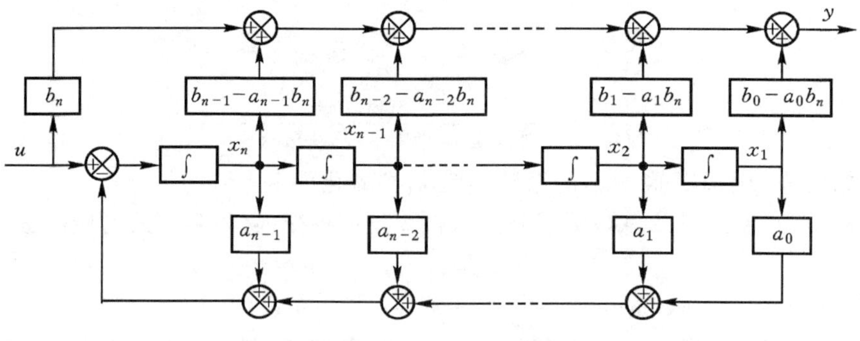

图 1.2.7 式(1.2.17)和式(1.2.18)所示系统的模拟结构图

例 1.2.4 已知某线性连续定常系统的传递函数为

$$G(s) = \frac{Y(s)}{U(s)} = \frac{4s^2 + 8s + 12}{4s^3 + 8s^2 + 12s + 20}$$

求其状态空间表达式。

解　由于该系统分母中 s 最高次幂的系数不为 1，首先归一化。分母、分子同时除以 4 可以得到

$$G(s)=\frac{Y(s)}{U(s)}=\frac{s^2+2s+3}{s^3+2s^2+3s+5}$$

其中 $a_0=5, a_1=3, a_2=2, b_0=3, b_1=2, b_2=1$

根据式(1.2.17)和式(1.2.18)，可以得到系统的四个矩阵为

$$\boldsymbol{A}=\begin{bmatrix}0&1&0\\0&0&1\\-a_0&-a_1&-a_2\end{bmatrix}=\begin{bmatrix}0&1&0\\0&0&1\\-5&-3&-2\end{bmatrix}$$

$$\boldsymbol{B}=\begin{bmatrix}0\\0\\1\end{bmatrix}$$

$$\boldsymbol{C}=\begin{bmatrix}b_0&b_1&b_2\end{bmatrix}=\begin{bmatrix}3&2&1\end{bmatrix}$$

$$\boldsymbol{D}=0$$

所以，系统的状态空间表达式为

$$\begin{cases}\dot{\boldsymbol{x}}=\begin{bmatrix}0&1&0\\0&0&1\\-5&-3&-2\end{bmatrix}\boldsymbol{x}+\begin{bmatrix}0\\0\\1\end{bmatrix}u\\ y=\begin{bmatrix}3&2&1\end{bmatrix}\boldsymbol{x}\end{cases}$$

说明：也可以将传递函数先转化为微分方程，然后通过 1.2.2 节介绍的微分方程中包含输入函数的导数项的方法，得到第二能观标准型形式的状态空间表达式。

2. 串联分解

这种方法适合于传递函数由零、极点形式给出的情况，即如下形式

$$G(s)=\frac{Y(s)}{U(s)}=\frac{b_n}{a_n}\cdot\frac{s+z_1}{s+p_1}\cdots\frac{s+z_m}{s+p_m}\cdot\frac{1}{s+p_{m+1}}\cdots\frac{1}{s+p_n}\tag{1.2.19}$$

为了写出该系统的状态空间表达式，首先了解两个典型一阶子系统的实现方式。

(1) 只有极点的一阶子系统

考查如下的一阶子系统

$$G(s)=\frac{Y(s)}{U(s)}=\frac{k}{s+p}$$

整理上式得

$$Y(s)=\frac{k}{s+p}U(s)$$

如果令

$$X(s)=\frac{k}{s+p}U(s)\tag{1.2.20}$$

则

$$Y(s)=X(s)\tag{1.2.21}$$

对式(1.2.20)和式(1.2.21)进行拉普拉斯反变换，可以得到系统的状态空间表达式为

$$\begin{cases}\dot{x}=-px+ku\\ y=x\end{cases}\tag{1.2.22}$$

式(1.2.22)所示系统的模拟结构图如图 1.2.8 所示。

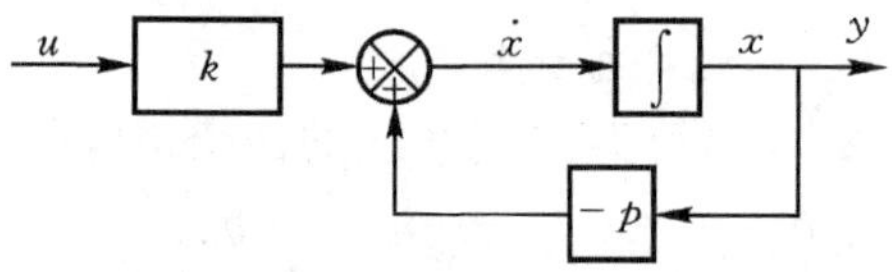

图 1.2.8 式(1.2.22)所示系统的模拟结构图

如果令

$$X(s)=\frac{1}{s+p}U(s)$$

则可以得到另一种形式的状态空间表达式,关于这一点读者可以自行进行验证。

(2) 零、极点同时存在的一阶子系统

考查如下的一阶子系统

$$G(s)=\frac{Y(s)}{U(s)}=\frac{s+z}{s+p}$$

整理上式得

$$Y(s)=U(s)+\frac{z-p}{s+p}U(s)$$

如果令

$$X(s)=\frac{1}{s+p}U(s)\tag{1.2.23}$$

则

$$Y(s)=(z-p)X(s)+U(s)\tag{1.2.24}$$

对式(1.2.23)和式(1.2.24)进行拉普拉斯反变换,可以得到系统的状态空间表达式为

$$\begin{cases}\dot{x}=-px+u\\ y=(z-p)x+u\end{cases}\tag{1.2.25}$$

式(1.2.25)所示系统的模拟结构图如图 1.2.9 所示。

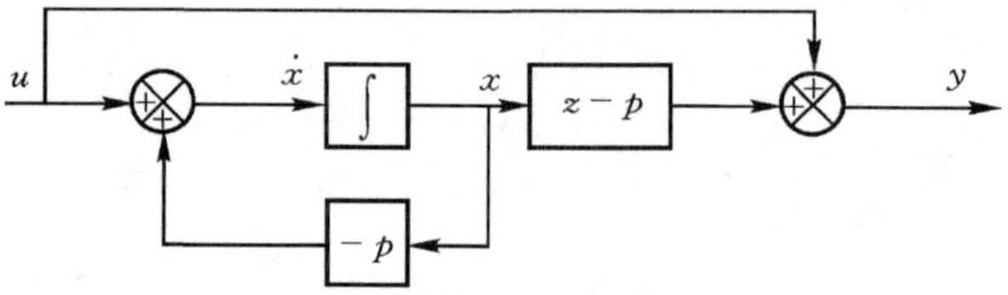

图 1.2.9 式(1.2.25)所示系统的模拟结构图

有了图 1.2.8 和 1.2.9,就可以通过串联分解方法来建立系统的状态空间表达式,其步骤如下:

① 对传递函数进行因式分解。

② 根据图 1.2.8 和 1.2.9 画出系统的模拟结构图,并选择状态变量。状态变量可以从右

至左对每个子系统选择状态变量 $x_1, x_2, \cdots, x_n$，也可以从左至右进行选择，两种选择方法会得到不同的状态空间表达式。

③ 由模拟结构图可得状态空间表达式。

例 1.2.5 已知某线性连续定常系统的传递函数为

$$G(s) = \frac{Y(s)}{U(s)} = \frac{2s+6}{s^3+4s^2+5s+2}$$

试求其状态空间表达式。

解 ① 首先进行因式分解，得到

$$G(s) = \frac{Y(s)}{U(s)} = 2 \times \frac{s+3}{(s+1)(s+1)(s+2)} = 2 \times \frac{s+3}{(s+1)} \cdot \frac{1}{(s+1)} \cdot \frac{1}{(s+2)}$$

② 画系统的模拟结构图如图 1.2.10 所示，并自右向左选择状态变量

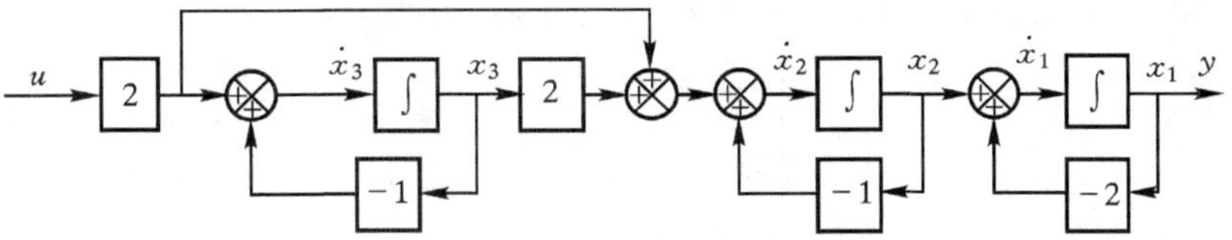

图 1.2.10　系统的模拟结构图

③ 由模拟结构图直接得到状态空间表达式

$$\begin{bmatrix} \dot{x}_1 \\ \dot{x}_2 \\ \dot{x}_3 \end{bmatrix} = \begin{bmatrix} -2 & 1 & 0 \\ 0 & -1 & 2 \\ 0 & 0 & -1 \end{bmatrix} \begin{bmatrix} x_1 \\ x_2 \\ x_3 \end{bmatrix} + \begin{bmatrix} 0 \\ 2 \\ 2 \end{bmatrix} u$$

$$y = \begin{bmatrix} 1 & 0 & 0 \end{bmatrix} \begin{bmatrix} x_1 \\ x_2 \\ x_3 \end{bmatrix}$$

注意：对于本题来说，如果自左向右选择状态变量，可以得到不同的状态空间表达式，读者可以自行验证。

3. 并联分解

这种方法适合于传递函数的分母多项式已经分解成因式的形式，通过并联分解得到的状态空间表达式为对角线标准型或约当标准型。当传递函数极点互异时，用并联分解法得到的状态空间表达式为对角线标准型；当传递函数有重极点时，用并联分解法得到的状态空间表达式为约当标准型。

(1) 极点互异的系统

某系统有 n 个互异极点 $-p_1, -p_2, \cdots, -p_n$，该系统的传递函数为

$$G(s) = \frac{Y(s)}{U(s)} = \frac{b_n s^n + b_{n-1}s^{n-1} + \cdots + b_1 s + b_0}{(s+p_1)(s+p_2)\cdots(s+p_n)} \tag{1.2.26}$$

首先对系统进行因式分解，得到下式

$$\frac{Y(s)}{U(s)} = \frac{c_1}{s+p_1} + \frac{c_2}{s+p_2} + \cdots + \frac{c_n}{s+p_n} + b_n$$

上式整理为

$$Y(s)=\sum_{i=1}^{n}\frac{c_i}{s+p_i}U(s)+b_nU(s) \tag{1.2.27}$$

式中,$c_i(i=1,2,\cdots,n)$为待定系数,通过留数定理进行计算,即

$$c_i=\lim_{s\to -p_i}G(s)(s+p_i)$$

令

$$X_i(s)=\frac{1}{s+p_i}U(s) \tag{1.2.28}$$

将式(1.2.28)代入式(1.2.27),可得

$$Y(s)=\sum_{i=1}^{n}c_iX_i(s)+b_nU(s) \tag{1.2.29}$$

对式(1.2.28)和式(1.2.29)两端进行拉普拉斯反变换,可得

$$\begin{cases}\dot{x}_i=-p_ix_i+u\\ y=\sum_{i=1}^{n}c_ix_i+b_nu\end{cases} \tag{1.2.30}$$

写成矩阵形式,得到系统的状态空间表达式为

$$\begin{bmatrix}\dot{x}_1\\ \dot{x}_2\\ \vdots\\ \dot{x}_n\end{bmatrix}=\begin{bmatrix}-p_1 & & & 0\\ & -p_2 & & \\ & & \ddots & \\ 0 & & & -p_n\end{bmatrix}\begin{bmatrix}x_1\\ x_2\\ \vdots\\ x_n\end{bmatrix}+\begin{bmatrix}1\\ 1\\ \vdots\\ 1\end{bmatrix}u \tag{1.2.31}$$

$$y=\begin{bmatrix}c_1 & c_2 & \cdots & c_n\end{bmatrix}\begin{bmatrix}x_1\\ x_2\\ \vdots\\ x_n\end{bmatrix}+b_nu \tag{1.2.32}$$

式(1.2.31)中,系统矩阵 **A** 是对角阵,对角线上的元素是系统的极点,其余部分元素为 0。这种类型的状态空间表达式,称为对角线标准型。该系统的模拟结构图如图 1.2.11 所示。

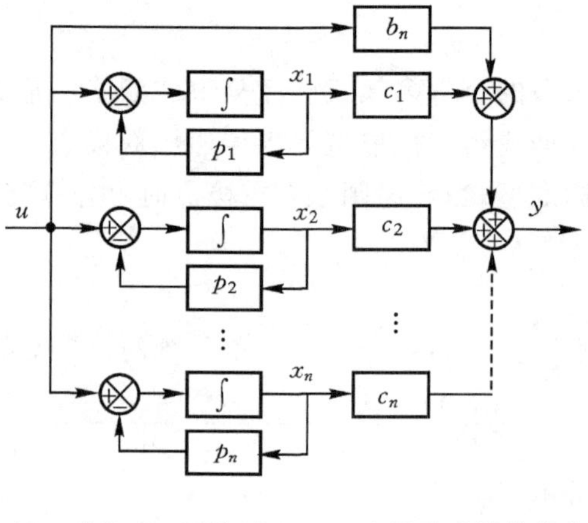

图 1.2.11 式(1.2.31)和式(1.2.32)所示系统的模拟结构图

（2）有重极点的系统

某系统有一个 n 重极点 $-p_1$，该系统的传递函数为

$$G(s)=\frac{Y(s)}{U(s)}=\frac{b_n s^n+b_{n-1}s^{n-1}+\cdots+b_1 s+b_0}{(s+p_1)^n} \tag{1.2.33}$$

首先对系统进行因式分解，得到下式

$$G(s)=\frac{c_1}{(s+p_1)^n}+\frac{c_2}{(s+p_1)^{n-1}}+\cdots+\frac{c_n}{(s+p_1)}+b_n$$

整理上式可以得到

$$Y(s)=\sum_{j=1}^{n}\frac{c_j}{(s+p_1)^{n-j+1}}U(s)+b_nU(s) \tag{1.2.34}$$

其中，$c_j(j=1,2,\cdots,n)$为待定系数，通过留数定理进行计算，即

$$c_j=\lim_{s\to -p_1}\frac{1}{(j-1)!}\frac{\mathrm{d}^{j-1}}{\mathrm{d}s^{j-1}}[G(s)(s+p_1)^n]$$

令

$$X_j(s)=\frac{1}{(s+p_1)^{n-j+1}}U(s) \tag{1.2.35}$$

则

$$X_{j+1}(s)=\frac{1}{(s+p_1)^{n-j}}U(s) \tag{1.2.36}$$

联立式(1.2.35)和式(1.2.36)可得

$$\begin{cases}X_j(s)=X_{j+1}(s)\dfrac{1}{s+p_1} & (j=1,2,\cdots,n-1)\\ X_j(s)=\dfrac{1}{s+p_1}U(s) & (j=n)\end{cases}$$

对上式两端进行拉普拉斯反变换，可得

$$\begin{cases}\dot{x}_j=-p_1x_j+x_{j+1} & (j=1,2,\cdots,n-1)\\ \dot{x}_j=-p_1x_j+u & (j=n)\end{cases} \tag{1.2.37}$$

将式(1.2.35)代入式(1.2.34)，可得

$$Y(s)=\sum_{j=1}^{n}c_jX_j(s)+b_nU(s)$$

对上式两端进行拉普拉斯反变换，可得

$$y=\sum_{j=1}^{n}c_jx_j+b_nu \tag{1.2.38}$$

联立式(1.2.37)和式(1.2.38)，可得系统的状态空间表达式为

$$\begin{bmatrix}\dot{x}_1\\ \dot{x}_2\\ \vdots\\ \dot{x}_n\end{bmatrix}=\begin{bmatrix}-p_1 & 1 & & 0\\ & -p_1 & \ddots & \\ & & \ddots & 1\\ 0 & & & -p_1\end{bmatrix}\begin{bmatrix}x_1\\ x_2\\ \vdots\\ x_n\end{bmatrix}+\begin{bmatrix}0\\ 0\\ \vdots\\ 1\end{bmatrix}u \tag{1.2.39}$$

$$y=\begin{bmatrix}c_1 & c_2 & \cdots & c_n\end{bmatrix}\begin{bmatrix}x_1\\ x_2\\ \vdots\\ x_n\end{bmatrix}+b_nu \tag{1.2.40}$$

式(1.2.39)中,系统矩阵 $\boldsymbol{A}$ 是约当矩阵,对角线上的元素是系统的极点,对角线斜上方元素为 1,其余部分元素为 0。这种类型的状态空间表达式,称为约当标准型。该系统的模拟结构图如图 1.2.12 所示。

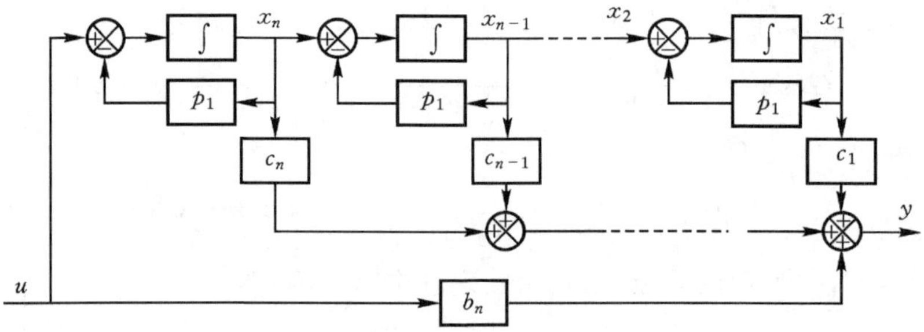

图 1.2.12 式(1.2.39)和式(1.2.40)所示系统的模拟结构图

例 1.2.6 已知某线性连续定常系统的传递函数为

$$G(s)=\frac{Y(s)}{U(s)}=\frac{6}{s^3+6s^2+11s+6}$$

试求其状态空间表达式。

解 首先进行因式分解,得到

$$G(s)=\frac{Y(s)}{U(s)}=\frac{6}{(s+1)(s+2)(s+3)}$$

系统极点互异,可以写出对角线标准型形式的状态空间表达式,根据留数定理求得系数 $c_i(i=1,2,3)$为

$$c_1=\lim_{s\to-1}G(s)(s+1)=\lim_{s\to-1}\frac{6}{(s+1)(s+2)(s+3)}(s+1)=3$$

$$c_2=\lim_{s\to-2}G(s)(s+2)=\lim_{s\to-2}\frac{6}{(s+1)(s+2)(s+3)}(s+2)=-6$$

$$c_3=\lim_{s\to-3}G(s)(s+3)=\lim_{s\to-3}\frac{6}{(s+1)(s+2)(s+3)}(s+3)=3$$

则根据式(1.2.31)和式(1.2.32),可以直接得到系统的状态空间表达式为

$$\begin{bmatrix}\dot{x}_1\\ \dot{x}_2\\ \dot{x}_3\end{bmatrix}=\begin{bmatrix}-1&0&0\\0&-2&0\\0&0&-3\end{bmatrix}\begin{bmatrix}x_1\\x_2\\x_3\end{bmatrix}+\begin{bmatrix}1\\1\\1\end{bmatrix}u$$

$$y=\begin{bmatrix}3&-6&3\end{bmatrix}\begin{bmatrix}x_1\\x_2\\x_3\end{bmatrix}$$

1.3 传递函数矩阵及组合系统的状态空间描述

1.3.1 传递函数矩阵

在经典控制理论中,讨论的是单输入单输出系统,用传递函数 $G(s)$加以描述,在这里 $G(s)$是

一个标量。现代控制理论处理的对象往往是多输入多输出系统，传递函数 $G(s)$ 不再是一个标量，而是一个矩阵，表征的是多个输入对系统输出的影响。

设多输入多输出系统的状态空间表达式为

$$\dot{\boldsymbol{x}} = \boldsymbol{Ax} + \boldsymbol{Bu} \tag{1.3.1}$$

$$\boldsymbol{y} = \boldsymbol{Cx} + \boldsymbol{Du} \tag{1.3.2}$$

式中各元素含义同 1.1 节。

对式(1.3.1)和式(1.3.2)进行初始条件为零的拉普拉斯变换可得

$$s\boldsymbol{X}(s) = \boldsymbol{AX}(s) + \boldsymbol{BU}(s) \tag{1.3.3}$$

$$\boldsymbol{Y}(s) = \boldsymbol{CX}(s) + \boldsymbol{DU}(s) \tag{1.3.4}$$

整理式(1.3.3)可得

$$(s\boldsymbol{I} - \boldsymbol{A})\boldsymbol{X}(s) = \boldsymbol{BU}(s)$$

将上式左右两端同时左乘 $(s\boldsymbol{I}-\boldsymbol{A})^{-1}$，可得

$$\boldsymbol{X}(s) = (s\boldsymbol{I} - \boldsymbol{A})^{-1}\boldsymbol{BU}(s)$$

将上式代入式(1.3.4)，并整理可得

$$\boldsymbol{Y}(s) = [\boldsymbol{C}(s\boldsymbol{I} - \boldsymbol{A})^{-1}\boldsymbol{B} + \boldsymbol{D}]\boldsymbol{U}(s)$$

于是得到系统的传递函数矩阵为

$$\boldsymbol{G}(s) = \boldsymbol{C}(s\boldsymbol{I} - \boldsymbol{A})^{-1}\boldsymbol{B} + \boldsymbol{D} \tag{1.3.5}$$

传递函数矩阵 $\boldsymbol{G}(s)$ 是 $m \times r$ 维矩阵，它的一般形式为

$$\boldsymbol{G}(s) = \begin{bmatrix} G_{11}(s) & G_{12}(s) & \cdots & G_{1r}(s) \\ G_{21}(s) & G_{22}(s) & \cdots & G_{2r}(s) \\ \vdots & \vdots & & \vdots \\ G_{m1}(s) & G_{m2}(s) & \cdots & G_{mr}(s) \end{bmatrix}$$

其中，$G_{ij}(s) = \dfrac{Y_i(s)}{U_j(s)}$，表示第 i 个输出中，由第 j 个输入变量引起的输出和第 j 个输入变量之间的传递关系，即第 i 个输出变量对第 j 个输入变量之间的传递函数。当 $m=r=1$ 时，系统是单输入单输出系统，此时，传递函数矩阵 $\boldsymbol{G}(s)$ 为标量。

需要指出，对于同一个系统来说，状态空间表达式是非唯一的，但是不同的状态空间表达式所对应的传递函数矩阵是相同的。

例 1.3.1　已知某线性连续定常系统的状态空间表达式为

$$\dot{\boldsymbol{x}} = \begin{bmatrix} 0 & 1 & 0 \\ 0 & 0 & 1 \\ -6 & -11 & -6 \end{bmatrix}\boldsymbol{x} + \begin{bmatrix} 1 & 0 \\ 2 & -1 \\ 0 & 2 \end{bmatrix}\boldsymbol{u}$$

$$\boldsymbol{y} = \begin{bmatrix} 1 & -1 & 0 \\ 2 & 1 & -1 \end{bmatrix}\boldsymbol{x}$$

求该系统的传递函数矩阵。

解　将 $\boldsymbol{A},\boldsymbol{B},\boldsymbol{C},\boldsymbol{D}$ 代入传递函数矩阵公式(1.3.5)，可得

$$\begin{aligned} \boldsymbol{G}(s) &= \boldsymbol{C}(s\boldsymbol{I} - \boldsymbol{A})^{-1}\boldsymbol{B} + \boldsymbol{D} \\ &= \begin{bmatrix} 1 & -1 & 0 \\ 2 & 1 & -1 \end{bmatrix} \begin{bmatrix} s & -1 & 0 \\ 0 & s & -1 \\ 6 & 11 & s+6 \end{bmatrix}^{-1} \begin{bmatrix} 1 & 0 \\ 2 & -1 \\ 0 & 2 \end{bmatrix} \end{aligned}$$

根据矩阵求逆公式

$$(s\boldsymbol{I}-\boldsymbol{A})^{-1}=\frac{(s\boldsymbol{I}-\boldsymbol{A})^{*}}{|s\boldsymbol{I}-\boldsymbol{A}|}$$

有

$$(s\boldsymbol{I}-\boldsymbol{A})^{-1}=\begin{bmatrix} s & -1 & 0 \\ 0 & s & -1 \\ 6 & 11 & s+6 \end{bmatrix}^{-1}$$

$$=\frac{1}{s^3+6s^2+11s+6}\begin{bmatrix} s^2+6s+11 & s+6 & 1 \\ -6 & s(s+6) & s \\ -6s & -11s-6 & s^2 \end{bmatrix}$$

所以

$$\boldsymbol{G}(s)=\frac{1}{s^3+6s^2+11s+6}\begin{bmatrix} -s^2-4s+29 & s^2+3s-4 \\ 4s^2+56s+52 & -3s^2-17s-14 \end{bmatrix}$$

例 1.3.2 某两输入两输出系统的方框图如图 1.3.1 所示,求该系统的传递函数矩阵。

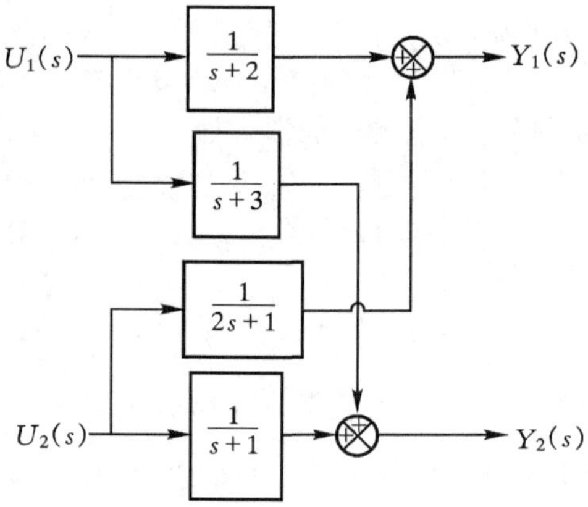

图 1.3.1 系统的方框图

解 根据 $\boldsymbol{G}(s)$矩阵中每个元素的含义,很容易写出上图所示系统的传递函数矩阵为

$$\boldsymbol{G}(s)=\begin{bmatrix} \dfrac{1}{s+2} & \dfrac{1}{2s+1} \\ \dfrac{1}{s+3} & \dfrac{1}{s+1} \end{bmatrix}$$

1.3.2 组合系统的状态空间描述和传递函数矩阵

在实际应用中,控制系统往往由多个子系统按照一定规律组合而成,这种由多个子系统以并联、串联或反馈联接形式组合而成的系统,称为组合系统。本节重点介绍组合系统的状态空间表达式和传递函数矩阵。

不失一般性,考虑如下两个子系统 $\Sigma_1=(\boldsymbol{A}_1,\boldsymbol{B}_1,\boldsymbol{C}_1)$和 $\Sigma_2=(\boldsymbol{A}_2,\boldsymbol{B}_2,\boldsymbol{C}_2)$

$$\Sigma_1:\quad \begin{cases} \dot{\boldsymbol{x}}_1=\boldsymbol{A}_1\boldsymbol{x}_1+\boldsymbol{B}_1\boldsymbol{u}_1 \\ \boldsymbol{y}_1=\boldsymbol{C}_1\boldsymbol{x}_1 \end{cases} \tag{1.3.6}$$

$$\Sigma_2: \quad \begin{cases} \dot{\boldsymbol{x}}_2 = \boldsymbol{A}_2\boldsymbol{x}_2 + \boldsymbol{B}_2\boldsymbol{u}_2 \\ \boldsymbol{y}_2 = \boldsymbol{C}_2\boldsymbol{x}_2 \end{cases} \tag{1.3.7}$$

Σ_1 和 Σ_2 的传递函数矩阵$\boldsymbol{G}_1(s)$和$\boldsymbol{G}_2(s)$分别为

$$\Sigma_1: \boldsymbol{G}_1(s) = \boldsymbol{C}_1(s\boldsymbol{I} - \boldsymbol{A}_1)^{-1}\boldsymbol{B}_1$$

$$\Sigma_2: \boldsymbol{G}_2(s) = \boldsymbol{C}_2(s\boldsymbol{I} - \boldsymbol{A}_2)^{-1}\boldsymbol{B}_2$$

下面分别介绍式(1.3.6)和式(1.3.7)所示的子系统 Σ_1 和 Σ_2，通过并联、串联、反馈联接的形式所构成的组合系统的状态空间描述和传递函数矩阵。

1. 并联联接

并联联接组合系统的结构图如图 1.3.2 所示。由此可以看出，两个子系统可以实现并联联接的条件是，两个子系统的输入维数和输出维数要满足以下关系式

$$\dim(\boldsymbol{u}_1) = \dim(\boldsymbol{u}_2),\ \dim(\boldsymbol{y}_1) = \dim(\boldsymbol{y}_2) \tag{1.3.8}$$

其中，dim(・)表示向量的维数，下同。

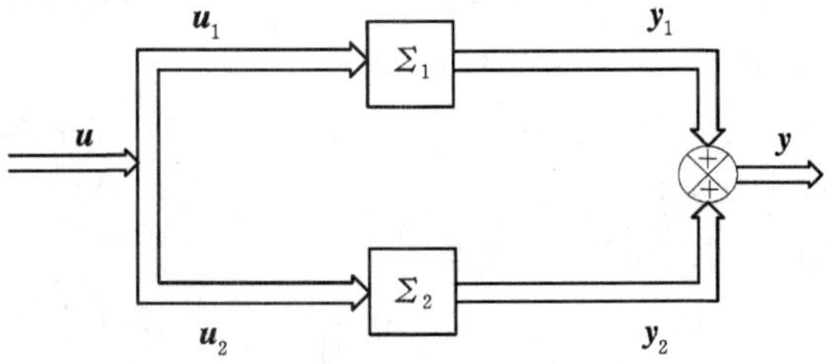

图 1.3.2　并联联接组合系统结构图

由图 1.3.2 可知，在并联联接下，组合系统的输入、输出与子系统的输入、输出满足：$\boldsymbol{u}=\boldsymbol{u}_1=\boldsymbol{u}_2$，$\boldsymbol{y}=\boldsymbol{y}_1+\boldsymbol{y}_2$。同时，可以得到并联联接组合系统的状态空间表达式为

$$\begin{cases} \begin{bmatrix} \dot{\boldsymbol{x}}_1 \\ \dot{\boldsymbol{x}}_2 \end{bmatrix} = \begin{bmatrix} \boldsymbol{A}_1 & \boldsymbol{0} \\ \boldsymbol{0} & \boldsymbol{A}_2 \end{bmatrix}\begin{bmatrix} \boldsymbol{x}_1 \\ \boldsymbol{x}_2 \end{bmatrix} + \begin{bmatrix} \boldsymbol{B}_1 \\ \boldsymbol{B}_2 \end{bmatrix}\boldsymbol{u} \\ \boldsymbol{y} = \boldsymbol{y}_1 + \boldsymbol{y}_2 = [\boldsymbol{C}_1 \quad \boldsymbol{C}_2]\begin{bmatrix} \boldsymbol{x}_1 \\ \boldsymbol{x}_2 \end{bmatrix} \end{cases} \tag{1.3.9}$$

由式(1.3.9)，可以得到并联联接组合系统的传递函数矩阵为

$$\begin{aligned} \boldsymbol{G}(s) &= \boldsymbol{C}(s\boldsymbol{I} - \boldsymbol{A})^{-1}\boldsymbol{B} \\ &= [\boldsymbol{C}_1 \quad \boldsymbol{C}_2]\begin{bmatrix} s\boldsymbol{I} - \boldsymbol{A}_1 & \boldsymbol{0} \\ \boldsymbol{0} & s\boldsymbol{I} - \boldsymbol{A}_2 \end{bmatrix}^{-1}\begin{bmatrix} \boldsymbol{B}_1 \\ \boldsymbol{B}_2 \end{bmatrix} \\ &= \boldsymbol{C}_1(s\boldsymbol{I} - \boldsymbol{A}_1)^{-1}\boldsymbol{B}_1 + \boldsymbol{C}_2(s\boldsymbol{I} - \boldsymbol{A}_2)^{-1}\boldsymbol{B}_2 \\ &= \boldsymbol{G}_1(s) + \boldsymbol{G}_2(s) \end{aligned}$$

即

$$\boldsymbol{G}(s) = \boldsymbol{G}_1(s) + \boldsymbol{G}_2(s) \tag{1.3.10}$$

也就是说，并联联接组合系统的传递函数矩阵等于子系统传递函数矩阵之和。

式(1.3.10)还可以由以下方法得到，由于 $\boldsymbol{u}=\boldsymbol{u}_1=\boldsymbol{u}_2$，$\boldsymbol{y}=\boldsymbol{y}_1+\boldsymbol{y}_2$，所以

$$\boldsymbol{Y}(s) = \boldsymbol{Y}_1(s) + \boldsymbol{Y}_2(s) = \boldsymbol{G}_1(s)\boldsymbol{U}_1(s) + \boldsymbol{G}_2(s)\boldsymbol{U}_2(s)$$

$$= \boldsymbol{G}_1(s)\boldsymbol{U}(s) + \boldsymbol{G}_2(s)\boldsymbol{U}(s)$$
$$= [\boldsymbol{G}_1(s) + \boldsymbol{G}_2(s)]\boldsymbol{U}(s)$$

从而得到式(1.3.10)。

2. 串联联接

串联联接组合系统的结构图如图 1.3.3 所示。由此可以看出,两个子系统可以实现串联联接的条件是,两个子系统的输入维数和输出维数要满足以下关系式

$$\dim(\boldsymbol{u}_2) = \dim(\boldsymbol{y}_1) \tag{1.3.11}$$

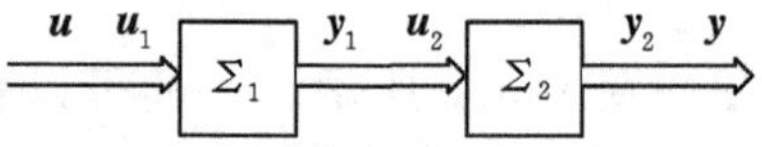

图 1.3.3　串联联接组合系统结构图

由图 1.3.3 可知,在串联联接下,组合系统的输入、输出与子系统的输入、输出满足:$\boldsymbol{u}=\boldsymbol{u}_1, \boldsymbol{y}_1=\boldsymbol{u}_2, \boldsymbol{y}=\boldsymbol{y}_2$。同时,可以得到串联联接组合系统的状态空间描述为

$$\dot{\boldsymbol{x}}_1 = \boldsymbol{A}_1\boldsymbol{x}_1 + \boldsymbol{B}_1\boldsymbol{u}_1 = \boldsymbol{A}_1\boldsymbol{x}_1 + \boldsymbol{B}_1\boldsymbol{u}$$
$$\dot{\boldsymbol{x}}_2 = \boldsymbol{A}_2\boldsymbol{x}_2 + \boldsymbol{B}_2\boldsymbol{u}_2 = \boldsymbol{A}_2\boldsymbol{x}_2 + \boldsymbol{B}_2\boldsymbol{y}_1 = \boldsymbol{A}_2\boldsymbol{x}_2 + \boldsymbol{B}_2\boldsymbol{C}_1\boldsymbol{x}_1$$
$$\boldsymbol{y} = \boldsymbol{y}_2 = \boldsymbol{C}_2\boldsymbol{x}_2$$

所以,串联联接组合系统的状态空间表达式为

$$\begin{cases} \begin{bmatrix} \dot{\boldsymbol{x}}_1 \\ \dot{\boldsymbol{x}}_2 \end{bmatrix} = \begin{bmatrix} \boldsymbol{A}_1 & \boldsymbol{0} \\ \boldsymbol{B}_2\boldsymbol{C}_1 & \boldsymbol{A}_2 \end{bmatrix}\begin{bmatrix} \boldsymbol{x}_1 \\ \boldsymbol{x}_2 \end{bmatrix} + \begin{bmatrix} \boldsymbol{B}_1 \\ \boldsymbol{0} \end{bmatrix}\boldsymbol{u} \\ \boldsymbol{y} = [\boldsymbol{0} \quad \boldsymbol{C}_2]\begin{bmatrix} \boldsymbol{x}_1 \\ \boldsymbol{x}_2 \end{bmatrix} \end{cases} \tag{1.3.12}$$

由式(1.3.12),可以得到串联联接组合系统的传递函数矩阵为

$$\boldsymbol{G}(s) = \boldsymbol{C}(s\boldsymbol{I} - \boldsymbol{A})^{-1}\boldsymbol{B}$$
$$= [\boldsymbol{0} \quad \boldsymbol{C}_2]\begin{bmatrix} s\boldsymbol{I} - \boldsymbol{A}_1 & \boldsymbol{0} \\ -\boldsymbol{B}_2\boldsymbol{C}_1 & s\boldsymbol{I} - \boldsymbol{A}_2 \end{bmatrix}^{-1}\begin{bmatrix} \boldsymbol{B}_1 \\ \boldsymbol{0} \end{bmatrix}$$
$$= \boldsymbol{C}_2(s\boldsymbol{I} - \boldsymbol{A}_2)^{-1}\boldsymbol{B}_2\boldsymbol{C}_1(s\boldsymbol{I} - \boldsymbol{A}_1)^{-1}\boldsymbol{B}_1$$
$$= \boldsymbol{G}_2(s)\boldsymbol{G}_1(s)$$

即

$$\boldsymbol{G}(s) = \boldsymbol{G}_2(s)\boldsymbol{G}_1(s) \tag{1.3.13}$$

也就是说,串联联接组合系统的传递函数矩阵等于子系统传递函数矩阵的乘积,这里需要注意乘积的顺序。

式(1.3.13)还可以由以下方法得到,由于 $\boldsymbol{u}=\boldsymbol{u}_1, \boldsymbol{y}_1=\boldsymbol{u}_2, \boldsymbol{y}=\boldsymbol{y}_2$,所以

$$\boldsymbol{Y}(s) = \boldsymbol{Y}_2(s) = \boldsymbol{G}_2(s)\boldsymbol{U}_2(s)$$
$$= \boldsymbol{G}_2(s)\boldsymbol{Y}_1(s) = \boldsymbol{G}_2(s)\boldsymbol{G}_1(s)\boldsymbol{U}_1(s)$$
$$= \boldsymbol{G}_2(s)\boldsymbol{G}_1(s)\boldsymbol{U}(s)$$

从而得到式(1.3.13)。

3. 反馈联接

反馈联接组合系统的结构图如图 1.3.4 所示。由此可以看出,两个子系统可以实现反馈

联接的条件是，两个子系统的输入维数和输出维数要满足以下关系式

$$\dim(\boldsymbol{u}_1)=\dim(\boldsymbol{y}_2),\ \dim(\boldsymbol{u}_2)=\dim(\boldsymbol{y}_1) \tag{1.3.14}$$

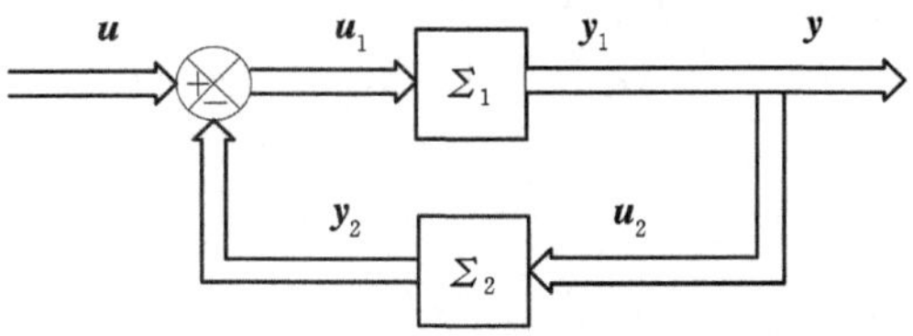

图 1.3.4　反馈联接组合系统结构图

由图 1.3.4 可知，在反馈联接下，组合系统的输入、输出与子系统的输入、输出满足：$\boldsymbol{u}=\boldsymbol{u}_1+\boldsymbol{y}_2$，$\boldsymbol{y}=\boldsymbol{y}_1=\boldsymbol{u}_2$。同时，可以得到反馈联接组合系统的状态空间描述为

$$\dot{\boldsymbol{x}}_1=\boldsymbol{A}_1\boldsymbol{x}_1+\boldsymbol{B}_1(\boldsymbol{u}-\boldsymbol{y}_2)=\boldsymbol{A}_1\boldsymbol{x}_1-\boldsymbol{B}_1\boldsymbol{C}_2\boldsymbol{x}_2+\boldsymbol{B}_1\boldsymbol{u}$$

$$\dot{\boldsymbol{x}}_2=\boldsymbol{A}_2\boldsymbol{x}_2+\boldsymbol{B}_2\boldsymbol{u}_2=\boldsymbol{A}_2\boldsymbol{x}_2+\boldsymbol{B}_2\boldsymbol{y}_1=\boldsymbol{B}_2\boldsymbol{C}_1\boldsymbol{x}_1+\boldsymbol{A}_2\boldsymbol{x}_2$$

$$\boldsymbol{y}=\boldsymbol{y}_1=\boldsymbol{C}_1\boldsymbol{x}_1$$

所以，反馈联接组合系统的状态空间表达式为

$$\begin{cases}\begin{bmatrix}\dot{\boldsymbol{x}}_1\\ \dot{\boldsymbol{x}}_2\end{bmatrix}=\begin{bmatrix}\boldsymbol{A}_1 & -\boldsymbol{B}_1\boldsymbol{C}_2\\ \boldsymbol{B}_2\boldsymbol{C}_1 & \boldsymbol{A}_2\end{bmatrix}\begin{bmatrix}\boldsymbol{x}_1\\ \boldsymbol{x}_2\end{bmatrix}+\begin{bmatrix}\boldsymbol{B}_1\\ \boldsymbol{0}\end{bmatrix}\boldsymbol{u}\\ \boldsymbol{y}=[\boldsymbol{C}_1\quad \boldsymbol{0}]\begin{bmatrix}\boldsymbol{x}_1\\ \boldsymbol{x}_2\end{bmatrix}\end{cases} \tag{1.3.15}$$

由式(1.3.15)，可以得到反馈联接组合系统的传递函数矩阵为

$$\boldsymbol{G}(s)=\boldsymbol{C}(s\boldsymbol{I}-\boldsymbol{A})^{-1}\boldsymbol{B}=[\boldsymbol{C}_1\quad \boldsymbol{0}]\begin{bmatrix}s\boldsymbol{I}-\boldsymbol{A}_1 & \boldsymbol{B}_1\boldsymbol{C}_2\\ -\boldsymbol{B}_2\boldsymbol{C}_1 & s\boldsymbol{I}-\boldsymbol{A}_2\end{bmatrix}^{-1}\begin{bmatrix}\boldsymbol{B}_1\\ \boldsymbol{0}\end{bmatrix}$$

如果令

$$\begin{bmatrix}s\boldsymbol{I}-\boldsymbol{A}_1 & \boldsymbol{B}_1\boldsymbol{C}_2\\ -\boldsymbol{B}_2\boldsymbol{C}_1 & s\boldsymbol{I}-\boldsymbol{A}_2\end{bmatrix}^{-1}=\begin{bmatrix}\boldsymbol{P}_1 & \boldsymbol{P}_2\\ \boldsymbol{P}_3 & \boldsymbol{P}_4\end{bmatrix}$$

则

$$\boldsymbol{G}(s)=\boldsymbol{C}(s\boldsymbol{I}-\boldsymbol{A})^{-1}\boldsymbol{B}=[\boldsymbol{C}_1\quad \boldsymbol{0}]\begin{bmatrix}\boldsymbol{P}_1 & \boldsymbol{P}_2\\ \boldsymbol{P}_3 & \boldsymbol{P}_4\end{bmatrix}\begin{bmatrix}\boldsymbol{B}_1\\ \boldsymbol{0}\end{bmatrix}=\boldsymbol{C}_1\boldsymbol{P}_1\boldsymbol{B}_1 \tag{1.3.16}$$

$$\begin{bmatrix}\boldsymbol{P}_1 & \boldsymbol{P}_2\\ \boldsymbol{P}_3 & \boldsymbol{P}_4\end{bmatrix}\begin{bmatrix}s\boldsymbol{I}-\boldsymbol{A}_1 & \boldsymbol{B}_1\boldsymbol{C}_2\\ -\boldsymbol{B}_2\boldsymbol{C}_1 & s\boldsymbol{I}-\boldsymbol{A}_2\end{bmatrix}=\begin{bmatrix}\boldsymbol{I} & \boldsymbol{0}\\ \boldsymbol{0} & \boldsymbol{I}\end{bmatrix} \tag{1.3.17}$$

$$\begin{bmatrix}s\boldsymbol{I}-\boldsymbol{A}_1 & \boldsymbol{B}_1\boldsymbol{C}_2\\ -\boldsymbol{B}_2\boldsymbol{C}_1 & s\boldsymbol{I}-\boldsymbol{A}_2\end{bmatrix}\begin{bmatrix}\boldsymbol{P}_1 & \boldsymbol{P}_2\\ \boldsymbol{P}_3 & \boldsymbol{P}_4\end{bmatrix}=\begin{bmatrix}\boldsymbol{I} & \boldsymbol{0}\\ \boldsymbol{0} & \boldsymbol{I}\end{bmatrix} \tag{1.3.18}$$

由式(1.3.17)可得

$$\begin{cases}\boldsymbol{P}_1(s\boldsymbol{I}-\boldsymbol{A}_1)-\boldsymbol{P}_2\boldsymbol{B}_2\boldsymbol{C}_1=\boldsymbol{I}\\ \boldsymbol{P}_1\boldsymbol{B}_1\boldsymbol{C}_2+\boldsymbol{P}_2(s\boldsymbol{I}-\boldsymbol{A}_2)=0\end{cases}$$

整理上式可得

$$\boldsymbol{P}_1=(s\boldsymbol{I}-\boldsymbol{A}_1)^{-1}-\boldsymbol{P}_1\boldsymbol{B}_1\boldsymbol{C}_2(s\boldsymbol{I}-\boldsymbol{A}_2)^{-1}\boldsymbol{B}_2\boldsymbol{C}_1(s\boldsymbol{I}-\boldsymbol{A}_1)^{-1}$$

将上式代入式(1.3.16)可得

$$\boldsymbol{G}(s)=\boldsymbol{C}_1\boldsymbol{P}_1\boldsymbol{B}_1$$

$$= \boldsymbol{C}_1(s\boldsymbol{I}-\boldsymbol{A}_1)^{-1}\boldsymbol{B}_1-\boldsymbol{C}_1\boldsymbol{P}_1\boldsymbol{B}_1\boldsymbol{C}_2(s\boldsymbol{I}-\boldsymbol{A}_2)^{-1}\boldsymbol{B}_2\boldsymbol{C}_1(s\boldsymbol{I}-\boldsymbol{A}_1)^{-1}\boldsymbol{B}_1$$

$$= \boldsymbol{G}_1(s)-\boldsymbol{G}(s)\boldsymbol{G}_2(s)\boldsymbol{G}_1(s)$$

整理上式可得反馈联接组合系统的传递函数矩阵为

$$\boldsymbol{G}(s)=\boldsymbol{G}_1(s)[\boldsymbol{I}+\boldsymbol{G}_2(s)\boldsymbol{G}_1(s)]^{-1} \tag{1.3.19}$$

此外,由式(1.3.18)可得

$$\begin{cases}(s\boldsymbol{I}-\boldsymbol{A}_1)\boldsymbol{P}_1+\boldsymbol{B}_1\boldsymbol{C}_2\boldsymbol{P}_3=\boldsymbol{I}\\-\boldsymbol{B}_2\boldsymbol{C}_1\boldsymbol{P}_1+(s\boldsymbol{I}-\boldsymbol{A}_2)\boldsymbol{P}_3=0\end{cases}$$

整理上式可得

$$\boldsymbol{P}_1=(s\boldsymbol{I}-\boldsymbol{A}_1)^{-1}-(s\boldsymbol{I}-\boldsymbol{A}_1)^{-1}\boldsymbol{B}_1\boldsymbol{C}_2(s\boldsymbol{I}-\boldsymbol{A}_2)^{-1}\boldsymbol{B}_2\boldsymbol{C}_1\boldsymbol{P}_1$$

将上式代入式(1.3.16)可得

$$\begin{aligned}\boldsymbol{G}(s)&=\boldsymbol{C}_1\boldsymbol{P}_1\boldsymbol{B}_1\\&=\boldsymbol{C}_1(s\boldsymbol{I}-\boldsymbol{A}_1)^{-1}\boldsymbol{B}_1-\boldsymbol{C}_1(s\boldsymbol{I}-\boldsymbol{A}_1)^{-1}\boldsymbol{B}_1\boldsymbol{C}_2(s\boldsymbol{I}-\boldsymbol{A}_2)^{-1}\boldsymbol{B}_2\boldsymbol{C}_1\boldsymbol{P}_1\boldsymbol{B}_1\\&=\boldsymbol{G}_1(s)-\boldsymbol{G}_1(s)\boldsymbol{G}_2(s)\boldsymbol{G}(s)\end{aligned}$$

整理上式可得反馈联接组合系统的传递函数矩阵为

$$\boldsymbol{G}(s)=[\boldsymbol{I}+\boldsymbol{G}_1(s)\boldsymbol{G}_2(s)]^{-1}\boldsymbol{G}_1(s) \tag{1.3.20}$$

由此可见,当$\boldsymbol{I}+\boldsymbol{G}_2(s)\boldsymbol{G}_1(s)$可逆时,反馈联接组合系统的传递函数矩阵为式(1.3.19);当$\boldsymbol{I}+\boldsymbol{G}_1(s)\boldsymbol{G}_2(s)$可逆时,反馈联接组合系统的传递函数矩阵为式(1.3.20)。

式(1.3.19)和式(1.3.20)还可以由以下方法得到,由于$\boldsymbol{u}=\boldsymbol{u}_1+\boldsymbol{y}_2$,$\boldsymbol{y}=\boldsymbol{y}_1=\boldsymbol{u}_2$,所以

$$\begin{aligned}\boldsymbol{U}_1(s)&=\boldsymbol{U}(s)-\boldsymbol{Y}_2(s)=\boldsymbol{U}(s)-\boldsymbol{G}_2(s)\boldsymbol{U}_2(s)=\boldsymbol{U}(s)-\boldsymbol{G}_2(s)\boldsymbol{Y}_1(s)\\&=\boldsymbol{U}(s)-\boldsymbol{G}_2(s)\boldsymbol{G}_1(s)\boldsymbol{U}_1(s)\end{aligned}$$

上式整理可得

$$\boldsymbol{U}_1(s)=[\boldsymbol{I}+\boldsymbol{G}_2(s)\boldsymbol{G}_1(s)]^{-1}\boldsymbol{U}(s)$$

所以

$$\boldsymbol{Y}(s)=\boldsymbol{Y}_1(s)=\boldsymbol{G}_1(s)\boldsymbol{U}_1(s)=\boldsymbol{G}_1(s)[\boldsymbol{I}+\boldsymbol{G}_2(s)\boldsymbol{G}_1(s)]^{-1}\boldsymbol{U}(s)$$

可得式(1.3.19)。

此外

$$\begin{aligned}\boldsymbol{Y}(s)&=\boldsymbol{Y}_1(s)=\boldsymbol{G}_1(s)\boldsymbol{U}_1(s)\\&=\boldsymbol{G}_1(s)[\boldsymbol{U}(s)-\boldsymbol{Y}_2(s)]=\boldsymbol{G}_1(s)[\boldsymbol{U}(s)-\boldsymbol{G}_2(s)\boldsymbol{U}_2(s)]\\&=\boldsymbol{G}_1(s)[\boldsymbol{U}(s)-\boldsymbol{G}_2(s)\boldsymbol{Y}(s)]=\boldsymbol{G}_1(s)[\boldsymbol{U}(s)-\boldsymbol{G}_2(s)\boldsymbol{G}(s)\boldsymbol{U}(s)]\\&=\boldsymbol{G}_1(s)[\boldsymbol{I}-\boldsymbol{G}_2(s)\boldsymbol{G}(s)]\boldsymbol{U}(s)\end{aligned}$$

即

$$\boldsymbol{G}(s)=\boldsymbol{G}_1(s)-\boldsymbol{G}_1(s)\boldsymbol{G}_2(s)\boldsymbol{G}(s)$$

整理可得式(1.3.20)。

1.4 连续时间系统状态空间表达式的线性变换

前几节已经指出,对于一个动力学系统来说,其状态变量的选取是非唯一的,这使得其状态空间表达式具有非唯一性。对于一个系统来说,这些不同类型的状态空间表达式是在不同基底下的具体表现形式,可以通过线性非奇异变换的形式进行相互转换。通过线性非奇异变

换，可以将状态空间表达式变换为某种标准形式，如对角线标准型、约当标准型、能控标准型和能观标准型等，从而便于对系统进行分析与设计。

1.4.1　线性非奇异变换的概念及性质

1. 线性非奇异变换的概念

如果 $\boldsymbol{P}$ 是一个非奇异阵（即满秩阵），则将变换 $\boldsymbol{x}=\boldsymbol{P}\bar{\boldsymbol{x}}$ 称为线性非奇异变换，$\boldsymbol{P}$ 称为非奇异变换阵。线性非奇异变换满足线性系统的叠加原理和齐次性条件。

叠加原理：如果 $\boldsymbol{x}_1=\boldsymbol{P}\bar{\boldsymbol{x}}_1$，$\boldsymbol{x}_2=\boldsymbol{P}\bar{\boldsymbol{x}}_2$，则有 $\boldsymbol{x}_1+\boldsymbol{x}_2=\boldsymbol{P}\bar{\boldsymbol{x}}_1+\boldsymbol{P}\bar{\boldsymbol{x}}_2=\boldsymbol{P}(\bar{\boldsymbol{x}}_1+\bar{\boldsymbol{x}}_2)$。

齐次性条件：如果 $\boldsymbol{x}=\boldsymbol{P}\bar{\boldsymbol{x}}$，则有 $k\boldsymbol{x}=k\boldsymbol{P}\bar{\boldsymbol{x}}=\boldsymbol{P}(k\bar{\boldsymbol{x}})$。

给定线性连续定常系统

$$\begin{cases}\dot{\boldsymbol{x}}=\boldsymbol{A}\boldsymbol{x}+\boldsymbol{B}\boldsymbol{u}\\ \boldsymbol{y}=\boldsymbol{C}\boldsymbol{x}+\boldsymbol{D}\boldsymbol{u}\end{cases}\tag{1.4.1}$$

现对状态变量 $\boldsymbol{x}$ 进行线性非奇异变换，将变换 $\boldsymbol{x}=\boldsymbol{P}\bar{\boldsymbol{x}}$ 代入式(1.4.1)的状态方程，有

$$\boldsymbol{P}\dot{\bar{\boldsymbol{x}}}=\boldsymbol{A}\boldsymbol{P}\bar{\boldsymbol{x}}+\boldsymbol{B}\boldsymbol{u}$$

上式左右两端同时左乘 $\boldsymbol{P}^{-1}$，有

$$\dot{\bar{\boldsymbol{x}}}=\boldsymbol{P}^{-1}\boldsymbol{A}\boldsymbol{P}\bar{\boldsymbol{x}}+\boldsymbol{P}^{-1}\boldsymbol{B}\boldsymbol{u}\tag{1.4.2}$$

将变换 $\boldsymbol{x}=\boldsymbol{P}\bar{\boldsymbol{x}}$ 代入式(1.4.1)的输出方程，有

$$\boldsymbol{y}=\boldsymbol{C}\boldsymbol{P}\bar{\boldsymbol{x}}+\boldsymbol{D}\boldsymbol{u}\tag{1.4.3}$$

联立式(1.4.2)和式(1.4.3)，可得

$$\begin{cases}\dot{\bar{\boldsymbol{x}}}=\bar{\boldsymbol{A}}\bar{\boldsymbol{x}}+\bar{\boldsymbol{B}}\boldsymbol{u}\\ \boldsymbol{y}=\bar{\boldsymbol{C}}\bar{\boldsymbol{x}}+\bar{\boldsymbol{D}}\boldsymbol{u}\end{cases}\tag{1.4.4}$$

其中，$\bar{\boldsymbol{A}}=\boldsymbol{P}^{-1}\boldsymbol{A}\boldsymbol{P}$，$\bar{\boldsymbol{B}}=\boldsymbol{P}^{-1}\boldsymbol{B}$，$\bar{\boldsymbol{C}}=\boldsymbol{C}\boldsymbol{P}$，$\bar{\boldsymbol{D}}=\boldsymbol{D}$。

非奇异变换阵 $\boldsymbol{P}$ 的选择不是唯一的，对于不同的 $\boldsymbol{P}$ 可得到不同的 $\bar{\boldsymbol{A}}$，$\bar{\boldsymbol{B}}$，$\bar{\boldsymbol{C}}$，$\bar{\boldsymbol{D}}$。这就是状态空间表达式非唯一性的体现。

2. 系统的特征值和特征向量

在讨论线性非奇异变换的性质之前，先复习一下系统的特征值和特征向量的概念。

在状态空间表达式中，对于系统矩阵 $\boldsymbol{A}$（$n\times n$ 维方阵），如果存在一个非零向量 $\boldsymbol{v}$，使得 $\boldsymbol{A}\boldsymbol{v}=\lambda\boldsymbol{v}$ 成立，则称：

① λ 为矩阵 $\boldsymbol{A}$ 的特征值（矩阵 $\boldsymbol{A}$ 的特征方程的根）；

② $\boldsymbol{v}$ 为矩阵 $\boldsymbol{A}$ 对应于特征值 λ 的特征向量；

③ $\lambda\boldsymbol{I}-\boldsymbol{A}$ 为矩阵 $\boldsymbol{A}$ 的特征矩阵；

④ $|\lambda\boldsymbol{I}-\boldsymbol{A}|=0$ 为矩阵 $\boldsymbol{A}$ 的特征方程；

⑤ $|\lambda\boldsymbol{I}-\boldsymbol{A}|=\lambda^n+a_{n-1}\lambda^{n-1}+\cdots+a_1\lambda+a_0$ 为矩阵 $\boldsymbol{A}$ 的特征多项式。

对于特征值和特征向量，不加证明地给出如下性质：

① 对于 $n\times n$ 维系统矩阵 $\boldsymbol{A}$，有且仅有 n 个独立的特征值；

② 设 $\lambda_1,\lambda_2,\cdots,\lambda_n$ 为系统矩阵 $\boldsymbol{A}$ 的特征值，$\boldsymbol{v}_1,\boldsymbol{v}_2,\cdots,\boldsymbol{v}_n$ 是矩阵 $\boldsymbol{A}$ 对应于特征值 $\lambda_1,\lambda_2,\cdots,\lambda_n$ 的特征向量。当 $\lambda_1,\lambda_2,\cdots,\lambda_n$ 两两互异时，$\boldsymbol{v}_1,\boldsymbol{v}_2,\cdots,\boldsymbol{v}_n$ 线性无关，因此由这些特征

向量组成的矩阵 $\boldsymbol{P}$ 必是非奇异的。本性质给出了非奇异变换阵 $\boldsymbol{P}$ 的一种构造方法,即

$$\boldsymbol{P}=[\boldsymbol{v}_1 \quad \boldsymbol{v}_2 \quad \cdots \quad \boldsymbol{v}_n]=\begin{bmatrix} v_{11} & v_{12} & \cdots & v_{1n} \\ v_{21} & v_{22} & \cdots & v_{2n} \\ \vdots & \vdots & & \vdots \\ v_{n1} & v_{n2} & \cdots & v_{nn} \end{bmatrix}$$

③ 若 $n\times n$ 维系统矩阵

$$\boldsymbol{A}=\begin{bmatrix} 0 & 1 & 0 & \cdots & 0 \\ 0 & 0 & 1 & \cdots & 0 \\ \vdots & \vdots & \vdots & & \vdots \\ 0 & 0 & 0 & \cdots & 1 \\ -a_0 & -a_1 & -a_2 & \cdots & -a_{n-1} \end{bmatrix}$$

即 $\boldsymbol{A}$ 是友矩阵,则其特征多项式为

$$|\lambda\boldsymbol{I}-\boldsymbol{A}|=\lambda^n+a_{n-1}\lambda^{n-1}+\cdots+a_1\lambda+a_0$$

特征方程为

$$|\lambda\boldsymbol{I}-\boldsymbol{A}|=\lambda^n+a_{n-1}\lambda^{n-1}+\cdots+a_1\lambda+a_0=0$$

特征多项式的系数 $a_0,a_1,\cdots,a_{n-1}$ 为系统的不变量。

下面给出 $n\times n$ 维系统矩阵 $\boldsymbol{A}$ 的特征值和特征向量的计算方法:

① 先求出系统矩阵 $\boldsymbol{A}$ 的所有特征值;

② 对于每个特征值,计算其特征向量。

由线性代数知识可知,对于每个特征值,其对应的独立特征向量个数为 $n-\text{rank}(\lambda_i\boldsymbol{I}-\boldsymbol{A})$。为此,给出矩阵特征值的代数重数和几何重数的概念:矩阵重特征值 λ_i 的总重数,称为 λ_i 的代数重数,如 3 重特征值的代数重数为 3。每个特征值所对应的独立特征向量个数 $n-\text{rank}(\lambda_i\boldsymbol{I}-\boldsymbol{A})$ 称为 λ_i 的几何重数。

注意:本书仅讨论系统矩阵 $\boldsymbol{A}$ 为以下形式的系统:系统矩阵 $\boldsymbol{A}$ 的所有特征值的几何重数都为 1,即 $n-\text{rank}(\lambda_i\boldsymbol{I}-\boldsymbol{A})=1$,也就是说每个互不相同的特征值各自仅对应一个独立的特征向量。

例 1.4.1 求下列系统矩阵 $\boldsymbol{A}$ 的特征向量。

$$\boldsymbol{A}=\begin{bmatrix} 0 & 1 & 0 \\ 0 & 0 & 1 \\ -6 & -11 & -6 \end{bmatrix}$$

解 ① 计算特征值

由于系统矩阵 $\boldsymbol{A}$ 是友矩阵,根据特征值和特征向量的性质可知系统的特征方程为

$$|\lambda\boldsymbol{I}-\boldsymbol{A}|=\lambda^3+6\lambda^2+11\lambda+6=0$$

解以上方程,可得系统矩阵 $\boldsymbol{A}$ 的特征值为

$$\lambda_1=-1,\ \lambda_2=-2,\ \lambda_3=-3$$

② 计算特征向量

特征值 $\lambda_1=-1$ 所对应的特征向量为 $\boldsymbol{v}_1$,设

$$\boldsymbol{v}_1=\begin{bmatrix}v_{11}\\v_{21}\\v_{31}\end{bmatrix}$$

则由$(\lambda_1\boldsymbol{I}-\boldsymbol{A})\boldsymbol{v}_1=0$可得

$$\begin{bmatrix}-1&-1&0\\0&-1&-1\\6&11&5\end{bmatrix}\begin{bmatrix}v_{11}\\v_{21}\\v_{31}\end{bmatrix}=0$$

将以上矩阵写成方程组的形式如下

$$\begin{cases}-v_{11}-v_{21}=0\\ \quad -v_{21}-v_{31}=0\\ 6v_{11}+11v_{21}+5v_{31}=0\end{cases}$$

如果令 $v_{11}=1$，并代入上式，可以解得

$$\boldsymbol{v}_1=\begin{bmatrix}1\\-1\\1\end{bmatrix}$$

同理可以得到特征值 $\lambda_2=-2,\lambda_3=-3$ 所对应的特征向量 $\boldsymbol{v}_2,\boldsymbol{v}_3$ 分别为

$$\boldsymbol{v}_2=\begin{bmatrix}1\\-2\\4\end{bmatrix}$$

$$\boldsymbol{v}_3=\begin{bmatrix}1\\-3\\9\end{bmatrix}$$

3. 线性非奇异变换的性质

对于线性非奇异变换，具有如下性质。

① 线性非奇异变换不改变系统的特征值，即不改变系统的极点。

证明　式(1.4.1)所示系统的特征多项式为$|\lambda\boldsymbol{I}-\boldsymbol{A}|$。

式(1.4.4)所示系统的特征多项式为

$$\begin{aligned}|\lambda\boldsymbol{I}-\bar{\boldsymbol{A}}|&=|\lambda\boldsymbol{I}-\boldsymbol{P}^{-1}\boldsymbol{A}\boldsymbol{P}|\\&=|\lambda\boldsymbol{P}^{-1}\boldsymbol{P}-\boldsymbol{P}^{-1}\boldsymbol{A}\boldsymbol{P}|\\&=|\boldsymbol{P}^{-1}||\lambda\boldsymbol{I}-\boldsymbol{A}||\boldsymbol{P}|\\&=|\boldsymbol{P}^{-1}||\boldsymbol{P}||\lambda\boldsymbol{I}-\boldsymbol{A}|\\&=|\boldsymbol{P}^{-1}\boldsymbol{P}||\lambda\boldsymbol{I}-\boldsymbol{A}|\\&=|\lambda\boldsymbol{I}-\boldsymbol{A}|\end{aligned}$$

线性非奇异变换后，系统的特征多项式相同，故特征值不发生变化。证毕。

② 线性非奇异变换不改变系统的传递函数矩阵。

证明　式(1.4.1)所示系统的传递函数矩阵为$\boldsymbol{G}(s)=\boldsymbol{C}(s\boldsymbol{I}-\boldsymbol{A})^{-1}\boldsymbol{B}+\boldsymbol{D}$

式(1.4.4)所示系统的传递函数矩阵为$\bar{\boldsymbol{G}}(s)=\bar{\boldsymbol{C}}(s\boldsymbol{I}-\bar{\boldsymbol{A}})^{-1}\bar{\boldsymbol{B}}+\bar{\boldsymbol{D}}$

将$\bar{\boldsymbol{A}}=\boldsymbol{P}^{-1}\boldsymbol{A}\boldsymbol{P},\bar{\boldsymbol{B}}=\boldsymbol{P}^{-1}\boldsymbol{B},\bar{\boldsymbol{C}}=\boldsymbol{C}\boldsymbol{P},\bar{\boldsymbol{D}}=\boldsymbol{D}$代入上式可得

$$\begin{aligned}\bar{G}(s) &= CP(sI - P^{-1}AP)^{-1}P^{-1}B + D \\ &= C[P(sI - P^{-1}AP)P^{-1}]^{-1}B + D \\ &= C(PsP^{-1} - PP^{-1}APP^{-1})^{-1}B + D \\ &= C(sI - A)^{-1}B + D\end{aligned}$$

线性非奇异变换后,系统的传递函数矩阵不发生变化。证毕。

③ 线性非奇异变换不改变系统的能控性和能观测性。此性质在第 3 章进行证明。

1.4.2 对角线标准型变换

将状态空间表达式变换为对角线标准型,就是将系统矩阵 $\boldsymbol{A}$ 化为对角阵。将系统矩阵 $\boldsymbol{A}$ 化为对角阵的条件是:①$\boldsymbol{A}$ 的所有特征值互异;②$\boldsymbol{A}$ 有重特征值,但所有重特征值的几何重数和代数重数相等,即特征值的代数重数和它对应的独立特征向量个数相等。在这两种情况下,$\boldsymbol{A}$ 独立的特征向量的个数仍然为 n 个。本书仅讨论第一种情况。

定理 1.4.1 对于如下的线性连续定常系统

$$\begin{cases}\dot{x} = Ax + Bu \\ y = Cx\end{cases} \tag{1.4.5}$$

如果系统矩阵 $\boldsymbol{A}$ 的特征值 $\lambda_1,\lambda_2,\cdots,\lambda_n$ 两两互异,则必存在非奇异变换阵 $\boldsymbol{P}$,通过线性非奇异变换 $\boldsymbol{x}=\boldsymbol{P}\bar{\boldsymbol{x}}$,可以将原状态空间表达式化为如下的对角线标准型

$$\begin{cases}\dot{\bar{x}} = \bar{A}\bar{x} + \bar{B}u \\ y = \bar{C}\bar{x}\end{cases} \tag{1.4.6}$$

其中

$$\bar{A} = P^{-1}AP = \begin{bmatrix}\lambda_1 & & & 0 \\ & \lambda_2 & & \\ & & \ddots & \\ 0 & & & \lambda_n\end{bmatrix}$$

$$\bar{B} = P^{-1}B$$

$$\bar{C} = CP$$

证明 ① 寻找非奇异变换阵

由前面介绍的特征值和特征向量的性质②可知,由系统矩阵 $\boldsymbol{A}$ 特征向量所构成的矩阵是非奇异的,故可选如下矩阵作为非奇异变换阵

$$P = [v_1 \quad v_2 \quad \cdots \quad v_n]$$

② 求 $\bar{\boldsymbol{A}}=\boldsymbol{P}^{-1}\boldsymbol{A}\boldsymbol{P}$

$$\begin{aligned}AP &= A[v_1 \quad v_2 \quad \cdots \quad v_n] \\ &= [Av_1 \quad Av_2 \quad \cdots \quad Av_n]\end{aligned}$$

将 $\boldsymbol{A}\boldsymbol{v}_i=\lambda_i\boldsymbol{v}_i$ 代入上式,可得

$$\begin{aligned}AP &= [\lambda_1 v_1 \quad \lambda_2 v_2 \quad \cdots \quad \lambda_n v_n] \\ &= [v_1 \quad v_2 \quad \cdots \quad v_n]\begin{bmatrix}\lambda_1 & & & 0 \\ & \lambda_2 & & \\ & & \ddots & \\ 0 & & & \lambda_n\end{bmatrix}\end{aligned}$$

$$= P\begin{bmatrix} \lambda_1 & & & 0 \\ & \lambda_2 & & \\ & & \ddots & \\ 0 & & & \lambda_n \end{bmatrix}$$

上式两端左乘 $\boldsymbol{P}^{-1}$，可以得到

$$\boldsymbol{P}^{-1}\boldsymbol{AP} = \begin{bmatrix} \lambda_1 & & & 0 \\ & \lambda_2 & & \\ & & \ddots & \\ 0 & & & \lambda_n \end{bmatrix}$$

即

$$\overline{\boldsymbol{A}} = \boldsymbol{P}^{-1}\boldsymbol{AP} = \begin{bmatrix} \lambda_1 & & & 0 \\ & \lambda_2 & & \\ & & \ddots & \\ 0 & & & \lambda_n \end{bmatrix}$$

证毕！

由定理 1.4.1 可以看出，将状态空间表达式化为对角线标准型的过程，就是寻找非奇异变换阵 $\boldsymbol{P}$ 的过程，一旦变换阵 $\boldsymbol{P}$ 确定，剩下的任务就是进行矩阵计算。

因此，将状态空间表达式化为对角线标准型的步骤归纳如下：

① 先求出系统矩阵 $\boldsymbol{A}$ 的所有特征值；

② 针对每个特征值，计算其特征向量，并由这些特征向量组成非奇异变换阵 $\boldsymbol{P}$；

③ 由变换阵 $\boldsymbol{P}$ 和矩阵 $\boldsymbol{A}$，$\boldsymbol{B}$，$\boldsymbol{C}$，根据 $\overline{\boldsymbol{A}}=\boldsymbol{P}^{-1}\boldsymbol{AP}$，$\overline{\boldsymbol{B}}=\boldsymbol{P}^{-1}\boldsymbol{B}$，$\overline{\boldsymbol{C}}=\boldsymbol{CP}$，求出 $\overline{\boldsymbol{A}}$，$\overline{\boldsymbol{B}}$，$\overline{\boldsymbol{C}}$，其中对角阵 $\overline{\boldsymbol{A}}$ 可以由特征值直接写出，只需求出 $\overline{\boldsymbol{B}}$，$\overline{\boldsymbol{C}}$ 即可。

例 1.4.2　已知线性连续定常系统 $\dot{\boldsymbol{x}}=\boldsymbol{Ax}+\boldsymbol{Bu}$，其中

$$\boldsymbol{A} = \begin{bmatrix} 2 & -1 & -1 \\ 0 & -1 & 0 \\ 0 & 2 & 1 \end{bmatrix},\ \boldsymbol{B} = \begin{bmatrix} 7 \\ 2 \\ 3 \end{bmatrix}$$

将此状态方程化为对角线标准型。

解　① 计算特征值

该系统的特征方程如下

$$|\lambda\boldsymbol{I}-\boldsymbol{A}| = \begin{vmatrix} \lambda-2 & 1 & 1 \\ 0 & \lambda+1 & 0 \\ 0 & -2 & \lambda-1 \end{vmatrix} = (\lambda-2)(\lambda+1)(\lambda-1) = 0$$

解此特征方程，可以得到系统的 3 个特征值为

$$\lambda_1 = 2,\ \lambda_2 = -1,\ \lambda_3 = 1$$

② 确定非奇异变换阵 $\boldsymbol{P}$

特征值 $\lambda_1=2$ 所对应的特征向量 $\boldsymbol{v}_1$，设

$$\boldsymbol{v}_1 = \begin{bmatrix} v_{11} \\ v_{21} \\ v_{31} \end{bmatrix}$$

则由$(\lambda_1\boldsymbol{I}-\boldsymbol{A})\boldsymbol{v}_1=0$可得

$$\begin{bmatrix}0 & 1 & 1\\0 & 3 & 0\\0 & -2 & 1\end{bmatrix}\begin{bmatrix}v_{11}\\v_{21}\\v_{31}\end{bmatrix}=0$$

将以上矩阵写成方程组的形式如下

$$\begin{cases}v_{21}+v_{31}=0\\3v_{21}=0\\-2v_{21}+v_{31}=0\end{cases}$$

解得$v_{21}=v_{31}=0$,v_{11}取值任意,可令$v_{11}=1$,则有

$$\boldsymbol{v}_1=\begin{bmatrix}1\\0\\0\end{bmatrix}$$

同理可以得到特征值$\lambda_2=-1$,$\lambda_3=1$所对应的特征向量$\boldsymbol{v}_2$,$\boldsymbol{v}_3$分别为

$$\boldsymbol{v}_2=\begin{bmatrix}0\\1\\-1\end{bmatrix}$$

$$\boldsymbol{v}_3=\begin{bmatrix}1\\0\\1\end{bmatrix}$$

所以非奇异变换阵为

$$\boldsymbol{P}=[\boldsymbol{v}_1 \quad \boldsymbol{v}_2 \quad \boldsymbol{v}_3]=\begin{bmatrix}1 & 0 & 1\\0 & 1 & 0\\0 & -1 & 1\end{bmatrix}$$

并求得

$$\boldsymbol{P}^{-1}=\begin{bmatrix}1 & -1 & -1\\0 & 1 & 0\\0 & 1 & 1\end{bmatrix}$$

③ 计算$\bar{\boldsymbol{A}}$,$\bar{\boldsymbol{B}}$

$$\bar{\boldsymbol{A}}=\boldsymbol{P}^{-1}\boldsymbol{A}\boldsymbol{P}=\begin{bmatrix}\lambda_1 & 0 & 0\\0 & \lambda_2 & 0\\0 & 0 & \lambda_3\end{bmatrix}=\begin{bmatrix}2 & 0 & 0\\0 & -1 & 0\\0 & 0 & 1\end{bmatrix}$$

$$\bar{\boldsymbol{B}}=\boldsymbol{P}^{-1}\boldsymbol{B}=\begin{bmatrix}1 & -1 & -1\\0 & 1 & 0\\0 & 1 & 1\end{bmatrix}\begin{bmatrix}7\\2\\3\end{bmatrix}=\begin{bmatrix}2\\2\\5\end{bmatrix}$$

所以系统的对角线标准型形式的状态空间表达式为

$$\dot{\bar{\boldsymbol{x}}}=\begin{bmatrix}2 & 0 & 0\\0 & -1 & 0\\0 & 0 & 1\end{bmatrix}\bar{\boldsymbol{x}}+\begin{bmatrix}2\\2\\5\end{bmatrix}u$$

定理 1.4.2 对于如下的线性连续定常系统

$$\begin{cases} \dot{x} = Ax + Bu \\ y = Cx \end{cases}$$

如果系统矩阵 $\boldsymbol{A}$ 是友矩阵，且其特征值 $\lambda_1, \lambda_2, \cdots, \lambda_n$ 两两互异，则将系统状态方程化为对角线标准型的非奇异矩阵 $\boldsymbol{P}$ 是如下的范德蒙矩阵

$$\boldsymbol{P} = \begin{bmatrix} 1 & 1 & \cdots & 1 \\ \lambda_1 & \lambda_2 & \cdots & \lambda_n \\ \lambda_1^2 & \lambda_2^2 & \cdots & \lambda_n^2 \\ \vdots & \vdots & & \vdots \\ \lambda_1^{n-1} & \lambda_2^{n-1} & \cdots & \lambda_n^{n-1} \end{bmatrix}$$

关于定理 1.4.2，有兴趣的读者可以根据特征值和特征向量的定义自行证明。

例 1.4.3 已知线性连续定常系统 $\dot{x} = Ax + Bu$，其中

$$\boldsymbol{A} = \begin{bmatrix} 0 & 1 & 0 \\ 0 & 0 & 1 \\ -2 & 1 & 2 \end{bmatrix}, \ \boldsymbol{B} = \begin{bmatrix} 9 \\ 7 \\ 15 \end{bmatrix}$$

将此状态方程化为对角线标准型。

解 ① 计算特征值

由于系统矩阵 $\boldsymbol{A}$ 是友矩阵，根据特征值和特征向量的性质可知系统的特征方程为

$$|\lambda \boldsymbol{I} - \boldsymbol{A}| = \lambda^3 - 2\lambda^2 - \lambda + 2 = (\lambda - 2)(\lambda - 1)(\lambda + 1) = 0$$

解以上方程，可以得到系统矩阵 $\boldsymbol{A}$ 的特征值为

$$\lambda_1 = 2, \ \lambda_2 = 1, \ \lambda_3 = -1$$

② 确定非奇异变换阵 $\boldsymbol{P}$

由于系统矩阵 $\boldsymbol{A}$ 是友矩阵，且其特征值两两互异，则根据定理 1.4.2 可知，非奇异变换阵为

$$\boldsymbol{P} = \begin{bmatrix} 1 & 1 & 1 \\ \lambda_1 & \lambda_2 & \lambda_3 \\ \lambda_1^2 & \lambda_2^2 & \lambda_3^2 \end{bmatrix} = \begin{bmatrix} 1 & 1 & 1 \\ 2 & 1 & -1 \\ 4 & 1 & 1 \end{bmatrix}$$

并求得

$$\boldsymbol{P}^{-1} = \begin{bmatrix} -\frac{1}{3} & 0 & \frac{1}{3} \\ 1 & \frac{1}{2} & -\frac{1}{2} \\ \frac{1}{3} & -\frac{1}{2} & \frac{1}{6} \end{bmatrix}$$

③ 计算 $\bar{\boldsymbol{A}}, \bar{\boldsymbol{B}}$

$$\bar{\boldsymbol{A}} = \boldsymbol{P}^{-1}\boldsymbol{A}\boldsymbol{P} = \begin{bmatrix} \lambda_1 & 0 & 0 \\ 0 & \lambda_2 & 0 \\ 0 & 0 & \lambda_3 \end{bmatrix} = \begin{bmatrix} 2 & 0 & 0 \\ 0 & 1 & 0 \\ 0 & 0 & -1 \end{bmatrix}$$

$$\bar{\boldsymbol{B}}=\boldsymbol{P}^{-1}\boldsymbol{B}=\begin{bmatrix}-\frac{1}{3} & 0 & \frac{1}{3}\\ 1 & \frac{1}{2} & -\frac{1}{2}\\ \frac{1}{3} & -\frac{1}{2} & \frac{1}{6}\end{bmatrix}\begin{bmatrix}9\\7\\15\end{bmatrix}=\begin{bmatrix}2\\5\\2\end{bmatrix}$$

所以系统的对角线标准型形式的状态空间表达式为

$$\dot{\bar{\boldsymbol{x}}}=\begin{bmatrix}2 & 0 & 0\\ 0 & 1 & 0\\ 0 & 0 & -1\end{bmatrix}\bar{\boldsymbol{x}}+\begin{bmatrix}2\\5\\2\end{bmatrix}u$$

1.4.3 约当标准型变换

如果系统矩阵 $\boldsymbol{A}$ 有重特征值，且 $\boldsymbol{A}$ 特征值对应的独立特征向量的个数小于 n 时，即 $\boldsymbol{A}$ 的某些重特征值，其几何重数小于其代数重数。此时，状态空间表达式不能变换为对角线标准型，但是可以变换为约当标准型。

特别指出，本节仅讨论系统矩阵 $\boldsymbol{A}$ 的每个重特征值各自仅对应一个独立的特征向量的情况，等同于每个约当块仅有一个线性独立的特征向量。此时进行线性变换，需增加广义特征向量，来构成非奇异变换阵 $\boldsymbol{Q}$。

1. 约当矩阵的概念

(1) 约当块

具有如下形式的矩阵，称为约当块

$$\widetilde{\boldsymbol{A}}_i=\begin{bmatrix}\lambda_i & 1 & & \\ & \lambda_i & \ddots & \\ & & \ddots & 1\\ & & & \lambda_i\end{bmatrix}$$

(2) 约当矩阵

由约当块组成的准对角矩阵，称为约当矩阵，形式如下

$$\widetilde{\boldsymbol{A}}=\begin{bmatrix}\widetilde{\boldsymbol{A}}_1 & & & \\ & \widetilde{\boldsymbol{A}}_2 & & \\ & & \ddots & \\ & & & \widetilde{\boldsymbol{A}}_l\end{bmatrix} \tag{1.4.7}$$

其中，$\widetilde{\boldsymbol{A}}_i$ 是约当块，l 是约当块的块数，l 等于 $\widetilde{\boldsymbol{A}}$ 独立特征向量的个数，即每个约当块有且仅有一个线性独立的特征向量，关于这一点说明如下。

① 当某个重特征值 λ_i 的代数重数为 3，对应于该特征值 λ_i 的独立特征向量个数为 2，即几何重数是 2 时，此时该重特征值 λ_i 对应的约当块块数为 2，即

$$\widetilde{\boldsymbol{A}}_i=\begin{bmatrix}\lambda_i & 1 & 0\\ 0 & \lambda_i & 0\\ 0 & 0 & \lambda_i\end{bmatrix}$$

或

$$\widetilde{\boldsymbol{A}}_i = \begin{bmatrix} \lambda_i & 0 & 0 \\ 0 & \lambda_i & 1 \\ 0 & 0 & \lambda_i \end{bmatrix}$$

② 如果某个重特征值 λ_i 的代数重数为 3，对应于该特征值 λ_i 的独立特征向量个数为 1，即几何重数是 1 时，此时该重特征值 λ_i 对应的约当块块数为 1，即

$$\widetilde{\boldsymbol{A}}_i = \begin{bmatrix} \lambda_i & 1 & 0 \\ 0 & \lambda_i & 1 \\ 0 & 0 & \lambda_i \end{bmatrix}$$

③ 如果某个重特征值 λ_i 的代数重数为 3，对应于该特征值 λ_i 的独立特征向量个数也为 3，即几何重数是 3 时，此时该重特征值 λ_i 对应的约当块块数为 3，即对角阵

$$\widetilde{\boldsymbol{A}}_i = \begin{bmatrix} \lambda_i & 0 & 0 \\ 0 & \lambda_i & 0 \\ 0 & 0 & \lambda_i \end{bmatrix}$$

在线性变换中，为了方便地确定非奇异变换阵 $\boldsymbol{Q}$，本节仅讨论以上第②种情况。

当重特征值对应多个独立的特征向量，仍可以化为对角阵的情况，下面举例说明。例如

$$\boldsymbol{A} = \begin{bmatrix} 1 & 0 & -1 \\ 0 & 1 & 0 \\ 0 & 0 & 2 \end{bmatrix}$$

可得 $\boldsymbol{A}$ 的特征值为 $\lambda_1=\lambda_2=1, \lambda_3=2$。此时，$3-\text{rank}(\lambda_1\boldsymbol{I}-\boldsymbol{A})=2$，即 2 重特征根 $\lambda_1=\lambda_2=1$ 对应 2 个独立的特征向量；$3-\text{rank}(\lambda_3\boldsymbol{I}-\boldsymbol{A})=1$，即单根 $\lambda_3=2$ 对应 1 个独立的特征向量。由

$$(\lambda_1\boldsymbol{I}-\boldsymbol{A})\boldsymbol{v} = \begin{bmatrix} 0 & 0 & 1 \\ 0 & 0 & 0 \\ 0 & 0 & -1 \end{bmatrix} \begin{bmatrix} v_1 \\ v_2 \\ v_3 \end{bmatrix} = 0$$

可得 $v_3=0$，v_1 和 v_2 为任意值，所以 2 重根 $\lambda_1=\lambda_2=1$ 对应的 2 个独立特征向量为

$$\boldsymbol{v}_1 = \begin{bmatrix} 1 \\ 0 \\ 0 \end{bmatrix}, \quad \boldsymbol{v}_2 = \begin{bmatrix} 0 \\ 1 \\ 0 \end{bmatrix}$$

由 $(\lambda_3\boldsymbol{I}-\boldsymbol{A})\boldsymbol{v}_3=0$，可得单根 $\lambda_3=2$ 对应的特征向量为

$$\boldsymbol{v}_3 = \begin{bmatrix} 1 \\ 0 \\ -1 \end{bmatrix}$$

所以，变换阵为

$$\boldsymbol{P} = [\boldsymbol{v}_1 \quad \boldsymbol{v}_2 \quad \boldsymbol{v}_3] = \begin{bmatrix} 1 & 0 & 1 \\ 0 & 1 & 0 \\ 0 & 0 & -1 \end{bmatrix}$$

此时

$$\boldsymbol{P}^{-1} = \begin{bmatrix} 1 & 0 & 1 \\ 0 & 1 & 0 \\ 0 & 0 & -1 \end{bmatrix}$$

所以

$$\bar{\boldsymbol{A}}=\boldsymbol{P}^{-1}\boldsymbol{A}\boldsymbol{P}=\begin{bmatrix}1&0&0\\0&1&0\\0&0&2\end{bmatrix}$$

即 $\boldsymbol{A}$ 可化为对角阵。

由约当矩阵可以看出，对角阵是一种特殊形式的约当矩阵。

2. 非奇异变换阵 Q 的确定

给定线性连续定常系统

$$\begin{cases}\dot{\boldsymbol{x}}=\boldsymbol{A}\boldsymbol{x}+\boldsymbol{B}\boldsymbol{u}\\ \boldsymbol{y}=\boldsymbol{C}\boldsymbol{x}+\boldsymbol{D}\boldsymbol{u}\end{cases}\tag{1.4.8}$$

通过线性非奇异变换 $\boldsymbol{x}=\boldsymbol{Q}\tilde{\boldsymbol{x}}$，可以将式(1.4.8)转换为如下的约当标准型形式的状态空间表达式

$$\begin{cases}\dot{\tilde{\boldsymbol{x}}}=\tilde{\boldsymbol{A}}\tilde{\boldsymbol{x}}+\tilde{\boldsymbol{B}}\boldsymbol{u}\\ \boldsymbol{y}=\tilde{\boldsymbol{C}}\tilde{\boldsymbol{x}}+\tilde{\boldsymbol{D}}\boldsymbol{u}\end{cases}\tag{1.4.9}$$

其中，$\tilde{\boldsymbol{A}}=\boldsymbol{Q}^{-1}\boldsymbol{A}\boldsymbol{Q}$，$\tilde{\boldsymbol{B}}=\boldsymbol{Q}^{-1}\boldsymbol{B}$，$\tilde{\boldsymbol{C}}=\boldsymbol{C}\boldsymbol{Q}$，$\tilde{\boldsymbol{D}}=\boldsymbol{D}$。$\tilde{\boldsymbol{A}}$ 是形如式(1.4.7)所示的约当矩阵。

下面讨论线性非奇异变换阵 Q 的计算方法。

假设由式(1.4.8)所表示的 n 维系统，其系统矩阵 $\boldsymbol{A}$ 有一个 n 重特征值 λ_1，且该特征值仅对应一个独立的特征向量，此时通过非奇异变换阵 $Q=[\boldsymbol{v}_1\quad \boldsymbol{v}_2\quad \cdots\quad \boldsymbol{v}_n]$，可以将系统矩阵 $\boldsymbol{A}$ 化为如下的约当矩阵

$$\tilde{\boldsymbol{A}}=\begin{bmatrix}\lambda_1&1&&0\\&\lambda_1&\ddots&\\&&\ddots&1\\0&&&\lambda_1\end{bmatrix}$$

关键是确定向量 $\boldsymbol{v}_1,\boldsymbol{v}_2,\cdots,\boldsymbol{v}_n$，将 $\boldsymbol{Q}=[\boldsymbol{v}_1\quad \boldsymbol{v}_2\quad \cdots\quad \boldsymbol{v}_n]$和上式代入 $\boldsymbol{Q}\tilde{\boldsymbol{A}}=\boldsymbol{A}\boldsymbol{Q}$ 可得

$$[\boldsymbol{v}_1\quad \boldsymbol{v}_2\quad \cdots\quad \boldsymbol{v}_n]\begin{bmatrix}\lambda_1&1&&0\\&\lambda_1&\ddots&\\&&\ddots&1\\0&&&\lambda_1\end{bmatrix}=\boldsymbol{A}[\boldsymbol{v}_1\quad \boldsymbol{v}_2\quad \cdots\quad \boldsymbol{v}_n]$$

即

$$[\boldsymbol{v}_1\lambda_1\quad \boldsymbol{v}_1+\lambda_1\boldsymbol{v}_2\quad \cdots\quad \boldsymbol{v}_{n-1}+\lambda_1\boldsymbol{v}_n]=\boldsymbol{A}[\boldsymbol{v}_1\quad \boldsymbol{v}_2\quad \cdots\quad \boldsymbol{v}_n]$$

将上式写成方程的形式如下

$$\begin{cases}(\lambda_1\boldsymbol{I}-\boldsymbol{A})\boldsymbol{v}_1=0\\(\lambda_1\boldsymbol{I}-\boldsymbol{A})\boldsymbol{v}_2=-\boldsymbol{v}_1\\ \qquad\vdots\\(\lambda_1\boldsymbol{I}-\boldsymbol{A})\boldsymbol{v}_n=-\boldsymbol{v}_{n-1}\end{cases}\tag{1.4.10}$$

其中，$\boldsymbol{v}_1$ 是对应于特征值 λ_1 的特征向量，$\boldsymbol{v}_2,\cdots,\boldsymbol{v}_n$ 为对应于特征值 λ_1 的广义特征向量。这些向量 $\boldsymbol{v}_1,\boldsymbol{v}_2,\cdots,\boldsymbol{v}_n$ 构成了非奇异变换阵 $\boldsymbol{Q}=[\boldsymbol{v}_1\quad \boldsymbol{v}_2\quad \cdots\quad \boldsymbol{v}_n]$。

因此，将状态空间表达式变换为约当标准型的步骤可以归纳如下。

① 先求出系统矩阵 $\boldsymbol{A}$ 的所有特征值。

② 针对每个特征值，计算其特征向量，对于非重特征值，按照对角线标准型方法进行计算；对于重特征值，按照以上介绍的非奇异变换阵的计算方法，还要计算其广义特征向量，并由此组成非奇异变换阵 $\boldsymbol{Q}$。

③ 由变换阵 $\boldsymbol{Q}$ 和矩阵 $\boldsymbol{A},\boldsymbol{B},\boldsymbol{C}$，根据 $\widetilde{\boldsymbol{A}}=\boldsymbol{Q}^{-1}\boldsymbol{A}\boldsymbol{Q},\widetilde{\boldsymbol{B}}=\boldsymbol{Q}^{-1}\boldsymbol{B},\widetilde{\boldsymbol{C}}=\boldsymbol{C}\boldsymbol{Q}$ 求出 $\widetilde{\boldsymbol{A}},\widetilde{\boldsymbol{B}},\widetilde{\boldsymbol{C}}$，其中约当矩阵 $\widetilde{\boldsymbol{A}}$ 可以由特征值直接写出，只需求出 $\widetilde{\boldsymbol{B}},\widetilde{\boldsymbol{C}}$ 即可。

例 1.4.4　已知线性连续定常系统

$$\dot{\boldsymbol{x}}=\begin{bmatrix}0 & 1 & 0\\0 & 0 & 1\\8 & -12 & 6\end{bmatrix}\boldsymbol{x}+\begin{bmatrix}5\\1\\5\end{bmatrix}u$$

$$y=\begin{bmatrix}1 & 0 & 0\end{bmatrix}\boldsymbol{x}$$

将此状态空间表达式化为约当标准型。

解　① 计算特征值

由于系统矩阵 $\boldsymbol{A}$ 是友矩阵，根据特征值和特征向量的性质可知系统的特征方程为

$$|\lambda\boldsymbol{I}-\boldsymbol{A}|=\lambda^3-6\lambda^2+12\lambda-8=(\lambda-2)^3=0$$

解以上方程，可得系统矩阵 $\boldsymbol{A}$ 的特征值为

$$\lambda_1=\lambda_2=\lambda_3=2$$

该特征值是三重特征值

② 计算特征向量，确定非奇异变换阵 $\boldsymbol{Q}$

按照式(1.4.10)来计算 $\lambda_1=\lambda_2=\lambda_3=2$ 所对应的特征向量 $\boldsymbol{v}_1$ 及广义特征向量 $\boldsymbol{v}_2,\boldsymbol{v}_3$，令

$$\boldsymbol{v}_1=\begin{bmatrix}v_{11}\\v_{21}\\v_{31}\end{bmatrix}$$

则由 $(\lambda_1\boldsymbol{I}-\boldsymbol{A})\boldsymbol{v}_1=0$ 可得

$$\begin{bmatrix}2 & -1 & 0\\0 & 2 & -1\\-8 & 12 & -4\end{bmatrix}\begin{bmatrix}v_{11}\\v_{21}\\v_{31}\end{bmatrix}=0$$

将以上矩阵写成方程组的形式如下

$$\begin{cases}2v_{11}-v_{21}=0\\2v_{21}-v_{31}=0\\-8v_{11}+12v_{21}-4v_{31}=0\end{cases}$$

令 $v_{11}=1$，可得如上方程组的解为

$$\boldsymbol{v}_1=\begin{bmatrix}v_{11}\\v_{21}\\v_{31}\end{bmatrix}=\begin{bmatrix}1\\2\\4\end{bmatrix}$$

接下来求广义特征向量 $\boldsymbol{v}_2,\boldsymbol{v}_3$，令

$$\boldsymbol{v}_2 = \begin{bmatrix} v_{12} \\ v_{22} \\ v_{32} \end{bmatrix}$$

由$(\lambda_1 \boldsymbol{I} - \boldsymbol{A})\boldsymbol{v}_2 = -\boldsymbol{v}_1$ 可得

$$\begin{bmatrix} 2 & -1 & 0 \\ 0 & 2 & -1 \\ -8 & 12 & -4 \end{bmatrix} \begin{bmatrix} v_{12} \\ v_{22} \\ v_{32} \end{bmatrix} = \begin{bmatrix} -1 \\ -2 \\ -4 \end{bmatrix}$$

将以上矩阵写成方程组的形式如下

$$\begin{cases} 2v_{12} - v_{22} = -1 \\ 2v_{22} - v_{32} = -2 \\ -8v_{12} + 12v_{22} - 4v_{32} = -4 \end{cases}$$

令 $v_{12}=0$,可以得到如上方程组的解为

$$\boldsymbol{v}_2 = \begin{bmatrix} v_{12} \\ v_{22} \\ v_{32} \end{bmatrix} = \begin{bmatrix} 0 \\ 1 \\ 4 \end{bmatrix}$$

同理,根据$(\lambda_1 \boldsymbol{I} - \boldsymbol{A})\boldsymbol{v}_3 = -\boldsymbol{v}_2$ 可以得到另一个广义特征向量 $\boldsymbol{v}_3$ 为

$$\boldsymbol{v}_3 = \begin{bmatrix} v_{13} \\ v_{23} \\ v_{33} \end{bmatrix} = \begin{bmatrix} 0 \\ 0 \\ 1 \end{bmatrix}$$

所以非奇异变换阵为

$$\boldsymbol{Q} = [\boldsymbol{v}_1 \quad \boldsymbol{v}_2 \quad \boldsymbol{v}_3] = \begin{bmatrix} 1 & 0 & 0 \\ 2 & 1 & 0 \\ 4 & 4 & 1 \end{bmatrix}$$

并求得

$$\boldsymbol{Q}^{-1} = \begin{bmatrix} 1 & 0 & 0 \\ -2 & 1 & 0 \\ 4 & -4 & 1 \end{bmatrix}$$

③ 计算 $\widetilde{\boldsymbol{A}}, \widetilde{\boldsymbol{B}}, \widetilde{\boldsymbol{C}}$

$$\widetilde{\boldsymbol{A}} = \boldsymbol{Q}^{-1}\boldsymbol{A}\boldsymbol{Q} = \begin{bmatrix} \lambda_1 & 1 & 0 \\ 0 & \lambda_1 & 1 \\ 0 & 0 & \lambda_1 \end{bmatrix} = \begin{bmatrix} 2 & 1 & 0 \\ 0 & 2 & 1 \\ 0 & 0 & 2 \end{bmatrix}$$

$$\widetilde{\boldsymbol{B}} = \boldsymbol{Q}^{-1}\boldsymbol{B} = \begin{bmatrix} 1 & 0 & 0 \\ -2 & 1 & 0 \\ 4 & -4 & 1 \end{bmatrix} \begin{bmatrix} 5 \\ 1 \\ 5 \end{bmatrix} = \begin{bmatrix} 5 \\ -9 \\ 21 \end{bmatrix}$$

$$\widetilde{\boldsymbol{C}} = \boldsymbol{C}\boldsymbol{Q} = [1 \quad 0 \quad 0] \begin{bmatrix} 1 & 0 & 0 \\ 2 & 1 & 0 \\ 4 & 4 & 1 \end{bmatrix} = [1 \quad 0 \quad 0]$$

所以系统的约当标准型形式的状态空间表达式为

$$\dot{\tilde{x}} = \begin{bmatrix} 2 & 1 & 0 \\ 0 & 2 & 1 \\ 0 & 0 & 2 \end{bmatrix} \tilde{x} + \begin{bmatrix} 5 \\ -9 \\ 21 \end{bmatrix} u$$

$$y = [1 \quad 0 \quad 0] \tilde{x}$$

例 1.4.4 讨论的是系统只有一个重特征值的问题，下面举一个既含有重特征值，又有单特征值的例子。

例 1.4.5　已知线性连续定常系统的状态空间表达式为

$$\dot{x} = \begin{bmatrix} 0 & 1 & 0 \\ 0 & 0 & 1 \\ 2 & 3 & 0 \end{bmatrix} x + \begin{bmatrix} 0 \\ 0 \\ 1 \end{bmatrix} u$$

将此状态空间表达式化为约当标准型。

解　① 计算特征值

由于系统矩阵 A 是友矩阵，根据特征值和特征向量的性质可知系统的特征方程为

$$|\lambda I - A| = \lambda^3 - 3\lambda - 2 = (\lambda + 1)^2(\lambda - 2) = 0$$

解以上方程，可得系统矩阵 A 的特征值为

$$\lambda_1 = \lambda_2 = -1, \lambda_3 = 2$$

该系统矩阵的特征值由两部分组成：1 个二重特征值 $\lambda_1 = \lambda_2 = -1$，1 个单特征值 $\lambda_3 = 2$。

② 计算特征向量，确定非奇异变换阵 Q

按照式(1.4.10)来计算 $\lambda_1 = \lambda_2 = -1$ 所对应的特征向量 v_1 及广义特征向量 v_2，可得

$$v_1 = \begin{bmatrix} 1 \\ -1 \\ 1 \end{bmatrix}$$

$$v_2 = \begin{bmatrix} 1 \\ 0 \\ -1 \end{bmatrix}$$

按照 $(\lambda_3 I - A) v_3 = 0$，可以计算出单根 $\lambda_3 = 2$ 所对应的特征向量 v_3 为

$$v_3 = \begin{bmatrix} 1 \\ 2 \\ 4 \end{bmatrix}$$

所以非奇异变换阵为

$$Q = [v_1 \quad v_2 \quad v_3] = \begin{bmatrix} 1 & 1 & 1 \\ -1 & 0 & 2 \\ 1 & -1 & 4 \end{bmatrix}$$

③ 计算 $\tilde{A}, \tilde{B}$

$$\tilde{A} = Q^{-1} A Q = \begin{bmatrix} -1 & 1 & 0 \\ 0 & -1 & 0 \\ 0 & 0 & 2 \end{bmatrix}$$

$$\widetilde{\boldsymbol{B}}=\boldsymbol{Q}^{-1}\boldsymbol{B}=\begin{bmatrix}\dfrac{2}{9}\\ \dfrac{-1}{3}\\ \dfrac{1}{9}\end{bmatrix}$$

所以系统的约当标准型形式的状态空间表达式为

$$\dot{\tilde{\boldsymbol{x}}}=\begin{bmatrix}-1 & 1 & 0\\ 0 & -1 & 0\\ 0 & 0 & 2\end{bmatrix}\tilde{\boldsymbol{x}}+\begin{bmatrix}\dfrac{2}{9}\\ \dfrac{-1}{3}\\ \dfrac{1}{9}\end{bmatrix}u$$

通过以上对约当标准型和对角线标准型形式的状态空间表达式的讨论,可以看出:对角线标准型下,各状态变量间是完全解耦的;约当标准型下,各状态变量间存在最简单的耦合形式,即每个变量至多和下一个变量有关联。因此将状态空间表达式化为约当标准型或对角线标准型,使得对系统的分析和设计变得简洁。

1.5 用MATLAB进行系统模型的建立

使用MATLAB工具,可以很容易地建立控制系统的状态空间表达式,并可以方便地进行状态空间表达式和传递函数等各种模型间的相互转换。本节重点介绍两个内容:如何利用MATLAB由传递函数建立状态空间表达式,以及由状态空间表达式求解传递函数。

1.5.1 由传递函数建立状态空间表达式

MATLAB提供了多种函数,可以将传递函数转换为状态空间表达式。利用函数tf2ss()可以将传递函数转换为状态空间表达式,当传递函数由零极点形式给出时,可以采用函数zp2ss()生成状态空间表达式。此外,也可以利用函数ssdata()由传递函数建立状态空间表达式。

这些函数的基本调用格式为

[***A***,***B***,***C***,***D***]=tf2ss(num,den)

[***A***,***B***,***C***,***D***]=zp2ss(z,p,k)

[***A***,***B***,***C***,***D***]=ssdata(sys)

其中,num和den分别为传递函数分子多项式和分母多项式的系数;z,p和k分别为系统的零点、极点和增益;***A***,***B***,***C***和***D***分别为状态空间表达式的系统矩阵、输入矩阵、输出矩阵和前馈矩阵。

例1.5.1 已知某单输入单输出系统的传递函数为

$$G(s)=\frac{2s+3}{s^4+6s^3+2s^2+5s+1}$$

利用MATLAB方法将其转换为状态空间表达式。

解 利用函数tf2ss()将传递函数转换为状态空间表达式,其程序片段如程序1.5.1

所示。

```
num=[2 3];          % 传递函数分子多项式的系数
den=[1 6 2 5 1];    % 传递函数分母多项式的系数
[A, B, C, D]=tf2ss(num,den)
```

程序 1.5.1　例 1.5.1 程序片断

执行结果为

```
A=
    -6   -2   -5   -1
     1    0    0    0
     0    1    0    0
     0    0    1    0
B=
    1
    0
    0
    0
C=
    0   0   2   3
D=
    0
```

例 1.5.2　已知某单输入单输出系统的传递函数为

$$G(s)=\frac{2(s+4)(s+5)}{(s+1)(s+2)(s+3)}$$

利用 MATLAB 方法将其转换为状态空间表达式。

解　由于状态空间描述的非唯一性，本例用两种方法求解。

方法 1：该系统的传递函数由零极点形式给出，因此利用函数 zp2ss()求解状态空间表达式。程序片断如程序 1.5.2 所示。

```
z=[-4, -5];          % 传递函数的零点
p=[-1, -2, -3];      % 传递函数的极点
k=2;                 % 增益
[A, B, C, D]=zp2ss(z, p, k)
```

程序 1.5.2　例 1.5.2 方法 1 的程序片断

执行结果为

```
A=
    -1.0000         0         0
     1.0000   -5.0000   -2.4495
          0    2.4495         0
B=
```

```
    1
    0
    0
C=
    2.0000   8.0000   11.4310
D=
    0
```

方法 2:先求出系统的零极点增益模型,然后利用函数 ssdata()求解状态空间表达式。程序片断如程序 1.5.3 所示。

```
z=[-4, -5];            % 传递函数的零点
p=[-1, -2, -3];        % 传递函数的极点
k=2;                   % 增益
sys=zpk(z, p, k);
[A, B, C, D]=ssdata(sys)
```

程序 1.5.3 例 1.5.2 方法 2 的程序片断

执行结果为

```
A=
    -1.0000    3.0000     1.7321
       0      -2.0000     1.7321
       0         0       -3.0000
B=
       0
       0
       4
C=
    0.8660     0.8660     0.5000
D=
    0
```

由方法 1 和方法 2 的结果可以看出,对于同一个传递函数表示的系统,采用不同的方法求得的状态空间表达式是不同的,这也印证了状态空间表达式的非唯一性。

1.5.2 由状态空间表达式求解传递函数

MATLAB 也提供了多种函数,用于由状态空间表达式求解传递函数。利用函数 ss2tf()可以生成分子、分母为 s 多项式形式的传递函数,通过函数 ss2zp()可以生成零极点形式的传递函数。

这两个函数的基本调用格式为

$$[\mathrm{num},\mathrm{den}] = \mathrm{ss2tf}(\boldsymbol{A},\boldsymbol{B},\boldsymbol{C},\boldsymbol{D})$$

$$[\mathrm{z},\mathrm{p},\mathrm{k}] = \mathrm{ss2zp}(\boldsymbol{A},\boldsymbol{B},\boldsymbol{C},\boldsymbol{D})$$

其中,num,den,z,p,k,$\boldsymbol{A}$,$\boldsymbol{B}$,$\boldsymbol{C}$ 和 $\boldsymbol{D}$ 的含义同上。

例 1.5.3　已知系统的状态空间表达式为

$$\begin{bmatrix}\dot{x}_1\\\dot{x}_2\\\dot{x}_3\end{bmatrix}=\begin{bmatrix}0&1&0\\0&0&1\\-6&-11&-6\end{bmatrix}\begin{bmatrix}x_1\\x_2\\x_3\end{bmatrix}+\begin{bmatrix}0\\0\\1\end{bmatrix}u$$

$$y=\begin{bmatrix}0&1&0\end{bmatrix}\begin{bmatrix}x_1\\x_2\\x_3\end{bmatrix}$$

利用 MATLAB 方法求解该系统的传递函数。

解　利用函数 ss2tf()和 ss2zp()两种方法求解。

方法 1:利用函数 ss2tf()求解传递函数。程序片断如程序 1.5.4 所示。

```
A=[0, 1, 0; 0, 0, 1; -6, -11, -6];
B=[0; 0; 1];
C=[0, 1, 0];
[num, den]=ss2tf(A, B, C, D)
printsys(num, den, 's')
```

程序 1.5.4　例 1.5.3 方法 1 的程序片断

执行结果为

```
num =
        0   -0.0000   1.0000   0.0000
den =
        1.0000   6.0000   11.0000   6.0000
num/den =
              1 s
        s^3 + 6 s^2 + 11 s + 6
```

由以上结果写出系统的传递函数为

$$G(s)=\frac{s}{s^3+6s^2+11s+6}$$

方法 2:利用函数 ss2zp()求解传递函数。程序片断如程序 1.5.5 所示。

```
A=[0, 1, 0; 0, 0, 1; -6, -11, -6];
B=[0; 0; 1];
C=[0, 1, 0];
D=[0];
[z, p, k]=ss2zp(A, B, C, D)
```

程序 1.5.5　例 1.5.3 方法 2 的程序片断

执行结果为

```
z =
     0
p =
```

−1.0000

−2.0000

−3.0000

k =

1

由 z,p,k 可以写出系统的传递函数为

$$G(s)=\frac{s}{(s+1)(s+2)(s+3)}=\frac{s}{s^3+6s^2+11s+6}$$

因此,方法1和方法2得到的传递函数是一致的。

由此可见,通过利用MATLAB工具所提供的函数,可以非常容易地实现系统各种模型间的相互转换。

习　题

1.1 请建立题1.1图所示电路系统的状态空间表达式,其中电压 u_1 和 u_2 为输入,电压 u_A 为输出。

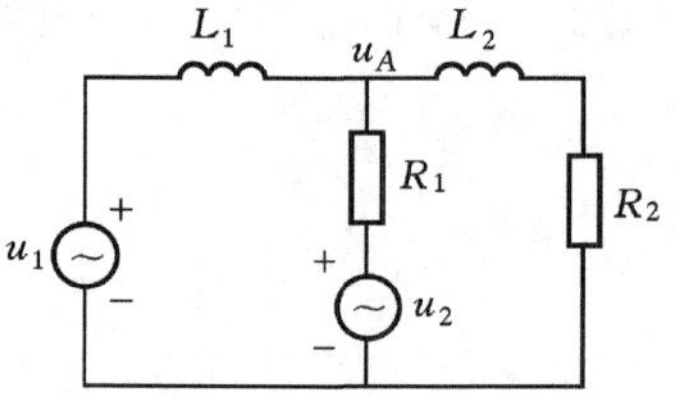

题1.1图　电路系统

1.2 某机械系统如题1.2图所示,建立该系统以 f 为输入,以质量块 M_1 的位移为输出的状态空间表达式。

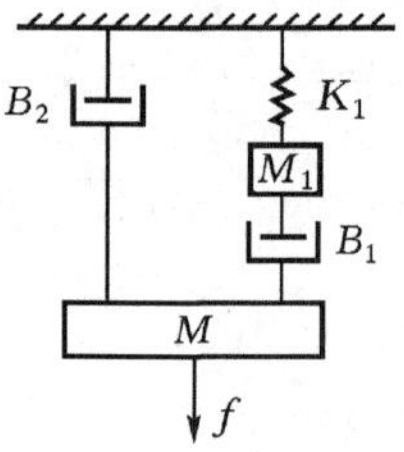

题1.2图　机械系统

1.3 系统的微分方程如下

① $\dddot{y}-3\ddot{y}+4\dot{y}-2y=u$

② $2\dddot{y}-3\dot{y}=\ddot{u}-2\dot{u}$

试列写其状态空间表达式。

1.4 已知系统的传递函数为

$$G(s)=\frac{10}{s^3+5s^2-4s-10}$$

试建立其状态空间表达式。

1.5　某系统的状态空间表达式为

$$\dot{\boldsymbol{x}}=\begin{bmatrix}-1 & 0 & 1\\ 1 & -2 & 0\\ 0 & 0 & -3\end{bmatrix}\boldsymbol{x}+\begin{bmatrix}0\\0\\1\end{bmatrix}u$$

$$y=\begin{bmatrix}1 & 1 & 0\end{bmatrix}\boldsymbol{x}$$

试求该系统的传递函数。

1.6　求以下系统的传递函数矩阵。

① $\begin{cases}\dot{\boldsymbol{x}}=\begin{bmatrix}-1 & 0 & 1\\ 1 & -2 & 0\\ 0 & 0 & -3\end{bmatrix}\boldsymbol{x}+\begin{bmatrix}1 & 1\\ 0 & 2\\ 1 & 1\end{bmatrix}\boldsymbol{u}\\ \boldsymbol{y}=\begin{bmatrix}1 & 0 & 1\\ 1 & 1 & 0\end{bmatrix}\boldsymbol{x}\end{cases}$

② $\begin{cases}\dot{\boldsymbol{x}}=\begin{bmatrix}0 & 1 & 0\\ 0 & 0 & 1\\ 2 & -5 & 4\end{bmatrix}\boldsymbol{x}+\begin{bmatrix}0 & 0\\ 0 & -1\\ 1 & 0\end{bmatrix}\boldsymbol{u}\\ \boldsymbol{y}=\begin{bmatrix}1 & 0 & 0\\ 0 & 0 & -1\end{bmatrix}\boldsymbol{x}+\begin{bmatrix}1 & 0\\ 0 & -1\end{bmatrix}\boldsymbol{u}\end{cases}$

1.7　试将下列状态方程转换为对角线标准型。

$$\dot{\boldsymbol{x}}=\begin{bmatrix}0 & 1 & 0\\ 3 & 0 & 2\\ -12 & -7 & -6\end{bmatrix}\boldsymbol{x}+\begin{bmatrix}2 & 3\\ 1 & 5\\ 7 & 1\end{bmatrix}\boldsymbol{u}$$

1.8　试将下列状态方程转换为约当标准型。

$$\dot{\boldsymbol{x}}=\begin{bmatrix}4 & 5 & -2\\ -2 & -2 & 1\\ -1 & -1 & 1\end{bmatrix}\boldsymbol{x}+\begin{bmatrix}0\\0\\1\end{bmatrix}u$$

1.9　已知系统的状态方程为

$$\dot{\boldsymbol{x}}=\begin{bmatrix}0 & 1 & 0\\ 0 & 0 & 1\\ -25 & -35 & -11\end{bmatrix}\boldsymbol{x}+\begin{bmatrix}0\\0\\1\end{bmatrix}u$$

① 求系统的特征值；

② 将状态方程转换为对角线标准型或约当标准型。

1.10　已知系统的状态空间表达式为

$$\dot{\boldsymbol{x}}=\begin{bmatrix}0 & 1\\ -a & -b\end{bmatrix}\boldsymbol{x}+\begin{bmatrix}0\\ d\end{bmatrix}u$$

$$y=\begin{bmatrix}10 & 0\end{bmatrix}\boldsymbol{x}$$

试确定参数 a，b 和 d 的值，使系统的对角线标准型为

$$\dot{\bar{\boldsymbol{x}}} = \begin{bmatrix} -3 & 0 \\ 0 & -1 \end{bmatrix} \bar{\boldsymbol{x}} + \begin{bmatrix} 1 \\ 1 \end{bmatrix} u$$

$$y = \begin{bmatrix} -5 & 5 \end{bmatrix} \bar{\boldsymbol{x}}$$

1.11 某系统传递函数如下

$$G(s) = \frac{2s+3}{s^3+2s^2+5s+1}$$

利用 MATLAB 方法将其转换为状态空间表达式。

1.12 已知系统的状态空间表达式为

$$\begin{bmatrix} \dot{x}_1 \\ \dot{x}_2 \\ \dot{x}_3 \end{bmatrix} = \begin{bmatrix} 0 & 1 & 0 \\ 0 & 2 & 1 \\ -2 & 1 & 3 \end{bmatrix} \begin{bmatrix} x_1 \\ x_2 \\ x_3 \end{bmatrix} + \begin{bmatrix} 0 \\ 0 \\ 1 \end{bmatrix} u$$

$$y = \begin{bmatrix} 1 & 0 & 2 \end{bmatrix} \begin{bmatrix} x_1 \\ x_2 \\ x_3 \end{bmatrix}$$

利用 MATLAB 方法求解该系统的传递函数。

1.13 利用 MATLAB 方法重新求解习题 1.4 和习题 1.5。

第 2 章　线性控制系统的运动分析

线性控制系统的运动可以分为自由运动和强迫运动两种。自由运动是指在没有输入控制作用的情况下，即 $\boldsymbol{u}=0$ 时，由初始状态引起的系统运动。强迫运动是指在有输入控制作用的情况下，系统的运动行为。

对线性系统的运动分析，主要是求解系统状态方程的解，这是对系统进行定量分析的主要手段。本章将介绍线性连续时间系统状态方程的求解方法，以及矩阵指数函数和状态转移矩阵的相关知识，重点是线性连续定常系统状态方程的解。

2.1　线性连续定常齐次状态方程的解

线性连续定常系统齐次状态方程的解又称为系统的自由解，是当输入信号为零时，由初始状态所引起的系统自由运动。齐次状态方程有两种求解方法：直接求解法和拉普拉斯变换求解法，下面分别予以介绍。

2.1.1　直接求解法

线性连续定常系统的齐次状态方程为

$$\dot{\boldsymbol{x}}(t)=\boldsymbol{A}\boldsymbol{x}(t) \tag{2.1.1}$$

下面仿照标量微分方程的求解方法，求以上齐次状态方程在初始时刻 $t=0$，初始状态为 $\boldsymbol{x}(0)$ 时的解。

假设式(2.1.1)齐次状态方程的解为

$$\boldsymbol{x}(t)=\boldsymbol{b}_0+\boldsymbol{b}_1 t+\boldsymbol{b}_2 t^2+\cdots+\boldsymbol{b}_k t^k+\cdots \tag{2.1.2}$$

其中，$\boldsymbol{b}_i$ 为 $1\times n$ 维列向量。

当 $t=0$ 时，由式(2.1.2)可得

$$\boldsymbol{x}(0)=\boldsymbol{b}_0$$

式(2.1.2)左右求导得

$$\dot{\boldsymbol{x}}(t)=\boldsymbol{b}_1+2\boldsymbol{b}_2 t+\cdots+k\boldsymbol{b}_k t^{k-1}+\cdots \tag{2.1.3}$$

将式(2.1.2)和(2.1.3)代入式(2.1.1)状态方程得

$$\boldsymbol{b}_1+2\boldsymbol{b}_2 t+\cdots+k\boldsymbol{b}_k t^{k-1}+\cdots=\boldsymbol{A}(\boldsymbol{b}_0+\boldsymbol{b}_1 t+\boldsymbol{b}_2 t^2+\cdots+\boldsymbol{b}_k t^k+\cdots) \tag{2.1.4}$$

式(2.1.4)左右两边 t 同次幂的系数两两相等得

$$\boldsymbol{b}_1=\boldsymbol{A}\boldsymbol{b}_0$$

$$\boldsymbol{b}_2=\frac{1}{2}\boldsymbol{A}\boldsymbol{b}_1=\frac{1}{2!}\boldsymbol{A}^2\boldsymbol{b}_0$$

$$\boldsymbol{b}_3=\frac{1}{3}\boldsymbol{A}\boldsymbol{b}_2=\frac{1}{3!}\boldsymbol{A}^3\boldsymbol{b}_0$$

依此类推,可得

$$\boldsymbol{b}_k = \frac{1}{k!}\boldsymbol{A}^k\boldsymbol{b}_0 \tag{2.1.5}$$

将式(2.1.5)代入式(2.1.2),即可得到齐次状态方程的解为

$$\boldsymbol{x}(t) = (\boldsymbol{I} + \boldsymbol{A}t + \frac{1}{2!}\boldsymbol{A}^2t^2 + \cdots + \frac{1}{k!}\boldsymbol{A}^kt^k + \cdots)\boldsymbol{x}(0) = \mathrm{e}^{\boldsymbol{A}t}\boldsymbol{x}(0) \tag{2.1.6}$$

其中

$$\mathrm{e}^{\boldsymbol{A}t} \triangleq \boldsymbol{I} + \boldsymbol{A}t + \frac{1}{2!}\boldsymbol{A}^2t^2 + \cdots + \frac{1}{k!}\boldsymbol{A}^kt^k + \cdots = \sum_{k=0}^{\infty}\frac{1}{k!}\boldsymbol{A}^kt^k \tag{2.1.7}$$

$\mathrm{e}^{\boldsymbol{A}t}$定义为矩阵指数函数,和 $\boldsymbol{A}$ 一样也是 $n \times n$ 维方阵。

所以,齐次状态方程满足初始状态 $\boldsymbol{x}(t)|_{t=0} = \boldsymbol{x}(0)$的解为

$$\boldsymbol{x}(t) = \mathrm{e}^{\boldsymbol{A}t}\boldsymbol{x}(0)$$

同理可以推导出,齐次状态方程满足初始状态 $\boldsymbol{x}(t)|_{t=t_0} = \boldsymbol{x}(t_0)$的解为

$$\boldsymbol{x}(t) = \mathrm{e}^{\boldsymbol{A}(t-t_0)}\boldsymbol{x}(t_0)$$

2.1.2 拉普拉斯变换求解法

式(2.1.1)齐次状态方程的初始状态为

$$\boldsymbol{x}(t)|_{t=0} = \boldsymbol{x}(0)$$

对式(2.1.1)两边取拉普拉斯变换得

$$s\boldsymbol{X}(s) - \boldsymbol{x}(0) = \boldsymbol{A}\boldsymbol{X}(s)$$

整理上式可得

$$\boldsymbol{X}(s) = (s\boldsymbol{I} - \boldsymbol{A})^{-1}\boldsymbol{x}(0)$$

将上式进行拉普拉斯反变换,可得齐次状态方程的解为

$$\boldsymbol{x}(t) = \mathscr{L}^{-1}[(s\boldsymbol{I} - \boldsymbol{A})^{-1}]\boldsymbol{x}(0) \tag{2.1.8}$$

2.2 矩阵指数函数

2.2.1 矩阵指数函数的性质

矩阵指数函数具有很多有用的性质,下面分别进行介绍。

① 设 $\boldsymbol{A}$ 为 $n \times n$ 维方阵,t_1 和 t_2 是两个独立的自变量,则有

$$\mathrm{e}^{\boldsymbol{A}(t_1+t_2)} = \mathrm{e}^{\boldsymbol{A}t_1}\mathrm{e}^{\boldsymbol{A}t_2}$$

该性质通过 $\mathrm{e}^{\boldsymbol{A}t}$ 的定义可以很容易地证明。

② $\mathrm{e}^{\boldsymbol{A}(t-t)} = \mathrm{e}^{\boldsymbol{A}0} = \boldsymbol{I}$

该性质通过 $\mathrm{e}^{\boldsymbol{A}t}$ 的定义,令 $t=0$ 即可得证。

③ $\mathrm{e}^{\boldsymbol{A}t}$ 总是非奇异的,必有逆存在,且

$$(\mathrm{e}^{\boldsymbol{A}t})^{-1} = \mathrm{e}^{-\boldsymbol{A}t}$$

证明 由于 $\mathrm{e}^{\boldsymbol{A}t}\mathrm{e}^{\boldsymbol{A}\tau} = \mathrm{e}^{\boldsymbol{A}(t+\tau)}$,令 $\tau = -t$,有

$$\mathrm{e}^{\boldsymbol{A}t}\mathrm{e}^{-\boldsymbol{A}t} = \mathrm{e}^{\boldsymbol{A}0} = \boldsymbol{I}$$

同时

$$e^{-A\tau}e^{A\tau} = e^{A0} = I$$

即

$$e^{-At}e^{At} = e^{A0} = I$$

所以

$$e^{At}e^{-At} = e^{-At}e^{At} = I$$

由逆阵定义可知

$$(e^{At})^{-1} = e^{-At}$$

证毕！

④ 对于 $n\times n$ 维方阵 $\boldsymbol{A}$ 和 $\boldsymbol{B}$

如果 $\boldsymbol{A}$ 和 $\boldsymbol{B}$ 可交换，即 $\boldsymbol{A}\times\boldsymbol{B}=\boldsymbol{B}\times\boldsymbol{A}$，则

$$e^{(A+B)t} = e^{At}e^{Bt}$$

如果 $\boldsymbol{A}$ 和 $\boldsymbol{B}$ 不可交换，即 $\boldsymbol{A}\times\boldsymbol{B}\neq\boldsymbol{B}\times\boldsymbol{A}$，则

$$e^{(A+B)t} \neq e^{At}e^{Bt}$$

该性质通过矩阵指数函数的定义可以很容易地证明。

⑤ $\dfrac{d}{dt}(e^{At})=\boldsymbol{A}e^{At}=e^{At}\boldsymbol{A}$。此性质可由 e^{At} 的定义加以证明。

证明 由于 $e^{At}=\boldsymbol{I}+\boldsymbol{A}t+\dfrac{1}{2!}\boldsymbol{A}^2t^2+\cdots+\dfrac{1}{k!}\boldsymbol{A}^kt^k+\cdots=\sum\limits_{k=0}^{\infty}\dfrac{1}{k!}\boldsymbol{A}^kt^k$

上式两端对 t 求导，可得

$$\begin{aligned}\frac{d}{dt}(e^{At}) &= \boldsymbol{A}+\boldsymbol{A}^2t+\frac{1}{2!}\boldsymbol{A}^3t^2+\cdots+\frac{1}{(k-1)!}\boldsymbol{A}^kt^{k-1}+\cdots \\ &= \boldsymbol{A}\left(\boldsymbol{I}+\boldsymbol{A}t+\frac{1}{2!}\boldsymbol{A}^2t^2+\cdots+\frac{1}{(k-1)!}\boldsymbol{A}^{k-1}t^{k-1}+\cdots\right) \\ &= \left(\boldsymbol{I}+\boldsymbol{A}t+\frac{1}{2!}\boldsymbol{A}^2t^2+\cdots+\frac{1}{(k-1)!}\boldsymbol{A}^{k-1}t^{k-1}+\cdots\right)\boldsymbol{A} \\ &= \boldsymbol{A}e^{At} = e^{At}\boldsymbol{A}\end{aligned}$$

证毕！

⑥ 如果 $\boldsymbol{P}$ 是非奇异阵，即 $\boldsymbol{P}^{-1}$ 存在，则必有

$$e^{P^{-1}APt} = \boldsymbol{P}^{-1}e^{At}\boldsymbol{P}$$

和

$$e^{At} = \boldsymbol{P}e^{P^{-1}APt}\boldsymbol{P}^{-1}$$

该性质经常在标准型法中用来求解 e^{At}。

证明

$$\begin{aligned}e^{P^{-1}APt} &= \boldsymbol{I}+\boldsymbol{P}^{-1}\boldsymbol{AP}t+\frac{1}{2!}(\boldsymbol{P}^{-1}\boldsymbol{AP})^2t^2+\cdots+\frac{1}{k!}(\boldsymbol{P}^{-1}\boldsymbol{AP})^kt^k+\cdots \\ &= \boldsymbol{I}+\boldsymbol{P}^{-1}\boldsymbol{AP}t+\frac{1}{2!}\boldsymbol{P}^{-1}\boldsymbol{APP}^{-1}\boldsymbol{AP}t^2+\cdots+\frac{1}{k!}(\boldsymbol{P}^{-1}\boldsymbol{AP})^kt^k+\cdots \\ &= \boldsymbol{P}^{-1}\left(\boldsymbol{PP}^{-1}+\boldsymbol{A}t+\frac{1}{2!}\boldsymbol{A}^2t^2+\cdots+\frac{1}{k!}\boldsymbol{A}^kt^k+\cdots\right)\boldsymbol{P} \\ &= \boldsymbol{P}^{-1}e^{At}\boldsymbol{P}\end{aligned}$$

上式两端同时左乘 $\boldsymbol{P}$,右乘 $\boldsymbol{P}^{-1}$,可得

$$\mathrm{e}^{\boldsymbol{A}t} = \boldsymbol{P}\mathrm{e}^{\boldsymbol{P}^{-1}\boldsymbol{A}\boldsymbol{P}t}\boldsymbol{P}^{-1}$$

证毕!

⑦ 如果 $\boldsymbol{A}$ 是 $n\times n$ 维对角阵,则 $\mathrm{e}^{\boldsymbol{A}t}$ 也是 $n\times n$ 维对角阵。当

$$\boldsymbol{A} = \mathrm{diag}[\lambda_1,\lambda_2,\cdots,\lambda_n] = \begin{bmatrix} \lambda_1 & & & 0 \\ & \lambda_2 & & \\ & & \ddots & \\ 0 & & & \lambda_n \end{bmatrix}$$

时,有

$$\mathrm{e}^{\boldsymbol{A}t} = \mathrm{diag}[\mathrm{e}^{\lambda_1 t},\mathrm{e}^{\lambda_2 t},\cdots,\mathrm{e}^{\lambda_n t}] = \begin{bmatrix} \mathrm{e}^{\lambda_1 t} & & & 0 \\ & \mathrm{e}^{\lambda_2 t} & & \\ & & \ddots & \\ 0 & & & \mathrm{e}^{\lambda_n t} \end{bmatrix}$$

证明

$$\begin{aligned}
\mathrm{e}^{\boldsymbol{A}t} &= \boldsymbol{I} + \boldsymbol{A}t + \frac{1}{2!}\boldsymbol{A}^2t^2 + \cdots + \frac{1}{k!}\boldsymbol{A}^kt^k + \cdots \\
&= \begin{bmatrix} 1 & & & 0 \\ & 1 & & \\ & & \ddots & \\ 0 & & & 1 \end{bmatrix} + \begin{bmatrix} \lambda_1 & & & 0 \\ & \lambda_2 & & \\ & & \ddots & \\ 0 & & & \lambda_n \end{bmatrix} t + \frac{1}{2!}\begin{bmatrix} \lambda_1 & & & 0 \\ & \lambda_2 & & \\ & & \ddots & \\ 0 & & & \lambda_n \end{bmatrix}^2 t^2 + \cdots \\
&= \begin{bmatrix} 1+\lambda_1 t+\frac{1}{2!}\lambda_1^2t^2+\cdots & & & 0 \\ & 1+\lambda_2 t+\frac{1}{2!}\lambda_2^2t^2+\cdots & & \\ & & \ddots & \\ 0 & & & 1+\lambda_n t+\frac{1}{2!}\lambda_n^2t^2+\cdots \end{bmatrix} \\
&= \begin{bmatrix} \mathrm{e}^{\lambda_1 t} & & & 0 \\ & \mathrm{e}^{\lambda_2 t} & & \\ & & \ddots & \\ 0 & & & \mathrm{e}^{\lambda_n t} \end{bmatrix}
\end{aligned}$$

证毕!

⑧ 如果 $\boldsymbol{A}_i$ 是 $m\times m$ 维的约当块。即当

$$\boldsymbol{A}_i = \begin{bmatrix} \lambda_i & 1 & & 0 \\ & \lambda_i & \ddots & \\ & & \ddots & 1 \\ 0 & & & \lambda_i \end{bmatrix}_{m\times m}$$

时,有

$$e^{A_i t}=e^{\lambda_i t}\begin{bmatrix}1 & t & \cdots & \frac{1}{(m-1)!}t^{m-1}\\ 0 & 1 & \ddots & \vdots\\ \vdots & \ddots & \ddots & t\\ 0 & 0 & \cdots & 1\end{bmatrix}=\begin{bmatrix}e^{\lambda_i t} & te^{\lambda_i t} & \cdots & \frac{1}{(m-1)!}t^{m-1}e^{\lambda_i t}\\ 0 & e^{\lambda_i t} & \ddots & \vdots\\ \vdots & \ddots & \ddots & te^{\lambda_i t}\\ 0 & 0 & \cdots & e^{\lambda_i t}\end{bmatrix}$$

该性质通过矩阵指数函数的定义，仿照性质⑦可以证明。

⑨ 当 $\boldsymbol{A}$ 是如下的约当矩阵时，其中 $\boldsymbol{A}_i$ 是约当块

$$\boldsymbol{A}=\begin{bmatrix}\boldsymbol{A}_1 & & & 0\\ & \boldsymbol{A}_2 & & \\ & & \ddots & \\ 0 & & & \boldsymbol{A}_n\end{bmatrix}$$

则有

$$e^{\boldsymbol{A}t}=\begin{bmatrix}e^{\boldsymbol{A}_1 t} & & & 0\\ & e^{\boldsymbol{A}_2 t} & & \\ & & \ddots & \\ 0 & & & e^{\boldsymbol{A}_n t}\end{bmatrix}$$

其中，$e^{\boldsymbol{A}_i t}$ 是对应约当块 $\boldsymbol{A}_i$ 的矩阵指数函数。

2.2.2　矩阵指数函数的求解方法

矩阵指数函数有四种求解方法，分别是直接求解法、拉普拉斯变换法、标准型法和待定系数法。

1. 直接求解法

直接求解法是根据矩阵指数函数的定义

$$e^{\boldsymbol{A}t}=\boldsymbol{I}+\boldsymbol{A}t+\frac{\boldsymbol{A}^2}{2!}t^2+\cdots+\frac{\boldsymbol{A}^k}{k!}t^k+\cdots=\sum_{k=0}^{\infty}\frac{\boldsymbol{A}^k}{k!}t^k$$

进行求解，由于对所有有限的时间 t 来说，这个无穷级数都是收敛的，求出的解不是解析形式，适合于计算机求解。

2. 拉普拉斯变换法

将式(2.1.6)和式(2.1.8)相比较，由解的唯一性可知

$$e^{\boldsymbol{A}t}=\mathscr{L}^{-1}[(s\boldsymbol{I}-\boldsymbol{A})^{-1}]$$

3. 标准型法

标准型法是通过线性非奇异变换，将矩阵转化为对角线标准型或约当标准型，然后根据矩阵指数函数的性质⑥，⑦，⑧，⑨进行求解。即

$$e^{\boldsymbol{A}t}=\boldsymbol{P}e^{\bar{\boldsymbol{A}}t}\boldsymbol{P}^{-1}\tag{2.2.1}$$

其中，$\bar{\boldsymbol{A}}=\boldsymbol{P}^{-1}\boldsymbol{A}\boldsymbol{P}$。这里 $\bar{\boldsymbol{A}}$ 有两种标准形式，即对角线矩阵和约当矩阵。

标准型法求矩阵指数函数的步骤为：

① 先求得 $\boldsymbol{A}$ 阵的特征值 λ_i；

② 求对应于 λ_i 的特征向量 $\boldsymbol{v}_i$，当有重根时，需要计算广义特征向量，并由此得到 $\boldsymbol{P}$ 阵及 $\boldsymbol{P}$

的逆阵;

③ 然后利用式(2.2.1)求解矩阵指数函数。

4. 待定系数法

待定系数法是将 $e^{\boldsymbol{A}t}$ 化为 $\boldsymbol{A}$ 的有限项多项式来求解。在待定系数法中,需要用到凯莱-哈密顿(简称 C-H)定理,该定理表述为:

设 $n\times n$ 维矩阵 $\boldsymbol{A}$ 的特征方程为

$$f(\lambda)=|\lambda\boldsymbol{I}-\boldsymbol{A}|=\lambda^n+a_{n-1}\lambda^{n-1}+\cdots+a_1\lambda+a_0=0$$

则矩阵 $\boldsymbol{A}$ 满足其自身的特征方程,即

$$f(\boldsymbol{A})=\boldsymbol{A}^n+a_{n-1}\boldsymbol{A}^{n-1}+\cdots+a_1\boldsymbol{A}+a_0\boldsymbol{I}=0$$

在证明有关矩阵方程的定理或解决有关矩阵方程的问题时,凯莱-哈密顿定理是非常有用的。

由 C-H 定理可知,$\boldsymbol{A}^n$ 可以表述为 $\boldsymbol{I},\boldsymbol{A},\boldsymbol{A}^2,\cdots,\boldsymbol{A}^{n-1}$ 的线性组合,即

$$\boldsymbol{A}^n=-a_{n-1}\boldsymbol{A}^{n-1}-a_{n-2}\boldsymbol{A}^{n-2}-\cdots-a_1\boldsymbol{A}-a_0\boldsymbol{I}$$

由此可得

$$\begin{aligned}\boldsymbol{A}^{n+1}&=\boldsymbol{A}\times\boldsymbol{A}^n=\boldsymbol{A}(-a_{n-1}\boldsymbol{A}^{n-1}-a_{n-2}\boldsymbol{A}^{n-2}-\cdots-a_1\boldsymbol{A}-a_0\boldsymbol{I})\\&=-a_{n-1}\boldsymbol{A}^n-a_{n-2}\boldsymbol{A}^{n-1}-\cdots-a_1\boldsymbol{A}^2-a_0\boldsymbol{A}\\&=-a_{n-1}(-a_{n-1}\boldsymbol{A}^{n-1}-a_{n-2}\boldsymbol{A}^{n-2}-\cdots-a_1\boldsymbol{A}-a_0\boldsymbol{I})-a_{n-2}\boldsymbol{A}^{n-1}-\cdots-a_1\boldsymbol{A}^2-a_0\boldsymbol{A}\\&=(a_{n-1}a_{n-1}-a_{n-2})\boldsymbol{A}^{n-1}+(a_{n-1}a_{n-2}-a_{n-3})\boldsymbol{A}^{n-2}+\cdots+(a_{n-1}a_1-a_0)\boldsymbol{A}+a_{n-1}a_0\boldsymbol{I}\end{aligned}$$

依此类推,可知 $\boldsymbol{A}$ 所有高于$(n-1)$次幂的项都可由 $\boldsymbol{A}$ 的 $0\sim(n-1)$次幂的项线性表出。把上述$\boldsymbol{A}^i$(其中,$i\geqslant n$)代入 $e^{\boldsymbol{A}t}$ 的定义中,可得矩阵指数函数 $e^{\boldsymbol{A}t}$ 为

$$e^{\boldsymbol{A}t}=\sum_{j=0}^{n-1}a_j(t)\boldsymbol{A}^j=a_0(t)\boldsymbol{I}+a_1(t)\boldsymbol{A}+\cdots+a_{n-1}(t)\boldsymbol{A}^{n-1}\tag{2.2.2}$$

其中,$a_0(t),a_1(t),\cdots,a_{n-1}(t)$为标量函数,可由 $\boldsymbol{A}$ 的特征值进行确定。

①当 $\boldsymbol{A}$ 的特征值$\lambda_1,\lambda_2,\cdots,\lambda_n$ 两两互异时,有

$$\begin{bmatrix}a_0(t)\\a_1(t)\\\vdots\\a_{n-1}(t)\end{bmatrix}=\begin{bmatrix}1&\lambda_1&\lambda_1^2&\cdots&\lambda_1^{n-1}\\1&\lambda_2&\lambda_2^2&\cdots&\lambda_2^{n-1}\\\vdots&\vdots&\vdots&&\vdots\\1&\lambda_n&\lambda_n^2&\cdots&\lambda_n^{n-1}\end{bmatrix}^{-1}\begin{bmatrix}e^{\lambda_1t}\\e^{\lambda_2t}\\\vdots\\e^{\lambda_nt}\end{bmatrix}\tag{2.2.3}$$

下面给出式(2.2.3)的推导过程。

由于 $\boldsymbol{A}$ 的特征值$\lambda_1,\lambda_2,\cdots,\lambda_n$ 两两互异,根据第 1 章定理 1.4.1 可知,必存在非奇异变换阵 $\boldsymbol{P}$,可以将 $\boldsymbol{A}$ 转换为如下的对角阵

$$\overline{\boldsymbol{A}}=\boldsymbol{P}^{-1}\boldsymbol{AP}=\begin{bmatrix}\lambda_1&&&0\\&\lambda_2&&\\&&\ddots&\\0&&&\lambda_n\end{bmatrix}$$

由矩阵指数函数性质⑥可知

$$e^{\boldsymbol{P}^{-1}\boldsymbol{AP}t}=\boldsymbol{P}^{-1}e^{\boldsymbol{A}t}\boldsymbol{P}$$

将式(2.2.2)代入上式右端有

$$\begin{aligned}
e^{\boldsymbol{P}^{-1}\boldsymbol{A}\boldsymbol{P}t} &= \boldsymbol{P}^{-1}e^{\boldsymbol{A}t}\boldsymbol{P} \\
&= \boldsymbol{P}^{-1}(a_0(t)\boldsymbol{I}+a_1(t)\boldsymbol{A}+\cdots+a_{n-1}(t)\boldsymbol{A}^{n-1})\boldsymbol{P} \\
&= a_0(t)\boldsymbol{P}^{-1}\boldsymbol{P}+a_1(t)\boldsymbol{P}^{-1}\boldsymbol{A}\boldsymbol{P}+\cdots+a_{n-1}(t)\boldsymbol{P}^{-1}\boldsymbol{A}^{n-1}\boldsymbol{P} \\
&= a_0(t)\boldsymbol{I}+a_1(t)\overline{\boldsymbol{A}}+\cdots+a_{n-1}(t)\overline{\boldsymbol{A}}^{n-1}
\end{aligned}$$

即

$$e^{\overline{\boldsymbol{A}}t} = a_0(t)\boldsymbol{I}+a_1(t)\overline{\boldsymbol{A}}+\cdots+a_{n-1}(t)\overline{\boldsymbol{A}}^{n-1}$$

将 $\overline{\boldsymbol{A}}=\begin{bmatrix}\lambda_1 & & & 0\\ & \lambda_2 & & \\ & & \ddots & \\ 0 & & & \lambda_n\end{bmatrix}$代入上式,可得

$$\begin{bmatrix}e^{\lambda_1 t} & & & 0\\ & e^{\lambda_2 t} & & \\ & & \ddots & \\ 0 & & & e^{\lambda_n t}\end{bmatrix} = a_0(t)\boldsymbol{I}+a_1(t)\begin{bmatrix}\lambda_1 & & & 0\\ & \lambda_2 & & \\ & & \ddots & \\ 0 & & & \lambda_n\end{bmatrix}+\cdots+a_{n-1}(t)\begin{bmatrix}\lambda_1 & & & 0\\ & \lambda_2 & & \\ & & \ddots & \\ 0 & & & \lambda_n\end{bmatrix}^{n-1}$$

$$= \begin{bmatrix}a_0(t)+a_1(t)\lambda_1+\cdots+a_{n-1}(t)\lambda_1^{n-1} & & & 0\\ & a_0(t)+a_1(t)\lambda_2+\cdots+a_{n-1}(t)\lambda_2^{n-1} & & \\ & & \ddots & \\ 0 & & & a_0(t)+a_1(t)\lambda_n+\cdots+a_{n-1}(t)\lambda_n^{n-1}\end{bmatrix}$$

将上式写成方程组形式,可得

$$\begin{cases}e^{\lambda_1 t} = a_0(t)+a_1(t)\lambda_1+\cdots+a_{n-1}(t)\lambda_1^{n-1}\\ e^{\lambda_2 t} = a_0(t)+a_1(t)\lambda_2+\cdots+a_{n-1}(t)\lambda_2^{n-1}\\ \quad\vdots\\ e^{\lambda_n t} = a_0(t)+a_1(t)\lambda_n+\cdots+a_{n-1}(t)\lambda_n^{n-1}\end{cases}$$

整理上式,可得

$$\begin{bmatrix}e^{\lambda_1 t}\\ e^{\lambda_2 t}\\ \vdots\\ e^{\lambda_n t}\end{bmatrix} = \begin{bmatrix}1 & \lambda_1 & \lambda_1^2 & \cdots & \lambda_1^{n-1}\\ 1 & \lambda_2 & \lambda_2^2 & \cdots & \lambda_2^{n-1}\\ \vdots & \vdots & \vdots & & \vdots\\ 1 & \lambda_n & \lambda_n^2 & \cdots & \lambda_n^{n-1}\end{bmatrix}\begin{bmatrix}a_0(t)\\ a_1(t)\\ \vdots\\ a_{n-1}(t)\end{bmatrix}$$

整理上式,可得式(2.2.3)。

在推导式(2.2.3)的过程中,利用了 $\boldsymbol{A}$ 可化为对角阵的矩阵指数函数的求法,推导时可以看到

$$e^{\lambda_i t} = a_0(t)+a_1(t)\lambda_i+\cdots+a_{n-1}(t)\lambda_i^{n-1} \tag{2.2.4}$$

也就是说,矩阵 $\boldsymbol{A}$ 的特征值也满足式(2.2.2)。

②当 $\boldsymbol{A}$ 的特征值为 n 重根 λ_1 时有

$$
\begin{bmatrix} a_0(t) \\ a_1(t) \\ a_2(t) \\ \vdots \\ a_{n-2}(t) \\ a_{n-1}(t) \end{bmatrix} = \begin{bmatrix} 1 & \lambda_1 & \lambda_1^2 & \lambda_1^3 & \cdots & \lambda_1^{n-1} \\ 0 & 1 & 2\lambda_1 & 3\lambda_1^2 & \cdots & \dfrac{(n-1)}{1!}\lambda_1^{n-2} \\ 0 & 0 & 1 & 3\lambda_1 & \cdots & \dfrac{(n-1)(n-2)}{2!}\lambda_1^{n-3} \\ \vdots & \vdots & \ddots & \ddots & & \vdots \\ 0 & 0 & 0 & 0 & \ddots & (n-1)\lambda_1 \\ 0 & 0 & 0 & 0 & \cdots & 1 \end{bmatrix}^{-1} \begin{bmatrix} e^{\lambda_1 t} \\ \dfrac{1}{1!}t e^{\lambda_1 t} \\ \dfrac{1}{2!}t^2 e^{\lambda_1 t} \\ \vdots \\ \dfrac{1}{(n-2)!}t^{n-2} e^{\lambda_1 t} \\ \dfrac{1}{(n-1)!}t^{n-1} e^{\lambda_1 t} \end{bmatrix}
$$

$$(2.2.5)$$

下面,给出式(2.2.5)的推导过程。

根据第 1 章 1.4.3 节内容可知,$\boldsymbol{A}$ 可以化为如下约当矩阵 $\overline{\boldsymbol{A}}$

$$
\overline{\boldsymbol{A}} = \begin{bmatrix} \lambda_1 & 1 & & 0 \\ & \lambda_1 & \ddots & \\ & & \ddots & 1 \\ 0 & & & \lambda_1 \end{bmatrix}
$$

推导式(2.2.3)时,已经得到

$$
e^{\overline{\boldsymbol{A}}t} = a_0(t)\boldsymbol{I} + a_1(t)\overline{\boldsymbol{A}} + \cdots + a_{n-1}(t)\overline{\boldsymbol{A}}^{n-1}
$$

同时,结合矩阵指数函数性质⑧,可得

$$
e^{\overline{\boldsymbol{A}}t} = \begin{bmatrix} e^{\lambda_1 t} & t e^{\lambda_1 t} & \cdots & \dfrac{1}{(n-1)!}t^{n-1} e^{\lambda_1 t} \\ 0 & e^{\lambda_1 t} & \ddots & \vdots \\ \vdots & \ddots & \ddots & t e^{\lambda_1 t} \\ 0 & 0 & \cdots & e^{\lambda_1 t} \end{bmatrix}
$$

$$
= a_0(t)\begin{bmatrix} 1 & & & 0 \\ & 1 & & \\ & & \ddots & \\ 0 & & & 1 \end{bmatrix} + a_1(t)\begin{bmatrix} \lambda_1 & 1 & & 0 \\ & \lambda_1 & \ddots & \\ & & \ddots & 1 \\ 0 & & & \lambda_1 \end{bmatrix} + \cdots + a_{n-1}(t)\begin{bmatrix} \lambda_1 & 1 & & 0 \\ & \lambda_1 & \ddots & \\ & & \ddots & 1 \\ 0 & & & \lambda_1 \end{bmatrix}^{n-1}
$$

整理后可得以下方程组

$$
\begin{cases} e^{\lambda_1 t} = a_0(t) + a_1(t)\lambda_1 + a_2(t)\lambda_1^2 + a_3(t)\lambda_1^3 + \cdots + a_{n-1}(t)\lambda_1^{n-1} \\ \dfrac{1}{1!}t e^{\lambda_1 t} = a_1(t) + 2a_2(t)\lambda_1 + 3a_3(t)\lambda_1^2 + \cdots + \dfrac{(n-1)}{1!}a_{n-1}(t)\lambda_1^{n-2} \\ \dfrac{1}{2!}t^2 e^{\lambda_1 t} = a_2(t) + 3a_3(t)\lambda_1 + \cdots + \dfrac{(n-1)(n-2)}{2!}a_{n-1}(t)\lambda_1^{n-3} \\ \vdots \\ \dfrac{1}{(n-2)!}t^{n-2} e^{\lambda_1 t} = a_{n-2}(t) + (n-1)a_{n-1}(t)\lambda_1 \\ \dfrac{1}{(n-1)!}t^{n-1} e^{\lambda_1 t} = a_{n-1}(t) \end{cases}
$$

$$(2.2.6)$$

式(2.2.6)写成矩阵形式并整理可得式(2.2.5)。

式(2.2.6)又可以写成如下方程组

$$\begin{cases} e^{\lambda_1 t} = a_0(t) + a_1(t)\lambda_1 + a_2(t)\lambda_1^2 + a_3(t)\lambda_1^3 + \cdots + a_{n-1}(t)\lambda_1^{n-1} \\ te^{\lambda_1 t} = a_1(t) + 2a_2(t)\lambda_1 + 3a_3(t)\lambda_1^2 + \cdots + (n-1)a_{n-1}(t)\lambda_1^{n-2} \\ t^2 e^{\lambda_1 t} = 2a_2(t) + (3\times 2)a_3(t)\lambda_1 + \cdots + (n-1)(n-2)a_{n-1}(t)\lambda_1^{n-3} \\ \vdots \\ t^{n-2} e^{\lambda_1 t} = (n-2)!a_{n-2}(t) + (n-1)!a_{n-1}(t)\lambda_1 \\ t^{n-1} e^{\lambda_1 t} = (n-1)!a_{n-1}(t) \end{cases} \tag{2.2.7}$$

观察以上方程组可知，从第二个方程开始，每一个方程相当于由前一个方程左右两端对 λ_1 求导得到。也就是说，满足式(2.2.4)的方程只有一个，即

$$e^{\lambda_1 t} = a_0(t) + a_1(t)\lambda_1 + a_2(t)\lambda_1^2 + a_3(t)\lambda_1^3 + \cdots + a_{n-1}(t)\lambda_1^{n-1} \tag{2.2.8}$$

此时，需要对式(2.2.8)两端针对 λ_1 求导 $1\sim(n-1)$ 次，得到其余 $n-1$ 个方程。联立这 n 个方程可得式(2.2.7)。

所以，用待定系数法求解矩阵指数函数时，不管特征值互异，还是具有重根，只需要记住式(2.2.4)即可。当特征值互异时，对于每个特征值，直接代入式(2.2.4)，得到 n 个独立方程。如果特征值有 m 重根，则将式(2.2.4)针对 λ_1 求导 $m-1$ 次，补充缺少的 $m-1$ 个方程。联立这 n 个独立方程，即可求出式(2.2.4)中的系数。

例 2.2.1 求以下矩阵 $\boldsymbol{A}$ 的矩阵指数函数 $e^{\boldsymbol{A}t}$

$$\boldsymbol{A} = \begin{bmatrix} 0 & 1 \\ -2 & -3 \end{bmatrix}$$

解 用上面介绍的四种方法求解

① 用直接求解法计算。求解过程略，读者可以直接根据矩阵指数函数的定义求解。

② 用拉普拉斯变换法求解。

$$e^{\boldsymbol{A}t} = \mathscr{L}^{-1}[(s\boldsymbol{I}-\boldsymbol{A})^{-1}]$$

$$[s\boldsymbol{I}-\boldsymbol{A}]^{-1} = \begin{bmatrix} s & -1 \\ 2 & s+3 \end{bmatrix}^{-1} = \frac{\begin{bmatrix} s+3 & 1 \\ -2 & s \end{bmatrix}}{(s^2+3s+2)}$$

$$= \begin{bmatrix} \dfrac{s+3}{(s+1)(s+2)} & \dfrac{1}{(s+1)(s+2)} \\ \dfrac{-2}{(s+1)(s+2)} & \dfrac{s}{(s+1)(s+2)} \end{bmatrix}$$

因此解得矩阵指数函数为

$$e^{\boldsymbol{A}t} = \mathscr{L}^{-1}\begin{bmatrix} \dfrac{s+3}{(s+1)(s+2)} & \dfrac{1}{(s+1)(s+2)} \\ \dfrac{-2}{(s+1)(s+2)} & \dfrac{s}{(s+1)(s+2)} \end{bmatrix} = \mathscr{L}^{-1}\begin{bmatrix} \dfrac{2}{s+1}+\dfrac{-1}{s+2} & \dfrac{1}{s+1}+\dfrac{-1}{s+2} \\ \dfrac{-2}{s+1}+\dfrac{2}{s+2} & \dfrac{-1}{s+1}+\dfrac{2}{s+2} \end{bmatrix}$$

$$= \begin{bmatrix} 2e^{-t}-e^{-2t} & e^{-t}-e^{-2t} \\ -2e^{-t}+2e^{-2t} & -e^{-t}+2e^{-2t} \end{bmatrix}$$

③ 用标准型法求解。

先求矩阵的特征值，写出特征方程为

$$|\lambda \boldsymbol{I}-\boldsymbol{A}|=\begin{vmatrix}\lambda & -1\\ 2 & \lambda+3\end{vmatrix}=\lambda^2+3\lambda+2=(\lambda+1)(\lambda+2)=0$$

解得,$\lambda_1=-1,\lambda_2=-2$,具有互异特征根,用对角线标准型法。由于 $\boldsymbol{A}$ 为友矩阵,所以变换阵 $\boldsymbol{P}$ 可选为如下形式的范德蒙矩阵

$$\boldsymbol{P}=\begin{bmatrix}1 & 1\\ \lambda_1 & \lambda_2\end{bmatrix}=\begin{bmatrix}1 & 1\\ -1 & -2\end{bmatrix}$$

$$\boldsymbol{P}^{-1}=-\begin{bmatrix}-2 & -1\\ 1 & 1\end{bmatrix}=\begin{bmatrix}2 & 1\\ -1 & -1\end{bmatrix}$$

其对角线标准型中,系统矩阵为

$$\overline{\boldsymbol{A}}=\begin{bmatrix}-1 & 0\\ 0 & -2\end{bmatrix}$$

从而求得

$$\begin{aligned}\mathrm{e}^{\boldsymbol{A}t}&=\boldsymbol{P}\mathrm{e}^{\overline{\boldsymbol{A}}t}\boldsymbol{P}^{-1}=\boldsymbol{P}\begin{bmatrix}\mathrm{e}^{\lambda_1 t} & 0\\ 0 & \mathrm{e}^{\lambda_2 t}\end{bmatrix}\boldsymbol{P}^{-1}\\ &=\begin{bmatrix}1 & 1\\ -1 & -2\end{bmatrix}\begin{bmatrix}\mathrm{e}^{-t} & 0\\ 0 & \mathrm{e}^{-2t}\end{bmatrix}\begin{bmatrix}2 & 1\\ -1 & -1\end{bmatrix}\\ &=\begin{bmatrix}\mathrm{e}^{-t} & \mathrm{e}^{-2t}\\ -\mathrm{e}^{-t} & -2\mathrm{e}^{-2t}\end{bmatrix}\begin{bmatrix}2 & 1\\ -1 & -1\end{bmatrix}\\ &=\begin{bmatrix}2\mathrm{e}^{-t}-\mathrm{e}^{-2t} & \mathrm{e}^{-t}-\mathrm{e}^{-2t}\\ -2\mathrm{e}^{-t}+2\mathrm{e}^{-2t} & -\mathrm{e}^{-t}+2\mathrm{e}^{-2t}\end{bmatrix}\end{aligned}$$

④ 用待定系数法求解。

$$\mathrm{e}^{\boldsymbol{A}t}=a_0(t)\boldsymbol{I}+a_1(t)\boldsymbol{A}$$

$$\begin{bmatrix}a_0(t)\\ a_1(t)\end{bmatrix}=\begin{bmatrix}1 & \lambda_1\\ 1 & \lambda_2\end{bmatrix}^{-1}\begin{bmatrix}\mathrm{e}^{\lambda_1 t}\\ \mathrm{e}^{\lambda_2 t}\end{bmatrix}$$

在第③种方法中已经求得特征根,所以有

$$\begin{aligned}\begin{bmatrix}a_0(t)\\ a_1(t)\end{bmatrix}&=\begin{bmatrix}1 & -1\\ 1 & -2\end{bmatrix}^{-1}\begin{bmatrix}\mathrm{e}^{-t}\\ \mathrm{e}^{-2t}\end{bmatrix}=\begin{bmatrix}2 & -1\\ 1 & -1\end{bmatrix}\begin{bmatrix}\mathrm{e}^{-t}\\ \mathrm{e}^{-2t}\end{bmatrix}\\ &=\begin{bmatrix}2\mathrm{e}^{-t}-\mathrm{e}^{-2t}\\ \mathrm{e}^{-t}-\mathrm{e}^{-2t}\end{bmatrix}\end{aligned}$$

或者,将特征根 $\lambda_1=-1,\lambda_2=-2$ 分别代入式(2.2.4),得到以下方程组

$$\begin{cases}a_0(t)+a_1(t)\lambda_1=\mathrm{e}^{\lambda_1 t}\\ a_0(t)+a_1(t)\lambda_2=\mathrm{e}^{\lambda_2 t}\end{cases}$$

将以上方程组写成矩阵形式有

$$\begin{bmatrix}1 & \lambda_1\\ 1 & \lambda_2\end{bmatrix}\begin{bmatrix}a_0(t)\\ a_1(t)\end{bmatrix}=\begin{bmatrix}\mathrm{e}^{\lambda_1 t}\\ \mathrm{e}^{\lambda_2 t}\end{bmatrix}$$

从而求出系数 $a_i(t)$。

将求得的 $a_i(t)$代入式(2.2.2),即可求得矩阵指数函数如下

$$
\begin{aligned}
e^{At} &= a_0(t)\boldsymbol{I} + a_1(t)\boldsymbol{A} \\
&= (2e^{-t} - e^{-2t})\begin{bmatrix}1 & 0\\0 & 1\end{bmatrix} + (e^{-t} - e^{-2t})\begin{bmatrix}0 & 1\\-2 & -3\end{bmatrix} \\
&= \begin{bmatrix}2e^{-t} - e^{-2t} & e^{-t} - e^{-2t}\\ -2e^{-t} + 2e^{-2t} & -e^{-t} + 2e^{-2t}\end{bmatrix}
\end{aligned}
$$

四种方法求得的结果完全一致。

例 2.2.2　求以下矩阵 $\boldsymbol{A}$ 的矩阵指数函数 e^{At}

$$
\boldsymbol{A} = \begin{bmatrix}0 & 1 & 0\\0 & 0 & 1\\2 & 3 & 0\end{bmatrix}
$$

解　用待定系数法求解。

首先根据特征方程

$$
|\lambda\boldsymbol{I} - \boldsymbol{A}| = 0
$$

求得特征根为

$$
\lambda_1 = 2,\quad \lambda_2 = \lambda_3 = -1
$$

当 $\lambda_1 = 2$ 时，有

$$
a_0(t) + a_1(t)\lambda_1 + a_2(t)\lambda_1^2 = e^{\lambda_1 t}
$$

当 $\lambda_2 = \lambda_3 = -1$（二重根）时，有

$$
a_0(t) + a_1(t)\lambda_2 + a_2(t)\lambda_2^2 = e^{\lambda_2 t}
$$

上式对 λ_2 求导 1 次，得到另一个方程为

$$
a_1(t) + 2a_2(t)\lambda_2 = te^{\lambda_2 t}
$$

将以上三个方程联立，并将 $\lambda_1 = 2, \lambda_2 = -1$ 代入可得

$$
\begin{cases}
a_0(t) + 2a_1(t) + 4a_2(t) = e^{2t}\\
a_0(t) - a_1(t) + a_2(t) = e^{-t}\\
a_1(t) - 2a_2(t) = te^{-t}
\end{cases}
$$

写成矩阵形式为

$$
\begin{bmatrix}1 & 2 & 4\\1 & -1 & 1\\0 & 1 & -2\end{bmatrix}\begin{bmatrix}a_0(t)\\a_1(t)\\a_2(t)\end{bmatrix} = \begin{bmatrix}e^{2t}\\e^{-t}\\te^{-t}\end{bmatrix}
$$

由此可以求出

$$
\begin{bmatrix}a_0(t)\\a_1(t)\\a_2(t)\end{bmatrix} = \begin{bmatrix}1 & 2 & 4\\1 & -1 & 1\\0 & 1 & -2\end{bmatrix}^{-1}\begin{bmatrix}e^{2t}\\e^{-t}\\te^{-t}\end{bmatrix} = \begin{bmatrix}\frac{1}{9}(e^{2t} + 8e^{-t} + 6te^{-t})\\ \frac{1}{9}(2e^{2t} - 2e^{-t} + 3te^{-t})\\ \frac{1}{9}(e^{2t} - e^{-t} - 3te^{-t})\end{bmatrix}
$$

所以，根据

$$
e^{At} = a_0(t)\boldsymbol{I} + a_1(t)\boldsymbol{A} + a_2(t)\boldsymbol{A}^2
$$

可得

$$e^{At}=\frac{1}{9}\begin{bmatrix} e^{2t}+8e^{-t}+6te^{-t} & 2e^{2t}-2e^{-t}+3te^{-t} & e^{2t}-e^{-t}-3te^{-t} \\ 2e^{2t}-2e^{-t}-6te^{-t} & 4e^{2t}+5e^{-t}-3te^{-t} & 2e^{2t}-2e^{-t}+3te^{-t} \\ 4e^{2t}-4e^{-t}+6te^{-t} & 8e^{2t}-8e^{-t}+3te^{-t} & 4e^{2t}+5e^{-t}-3te^{-t} \end{bmatrix}$$

2.3 状态转移矩阵

2.3.1 线性连续定常系统的状态转移矩阵

对于线性连续定常系统

$$\dot{\boldsymbol{x}}=\boldsymbol{A}\boldsymbol{x}$$

在2.1节中已经求得,该齐次状态方程满足初始状态 $\boldsymbol{x}(t)|_{t=0}=\boldsymbol{x}(0)$ 的解为

$$\boldsymbol{x}(t)=e^{\boldsymbol{A}t}\boldsymbol{x}(0)$$

满足初始状态 $\boldsymbol{x}(t)|_{t=t_0}=\boldsymbol{x}(t_0)$ 的解为

$$\boldsymbol{x}(t)=e^{\boldsymbol{A}(t-t_0)}\boldsymbol{x}(t_0)$$

如果令

$$\begin{cases} e^{\boldsymbol{A}t}=\boldsymbol{\Phi}(t) \\ e^{\boldsymbol{A}(t-t_0)}=\boldsymbol{\Phi}(t-t_0) \end{cases}$$

则有

$$\begin{cases} \boldsymbol{x}(t)=\boldsymbol{\Phi}(t)\boldsymbol{x}(0) \\ \boldsymbol{x}(t)=\boldsymbol{\Phi}(t-t_0)\boldsymbol{x}(t_0) \end{cases}$$

将 $\boldsymbol{\Phi}(t)$ 称为线性连续定常系统的状态转移矩阵。

状态转移矩阵的物理意义:从时间角度看,状态转移矩阵使状态向量随着时间的推移不断地作坐标变换,使得状态不断地在状态空间中作转移,故称为状态转移矩阵。状态在状态转移矩阵的作用下在状态空间中的运动轨迹如图2.3.1所示。

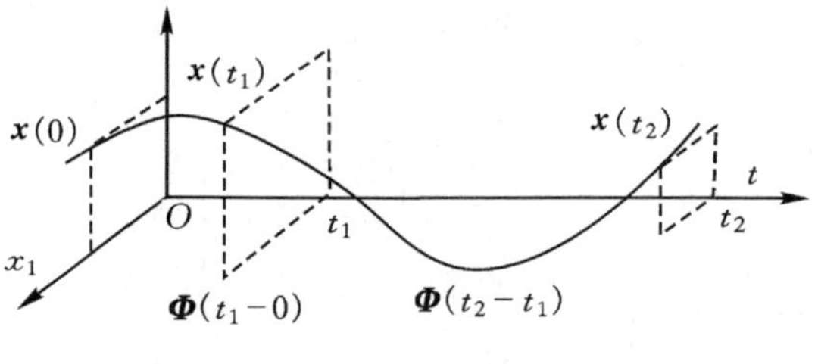

图2.3.1 状态运动轨迹图

需要说明,状态转移矩阵必须满足以下条件,否则不是状态转移矩阵。

① 状态转移矩阵初始条件,即 $\boldsymbol{\Phi}(t_0-t_0)=\boldsymbol{I}$。

② 状态转移矩阵满足状态方程本身,即 $\dot{\boldsymbol{\Phi}}(t-t_0)=\boldsymbol{A}\boldsymbol{\Phi}(t-t_0)$。

③ 线性连续定常系统的状态转移矩阵就是矩阵指数函数本身,即 $e^{\boldsymbol{A}t}=\boldsymbol{\Phi}(t)$。

2.3.2　线性连续时变系统的状态转移矩阵

已知线性连续时变系统的齐次状态方程为

$$\dot{\boldsymbol{x}}(t)=\boldsymbol{A}(t)\boldsymbol{x}(t)$$

选下列基向量作为初始状态

$$\boldsymbol{e}_1=\boldsymbol{x}_1(t_0)=\begin{bmatrix}1\\0\\\vdots\\0\end{bmatrix},\quad \boldsymbol{e}_2=\boldsymbol{x}_2(t_0)=\begin{bmatrix}0\\1\\\vdots\\0\end{bmatrix},\quad \cdots\quad \boldsymbol{e}_n=\boldsymbol{x}_n(t_0)=\begin{bmatrix}0\\0\\\vdots\\1\end{bmatrix}$$

仍可以得到系统满足初始状态

$$\boldsymbol{x}(t)\big|_{t=t_0}=\boldsymbol{x}(t_0)$$

的解是

$$\boldsymbol{x}(t)=\boldsymbol{\Phi}(t,t_0)\boldsymbol{x}(t_0)$$

其中，$\boldsymbol{\Phi}(t,t_0)$是线性连续时变系统的状态转移矩阵。对于线性连续时变系统来说，状态转移矩阵 $\boldsymbol{\Phi}(t,t_0)$不仅是时间 t 的函数，同时也是时间 t_0 的函数。

2.3.3　状态转移矩阵的性质及计算方法

1. 状态转移矩阵的性质

① 状态转移矩阵的不变性。

对于线性连续定常系统有

$$\boldsymbol{\Phi}(t_0-t_0)=\boldsymbol{\Phi}(0)=\mathrm{e}^{\boldsymbol{A}0}=\boldsymbol{I}$$

对于线性连续时变系统有

$$\boldsymbol{\Phi}(t_0,t_0)=\boldsymbol{I}$$

此性质的含义是，从 t_0 到 t_0 的转移，相当于不转移。

② 状态转移矩阵满足其自身的状态方程。

对于线性连续定常系统有

$$\dot{\boldsymbol{\Phi}}(t-t_0)=\boldsymbol{A}\boldsymbol{\Phi}(t-t_0)$$

对于线性连续时变系统有

$$\dot{\boldsymbol{\Phi}}(t,t_0)=\boldsymbol{A}(t)\boldsymbol{\Phi}(t,t_0)$$

③ 状态转移矩阵的传递性。

对于线性连续定常系统有

$$\boldsymbol{\Phi}(t_2-t_1)\boldsymbol{\Phi}(t_1-t_0)=\boldsymbol{\Phi}(t_2-t_0)$$

对于线性连续时变系统有

$$\boldsymbol{\Phi}(t_2,t_1)\boldsymbol{\Phi}(t_1,t_0)=\boldsymbol{\Phi}(t_2,t_0)$$

此性质表明，从 t_0 到 t_2 的转移可以分为两步：先从 t_0 转移到 t_1，再从 t_1 转移到 t_2。

④ 状态转移矩阵的可逆性。

对于线性连续定常系统有

$$\boldsymbol{\Phi}^{-1}(t-t_0)=\boldsymbol{\Phi}(t_0-t)$$

对于线性连续时变系统有

$$\boldsymbol{\Phi}^{-1}(t,t_0)=\boldsymbol{\Phi}(t_0,t)$$

此性质表明,状态转移过程在时间上是可逆的。

⑤ 对于线性连续定常系统有

$$\boldsymbol{\Phi}(t_1+t_2)=\boldsymbol{\Phi}(t_1)\boldsymbol{\Phi}(t_2)=\boldsymbol{\Phi}(t_2)\boldsymbol{\Phi}(t_1)$$

⑥ 对于线性连续定常系统有

$$[\boldsymbol{\Phi}(t)]^n=\boldsymbol{\Phi}(nt)$$

对于线性连续定常系统来说,由于其状态转移矩阵和矩阵指数函数是等价的,因此,线性连续定常系统的矩阵指数函数的性质,对线性连续定常系统的状态转移矩阵也同样适用。

2. 状态转移矩阵的计算方法

此处仅给出线性连续定常系统状态转移矩阵的计算方法,关于线性连续时变系统的状态转移矩阵的求解,见2.5节。

对于线性连续定常系统,由于

$$\begin{cases}e^{\boldsymbol{A}t}=\boldsymbol{\Phi}(t)\\ e^{\boldsymbol{A}(t-t_0)}=\boldsymbol{\Phi}(t-t_0)\end{cases}$$

所以,可以采用2.2节介绍的矩阵指数函数的计算方法来求解状态转移矩阵。

如果已知系统的状态转移矩阵,也可以反方向求出系统矩阵 $\boldsymbol{A}$,这需要用到状态转移矩阵的如下性质

$$\dot{\boldsymbol{\Phi}}(t-t_0)=\boldsymbol{A}\boldsymbol{\Phi}(t-t_0)$$

$t=t_0$ 时,即可由上式求得系统矩阵

$$\boldsymbol{A}=\dot{\boldsymbol{\Phi}}(t-t_0)\big|_{t=t_0}$$

例 2.3.1 已知某二阶线性连续定常系统的齐次状态方程为

$$\dot{\boldsymbol{x}}(t)=\boldsymbol{A}\boldsymbol{x}(t)$$

当初始状态为 $\boldsymbol{x}(0)=\begin{bmatrix}2\\1\end{bmatrix}$ 时,其解为 $\boldsymbol{x}(t)=\begin{bmatrix}2e^{-t}\\e^{-t}\end{bmatrix}$;当初始状态为 $\boldsymbol{x}(0)=\begin{bmatrix}1\\1\end{bmatrix}$,其解为 $\boldsymbol{x}(t)=\begin{bmatrix}e^{-t}+2te^{-t}\\e^{-t}+te^{-t}\end{bmatrix}$。试求该系统的状态转移矩阵 $\boldsymbol{\Phi}(t)$。

解 假设系统的状态转移矩阵为

$$\boldsymbol{\Phi}(t)=\begin{bmatrix}\Phi_{11} & \Phi_{12}\\ \Phi_{21} & \Phi_{22}\end{bmatrix}$$

则有

$$\begin{bmatrix}x_1(t)\\x_2(t)\end{bmatrix}=\begin{bmatrix}\Phi_{11} & \Phi_{12}\\ \Phi_{21} & \Phi_{22}\end{bmatrix}\begin{bmatrix}x_1(0)\\x_2(0)\end{bmatrix}$$

将两个初始状态及其相应的解代入上式,可得

$$\begin{bmatrix}2e^{-t}\\e^{-t}\end{bmatrix}=\begin{bmatrix}\Phi_{11} & \Phi_{12}\\ \Phi_{21} & \Phi_{22}\end{bmatrix}\begin{bmatrix}2\\1\end{bmatrix}$$

和

$$\begin{bmatrix}e^{-t}+2te^{-t}\\e^{-t}+te^{-t}\end{bmatrix}=\begin{bmatrix}\Phi_{11} & \Phi_{12}\\ \Phi_{21} & \Phi_{22}\end{bmatrix}\begin{bmatrix}1\\1\end{bmatrix}$$

因此有

$$\begin{bmatrix} 2\mathrm{e}^{-t} & \mathrm{e}^{-t}+2t\mathrm{e}^{-t} \\ \mathrm{e}^{-t} & \mathrm{e}^{-t}+t\mathrm{e}^{-t} \end{bmatrix} = \begin{bmatrix} \Phi_{11} & \Phi_{12} \\ \Phi_{21} & \Phi_{22} \end{bmatrix} \begin{bmatrix} 2 & 1 \\ 1 & 1 \end{bmatrix}$$

所以,系统的状态转移矩阵为

$$\begin{bmatrix} \Phi_{11} & \Phi_{12} \\ \Phi_{21} & \Phi_{22} \end{bmatrix} = \begin{bmatrix} 2\mathrm{e}^{-t} & \mathrm{e}^{-t}+2t\mathrm{e}^{-t} \\ \mathrm{e}^{-t} & \mathrm{e}^{-t}+t\mathrm{e}^{-t} \end{bmatrix} \begin{bmatrix} 2 & 1 \\ 1 & 1 \end{bmatrix}^{-1}$$

$$= \begin{bmatrix} \mathrm{e}^{-t}-2t\mathrm{e}^{-t} & 4t\mathrm{e}^{-t} \\ -t\mathrm{e}^{-t} & \mathrm{e}^{-t}+2t\mathrm{e}^{-t} \end{bmatrix}$$

2.4　线性连续定常非齐次状态方程的解

线性连续定常非齐次状态方程也有两种求解方法:直接求解法和拉普拉斯变换求解法,下面分别予以介绍。

2.4.1　直接求解法

线性连续定常系统的非齐次状态方程为

$$\dot{\boldsymbol{x}} = \boldsymbol{A}\boldsymbol{x} + \boldsymbol{B}\boldsymbol{u} \tag{2.4.1}$$

则该系统在初始状态为 $\boldsymbol{x}(t_0)$时的解为

$$\boldsymbol{x}(t) = \mathrm{e}^{\boldsymbol{A}(t-t_0)}\boldsymbol{x}(t_0) + \int_{t_0}^{t} \mathrm{e}^{\boldsymbol{A}(t-\tau)}\boldsymbol{B}\boldsymbol{u}(\tau)\mathrm{d}\tau \tag{2.4.2}$$

或

$$\boldsymbol{x}(t) = \boldsymbol{\Phi}(t-t_0)\boldsymbol{x}(t_0) + \int_{t_0}^{t} \boldsymbol{\Phi}(t-\tau)\boldsymbol{B}\boldsymbol{u}(\tau)\mathrm{d}\tau \tag{2.4.3}$$

与线性连续定常系统齐次状态方程的解不同,齐次状态方程的解仅由初始状态引起的零输入响应组成,而非齐次状态方程的解由初始状态引起的零输入响应和由输入引起的零状态响应两部分组成。直接求解法的关键在于求系统的状态转移矩阵或矩阵指数函数。

下面给出式(2.4.2)和式(2.4.3)的推导过程。

首先将式(2.4.1)所示的状态方程重写为

$$\dot{\boldsymbol{x}} - \boldsymbol{A}\boldsymbol{x} = \boldsymbol{B}\boldsymbol{u} \tag{2.4.4}$$

对式(2.4.4)左右两边同时左乘 $\mathrm{e}^{-\boldsymbol{A}t}$,可得

$$\mathrm{e}^{-\boldsymbol{A}t}[\dot{\boldsymbol{x}} - \boldsymbol{A}\boldsymbol{x}] = \mathrm{e}^{-\boldsymbol{A}t}\boldsymbol{B}\boldsymbol{u}$$

根据 $\mathrm{e}^{\boldsymbol{A}t}$ 的性质$\frac{\mathrm{d}}{\mathrm{d}t}(\mathrm{e}^{\boldsymbol{A}t})=\boldsymbol{A}\mathrm{e}^{\boldsymbol{A}t}=\mathrm{e}^{\boldsymbol{A}t}\boldsymbol{A}$,可知

$$\frac{\mathrm{d}}{\mathrm{d}t}[\mathrm{e}^{-\boldsymbol{A}t}\boldsymbol{x}] = \mathrm{e}^{-\boldsymbol{A}t}[\dot{\boldsymbol{x}} - \boldsymbol{A}\boldsymbol{x}]$$

所以有下式成立

$$\frac{\mathrm{d}}{\mathrm{d}t}[\mathrm{e}^{-\boldsymbol{A}t}\boldsymbol{x}] = \mathrm{e}^{-\boldsymbol{A}t}\boldsymbol{B}\boldsymbol{u} \tag{2.4.5}$$

将式(2.4.5)在$[t_0,t]$区间内进行积分,可得

$$\mathrm{e}^{-\boldsymbol{A}\tau}\boldsymbol{x}(\tau)\Big|_{t_0}^{t} = \int_{t_0}^{t} \mathrm{e}^{-\boldsymbol{A}\tau}\boldsymbol{B}\boldsymbol{u}(\tau)\mathrm{d}\tau$$

即

$$e^{-At}\boldsymbol{x}(t) - e^{-At_0}\boldsymbol{x}(t_0) = \int_{t_0}^{t} e^{-A\tau}\boldsymbol{Bu}(\tau)dt$$

整理上式可得

$$\boldsymbol{x}(t) = e^{\boldsymbol{A}(t-t_0)}\boldsymbol{x}(t_0) + \int_{t_0}^{t} e^{\boldsymbol{A}(t-\tau)}\boldsymbol{Bu}(\tau)d\tau$$

$$= \boldsymbol{\Phi}(t-t_0)\boldsymbol{x}(t_0) + \int_{t_0}^{t} \boldsymbol{\Phi}(t-\tau)\boldsymbol{Bu}(\tau)d\tau$$

从而得到式(2.4.2)和式(2.4.3)。

2.4.2 拉普拉斯变换求解法

对式(2.4.1)两端进行拉普拉斯变换得

$$s\boldsymbol{X}(s) - \boldsymbol{x}(0) = \boldsymbol{AX}(s) + \boldsymbol{BU}(s) \tag{2.4.6}$$

整理上式可得

$$\boldsymbol{X}(s) = (s\boldsymbol{I}-\boldsymbol{A})^{-1}\boldsymbol{x}(0) + (s\boldsymbol{I}-\boldsymbol{A})^{-1}\boldsymbol{BU}(s)$$

对上式进行拉普拉斯反变换,就可以得到状态方程的解为

$$\boldsymbol{x}(t) = \mathscr{L}^{-1}[(s\boldsymbol{I}-\boldsymbol{A})^{-1}\boldsymbol{x}(0) + (s\boldsymbol{I}-\boldsymbol{A})^{-1}\boldsymbol{BU}(s)] \tag{2.4.7}$$

例 2.4.1 已知线性连续定常系统的非齐次状态方程为

$$\begin{bmatrix}\dot{x}_1\\ \dot{x}_2\end{bmatrix} = \begin{bmatrix}0 & 1\\ -2 & -3\end{bmatrix}\begin{bmatrix}x_1\\ x_2\end{bmatrix} + \begin{bmatrix}0\\ 1\end{bmatrix}u$$

其初始状态为$\begin{bmatrix}x_1(t)\\ x_2(t)\end{bmatrix}_{t=0} = \begin{bmatrix}x_1(0)\\ x_2(0)\end{bmatrix}$,求该系统在单位阶跃输入作用下状态方程的解。

解 ① 直接求解法:略(作为课后练习)。

② 拉氏变换求解法。首先求解$(s\boldsymbol{I}-\boldsymbol{A})^{-1}$

由于

$$(s\boldsymbol{I}-\boldsymbol{A}) = \begin{bmatrix}s & -1\\ 2 & s+3\end{bmatrix}$$

所以

$$(s\boldsymbol{I}-\boldsymbol{A})^{-1} = \frac{1}{s^2+3s+2}\begin{bmatrix}s+3 & 1\\ -2 & s\end{bmatrix}$$

将上式代入以下方程

$$\boldsymbol{X}(s) = (s\boldsymbol{I}-\boldsymbol{A})^{-1}\boldsymbol{x}(0) + (s\boldsymbol{I}-\boldsymbol{A})^{-1}\boldsymbol{BU}(s)$$

可以得到

$$\boldsymbol{X}(s) = \frac{1}{s^2+3s+2}\begin{bmatrix}s+3 & 1\\ -2 & s\end{bmatrix}\begin{bmatrix}x_1(0)\\ x_2(0)\end{bmatrix} + \frac{1}{s^2+3s+2}\begin{bmatrix}s+3 & 1\\ -2 & s\end{bmatrix}\begin{bmatrix}0\\ 1\end{bmatrix}\frac{1}{s}$$

$$= \frac{1}{s^2+3s+2}\begin{bmatrix}(s+3)x_1(0)+x_2(0)\\ -2x_1(0)+sx_2(0)\end{bmatrix} + \frac{1}{s^2+3s+2}\begin{bmatrix}\frac{1}{s}\\ 1\end{bmatrix}$$

其中$\frac{1}{s}$是单位阶跃的拉普拉斯变换,将上式左右两端进行拉普拉斯反变换,就可以得到系统状

态方程的解为

$$\boldsymbol{x}(t) = \mathscr{L}^{-1}\boldsymbol{X}(s)$$
$$= \begin{bmatrix} \dfrac{1}{2} + [2x_1(0) + x_2(0) - 1]\mathrm{e}^{-t} - [x_1(0) + x_2(0) - \dfrac{1}{2}]\mathrm{e}^{-2t} \\ -[2x_1(0) + x_2(0) - 1]\mathrm{e}^{-t} + [2x_1(0) + 2x_2(0) - 1]\mathrm{e}^{-2t} \end{bmatrix}$$

2.5 线性连续时变系统状态方程的解

2.5.1 齐次状态方程的解

已知标量时变系统齐次状态方程

$$\dot{x}(t) = a(t)x(t)$$

在初始状态为 $x(t_0)$ 时的解为

$$x(t) = \mathrm{e}^{\int_{t_0}^{t} a(\tau)\mathrm{d}\tau} x(t_0)$$

假设线性连续时变系统齐次状态方程

$$\dot{\boldsymbol{x}}(t) = \boldsymbol{A}(t)\boldsymbol{x}(t)$$

在初始状态为 $\boldsymbol{x}(t_0)$ 时的解为

$$\boldsymbol{x}(t) = \boldsymbol{\Phi}(t,t_0)\boldsymbol{x}(t_0)$$

那么对于线性连续时变系统，下面的式(2.5.1)是否成立呢？

$$\boldsymbol{\Phi}(t,t_0) = \mathrm{e}^{\int_{t_0}^{t} \boldsymbol{A}(\tau)\mathrm{d}\tau} \tag{2.5.1}$$

答案是不确定的。对于式(2.5.1)来说，其成立的充分必要条件是：$\boldsymbol{A}(t)$ 与 $\left[\int_{t_0}^{t} \boldsymbol{A}(\tau)\mathrm{d}\tau\right]$ 乘法可交换，即

$$\boldsymbol{A}(t)\left[\int_{t_0}^{t} \boldsymbol{A}(\tau)\mathrm{d}\tau\right] = \left[\int_{t_0}^{t} \boldsymbol{A}(\tau)\mathrm{d}\tau\right]\boldsymbol{A}(t) \tag{2.5.2}$$

以上条件也可以描述为：对于任意的 t_1, t_2，有

$$\boldsymbol{A}(t_1)\boldsymbol{A}(t_2) = \boldsymbol{A}(t_2)\boldsymbol{A}(t_1) \tag{2.5.3}$$

当式(2.5.3)成立时，有

$$\boldsymbol{\Phi}(t,t_0) = \mathrm{e}^{\int_{t_0}^{t} \boldsymbol{A}(\tau)\mathrm{d}\tau} = \boldsymbol{I} + \int_{t_0}^{t} \boldsymbol{A}(\tau)\mathrm{d}\tau + \frac{1}{2!}\left[\int_{t_0}^{t} \boldsymbol{A}(\tau)\mathrm{d}\tau\right]^2 + \frac{1}{3!}\left[\int_{t_0}^{t} \boldsymbol{A}(\tau)\mathrm{d}\tau\right]^3 + \cdots \tag{2.5.4}$$

当式(2.5.3)不成立时，有

$$\boldsymbol{\Phi}(t,t_0) = \boldsymbol{I} + \int_{t_0}^{t} \boldsymbol{A}(\tau)\mathrm{d}\tau + \int_{t_0}^{t} \boldsymbol{A}(\tau_1)\int_{\tau_0}^{\tau_1} \boldsymbol{A}(\tau_2)\mathrm{d}\tau_2\mathrm{d}\tau_1 + \cdots \tag{2.5.5}$$

以上给出了线性连续时变系统状态转移矩阵的求解方法，与线性连续定常系统相比，线性连续时变系统的状态转移矩阵的求解相对困难，因此其状态方程的求解过程也比较繁琐。

例 2.5.1　已知线性连续时变系统的齐次状态方程为

$$\dot{\boldsymbol{x}}(t) = \begin{bmatrix} 2t & 0 \\ 0 & t \end{bmatrix}\boldsymbol{x}(t)$$

当初始状态为 $\boldsymbol{x}(0)=\begin{bmatrix}1\\3\end{bmatrix}$时,试求该系统的状态转移矩阵和状态方程的解。

解 首先求状态转移矩阵 $\boldsymbol{\Phi}(t,0)$。

验证系统矩阵 $\boldsymbol{A}(t)$的可交换性,对于任意的 t_1,t_2,有

$$\boldsymbol{A}(t_1)\boldsymbol{A}(t_2)=\begin{bmatrix}2t_1 & 0\\0 & t_1\end{bmatrix}\begin{bmatrix}2t_2 & 0\\0 & t_2\end{bmatrix}=\begin{bmatrix}4t_1t_2 & 0\\0 & t_1t_2\end{bmatrix}$$

$$\boldsymbol{A}(t_2)\boldsymbol{A}(t_1)=\begin{bmatrix}2t_2 & 0\\0 & t_2\end{bmatrix}\begin{bmatrix}2t_1 & 0\\0 & t_1\end{bmatrix}=\begin{bmatrix}4t_1t_2 & 0\\0 & t_1t_2\end{bmatrix}$$

即

$$\boldsymbol{A}(t_1)\boldsymbol{A}(t_2)=\boldsymbol{A}(t_2)\boldsymbol{A}(t_1)$$

所以 $\boldsymbol{A}(t)$是可交换的,因此根据式(2.5.4)有

$$\begin{aligned}\boldsymbol{\Phi}(t,t_0)&=\boldsymbol{\Phi}(t,0)\\&=\boldsymbol{I}+\int_0^t\boldsymbol{A}(\tau)\mathrm{d}\tau+\frac{1}{2!}\left[\int_0^t\boldsymbol{A}(\tau)\mathrm{d}\tau\right]^2+\frac{1}{3!}\left[\int_0^t\boldsymbol{A}(\tau)\mathrm{d}\tau\right]^3+\cdots\end{aligned}$$

将系统矩阵 $\boldsymbol{A}(t)$代入上式,可以求得

$$\int_0^t\boldsymbol{A}(\tau)\mathrm{d}\tau=\int_0^t\begin{bmatrix}2\tau & 0\\0 & \tau\end{bmatrix}\mathrm{d}\tau=\begin{bmatrix}t^2 & 0\\0 & \frac{1}{2}t^2\end{bmatrix}$$

$$\frac{1}{2!}\left[\int_0^t\boldsymbol{A}(\tau)\mathrm{d}\tau\right]^2=\frac{1}{2}\begin{bmatrix}t^2 & 0\\0 & \frac{1}{2}t^2\end{bmatrix}^2=\begin{bmatrix}\frac{1}{2}t^4 & 0\\0 & \frac{1}{8}t^4\end{bmatrix}$$

$$\frac{1}{3!}\left[\int_0^t\boldsymbol{A}(\tau)\mathrm{d}\tau\right]^3=\frac{1}{6}\begin{bmatrix}t^2 & 0\\0 & \frac{1}{2}t^2\end{bmatrix}^3=\begin{bmatrix}\frac{1}{6}t^6 & 0\\0 & \frac{1}{48}t^6\end{bmatrix}$$

因此有

$$\begin{aligned}\boldsymbol{\Phi}(t,0)&=\begin{bmatrix}1 & 0\\0 & 1\end{bmatrix}+\begin{bmatrix}t^2 & 0\\0 & \frac{1}{2}t^2\end{bmatrix}+\begin{bmatrix}\frac{1}{2}t^4 & 0\\0 & \frac{1}{8}t^4\end{bmatrix}+\begin{bmatrix}\frac{1}{6}t^6 & 0\\0 & \frac{1}{48}t^6\end{bmatrix}+\cdots\\&=\begin{bmatrix}1+t^2+\frac{1}{2}t^4+\frac{1}{6}t^6+\cdots & 0\\0 & 1+\frac{1}{2}t^2+\frac{1}{8}t^4+\frac{1}{48}t^6+\cdots\end{bmatrix}\end{aligned}$$

所以,系统状态方程的解为

$$\begin{aligned}\boldsymbol{x}(t)&=\boldsymbol{\Phi}(t,0)\boldsymbol{x}(0)\\&=\begin{bmatrix}1+t^2+\frac{1}{2}t^4+\frac{1}{6}t^6+\cdots & 0\\0 & 1+\frac{1}{2}t^2+\frac{1}{8}t^4+\frac{1}{48}t^6+\cdots\end{bmatrix}\begin{bmatrix}1\\3\end{bmatrix}\end{aligned}$$

$$
= \begin{bmatrix} 1 + t^2 + \frac{1}{2}t^4 + \frac{1}{6}t^6 + \cdots \\ 3 + \frac{3}{2}t^2 + \frac{3}{8}t^4 + \frac{1}{16}t^6 + \cdots \end{bmatrix}
$$

2.5.2 非齐次状态方程的解

线性连续时变系统的非齐次状态方程为

$$
\dot{\boldsymbol{x}}(t) = \boldsymbol{A}(t)\boldsymbol{x}(t) + \boldsymbol{B}(t)\boldsymbol{u}(t) \tag{2.5.6}
$$

且 $\boldsymbol{A}(t)$ 和 $\boldsymbol{B}(t)$ 的元素在时间段 $[t_0, t]$ 内分段连续。则式(2.5.6)所示系统在初始状态为 $\boldsymbol{x}(t_0)$ 时的解为

$$
\boldsymbol{x}(t) = \boldsymbol{\Phi}(t, t_0)\boldsymbol{x}(t_0) + \int_{t_0}^{t} \boldsymbol{\Phi}(t, \tau)\boldsymbol{B}(\tau)\boldsymbol{u}(\tau)\mathrm{d}\tau \tag{2.5.7}
$$

下面给出式(2.5.7)的推导过程。

假设式(2.5.6)线性连续时变系统状态方程的解为

$$
\boldsymbol{x}(t) = \boldsymbol{\Phi}(t, t_0)\boldsymbol{z}(t) \tag{2.5.8}
$$

将式(2.5.8)代入式(2.5.6)左边得

$$
\dot{\boldsymbol{x}}(t) = \dot{\boldsymbol{\Phi}}(t, t_0)\boldsymbol{z}(t) + \boldsymbol{\Phi}(t, t_0)\dot{\boldsymbol{z}}(t) = \boldsymbol{A}(t)\boldsymbol{\Phi}(t, t_0)\boldsymbol{z}(t) + \boldsymbol{\Phi}(t, t_0)\dot{\boldsymbol{z}}(t) \tag{2.5.9}
$$

将式(2.5.8)代入式(2.5.6)右边得

$$
\boldsymbol{A}(t)\boldsymbol{x}(t) + \boldsymbol{B}(t)\boldsymbol{u}(t) = \boldsymbol{A}(t)\boldsymbol{\Phi}(t, t_0)\boldsymbol{z}(t) + \boldsymbol{B}(t)\boldsymbol{u}(t) \tag{2.5.10}
$$

式(2.5.9)和式(2.5.10)相等,得

$$
\boldsymbol{\Phi}(t, t_0)\dot{\boldsymbol{z}}(t) = \boldsymbol{B}(t)\boldsymbol{u}(t)
$$

即

$$
\dot{\boldsymbol{z}}(t) = \boldsymbol{\Phi}^{-1}(t, t_0)\boldsymbol{B}(t)\boldsymbol{u}(t) \tag{2.5.11}
$$

式(2.5.11)两端积分得

$$
\boldsymbol{z}(t) = \boldsymbol{z}(t_0) + \int_{t_0}^{t} \boldsymbol{\Phi}^{-1}(\tau, t_0)\boldsymbol{B}(\tau)\boldsymbol{u}(\tau)\mathrm{d}\tau \tag{2.5.12}
$$

在式(2.5.8)中,令 $t = t_0$ 得

$$
\boldsymbol{z}(t_0) = \boldsymbol{x}(t_0) \tag{2.5.13}
$$

将式(2.5.13)代入式(2.5.12)得

$$
\boldsymbol{z}(t) = \boldsymbol{x}(t_0) + \int_{t_0}^{t} \boldsymbol{\Phi}^{-1}(\tau, t_0)\boldsymbol{B}(\tau)\boldsymbol{u}(\tau)\mathrm{d}\tau \tag{2.5.14}
$$

将式(2.5.14)代入式(2.5.8)得

$$
\begin{aligned}
\boldsymbol{x}(t) &= \boldsymbol{\Phi}(t, t_0)\left[\boldsymbol{x}(t_0) + \int_{t_0}^{t} \boldsymbol{\Phi}^{-1}(\tau, t_0)\boldsymbol{B}(\tau)\boldsymbol{u}(\tau)\mathrm{d}\tau\right] \\
&= \boldsymbol{\Phi}(t, t_0)\boldsymbol{x}(t_0) + \boldsymbol{\Phi}(t, t_0)\int_{t_0}^{t} \boldsymbol{\Phi}(t_0, \tau)\boldsymbol{B}(\tau)\boldsymbol{u}(\tau)\mathrm{d}\tau \\
&= \boldsymbol{\Phi}(t, t_0)\boldsymbol{x}(t_0) + \int_{t_0}^{t} \boldsymbol{\Phi}(t, t_0)\boldsymbol{\Phi}(t_0, \tau)\boldsymbol{B}(\tau)\boldsymbol{u}(\tau)\mathrm{d}\tau \\
&= \boldsymbol{\Phi}(t, t_0)\boldsymbol{x}(t_0) + \int_{t_0}^{t} \boldsymbol{\Phi}(t, \tau)\boldsymbol{B}(\tau)\boldsymbol{u}(\tau)\mathrm{d}\tau
\end{aligned} \tag{2.5.15}
$$

将求得的状态方程的解与线性连续定常系统非齐次状态方程的解

$$\boldsymbol{x}(t)=\boldsymbol{\Phi}(t-t_0)\boldsymbol{x}(t_0)+\int_{t_0}^{t}\boldsymbol{\Phi}(t-\tau)\boldsymbol{Bu}(\tau)\mathrm{d}\tau$$

相比可以看出，两者的解在形式上是完全一致的，所不同的就是状态转移矩阵的求解方法。

例 2.5.2 已知线性连续时变系统的状态方程为

$$\begin{bmatrix}\dot{x}_1\\\dot{x}_2\end{bmatrix}=\begin{bmatrix}0&2t\\0&0\end{bmatrix}\begin{bmatrix}x_1\\x_2\end{bmatrix}+\begin{bmatrix}1\\1\end{bmatrix}1(t)$$

求初始状态为$\begin{bmatrix}x_1(0)\\x_2(0)\end{bmatrix}=\begin{bmatrix}1\\2\end{bmatrix}$时系统状态方程的解。

解 先求系统的状态转移矩阵。

判断$\boldsymbol{A}(t)$的可交换性，可得

$$\boldsymbol{A}(t_1)\boldsymbol{A}(t_2)=\boldsymbol{A}(t_2)\boldsymbol{A}(t_1)=0$$

即$\boldsymbol{A}(t)$可交换，因此根据式(2.5.4)，有

$$\boldsymbol{\Phi}(t,0)=\boldsymbol{I}+\int_0^t\boldsymbol{A}(\tau)\mathrm{d}\tau+\frac{1}{2!}\left[\int_0^t\boldsymbol{A}(\tau)\mathrm{d}\tau\right]^2+\cdots$$

将系统矩阵$\boldsymbol{A}(t)$代入上式，可得

$$\int_0^t\boldsymbol{A}(\tau)\mathrm{d}\tau=\int_0^t\begin{bmatrix}0&2\tau\\0&0\end{bmatrix}\mathrm{d}\tau=\begin{bmatrix}0&t^2\\0&0\end{bmatrix}$$

当$i=2,3,\cdots$时

$$\left[\int_0^t\boldsymbol{A}(\tau)\mathrm{d}\tau\right]^i=\begin{bmatrix}0&0\\0&0\end{bmatrix}$$

所以有

$$\boldsymbol{\Phi}(t,0)=\begin{bmatrix}1&0\\0&1\end{bmatrix}+\begin{bmatrix}0&t^2\\0&0\end{bmatrix}=\begin{bmatrix}1&t^2\\0&1\end{bmatrix}$$

$$\begin{aligned}\boldsymbol{x}(t)&=\boldsymbol{\Phi}(t,0)\boldsymbol{x}(0)+\int_0^t\boldsymbol{\Phi}(t,\tau)\boldsymbol{B}(\tau)\boldsymbol{u}(\tau)\mathrm{d}\tau\\&=\begin{bmatrix}1&t^2\\0&1\end{bmatrix}\begin{bmatrix}1\\2\end{bmatrix}+\int_0^t\begin{bmatrix}1&t^2-\tau^2\\0&1\end{bmatrix}\begin{bmatrix}1\\1\end{bmatrix}\mathrm{d}\tau\\&=\begin{bmatrix}2t^2+1\\2\end{bmatrix}+\int_0^t\begin{bmatrix}t^2-\tau^2+1\\1\end{bmatrix}\mathrm{d}\tau\\&=\begin{bmatrix}2t^2+1\\2\end{bmatrix}+\begin{bmatrix}\dfrac{2t^3}{3}+t\\t\end{bmatrix}\\&=\begin{bmatrix}\dfrac{2t^3}{3}+2t^2+t+1\\2+t\end{bmatrix}\end{aligned}$$

2.6 用 MATLAB 求解系统的时间响应

MATLAB 提供了求取系统状态转移矩阵和时间响应的函数。其中，函数 expm()用来计算给定时刻的状态转移矩阵，函数 lsim()用来计算系统的状态响应和输出响应。

这两个函数的基本调用格式为

$$\text{phi}=\text{expm}(\boldsymbol{A}*t)$$

$$[\boldsymbol{y},\boldsymbol{x}]=\text{lsim}(\boldsymbol{A},\boldsymbol{B},\boldsymbol{C},\boldsymbol{D},\boldsymbol{u},t,\boldsymbol{x}_0)$$

其中，t 为求取响应的时刻；phi 为 t 时刻的矩阵指数函数；$\boldsymbol{y}$ 为 t 时刻的输出响应；$\boldsymbol{x}$ 为 t 时刻的状态响应；$\boldsymbol{u}$ 为系统输入；$\boldsymbol{x}_0$ 为系统初始状态。

例 2.6.1　求下列矩阵的矩阵指数函数

$$\boldsymbol{A}=\begin{bmatrix}0 & 1\\ -3 & -4\end{bmatrix}$$

解　利用函数 expm()和拉普拉斯变换两种方法求解。

方法 1：利用函数 expm()求解矩阵指数函数。程序片段如程序 2.6.1 所示。

```
syms t                   %定义时间变量 t
A=[0,1;-3,-4];
phi=expm(A*t)            %求 A 的矩阵指数函数
```

程序 2.6.1　例 2.6.1 方法 1 的程序片断

执行结果为

```
phi =
[     (3*exp(-t))/2 - exp(-3*t)/2,      exp(-t)/2 - exp(-3*t)/2]
[ (3*exp(-3*t))/2 - (3*exp(-t))/2,  (3*exp(-3*t))/2 - exp(-t)/2]
```

即

$$e^{\boldsymbol{A}t}=\begin{bmatrix}\dfrac{3}{2}e^{-t}-\dfrac{1}{2}e^{-3t} & \dfrac{1}{2}e^{-t}-\dfrac{1}{2}e^{-3t}\\ -\dfrac{3}{2}e^{-t}+\dfrac{3}{2}e^{-3t} & -\dfrac{1}{2}e^{-t}+\dfrac{3}{2}e^{-3t}\end{bmatrix}$$

方法 2：利用拉普拉斯变换法求解。程序片段如程序 2.6.2 所示。

```
syms s t                 %定义符号变量 s,t
A=[0,1;-3,-4];
fs=inv(s*eye(2)-A);      %求 sI-A 的逆
phi=ilaplace(fs,s,t)     %求 sI-A 的逆的拉普拉斯反变换，得到 A 的矩阵指数函数
```

程序 2.6.2　例 2.6.1 方法 2 的程序片断

执行结果和方法 1 的执行结果相同。

因此，方法 1 和方法 2 得到的矩阵指数函数是一致的。

例 2.6.2　已知系统的状态空间表达式为

$$\dot{\boldsymbol{x}}=\begin{bmatrix}0 & -2\\ 1 & -3\end{bmatrix}\boldsymbol{x}+\begin{bmatrix}0\\ 1\end{bmatrix}u$$

$$y=\begin{bmatrix}1 & 0\end{bmatrix}\boldsymbol{x}$$

当 $x_1(0)=x_2(0)=1,u(t)=0,t=0.1$ 时，试计算系统的状态转移矩阵和时间响应。

解　在 MATLAB 中，求取状态转移矩阵和系统时间响应的程序片段如程序 2.6.3 所示。

```
A=[0,-2;1,-3];
B=[0;1];
C=[1,0];
D=[0];
t=0.1;
Phi=expm(A*t)   %求状态转移矩阵
x0=[1;1];
t=[0,0.1];
u=0*t;
[y,x]=lsim(A,B,C,D,u,t,x0)   %求系统的时间响应
```

程序 2.6.3 例 2.6.2 程序片断

程序执行后,当 $t=0.1$ 时,系统的状态转移矩阵为

```
Phi =
    0.9909   -0.1722
    0.0861    0.7326
```

系统的时间响应为

```
y =
    1.0000
    0.8187
x =
    1.0000   1.0000
    0.8187   0.8187
```

由此可知,由函数 lsim()求得的 $t=0.1$ 时刻的系统响应为 $x_1(0.1)=x_2(0.1)=0.8187$,$y(0.1)=0.8187$。

习 题

2.1 求下列矩阵的矩阵指数函数。

① $\boldsymbol{A}=\begin{bmatrix}1 & -1 & 0\\ -1 & 1 & 0\\ 0 & 0 & 1\end{bmatrix}$

② $\boldsymbol{A}=\begin{bmatrix}0 & 1 & 0\\ 0 & 0 & 1\\ 0 & 1 & 0\end{bmatrix}$

③ $\boldsymbol{A}=\begin{bmatrix}1 & 4\\ 3 & 2\end{bmatrix}$

2.2 试用三种不同的方法,求下列矩阵的矩阵指数函数。

$$\boldsymbol{A}=\begin{bmatrix}0 & 1\\ -6 & -5\end{bmatrix}$$

2.3　已知系统的状态转移矩阵为

① $\boldsymbol{\Phi}(t)=\begin{bmatrix} e^{-t} & 0 & 0 \\ 0 & (1-2t)e^{-2t} & 4te^{-2t} \\ 0 & -te^{-2t} & (1-2t)e^{-2t} \end{bmatrix}$

② $\boldsymbol{\Phi}(t)=\begin{bmatrix} 2e^{-t}-e^{-2t} & e^{-t}-e^{-2t} \\ 2e^{-2t}-2e^{-t} & 2e^{-2t}-e^{-t} \end{bmatrix}$

试求这两个系统的系统矩阵 $\boldsymbol{A}$。

2.4　已知矩阵

$$\boldsymbol{A}=\begin{bmatrix} 0 & 1 & 0 & 0 \\ 0 & 0 & 1 & 0 \\ 0 & 0 & 0 & 1 \\ 1 & 0 & 0 & 0 \end{bmatrix}$$

请计算 $\boldsymbol{A}^7-\boldsymbol{A}^3+2\boldsymbol{I}$ 的值。

2.5　已知矩阵

$$\boldsymbol{A}=\begin{bmatrix} 1 & 2 \\ 0 & 1 \end{bmatrix}$$

求$\boldsymbol{A}^{200}$。

2.6　计算下列线性连续时变系统的状态转移矩阵 $\boldsymbol{\Phi}(t,0)$。

(1) $\boldsymbol{A}=\begin{bmatrix} t & 0 \\ 0 & 0 \end{bmatrix}$；　(2) $\boldsymbol{A}(t)=\begin{bmatrix} 0 & e^{-t} \\ -e^{-t} & 0 \end{bmatrix}$

2.7　某线性连续定常系统的齐次状态方程为

$$\dot{\boldsymbol{x}}(t)=\boldsymbol{A}\boldsymbol{x}(t)$$

当 $\boldsymbol{x}(0)=\begin{bmatrix} 1 \\ -1 \end{bmatrix}$时，$\boldsymbol{x}(t)=\begin{bmatrix} e^{-2t} \\ -e^{-2t} \end{bmatrix}$；当 $\boldsymbol{x}(0)=\begin{bmatrix} 2 \\ -1 \end{bmatrix}$时，$\boldsymbol{x}(t)=\begin{bmatrix} 2e^{-t} \\ -e^{-2t} \end{bmatrix}$。试求该系统的状态转移矩阵 $\boldsymbol{\Phi}(t)$和系统矩阵 $\boldsymbol{A}$。

2.8　某线性连续定常系统的非齐次状态方程为

$$\begin{bmatrix} \dot{x}_1 \\ \dot{x}_2 \end{bmatrix}=\begin{bmatrix} 0 & 1 \\ -2 & -3 \end{bmatrix}\begin{bmatrix} x_1 \\ x_2 \end{bmatrix}+\begin{bmatrix} 0 \\ 1 \end{bmatrix}u$$

已知初始状态 $x_1(0)=2$，$x_2(0)=1$。试求单位阶跃函数输入时系统的时间响应$\boldsymbol{x}(t)$。

2.9　已知系统的状态空间表达式为

$$\dot{\boldsymbol{x}}=\begin{bmatrix} 0 & 2 \\ 1 & -5 \end{bmatrix}\boldsymbol{x}+\begin{bmatrix} 0 \\ 1 \end{bmatrix}u$$

$$y=\begin{bmatrix} 1 & 0 \end{bmatrix}\boldsymbol{x}$$

请用 MATLAB 方法，计算该系统在 $t=0.1$ 时刻的状态转移矩阵。

第 3 章　线性控制系统的能控性和能观测性

经典控制理论利用传递函数来研究系统的输入-输出特性，研究的重点是系统输入对系统输出的控制问题。在这种情况下，系统的输出量既是被控量，又是观测量。只要满足稳定性条件，系统的输出就是能控制的。对于实际的物理系统而言，系统的输出一般也是能直接量测的。

现代控制理论建立在状态空间基础之上，研究的重点是系统的状态控制和状态观测问题。系统的状态空间描述由状态方程与输出方程组成，状态方程描述了系统输入 $\boldsymbol{u}(t)$ 和状态变量 $\boldsymbol{x}(t)$ 之间的关系，而输出方程则描述了状态变量 $\boldsymbol{x}(t)$ 和系统输入 $\boldsymbol{u}(t)$ 对系统输出 $\boldsymbol{y}(t)$ 的影响。这就产生了系统输入能否控制系统状态（状态控制问题）以及系统输出能否反映系统状态的问题（状态估计问题）。为了更好地研究这个问题，卡尔曼于 20 世纪 60 年代初提出了能控性和能观测性的概念。能控性和能观测性是状态空间分析与设计中两个非常重要的概念，在现代控制理论的研究与实践中具有重要意义。它深刻地揭示了系统的内部结构关系，沟通了系统的状态控制和状态估计问题，是最优控制和最优估计的设计基础。

3.1　线性连续定常系统的能控性

3.1.1　能控性的概念

给定线性连续定常系统

$$\dot{\boldsymbol{x}} = \boldsymbol{A}\boldsymbol{x} + \boldsymbol{B}\boldsymbol{u} \tag{3.1.1}$$

如果存在一个分段连续的输入 $\boldsymbol{u}(t)$，能在有限的时间段 $[t_0, t_f]$ 内使得系统的某一初始状态 $\boldsymbol{x}(t_0)$ 转移到任一指定的终端状态 $\boldsymbol{x}(t_f)$，则称 t_0 时刻的状态 $\boldsymbol{x}(t_0)$ 是能控的。如果系统的所有状态都是能控的，即能控状态充满整个状态空间，则称系统是状态完全能控的。

上述定义可以用图 3.1.1 加以说明。假设状态平面中的 p 点能在输入的作用下转移到任一指定状态 $p_1, p_2, \cdots, p_n$，那么 p 点是能控状态。如果这样的能控状态 p 充满整个状态空间，即对于任意的初始状态都能找到相应的控制输入 $\boldsymbol{u}(t)$，使得在有限的时间间隔 $[t_0, t_f]$ 内，将状态转移到状态空间中任一指定的终端状态，则称该系统为状态完全能控的。

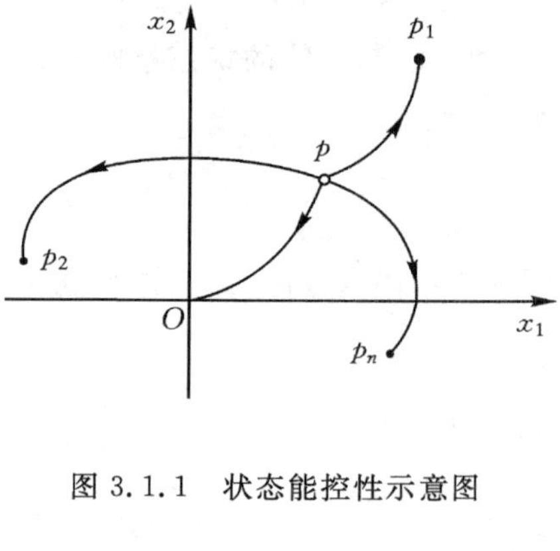

图 3.1.1　状态能控性示意图

关于能控性的定义，有以下几点说明：

① 能控性有状态能控性和输出能控性两种。状态能控性是指输入 $\boldsymbol{u}(t)$ 对系统内部状态 $\boldsymbol{x}(t)$ 的控制能力，而输出能控性是指控制输入 $\boldsymbol{u}(t)$ 对系统输出

$\boldsymbol{y}(t)$的控制能力。此处的定义针对的是状态能控性。非特别指明，本书中能控性指的都是状态能控性。关于输出能控性，有兴趣的读者可以参考相关文献，此处不作介绍。

② 对于线性连续定常系统，不失一般性，常选择初始时刻 $t_0=0$，而终端状态为状态空间的原点，即 $\boldsymbol{x}(t_f)=0$。

③ 如果假定初始状态 $\boldsymbol{x}(t_0)=0$，而任意终端状态为 $\boldsymbol{x}(t_f)$，则以上定义称为系统的状态能达性。对于线性连续定常系统来说，由于其状态转移矩阵是非奇异的，因此其状态能控性和能达性是完全等价的。

④ 在能控性定义中，关心的是能否找到某个分段连续的输入 $\boldsymbol{u}(t)$，能将任意初始状态转移到零态，而不管状态 $\boldsymbol{x}(t)$的轨迹如何。

3.1.2 能控性判别准则

线性连续定常系统的能控性判别方法有很多种，如能控性判别矩阵法、标准型法、s 平面判据法、格拉姆(Gramian)矩阵法和 PBH 判据法等。这里仅介绍前三种常用的判别方法。能控性判别矩阵法是直接根据状态方程的 $\boldsymbol{A}$ 阵和 $\boldsymbol{B}$ 阵来确定其能控性；标准型法则是先将状态方程化为对角线标准型或约当标准型 $\Sigma=(\bar{\boldsymbol{A}},\bar{\boldsymbol{B}})$，然后根据 $\bar{\boldsymbol{B}}$ 阵来确定系统的能控性；s 平面判据法则是通过系统的传递函数有没有零、极点对消来判断单输入单输出系统的能控性（见 3.2.2 能观测性判别准则一节）。

1. 能控性判别矩阵法

定理 3.1.1　式(3.1.1)所表示的线性连续定常系统，其状态完全能控的充分必要条件是能控性判别矩阵

$$\boldsymbol{Q}_c=[\boldsymbol{B}\quad \boldsymbol{AB}\quad \boldsymbol{A}^2\boldsymbol{B}\quad \cdots\quad \boldsymbol{A}^{n-1}\boldsymbol{B}]$$

满秩，即 $\mathrm{rank}(\boldsymbol{Q}_c)=n$。

证明：该定理的证明过程，就是要推导出状态完全能控时，状态方程的系统矩阵 $\boldsymbol{A}$ 和输入矩阵 $\boldsymbol{B}$ 所满足的条件。

由第 2 章内容可知，非齐次状态方程(3.1.1)的解为

$$\boldsymbol{x}(t)=\boldsymbol{\Phi}(t-t_0)\boldsymbol{x}(t_0)+\int_{t_0}^{t}\boldsymbol{\Phi}(t-\tau)\boldsymbol{Bu}(\tau)\mathrm{d}\tau \tag{3.1.2}$$

如果系统状态完全能控，由能控性定义可知 $\boldsymbol{x}(t_f)=0$，并将 $t=t_f$ 代入式(3.1.2)，可得

$$\boldsymbol{x}(t_f)=\boldsymbol{\Phi}(t_f-t_0)\boldsymbol{x}(t_0)+\int_{t_0}^{t_f}\boldsymbol{\Phi}(t_f-\tau)\boldsymbol{Bu}(\tau)\mathrm{d}\tau=0 \tag{3.1.3}$$

整理式(3.1.3)，可得

$$\boldsymbol{x}(t_0)=-\int_{t_0}^{t_f}\boldsymbol{\Phi}(t_0-\tau)\boldsymbol{Bu}(\tau)\mathrm{d}\tau \tag{3.1.4}$$

由凯莱-哈密顿定理 $\mathrm{e}^{\boldsymbol{A}t}=\sum\limits_{j=0}^{n-1}a_j(t)\boldsymbol{A}^j$，有

$$\boldsymbol{\Phi}(t_0-\tau)=\mathrm{e}^{\boldsymbol{A}(t_0-\tau)}=\sum_{j=0}^{n-1}a_j(t_0-\tau)\boldsymbol{A}^j \tag{3.1.5}$$

将式(3.1.5)代入式(3.1.4)，整理可得

$$\boldsymbol{x}(t_0)=-\sum_{j=0}^{n-1}\boldsymbol{A}^j\boldsymbol{B}\int_{t_0}^{t_f}a_j(t_0-\tau)\boldsymbol{u}(\tau)\mathrm{d}\tau \tag{3.1.6}$$

令 $\boldsymbol{\beta}_j=\int_{t_0}^{t_f} a_j(t_0-\tau)\boldsymbol{u}(\tau)\mathrm{d}\tau$，则式(3.1.6)可以写成

$$\begin{aligned}\boldsymbol{x}(t_0)&=-\sum_{j=0}^{n-1}\boldsymbol{A}^j\boldsymbol{B}\boldsymbol{\beta}_j\\&=-[\boldsymbol{B}\quad \boldsymbol{AB}\quad \cdots\quad \boldsymbol{A}^{n-1}\boldsymbol{B}]\begin{bmatrix}\boldsymbol{\beta}_0\\\boldsymbol{\beta}_1\\\vdots\\\boldsymbol{\beta}_{n-1}\end{bmatrix}\\&=-\boldsymbol{Q}_c\boldsymbol{\beta}\end{aligned}\tag{3.1.7}$$

其中，$\boldsymbol{x}(t_0)$是$n\times1$维列向量；$\boldsymbol{Q}_c$是$n\times nr$维能控性判别矩阵；$\boldsymbol{\beta}$是$nr\times1$维列向量。式(3.1.7)是关于$\boldsymbol{\beta}$的非齐次方程组，$\boldsymbol{\beta}$与输入$\boldsymbol{u}$相关。根据状态能控性的定义，如果系统是状态完全能控的，那么给定任一初始状态$\boldsymbol{x}(t_0)$，$\boldsymbol{\beta}$都应能够解出。式(3.1.7)展开后是含有nr个未知数的n个方程组成的方程组，其有解的充要条件是它的系数矩阵$\boldsymbol{Q}_c$和增广矩阵$[\boldsymbol{Q}_c\quad \boldsymbol{x}(t_0)]$的秩相等，即

$$\mathrm{rank}(\boldsymbol{Q}_c)=\mathrm{rank}[\boldsymbol{Q}_c\quad \boldsymbol{x}(t_0)]$$

由于$\boldsymbol{x}(t_0)$是任意的，要使上式成立，$\boldsymbol{Q}_c$必须满秩，即

$$\mathrm{rank}(\boldsymbol{Q}_c)=n$$

证毕！

例 3.1.1　判断下列系统的能控性。

$$\dot{\boldsymbol{x}}=\begin{bmatrix}-1&-2&-2\\0&-1&1\\1&0&-1\end{bmatrix}\boldsymbol{x}+\begin{bmatrix}2\\0\\1\end{bmatrix}u$$

解　① 构造能控性判别矩阵。由原题可知

$$\boldsymbol{B}=\begin{bmatrix}2\\0\\1\end{bmatrix}$$

$$\boldsymbol{AB}=\begin{bmatrix}-1&-2&-2\\0&-1&1\\1&0&-1\end{bmatrix}\begin{bmatrix}2\\0\\1\end{bmatrix}=\begin{bmatrix}-4\\1\\1\end{bmatrix}$$

$$\boldsymbol{A}^2\boldsymbol{B}=\begin{bmatrix}-1&-2&-2\\0&-1&1\\1&0&-1\end{bmatrix}\begin{bmatrix}-4\\1\\1\end{bmatrix}=\begin{bmatrix}0\\0\\-5\end{bmatrix}$$

所以能控性判别矩阵为

$$\boldsymbol{Q}_c=\begin{bmatrix}2&-4&0\\0&1&0\\1&1&-5\end{bmatrix}$$

② 求能控性判别矩阵的秩。

$$\mathrm{rank}(\boldsymbol{Q}_c)=3$$

所以系统状态完全能控。

2. 标准型法

标准型法是通过线性非奇异变换，将系统的状态方程化为对角线标准型或约当标准型，然后根据变换后的输入矩阵 $\bar{\boldsymbol{B}}$ 来确定系统的能控性。

采用标准型法进行能控性判断的前提是：线性变换不改变系统的能控性。

性质 3.1.1 对于线性连续定常系统 $\Sigma_0=(\boldsymbol{A},\boldsymbol{B},\boldsymbol{C},\boldsymbol{D})$，经 $\boldsymbol{x}=\boldsymbol{P}\bar{\boldsymbol{x}}$ 的线性非奇异变换后，得到系统 $\Sigma_1=(\bar{\boldsymbol{A}},\bar{\boldsymbol{B}},\bar{\boldsymbol{C}},\bar{\boldsymbol{D}})$，其中 $\bar{\boldsymbol{A}}=\boldsymbol{P}^{-1}\boldsymbol{A}\boldsymbol{P}$，$\bar{\boldsymbol{B}}=\boldsymbol{P}^{-1}\boldsymbol{B}$，$\bar{\boldsymbol{C}}=\boldsymbol{C}\boldsymbol{P}$，$\bar{\boldsymbol{D}}=\boldsymbol{D}$。令 $\Sigma_0=(\boldsymbol{A},\boldsymbol{B},\boldsymbol{C},\boldsymbol{D})$ 的能控性判别矩阵为

$$\boldsymbol{Q}_{c0}=[\boldsymbol{B}\quad \boldsymbol{A}\boldsymbol{B}\quad \boldsymbol{A}^2\boldsymbol{B}\quad \cdots\quad \boldsymbol{A}^{n-1}\boldsymbol{B}] \tag{3.1.8}$$

$\Sigma_1=(\bar{\boldsymbol{A}},\bar{\boldsymbol{B}},\bar{\boldsymbol{C}},\bar{\boldsymbol{D}})$ 的能控性判别矩阵为

$$\boldsymbol{Q}_{c1}=[\bar{\boldsymbol{B}}\quad \bar{\boldsymbol{A}}\bar{\boldsymbol{B}}\quad \bar{\boldsymbol{A}}^2\bar{\boldsymbol{B}}\quad \cdots\quad \bar{\boldsymbol{A}}^{n-1}\bar{\boldsymbol{B}}] \tag{3.1.9}$$

则有 $\mathrm{rank}(\boldsymbol{Q}_{c0})=\mathrm{rank}(\boldsymbol{Q}_{c1})$。

证明：将 $\bar{\boldsymbol{A}}=\boldsymbol{P}^{-1}\boldsymbol{A}\boldsymbol{P}$，$\bar{\boldsymbol{B}}=\boldsymbol{P}^{-1}\boldsymbol{B}$ 代入式(3.1.9)，可得

$$\begin{aligned}\boldsymbol{Q}_{c1}&=[\boldsymbol{P}^{-1}\boldsymbol{B}\quad \boldsymbol{P}^{-1}\boldsymbol{A}\boldsymbol{P}\boldsymbol{P}^{-1}\boldsymbol{B}\quad (\boldsymbol{P}^{-1}\boldsymbol{A}\boldsymbol{P})^2\boldsymbol{P}^{-1}\boldsymbol{B}\quad \cdots\quad (\boldsymbol{P}^{-1}\boldsymbol{A}\boldsymbol{P})^{n-1}\boldsymbol{P}^{-1}\boldsymbol{B}]\\&=[\boldsymbol{P}^{-1}\boldsymbol{B}\quad \boldsymbol{P}^{-1}\boldsymbol{A}(\boldsymbol{P}\boldsymbol{P}^{-1})\boldsymbol{B}\quad \boldsymbol{P}^{-1}\boldsymbol{A}(\boldsymbol{P}\boldsymbol{P}^{-1})\boldsymbol{A}(\boldsymbol{P}\boldsymbol{P}^{-1})\boldsymbol{B}\quad \cdots\quad (\boldsymbol{P}^{-1}\boldsymbol{A}\boldsymbol{P})^{n-1}\boldsymbol{P}^{-1}\boldsymbol{B}]\\&=[\boldsymbol{P}^{-1}\boldsymbol{B}\quad \boldsymbol{P}^{-1}\boldsymbol{A}\boldsymbol{B}\quad \boldsymbol{P}^{-1}\boldsymbol{A}^2\boldsymbol{B}\quad \cdots\quad \boldsymbol{P}^{-1}\boldsymbol{A}^{n-1}\boldsymbol{B}]\\&=\boldsymbol{P}^{-1}[\boldsymbol{B}\quad \boldsymbol{A}\boldsymbol{B}\quad \boldsymbol{A}^2\boldsymbol{B}\quad \cdots\quad \boldsymbol{A}^{n-1}\boldsymbol{B}]\end{aligned}$$

将式(3.1.8)代入上式，可得

$$\boldsymbol{Q}_{c1}=\boldsymbol{P}^{-1}\boldsymbol{Q}_{c0}$$

所以

$$\mathrm{rank}(\boldsymbol{Q}_{c1})=\mathrm{rank}(\boldsymbol{P}^{-1}\boldsymbol{Q}_{c0})$$

由于 $\boldsymbol{P}^{-1}$ 是满秩阵，根据线性代数中的知识可知(矩阵乘以满秩阵，其秩不变)

$$\mathrm{rank}(\boldsymbol{Q}_{c1})=\mathrm{rank}(\boldsymbol{Q}_{c0})$$

证毕！

由性质 3.1.1 可知，如果系统 $\Sigma_0=(\boldsymbol{A},\boldsymbol{B},\boldsymbol{C},\boldsymbol{D})$ 状态完全能控，则经过线性非奇异变换后得到的系统 $\Sigma_1=(\bar{\boldsymbol{A}},\bar{\boldsymbol{B}},\bar{\boldsymbol{C}},\bar{\boldsymbol{D}})$ 状态也一定完全能控，反之亦然。根据此性质，可以先将状态空间表达式转化为标准型，然后再进行能控性的判断。

对角线标准型判据 如果系统(3.1.1)的特征值 $\lambda_1,\lambda_2,\cdots,\lambda_n$ 两两互异，则其状态完全能控的充分必要条件是：系统经线性非奇异变换后的对角线标准型

$$\dot{\bar{\boldsymbol{x}}}=\begin{bmatrix}\lambda_1 & & & 0\\ & \lambda_2 & & \\ & & \ddots & \\ 0 & & & \lambda_n\end{bmatrix}\bar{\boldsymbol{x}}+\bar{\boldsymbol{B}}\boldsymbol{u} \tag{3.1.10}$$

中，输入矩阵 $\bar{\boldsymbol{B}}$ 不包含元素全为 0 的行。

下面对该判据进行说明。将式(3.1.10)写成

$$\begin{bmatrix}\dot{\bar{x}}_1\\ \dot{\bar{x}}_2\\ \vdots\\ \dot{\bar{x}}_n\end{bmatrix}=\begin{bmatrix}\lambda_1 & & & 0\\ & \lambda_2 & & \\ & & \ddots & \\ 0 & & & \lambda_n\end{bmatrix}\begin{bmatrix}\bar{x}_1\\ \bar{x}_2\\ \vdots\\ \bar{x}_n\end{bmatrix}+\begin{bmatrix}\bar{b}_{11} & \bar{b}_{12} & \cdots & \bar{b}_{1r}\\ \bar{b}_{21} & \bar{b}_{22} & \cdots & \bar{b}_{2r}\\ \vdots & \vdots & & \vdots\\ \bar{b}_{n1} & \bar{b}_{n2} & \cdots & \bar{b}_{nr}\end{bmatrix}\begin{bmatrix}u_1\\ u_2\\ \vdots\\ u_r\end{bmatrix}$$

从而得到以下方程组

$$\begin{cases}\dot{\bar{x}}_1=\lambda_1\bar{x}_1+\bar{b}_{11}u_1+\bar{b}_{12}u_2+\cdots+\bar{b}_{1r}u_r\\ \dot{\bar{x}}_2=\lambda_2\bar{x}_2+\bar{b}_{21}u_1+\bar{b}_{22}u_2+\cdots+\bar{b}_{2r}u_r\\ \quad\vdots\\ \dot{\bar{x}}_n=\lambda_n\bar{x}_n+\bar{b}_{n1}u_1+\bar{b}_{n2}u_2+\cdots+\bar{b}_{nr}u_r\end{cases}$$

由此可见,在对角线标准型下,状态方程中各变量间没有耦合关系,各个状态变量间是完全解耦的,因此影响每一个状态变量的因素除了状态变量本身之外只有输入。如果 $\bar{b}_{i1},\bar{b}_{i2},\cdots,\bar{b}_{ik},\cdots,\bar{b}_{ir}$ 中有一个不为0,假如 $\bar{b}_{ik}\neq0$,则输入 u_k 可以控制 $\bar{x}_i$,状态 $\bar{x}_i$ 就是可控的;如果 $\bar{b}_{i1},\bar{b}_{i2},\cdots,\bar{b}_{ik},\cdots,\bar{b}_{ir}$ 同时为0,则输入 $\boldsymbol{u}$ 对 $\bar{x}_i$ 失去控制。也就是说,$\bar{\boldsymbol{B}}$ 中的某一行元素全为0,则输入对这一行所对应的状态失去控制能力,同时也不能通过控制其他状态对其产生影响。所以,要使得系统状态完全能控,则输入矩阵 $\bar{\boldsymbol{B}}$ 中不能出现元素全为0的行。下面举例加以验证。

假设某2阶系统的对角线标准型形式的状态方程为

$$\dot{\boldsymbol{x}}=\begin{bmatrix}\lambda_1 & 0\\ 0 & \lambda_2\end{bmatrix}\boldsymbol{x}+\begin{bmatrix}b_1\\ b_2\end{bmatrix}u$$

其中 $\lambda_1\neq\lambda_2$,根据定理3.1.1有

$$\boldsymbol{Q}_{\mathrm{c}}=[\boldsymbol{B}\quad \boldsymbol{AB}]=\begin{bmatrix}b_1 & \lambda_1 b_1\\ b_2 & \lambda_2 b_2\end{bmatrix}$$

要使系统状态完全能控,则必有

$$|\boldsymbol{Q}_{\mathrm{c}}|=b_1b_2(\lambda_2-\lambda_1)\neq0$$

由于 $\lambda_1\neq\lambda_2$,要使得上式成立,必有 $b_1\neq0$ 且 $b_2\neq0$,即输入矩阵中不包括元素全为0的行。

例3.1.2 请判断如下系统的能控性。

$$\dot{\boldsymbol{x}}=\begin{bmatrix}-7 & 0 & 0\\ 0 & -5 & 0\\ 0 & 0 & -1\end{bmatrix}\boldsymbol{x}+\begin{bmatrix}-2\\ 5\\ 7\end{bmatrix}u$$

解 该系统的系统矩阵 $\bar{\boldsymbol{A}}$ 为对角线标准型,且特征值−7、−5、−1两两互异,同时输入矩阵 $\bar{\boldsymbol{B}}$ 中又没有元素全为0的行。则根据对角线标准型判据可知,该系统状态完全能控。

请注意:对角线标准型判据仅适用于系统的特征值两两互异的情况,如果系统具有重特征值,但仍然能化为对角线标准型,则不能用对角线标准型判据进行能控性的判断。关于这一点,举一个例子来加以说明。

例3.1.3 请判断如下系统的能控性。

$$\dot{\boldsymbol{x}}=\begin{bmatrix}\lambda_1 & 0\\ 0 & \lambda_1\end{bmatrix}\boldsymbol{x}+\begin{bmatrix}b_1\\ b_2\end{bmatrix}u$$

解 根据能控性判别矩阵法进行判断。该系统的能控性判别矩阵为

$$\boldsymbol{Q}_{\mathrm{c}}=\begin{bmatrix}b_1 & \lambda_1 b_1\\ b_2 & \lambda_1 b_2\end{bmatrix}$$

则 $|\boldsymbol{Q}_{\mathrm{c}}|=b_1b_2(\lambda_1-\lambda_1)=0$,即 $\boldsymbol{Q}_{\mathrm{c}}$ 是降秩阵。也就是说不论 b_1,b_2 为何值,都有 $\mathrm{rank}(\boldsymbol{Q}_{\mathrm{c}})<n$。所以,系统是状态不完全能控的。

如果系统(3.1.1)的特征值 $\lambda_1,\lambda_2,\cdots,\lambda_n$ 不满足两两互异的条件,即存在重特征值。不失

一般性，假设系统具有 k 个互异特征值 $\lambda_1,\lambda_2,\cdots,\lambda_k$，每个特征值重数为 $m_i(i=1,2,\cdots,k)$，且 $m_1+m_2+\cdots+m_k=n$，同时每个重特征值只对应一个独立的特征向量。则存在非奇异变换阵，将系统化为如下的约当标准型

$$\dot{\tilde{\boldsymbol{x}}}=\begin{bmatrix}\boldsymbol{J}_1 & & & 0\\ & \boldsymbol{J}_2 & & \\ & & \ddots & \\ 0 & & & \boldsymbol{J}_k\end{bmatrix}\tilde{\boldsymbol{x}}+\tilde{\boldsymbol{B}}\boldsymbol{u} \tag{3.1.11}$$

其中，$\boldsymbol{J}_1,\boldsymbol{J}_2,\cdots,\boldsymbol{J}_k$ 为约当块，$\boldsymbol{J}_i=\begin{bmatrix}\lambda_i & 1 & & 0\\ & \lambda_i & \ddots & \\ & & \ddots & 1\\ 0 & & & \lambda_i\end{bmatrix}, i=1,2,\cdots,k$。

约当标准型判据　式(3.1.11)所示系统，其状态完全能控的充分必要条件是输入矩阵 $\tilde{\boldsymbol{B}}$ 中与每个约当块 $\boldsymbol{J}_i(i=1,2,\cdots,k)$ 最后一行所对应的行，其元素不全为零。

对约当标准型判据，也给出说明。考虑如下系统

$$\dot{\tilde{\boldsymbol{x}}}=\begin{bmatrix}\lambda & 1 & & 0\\ & \lambda & \ddots & \\ & & \ddots & 1\\ 0 & & & \lambda\end{bmatrix}\tilde{\boldsymbol{x}}+\tilde{\boldsymbol{B}}\boldsymbol{u}$$

上式可写为

$$\begin{bmatrix}\dot{\tilde{x}}_1\\ \dot{\tilde{x}}_2\\ \vdots\\ \dot{\tilde{x}}_n\end{bmatrix}=\begin{bmatrix}\lambda & 1 & & 0\\ & \lambda & \ddots & \\ & & \ddots & 1\\ 0 & & & \lambda\end{bmatrix}\begin{bmatrix}\tilde{x}_1\\ \tilde{x}_2\\ \vdots\\ \tilde{x}_n\end{bmatrix}+\begin{bmatrix}\tilde{b}_{11} & \tilde{b}_{12} & \cdots & \tilde{b}_{1r}\\ \tilde{b}_{21} & \tilde{b}_{22} & \cdots & \tilde{b}_{2r}\\ \vdots & \vdots & & \vdots\\ \tilde{b}_{n1} & \tilde{b}_{n2} & \cdots & \tilde{b}_{nr}\end{bmatrix}\begin{bmatrix}u_1\\ u_2\\ \vdots\\ u_r\end{bmatrix}$$

从而得到以下方程组

$$\begin{cases}\dot{\tilde{x}}_1=\lambda\tilde{x}_1+\tilde{x}_2+\tilde{b}_{11}u_1+\tilde{b}_{12}u_2+\cdots+\tilde{b}_{1r}u_r\\ \dot{\tilde{x}}_2=\lambda\tilde{x}_2+\tilde{x}_3+\tilde{b}_{21}u_1+\tilde{b}_{22}u_2+\cdots+\tilde{b}_{2r}u_r\\ \quad\vdots\\ \dot{\tilde{x}}_n=\lambda\tilde{x}_n+\tilde{b}_{n1}u_1+\tilde{b}_{n2}u_2+\cdots+\tilde{b}_{nr}u_r\end{cases}$$

由此可见，在约当标准型下，除状态变量 $\tilde{x}_n$ 只受状态变量本身和输入的影响之外，状态变量 $\tilde{x}_1\sim\tilde{x}_{n-1}$ 既受状态变量本身和输入的影响，也受下一个状态变量的影响。如果 $\tilde{b}_{n1},\tilde{b}_{n2},\cdots,\tilde{b}_{nk},\cdots,\tilde{b}_{nr}$ 中有一个不为零，假如 $\tilde{b}_{nk}\neq0$，则输入 u_k 可以控制 $\tilde{x}_n$，状态 $\tilde{x}_n$ 是可控的，此时，即使输入矩阵中其他元素都为零，输入 u_k 仍可以通过 $\tilde{x}_n$ 间接控制 $\tilde{x}_{n-1},\tilde{x}_{n-2}$，直至 $\tilde{x}_1$，即系统是状态完全能控的。如果 $\tilde{b}_{n1},\tilde{b}_{n2},\cdots,\tilde{b}_{nk},\cdots,\tilde{b}_{nr}$ 同时为零，则输入 $\boldsymbol{u}$ 对 $\tilde{x}_n$ 失去控制，状态 $\tilde{x}_n$ 不可控，即系统是状态不完全能控的。所以，要使系统状态完全能控，则输入矩阵 $\tilde{\boldsymbol{B}}$ 的最后一行不能全为零。对于式(3.1.11)由多个约当块组成的约当标准型，对每一个约当块按此进行分析，就可以得到约当标准型判据。下面也通过一个例子加以验证。

假设某2阶系统的约当标准型形式的状态方程为

$$\dot{\boldsymbol{x}}=\begin{bmatrix}\lambda_1 & 1\\ 0 & \lambda_1\end{bmatrix}\boldsymbol{x}+\begin{bmatrix}b_1\\ b_2\end{bmatrix}u$$

则根据定理3.1.1有

$$\boldsymbol{Q}_{\mathrm{c}}=[\boldsymbol{B}\quad \boldsymbol{AB}]=\begin{bmatrix}b_1 & b_1\lambda_1+b_2\\ b_2 & \lambda_1 b_2\end{bmatrix}$$

要使系统状态完全能控,则必有

$$|\boldsymbol{Q}_{\mathrm{c}}|=-b_2^2\neq 0$$

即 $b_2\neq 0$,也就是说输入矩阵 $\boldsymbol{B}$ 中与约当块最后一行所对应的元素不全为零。

例 3.1.4　请判断如下系统的能控性。

$$\dot{\boldsymbol{x}}=\begin{bmatrix}-4 & 1 & & \\ 0 & -4 & & \\ & & -1 & 1\\ & & 0 & -1\end{bmatrix}\boldsymbol{x}+\begin{bmatrix}1 & 0 & 1\\ 0 & 0 & 2\\ 0 & 0 & 0\\ 0 & 1 & 0\end{bmatrix}\boldsymbol{u}$$

解　此系统的系统矩阵 $\widetilde{\boldsymbol{A}}$ 由两个约当块构成,特征值分别为-4和-1。与特征值为-4的约当块最后一行对应的 $\widetilde{\boldsymbol{B}}$ 中的元素为[0,0,2],与特征值为-1的约当块最后一行对应的 $\widetilde{\boldsymbol{B}}$ 中的元素为[0,1,0]。这两行元素都不全为0,根据能控性的约当标准型判据,该系统状态完全能控。

3.2　线性连续定常系统的能观测性

3.2.1　能观测性的概念

给定线性连续定常系统

$$\begin{cases}\dot{\boldsymbol{x}}=\boldsymbol{A}\boldsymbol{x}\\ \boldsymbol{y}=\boldsymbol{C}\boldsymbol{x}\end{cases}\tag{3.2.1}$$

如果对任意给定的输入 $\boldsymbol{u}(t)$,都存在一有限观测时间 $t_{\mathrm{f}}>t_0$,使得根据 $[t_0,t_{\mathrm{f}}]$ 期间的输出 $\boldsymbol{y}(t)$ 能唯一地确定系统在初始时刻的状态 $\boldsymbol{x}(t_0)$,则称状态 $\boldsymbol{x}(t_0)$ 是能观测的。如果系统的每一个状态都能观测,即能观测状态充满整个状态空间,则称系统是状态完全能观测的,或简称系统是能观测的。

对于能观测性的定义,有以下说明:

① 能观测性研究的是输出 $\boldsymbol{y}(t)$ 反映状态向量 $\boldsymbol{x}(t)$ 的能力,即通过输出量在有限时间内的观测值,能否把系统的状态识别出来。由于输入引起的输出是可计算的,所以分析能观测性时,常令输入 $\boldsymbol{u}(t)$ 恒等于0。

② 能观测性规定为系统初始状态的确定。因为任意状态都可以在输入 $\boldsymbol{u}(t)$ 作用下由状态转移矩阵得到,即

$$\boldsymbol{x}(t)=\boldsymbol{\Phi}(t-t_0)\boldsymbol{x}(t_0)+\int_{t_0}^{t}\boldsymbol{\Phi}(t-\tau)\boldsymbol{B}\boldsymbol{u}(\tau)\mathrm{d}\tau$$

3.2.2 能观测性判别准则

在实际控制系统设计中，状态反馈控制遇到的困难之一就是系统的某些状态变量不易直接测量。因此必须对某些不可测量的状态进行估计，而状态估计的基础是系统状态必须能观测。所以，必须对其能观测性进行判断。

和能控性判据一样，能观测性判别方法也有很多种：能观测性判别矩阵法、标准型法、s 平面判据法、格拉姆(Gramian)矩阵法和 PBH 判据法。这里仅介绍能观测性判别矩阵法、标准型法和 s 平面判据法。能观测性判别矩阵法是直接根据状态空间表达式的 $\boldsymbol{A}$ 阵和 $\boldsymbol{C}$ 阵来确定其能观测性；标准型法则是先将状态空间表达式化为对角线标准型或约当标准型 $\Sigma=(\bar{\boldsymbol{A}},\bar{\boldsymbol{C}})$，然后根据 $\bar{\boldsymbol{C}}$ 阵来确定系统的能观测性；s 平面判据法则是通过系统的传递函数有没有零、极点对消，来判断单输入单输出系统的能观测性。

1. 能观测性判别矩阵法

定理 3.2.1　式(3.2.1)所表示的线性连续定常系统，其状态完全能观测的充分必要条件是能观测性判别矩阵

$$\boldsymbol{Q}_o=\begin{bmatrix}\boldsymbol{C}\\ \boldsymbol{CA}\\ \vdots\\ \boldsymbol{CA}^{n-1}\end{bmatrix}$$

满秩，即 $\mathrm{rank}(\boldsymbol{Q}_o)=n$。

证明：该定理的证明过程，就是要推导出状态完全能观测时，状态空间表达式的系统矩阵 $\boldsymbol{A}$ 和输出矩阵 $\boldsymbol{C}$ 所满足的条件。

当初始状态为 $\boldsymbol{x}(t_0)$，输入为 $\boldsymbol{u}(t)=\boldsymbol{0}$ 时，系统(3.2.1)的输出为

$$\boldsymbol{y}(t)=\boldsymbol{C}\mathrm{e}^{\boldsymbol{A}(t-t_0)}\boldsymbol{x}(t_0) \tag{3.2.2}$$

由凯莱-哈密顿定理 $\mathrm{e}^{\boldsymbol{A}(t-t_0)}=\sum\limits_{j=0}^{n-1}a_j(t-t_0)\boldsymbol{A}^j$，有

$$\boldsymbol{y}(t)=\sum_{j=0}^{n-1}a_j(t-t_0)\boldsymbol{CA}^j\boldsymbol{x}(t_0) \tag{3.2.3}$$

将式(3.2.3)写成矩阵形式有

$$\boldsymbol{y}(t)=\begin{bmatrix}a_0(t-t_0)\boldsymbol{I}_m & a_1(t-t_0)\boldsymbol{I}_m & \cdots & a_{n-1}(t-t_0)\boldsymbol{I}_m\end{bmatrix}\begin{bmatrix}\boldsymbol{C}\\ \boldsymbol{CA}\\ \vdots\\ \boldsymbol{CA}^{n-1}\end{bmatrix}\boldsymbol{x}(t_0) \tag{3.2.4}$$

根据能观测性定义，如果系统是状态完全能观测的，那么根据 $[t_0,t_f]$ 时间间隔内的输出 $\boldsymbol{y}(t)$，能通过式(3.2.4)唯一地确定初始状态 $\boldsymbol{x}(t_0)$。由于 $\boldsymbol{y}(t)$ 为 $m\times1$ 维列向量，所以式(3.2.4)展开后是含有 n 个未知数的 m 个方程组成的方程组，当 $m<n$ 时方程没有唯一解。所以，需要在 $t_0,t_1,\cdots,t_f$ 时刻，多测量 n 组输出，构成以下线性方程组，即

$$\begin{bmatrix}\boldsymbol{y}(t_1)\\ \boldsymbol{y}(t_2)\\ \vdots\\ \boldsymbol{y}(t_f)\end{bmatrix}=\begin{bmatrix}a_0(t_1-t_0)\boldsymbol{I}_m & a_1(t_1-t_0)\boldsymbol{I}_m & \cdots & a_{n-1}(t_1-t_0)\boldsymbol{I}_m\\ a_0(t_2-t_0)\boldsymbol{I}_m & a_1(t_2-t_0)\boldsymbol{I}_m & \cdots & a_{n-1}(t_2-t_0)\boldsymbol{I}_m\\ \vdots & \vdots & & \vdots\\ a_0(t_f-t_0)\boldsymbol{I}_m & a_1(t_f-t_0)\boldsymbol{I}_m & \cdots & a_{n-1}(t_f-t_0)\boldsymbol{I}_m\end{bmatrix}\begin{bmatrix}\boldsymbol{C}\\ \boldsymbol{CA}\\ \vdots\\ \boldsymbol{CA}^{n-1}\end{bmatrix}\boldsymbol{x}(t_0)$$

令

$$\boldsymbol{Y}=\begin{bmatrix}\boldsymbol{y}(t_1)\\\boldsymbol{y}(t_2)\\\vdots\\\boldsymbol{y}(t_f)\end{bmatrix},\boldsymbol{M}=\begin{bmatrix}a_0(t_1-t_0)\boldsymbol{I}_m & a_1(t_1-t_0)\boldsymbol{I}_m & \cdots & a_{n-1}(t_1-t_0)\boldsymbol{I}_m\\a_0(t_2-t_0)\boldsymbol{I}_m & a_1(t_2-t_0)\boldsymbol{I}_m & \cdots & a_{n-1}(t_2-t_0)\boldsymbol{I}_m\\\vdots & \vdots & & \vdots\\a_0(t_f-t_0)\boldsymbol{I}_m & a_1(t_f-t_0)\boldsymbol{I}_m & \cdots & a_{n-1}(t_f-t_0)\boldsymbol{I}_m\end{bmatrix},\boldsymbol{Q}_o=\begin{bmatrix}\boldsymbol{C}\\\boldsymbol{CA}\\\vdots\\\boldsymbol{CA}^{n-1}\end{bmatrix}$$

其中,$\boldsymbol{Q}_o$ 为 $mn\times n$ 维能观测性判别矩阵,且有

$$\boldsymbol{Y}=\boldsymbol{MQ}_o\boldsymbol{x}(t_0)$$

上式有唯一解的充要条件是它的系数矩阵 $\boldsymbol{MQ}_o$ 和增广矩阵 $[\boldsymbol{MQ}_o\quad \boldsymbol{Y}]$ 的秩相等且为 n,即

$$\text{rank}(\boldsymbol{MQ}_o)=\text{rank}[\boldsymbol{MQ}_o\quad \boldsymbol{Y}]=n$$

由矩阵的秩的性质可知,$\text{rank}(\boldsymbol{MQ}_o)\leqslant\text{rank}(\boldsymbol{Q}_o)$,可得 $\text{rank}(\boldsymbol{Q}_o)\geqslant n$。由于 $\boldsymbol{Q}_o$ 为 $mn\times n$ 维矩阵,所以 $\text{rank}(\boldsymbol{Q}_o)\leqslant n$。因此可得 $\text{rank}(\boldsymbol{Q}_o)=n$,即

$$\text{rank}(\boldsymbol{Q}_o)=\text{rank}\begin{bmatrix}\boldsymbol{C}\\\boldsymbol{CA}\\\vdots\\\boldsymbol{CA}^{n-1}\end{bmatrix}=n$$

证毕!

例 3.2.1 判断如下系统的能观测性。

$$\dot{\boldsymbol{x}}=\begin{bmatrix}0 & 1 & 0\\0 & 0 & 1\\-6 & -11 & -6\end{bmatrix}\boldsymbol{x}+\begin{bmatrix}0\\0\\1\end{bmatrix}u$$

$$y=[4\quad 5\quad 1]\boldsymbol{x}$$

解 ① 构造能观测性判别矩阵

$$\boldsymbol{C}=[4\quad 5\quad 1]$$

$$\boldsymbol{CA}=[4\quad 5\quad 1]\begin{bmatrix}0 & 1 & 0\\0 & 0 & 1\\-6 & -11 & -6\end{bmatrix}=[-6\quad -7\quad -1]$$

$$\boldsymbol{CA}^2=[-6\quad -7\quad -1]\begin{bmatrix}0 & 1 & 0\\0 & 0 & 1\\-6 & -11 & -6\end{bmatrix}=[6\quad 5\quad -1]$$

$$\boldsymbol{Q}_o=\begin{bmatrix}\boldsymbol{C}\\\boldsymbol{CA}\\\boldsymbol{CA}^2\end{bmatrix}=\begin{bmatrix}4 & 5 & 1\\-6 & -7 & -1\\6 & 5 & -1\end{bmatrix}$$

② 求能观测性判别矩阵的秩。

$$\text{rank}(\boldsymbol{Q}_o)=2<3$$

所以系统不是状态完全能观测的。

2. 标准型法

同能控性判据一样,也可以将系统先化为对角线标准型或约当标准型,然后根据变换后的输出矩阵 $\bar{\boldsymbol{C}}$ 来确定系统的能观测性。

采用标准型法进行能观测性判断的前提是：线性变换不改变系统的能观测性。

性质 3.2.1 对于线性连续定常系统 $\Sigma_0=(\boldsymbol{A},\boldsymbol{B},\boldsymbol{C},\boldsymbol{D})$，经 $\boldsymbol{x}=\boldsymbol{P}\bar{\boldsymbol{x}}$ 的线性非奇异变换后，得到系统 $\Sigma_1=(\bar{\boldsymbol{A}},\bar{\boldsymbol{B}},\bar{\boldsymbol{C}},\bar{\boldsymbol{D}})$，其中 $\bar{\boldsymbol{A}}=\boldsymbol{P}^{-1}\boldsymbol{A}\boldsymbol{P}$，$\bar{\boldsymbol{B}}=\boldsymbol{P}^{-1}\boldsymbol{B}$，$\bar{\boldsymbol{C}}=\boldsymbol{C}\boldsymbol{P}$，$\bar{\boldsymbol{D}}=\boldsymbol{D}$。令 $\Sigma_0=(\boldsymbol{A},\boldsymbol{B},\boldsymbol{C},\boldsymbol{D})$ 的能观测性判别矩阵为

$$\boldsymbol{Q}_{o0}=\begin{bmatrix}\boldsymbol{C}\\\boldsymbol{C}\boldsymbol{A}\\\boldsymbol{C}\boldsymbol{A}^2\\\vdots\\\boldsymbol{C}\boldsymbol{A}^{n-1}\end{bmatrix}\tag{3.2.5}$$

$\Sigma_1=(\bar{\boldsymbol{A}},\bar{\boldsymbol{B}},\bar{\boldsymbol{C}},\bar{\boldsymbol{D}})$ 的能观测性判别矩阵为

$$\boldsymbol{Q}_{o1}=\begin{bmatrix}\bar{\boldsymbol{C}}\\\bar{\boldsymbol{C}}\bar{\boldsymbol{A}}\\\bar{\boldsymbol{C}}\bar{\boldsymbol{A}}^2\\\vdots\\\bar{\boldsymbol{C}}\bar{\boldsymbol{A}}^{n-1}\end{bmatrix}\tag{3.2.6}$$

则有 $\mathrm{rank}(\boldsymbol{Q}_{o0})=\mathrm{rank}(\boldsymbol{Q}_{o1})$。

证明：将 $\bar{\boldsymbol{A}}=\boldsymbol{P}^{-1}\boldsymbol{A}\boldsymbol{P}$，$\bar{\boldsymbol{C}}=\boldsymbol{C}\boldsymbol{P}$ 代入式(3.2.6)，可得

$$\boldsymbol{Q}_{o1}=\begin{bmatrix}\bar{\boldsymbol{C}}\\\bar{\boldsymbol{C}}\bar{\boldsymbol{A}}\\\bar{\boldsymbol{C}}\bar{\boldsymbol{A}}^2\\\vdots\\\bar{\boldsymbol{C}}\bar{\boldsymbol{A}}^{n-1}\end{bmatrix}=\begin{bmatrix}\boldsymbol{CP}\\\boldsymbol{CPP}^{-1}\boldsymbol{AP}\\\boldsymbol{CP}(\boldsymbol{P}^{-1}\boldsymbol{AP})^2\\\vdots\\\boldsymbol{CP}(\boldsymbol{P}^{-1}\boldsymbol{AP})^{n-1}\end{bmatrix}=\begin{bmatrix}\boldsymbol{CP}\\\boldsymbol{CPP}^{-1}\boldsymbol{AP}\\\boldsymbol{CPP}^{-1}\boldsymbol{APP}^{-1}\boldsymbol{AP}\\\vdots\\\boldsymbol{CP}(\boldsymbol{P}^{-1}\boldsymbol{AP})^{n-1}\end{bmatrix}=\begin{bmatrix}\boldsymbol{CP}\\\boldsymbol{CAP}\\\boldsymbol{CA}^2\boldsymbol{P}\\\vdots\\\boldsymbol{CA}^{n-1}\boldsymbol{P}\end{bmatrix}=\begin{bmatrix}\boldsymbol{C}\\\boldsymbol{CA}\\\boldsymbol{CA}^2\\\vdots\\\boldsymbol{CA}^{n-1}\end{bmatrix}\boldsymbol{P}$$

将式(3.2.5)代入上式，可得

$$\boldsymbol{Q}_{o1}=\boldsymbol{Q}_{o0}\boldsymbol{P}$$

所以

$$\mathrm{rank}(\boldsymbol{Q}_{o1})=\mathrm{rank}(\boldsymbol{Q}_{o0}\boldsymbol{P})$$

由于 $\boldsymbol{P}$ 是满秩阵，根据线性代数中的知识可知(矩阵乘以满秩阵，其秩不变)

$$\mathrm{rank}(\boldsymbol{Q}_{o1})=\mathrm{rank}(\boldsymbol{Q}_{o0})$$

证毕！

由性质 3.2.1 可知，如果系统 $\Sigma_0=(\boldsymbol{A},\boldsymbol{B},\boldsymbol{C},\boldsymbol{D})$ 状态完全能观测，则经过线性非奇异变换后得到的系统 $\Sigma_1=(\bar{\boldsymbol{A}},\bar{\boldsymbol{B}},\bar{\boldsymbol{C}},\bar{\boldsymbol{D}})$ 状态也一定完全能观测，反之亦然。根据此性质，可以先将状态空间表达式转化为标准型，然后再进行能观测性的判断。

对角线标准型判据 如果系统(3.2.1)的特征值 $\lambda_1,\lambda_2,\cdots,\lambda_n$ 两两互异，其状态完全能观测的充分必要条件是：系统经线性非奇异变换后的对角线标准型

$$\dot{\bar{\boldsymbol{x}}}=\begin{bmatrix}\lambda_1 & & & 0\\ & \lambda_2 & & \\ & & \ddots & \\ 0 & & & \lambda_n\end{bmatrix}\bar{\boldsymbol{x}},\quad \boldsymbol{y}=\bar{\boldsymbol{C}}\bar{\boldsymbol{x}}\tag{3.2.7}$$

中，输出矩阵 $\bar{C}$ 中不包含元素全为 0 的列。

下面对该判据进行说明。将式(3.2.7)写成

$$\begin{bmatrix}\dot{\bar{x}}_1(t)\\ \dot{\bar{x}}_2(t)\\ \vdots\\ \dot{\bar{x}}_n(t)\end{bmatrix}=\begin{bmatrix}\lambda_1 & & & 0\\ & \lambda_2 & & \\ & & \ddots & \\ 0 & & & \lambda_n\end{bmatrix}\begin{bmatrix}\bar{x}_1(t)\\ \bar{x}_2(t)\\ \vdots\\ \bar{x}_n(t)\end{bmatrix},\quad \begin{bmatrix}y_1(t)\\ y_2(t)\\ \vdots\\ y_m(t)\end{bmatrix}=\begin{bmatrix}\bar{c}_{11} & \bar{c}_{12} & \cdots & \bar{c}_{1n}\\ \bar{c}_{21} & \bar{c}_{22} & \cdots & \bar{c}_{2n}\\ \vdots & \vdots & & \vdots\\ \bar{c}_{m1} & \bar{c}_{m2} & \cdots & \bar{c}_{mn}\end{bmatrix}\begin{bmatrix}\bar{x}_1(t)\\ \bar{x}_2(t)\\ \vdots\\ \bar{x}_n(t)\end{bmatrix}$$

当初始状态为 $\boldsymbol{x}(t_0)$时，根据第 2 章齐次状态方程的解，有

$$\begin{bmatrix}\bar{x}_1(t)\\ \bar{x}_2(t)\\ \vdots\\ \bar{x}_n(t)\end{bmatrix}=\begin{bmatrix}e^{\lambda_1(t-t_0)} & & & 0\\ & e^{\lambda_2(t-t_0)} & & \\ & & \ddots & \\ 0 & & & e^{\lambda_n(t-t_0)}\end{bmatrix}\begin{bmatrix}\bar{x}_1(t_0)\\ \bar{x}_2(t_0)\\ \vdots\\ \bar{x}_n(t_0)\end{bmatrix}=\begin{bmatrix}e^{\lambda_1(t-t_0)}\bar{x}_1(t_0)\\ e^{\lambda_2(t-t_0)}\bar{x}_2(t_0)\\ \vdots\\ e^{\lambda_n(t-t_0)}\bar{x}_n(t_0)\end{bmatrix}$$

从而

$$\begin{bmatrix}y_1(t)\\ y_2(t)\\ \vdots\\ y_m(t)\end{bmatrix}=\begin{bmatrix}\bar{c}_{11} & \bar{c}_{12} & \cdots & \bar{c}_{1n}\\ \bar{c}_{21} & \bar{c}_{22} & \cdots & \bar{c}_{2n}\\ \vdots & \vdots & & \vdots\\ \bar{c}_{m1} & \bar{c}_{m2} & \cdots & \bar{c}_{mn}\end{bmatrix}\begin{bmatrix}e^{\lambda_1(t-t_0)}\bar{x}_1(t_0)\\ e^{\lambda_2(t-t_0)}\bar{x}_2(t_0)\\ \vdots\\ e^{\lambda_n(t-t_0)}\bar{x}_n(t_0)\end{bmatrix}$$

由上式可知，如果输出矩阵的第 i 列元素 $\bar{c}_{1i},\bar{c}_{2i},\cdots,\bar{c}_{mi}$ 同时为 0，则在输出 $y_1(t),y_2(t),\cdots,y_m(t)$ 中均不含有 $\bar{x}_i(t_0)$，则 $\bar{x}_i(t_0)$ 是不能观测的。如果输出矩阵的第 i 列元素 $\bar{c}_{1i},\bar{c}_{2i},\cdots,\bar{c}_{mi}$ 中有一个不为 0，假如 $\bar{c}_{2i}\neq 0$，则输出 $y_2(t)$ 中包含 $\bar{x}_i(t_0)$，$\bar{x}_i(t_0)$ 就是能观测的，如果输出矩阵的每一列中都有不为 0 的元素，则 $\bar{x}_1(t_0),\bar{x}_2(t_0),\cdots,\bar{x}_n(t_0)$ 都是能观测的。所以，要使系统状态完全能观测，则输出矩阵中不能包含元素全为 0 的列。下面举例加以验证。

假设某 2 阶系统的对角线标准型形式的状态空间表达式为

$$\dot{\boldsymbol{x}}=\begin{bmatrix}\lambda_1 & 0\\ 0 & \lambda_2\end{bmatrix}\boldsymbol{x},\quad y=\begin{bmatrix}c_1 & c_2\end{bmatrix}\boldsymbol{x}$$

其中 $\lambda_1\neq\lambda_2$，根据定理 3.2.1 有

$$\boldsymbol{Q}_o=\begin{bmatrix}\boldsymbol{C}\\ \boldsymbol{CA}\end{bmatrix}=\begin{bmatrix}c_1 & c_2\\ \lambda_1 c_1 & \lambda_2 c_2\end{bmatrix}$$

要使系统状态完全能观测，则必有

$$|\boldsymbol{Q}_o|=c_1c_2(\lambda_2-\lambda_1)\neq 0$$

由于 $\lambda_1\neq\lambda_2$，要使得上式成立，必有 $c_1\neq 0$ 且 $c_2\neq 0$，即输出矩阵中不包括元素全为 0 的列。

例 3.2.2　请判断如下系统的能观测性。

$$\dot{\bar{\boldsymbol{x}}}=\begin{bmatrix}-7 & & 0\\ & -5 & \\ 0 & & -1\end{bmatrix}\bar{\boldsymbol{x}},\quad \boldsymbol{y}=\begin{bmatrix}3 & 2 & 0\\ 0 & 3 & 1\end{bmatrix}\bar{\boldsymbol{x}}$$

解　该系统的系统矩阵 $\bar{\boldsymbol{A}}$ 为对角线标准型，且特征值两两互异，同时输出矩阵 $\bar{\boldsymbol{C}}$ 中又没有元素全为 0 的列。则根据能观测性的对角线标准型判据，该系统状态完全能观测。

同能控性的对角线标准型判据一样，此处的对角线标准型判据也仅适合于特征值两两互异的情况，如果系统具有重特征值，但仍然能化为对角线标准型，则不能用对角线标准型判据

进行能观测性的判断。关于这一点，也举一个例子来加以说明。

例 3.2.3　请判断如下系统的能观测性。

$$\dot{\boldsymbol{x}}=\begin{bmatrix}\lambda_1 & 0\\ 0 & \lambda_1\end{bmatrix}\boldsymbol{x},\quad y=\begin{bmatrix}c_1 & c_2\end{bmatrix}\boldsymbol{x}$$

解　根据能观测性判别矩阵法进行判断。该系统的能观测性判别矩阵为

$$\boldsymbol{Q}_o=\begin{bmatrix}c_1 & c_2\\ \lambda_1 c_1 & \lambda_1 c_2\end{bmatrix}$$

则 $|\boldsymbol{Q}_o|=c_1c_2(\lambda_1-\lambda_1)=0$，即 $\boldsymbol{Q}_o$ 是降秩阵。也就是说不论 c_1,c_2 为何值，都有 $\mathrm{rank}(\boldsymbol{Q}_o)<n$。所以，系统是状态不完全能观测的。

如果系统(3.2.1)的特征值 $\lambda_1,\lambda_2,\cdots,\lambda_n$ 不满足两两互异的条件，即存在重特征值。不失一般性，假设系统具有 k 个互异特征值 $\lambda_1,\lambda_2,\cdots,\lambda_k$，每个特征值重数为 $m_i(i=1,2,\cdots,k)$，且 $m_1+m_2+\cdots+m_k=n$，同时每个重特征值只对应一个独立的特征向量。则存在非奇异变换阵，将系统化为如下的约当标准型

$$\dot{\tilde{\boldsymbol{x}}}=\begin{bmatrix}\boldsymbol{J}_1 & & & 0\\ & \boldsymbol{J}_2 & & \\ & & \ddots & \\ 0 & & & \boldsymbol{J}_k\end{bmatrix}\tilde{\boldsymbol{x}},\quad \boldsymbol{y}=\tilde{\boldsymbol{C}}\tilde{\boldsymbol{x}} \tag{3.2.8}$$

其中，$\boldsymbol{J}_1,\boldsymbol{J}_2,\cdots,\boldsymbol{J}_k$ 为约当块，$\boldsymbol{J}_i=\begin{bmatrix}\lambda_i & 1 & & 0\\ & \lambda_i & \ddots & \\ & & \ddots & 1\\ 0 & & & \lambda_i\end{bmatrix}$，　$i=1,2,\cdots,k$。

约当标准型判据　式(3.2.8)所示系统，其状态完全能观测的充分必要条件是输出矩阵 $\tilde{\boldsymbol{C}}$ 中与每个约当块 $\boldsymbol{J}_i(i=1,2,\cdots,k)$ 首列所对应的列，其元素不全为零。

对约当标准型判据，也给出说明。考虑如下系统

$$\dot{\tilde{\boldsymbol{x}}}=\begin{bmatrix}\lambda & 1 & & 0\\ & \lambda & \ddots & \\ & & \ddots & 1\\ 0 & & & \lambda\end{bmatrix}\tilde{\boldsymbol{x}},\boldsymbol{y}=\tilde{\boldsymbol{C}}\tilde{\boldsymbol{x}}$$

上式可写为

$$\begin{bmatrix}\dot{\tilde{x}}_1(t)\\ \dot{\tilde{x}}_2(t)\\ \vdots\\ \dot{\tilde{x}}_n(t)\end{bmatrix}=\begin{bmatrix}\lambda & 1 & & 0\\ & \lambda & \ddots & \\ & & \ddots & 1\\ 0 & & & \lambda\end{bmatrix}\begin{bmatrix}\tilde{x}_1(t)\\ \tilde{x}_2(t)\\ \vdots\\ \tilde{x}_n(t)\end{bmatrix},\begin{bmatrix}y_1(t)\\ y_2(t)\\ \vdots\\ y_m(t)\end{bmatrix}=\begin{bmatrix}\tilde{c}_{11} & \tilde{c}_{12} & \cdots & \tilde{c}_{1n}\\ \tilde{c}_{21} & \tilde{c}_{22} & \cdots & \tilde{c}_{2n}\\ \vdots & \vdots & & \vdots\\ \tilde{c}_{m1} & \tilde{c}_{m2} & \cdots & \tilde{c}_{mn}\end{bmatrix}\begin{bmatrix}\tilde{x}_1(t)\\ \tilde{x}_2(t)\\ \vdots\\ \tilde{x}_n(t)\end{bmatrix}$$

当初始状态为 $\boldsymbol{x}(t_0)$ 时，根据第 2 章齐次状态方程的解和矩阵指数函数的性质⑧，有

$$\begin{bmatrix}\tilde{x}_1(t)\\ \tilde{x}_2(t)\\ \vdots\\ \tilde{x}_n(t)\end{bmatrix}=\mathrm{e}^{\tilde{\boldsymbol{A}}(t-t_0)}\tilde{\boldsymbol{x}}(t_0)=\begin{bmatrix}\mathrm{e}^{\lambda(t-t_0)} & (t-t_0)\mathrm{e}^{\lambda(t-t_0)} & \cdots & \dfrac{1}{(n-1)!}(t-t_0)^{n-1}\mathrm{e}^{\lambda(t-t_0)}\\ 0 & \mathrm{e}^{\lambda(t-t_0)} & \ddots & \vdots\\ \vdots & \ddots & \ddots & (t-t_0)\mathrm{e}^{\lambda(t-t_0)}\\ 0 & 0 & \cdots & \mathrm{e}^{\lambda(t-t_0)}\end{bmatrix}\begin{bmatrix}\tilde{x}_1(t_0)\\ \tilde{x}_2(t_0)\\ \vdots\\ \tilde{x}_n(t_0)\end{bmatrix}$$

$$=\begin{bmatrix} e^{\lambda(t-t_0)}\tilde{x}_1(t_0)+(t-t_0)e^{\lambda(t-t_0)}\tilde{x}_2(t_0)+\cdots+\dfrac{1}{(n-1)!}(t-t_0)^{n-1}e^{\lambda(t-t_0)}\tilde{x}_n(t_0) \\ e^{\lambda(t-t_0)}\tilde{x}_2(t_0)+(t-t_0)e^{\lambda(t-t_0)}\tilde{x}_3(t_0)+\cdots+\dfrac{1}{(n-2)!}(t-t_0)^{n-2}e^{\lambda(t-t_0)}\tilde{x}_n(t_0) \\ \vdots \\ e^{\lambda(t-t_0)}\tilde{x}_n(t_0) \end{bmatrix}$$

从而

$$\begin{bmatrix} y_1(t) \\ y_2(t) \\ \vdots \\ y_m(t) \end{bmatrix}=\begin{bmatrix} \tilde{c}_{11} & \tilde{c}_{12} & \cdots & \tilde{c}_{1n} \\ \tilde{c}_{21} & \tilde{c}_{22} & \cdots & \tilde{c}_{2n} \\ \vdots & \vdots & & \vdots \\ \tilde{c}_{m1} & \tilde{c}_{m2} & \cdots & \tilde{c}_{mn} \end{bmatrix}\begin{bmatrix} e^{\lambda(t-t_0)}\tilde{x}_1(t_0)+(t-t_0)e^{\lambda(t-t_0)}\tilde{x}_2(t_0)+\cdots+\dfrac{1}{(n-1)!}(t-t_0)^{n-1}e^{\lambda(t-t_0)}\tilde{x}_n(t_0) \\ e^{\lambda(t-t_0)}\tilde{x}_2(t_0)+(t-t_0)e^{\lambda(t-t_0)}\tilde{x}_3(t_0)+\cdots+\dfrac{1}{(n-2)!}(t-t_0)^{n-2}e^{\lambda(t-t_0)}\tilde{x}_n(t_0) \\ \vdots \\ e^{\lambda(t-t_0)}\tilde{x}_n(t_0) \end{bmatrix}$$

由上式可知,如果输出矩阵的第 1 列元素$\tilde{c}_{11}$,$\tilde{c}_{21}$,…,$\tilde{c}_{m1}$同时为 0,则在输出 $y_1(t)$,$y_2(t)$,…,$y_m(t)$中均不含有$\tilde{x}_1(t_0)$,则$\tilde{x}_1(t_0)$是不能观测的。如果输出矩阵的第 1 列元素$\tilde{c}_{11}$,$\tilde{c}_{21}$,…,$\tilde{c}_{m1}$中有一个不为 0,假如$\tilde{c}_{11}\neq 0$,而$\tilde{c}_{21}$,$\tilde{c}_{31}$,…,$\tilde{c}_{m1}$都为零,此时输出 $y_1(t)$中仍然包含$\tilde{x}_1(t_0)$,$\tilde{x}_2(t_0)$,…,$\tilde{x}_n(t_0)$所有状态的信息,通过定理 3.2.1 的证明可以看出,通过量测 n 组输出 $y_1(t_1)$,$y_1(t_2)$,…,$y_1(t_n)$来构成 n 个方程,即可确定$\tilde{x}_1(t_0)$,$\tilde{x}_2(t_0)$,…,$\tilde{x}_n(t_0)$,所以$\tilde{x}_1(t_0)$,$\tilde{x}_2(t_0)$,…,$\tilde{x}_n(t_0)$都是能观测的。因此,要使系统状态完全能观测,则输出矩阵的第一列的元素不能全为 0。对于式(3.2.8)由多个约当块组成的约当标准型,对每一个约当块按此进行分析,就可以得到约当标准型的能观测性判据。下面也通过一个例子加以验证。

假设某 2 阶系统的约当标准型形式的状态空间表达式为

$$\dot{\boldsymbol{x}}=\begin{bmatrix} \lambda_1 & 1 \\ 0 & \lambda_1 \end{bmatrix}\boldsymbol{x},\quad y=\begin{bmatrix} c_1 & c_2 \end{bmatrix}\boldsymbol{x}$$

则根据定理 3.2.1 有

$$\boldsymbol{Q}_o=\begin{bmatrix} \boldsymbol{C} \\ \boldsymbol{CA} \end{bmatrix}=\begin{bmatrix} c_1 & c_2 \\ c_1\lambda_1 & c_1+c_2\lambda_1 \end{bmatrix}$$

要使系统状态完全能观测,则必有

$$|\boldsymbol{Q}_o|=c_1^2\neq 0$$

即 $c_1\neq 0$,也就是说输出矩阵中与约当块首列所对应的元素不全为零。

例 3.2.4 请判断如下系统的能观测性。

$$\begin{cases} \dot{\tilde{\boldsymbol{x}}}=\begin{bmatrix} 3 & 1 & 0 & & \\ 0 & 3 & 1 & & 0 \\ 0 & 0 & 3 & & \\ & & & -2 & 1 \\ & 0 & & 0 & -2 \end{bmatrix}\tilde{\boldsymbol{x}} \\ \boldsymbol{y}=\begin{bmatrix} 1 & 1 & 1 & 1 & 0 \\ 1 & 1 & 1 & 0 & 0 \end{bmatrix}\tilde{\boldsymbol{x}} \end{cases}$$

解 此系统的系统矩阵 $\tilde{\boldsymbol{A}}$ 由两个约当块构成,特征值分别为 3 和−2。与特征值为 3 的约

当块首列所对应的 $\widetilde{C}$ 中的元素为 $\begin{bmatrix}1\\1\end{bmatrix}$，与特征值为 -2 的约当块首列所对应的 $\widetilde{C}$ 中的元素为 $\begin{bmatrix}1\\0\end{bmatrix}$。这两列元素都不全为 0，根据能观测性的约当标准型判据，该系统状态完全能观测。

3. s 平面判据法

对于单输入单输出系统来说，除了在状态空间的基础上判断系统的能控性和能观测性之外，也可以通过系统的传递函数来判断系统的能控性和能观测性。对于如下的单输入单输出系统

$$\begin{cases}\dot{\boldsymbol{x}} = \boldsymbol{A}\boldsymbol{x} + \boldsymbol{b}u \\ y = \boldsymbol{c}\boldsymbol{x}\end{cases}$$

s 平面判据法可以描述为：当且仅当传递函数

$$G(s) = \boldsymbol{c}(s\boldsymbol{I} - \boldsymbol{A})^{-1}\boldsymbol{b}$$

的分子分母间没有零、极点对消，或传递函数不可约时，系统是状态完全能控和能观测的。

下面针对系统矩阵 $\boldsymbol{A}$ 的特征值 $\lambda_1,\lambda_2,\cdots,\lambda_n$ 两两互异的情况，对 s 平面判据法进行说明，分析的前提是线性非奇异变换不改变系统的传递函数以及能控性和能观测性，这在前面已经进行了证明。关于系统矩阵 $\boldsymbol{A}$ 有重特征值的情况，读者可以仿照以下方法进行分析。

当系统矩阵 $\boldsymbol{A}$ 的特征值 $\lambda_1,\lambda_2,\cdots,\lambda_n$ 两两互异时，系统一定能变换为如下的对角线标准型

$$\dot{\boldsymbol{x}} = \begin{bmatrix}\lambda_1 & & 0\\ & \ddots & \\ 0 & & \lambda_n\end{bmatrix}\boldsymbol{x} + \begin{bmatrix}b_1\\ \vdots\\ b_n\end{bmatrix}u, \quad y = [c_1 \quad \cdots \quad c_n]\boldsymbol{x}$$

则系统的传递函数为

$$\begin{aligned}G(s) &= \boldsymbol{c}(s\boldsymbol{I} - \boldsymbol{A})^{-1}\boldsymbol{b}\\ &= [c_1 \quad \cdots \quad c_n]\begin{bmatrix}s-\lambda_1 & & 0\\ & \ddots & \\ 0 & & s-\lambda_n\end{bmatrix}^{-1}\begin{bmatrix}b_1\\ \vdots\\ b_n\end{bmatrix}\\ &= \frac{b_1c_1}{s-\lambda_1} + \cdots + \frac{b_nc_n}{s-\lambda_n}\\ &= \sum_{i=1}^{n}\frac{b_ic_i}{s-\lambda_i}\end{aligned}$$

① 当 $b_i \neq 0$ 且 $c_i \neq 0$ 时，根据能控性和能观测性的对角线标准型判据可知，系统状态必完全能控且能观测。此时，传递函数无零、极点对消。

② 当 $b_i = 0$ 时，根据能控性的对角线标准型判据可知，系统状态不完全能控；当 $c_i = 0$ 时，根据能观测性的对角线标准型判据可知，系统状态不完全能观测。此时传递函数出现零、极点对消，即在传递函数中出现以下项：

$$\frac{0}{s-\lambda_i}$$

例如

$$\frac{0}{s-\lambda_1} + \frac{f_2}{s-\lambda_2} + \frac{f_3}{s-\lambda_3} = \frac{f_2(s-\lambda_1)(s-\lambda_3) + f_3(s-\lambda_1)(s-\lambda_2)}{(s-\lambda_1)(s-\lambda_2)(s-\lambda_3)}$$

$$= \frac{f_2(s-\lambda_3)+f_3(s-\lambda_2)}{(s-\lambda_2)(s-\lambda_3)}$$

则极点 λ_1 被消掉。

所以，传递函数没有零极点对消是单输入单输出系统状态完全能控且能观测的充要条件。

注意：对于单输入单输出系统，传递函数没有零、极点对消是其能控且能观测的充要条件；对于多输入多输出系统来说，传递函数阵没有零、极点对消仅是其能控且能观测的充分条件，而不是必要条件；对于多输入多输出系统，即使传递函数阵出现零、极点对消，系统仍可能是能控且能观测的。关于这一点，读者可以参考相关文献，这里举一个例子加以说明。

例如，考虑以下多输入多输出线性连续定常系统

$$\dot{\boldsymbol{x}}=\begin{bmatrix}1 & 0\\0 & 1\end{bmatrix}\boldsymbol{x}+\begin{bmatrix}1 & 0\\0 & 1\end{bmatrix}\boldsymbol{u},\ \boldsymbol{y}=\begin{bmatrix}1 & 0\\0 & 1\end{bmatrix}\boldsymbol{x}$$

则系统的能控性判别矩阵和能观测性判别矩阵为

$$\boldsymbol{Q}_c=[\boldsymbol{B}\quad \boldsymbol{AB}]=\begin{bmatrix}1 & 0 & 1 & 0\\0 & 1 & 0 & 1\end{bmatrix},\ \boldsymbol{Q}_o=\begin{bmatrix}\boldsymbol{C}\\\boldsymbol{CA}\end{bmatrix}=\begin{bmatrix}1 & 0\\0 & 1\\1 & 0\\0 & 1\end{bmatrix}$$

明显可以看出 $\operatorname{rank}(\boldsymbol{Q}_c)=\operatorname{rank}(\boldsymbol{Q}_o)=2$，系统是能控且能观测的，但系统的传递函数矩阵

$$\boldsymbol{G}(s)=\boldsymbol{C}(s\boldsymbol{I}-\boldsymbol{A})^{-1}\boldsymbol{B}=\frac{1}{(s-1)^2}\begin{bmatrix}s-1 & 0\\0 & s-1\end{bmatrix}=\begin{bmatrix}\frac{1}{s-1} & 0\\0 & \frac{1}{s-1}\end{bmatrix}$$

却存在零、极点对消。

3.3 线性连续时变系统的能控性和能观测性

对于线性连续时变系统来说，其系统矩阵、输入矩阵和输出矩阵 $\boldsymbol{A}(t)$，$\boldsymbol{B}(t)$和 $\boldsymbol{C}(t)$的元素不再是常数，而是时间的函数。因此，线性连续定常系统中构造能控性判别阵和能观测性判别阵的方法，在线性连续时变系统中不再适用，必须寻求其它的判别方法。

3.3.1 能控性的概念及判别准则

1. 能控性的定义

线性连续时变系统 $\dot{\boldsymbol{x}}=\boldsymbol{A}(t)\boldsymbol{x}+\boldsymbol{B}(t)\boldsymbol{u}$，在 t_0 时刻的任意初始值 $\boldsymbol{x}(t_0)=\boldsymbol{x}_0$，存在一个有限时刻 $t_f(t_f>t_0)$，在$[t_0,t_f]$上可以找到容许控制 $\boldsymbol{u}(\cdot)$(其元在$[t_0,t_f]$上绝对平方可积)，使 $\boldsymbol{x}(t_f)=0$，则称 $\boldsymbol{x}_0$ 在 t_0 时刻是系统的一个能控状态。如果系统的所有状态在 t_0 时刻都是能控状态，则称系统在 t_0 时刻是状态完全能控的。

对线性连续时变系统的能控性定义做几点说明：

① 状态转移矩阵也是初始时刻 t_0 的函数，所以强调系统在 t_0 时刻是能控的。

② 容许控制 $\boldsymbol{u}(\cdot)$，即 $\boldsymbol{u}(t)$的元在$[t_0,t_f]$上绝对平方可积，这是为了保证系统状态方程的唯一解存在。

$$\int_{t_0}^{t_f}|\boldsymbol{u}_j(t)|^2<+\infty,\quad j=1,2,\cdots,r$$

③ 根据定义可以看出，容许控制 $\boldsymbol{u}(\cdot)$ 和能控状态之间存在以下关系：

$$\boldsymbol{x}_0 = -\int_{t_0}^{t_f} \boldsymbol{\Phi}(t_0,\tau)\boldsymbol{B}(\tau)\boldsymbol{u}(\tau)\mathrm{d}\tau \tag{3.3.1}$$

这是由于

$$\boldsymbol{x}(t_f) = \boldsymbol{\Phi}(t_f,t_0)\boldsymbol{x}_0 + \int_{t_0}^{t_f} \boldsymbol{\Phi}(t_f,\tau)\boldsymbol{B}(\tau)\boldsymbol{u}(\tau)\mathrm{d}\tau = 0$$

将上式两端左乘 $\boldsymbol{\Phi}^{-1}(t_f,t_0)$，即可得到式(3.3.1)。

④ 线性非奇异变换不改变时变系统的能控性。这一点可以直接由式(3.3.1)去证明。所以，能控状态经非奇异变换后仍为能控状态。

⑤ 如果 $\boldsymbol{x}_0$ 是能控状态，则 $\alpha\boldsymbol{x}_0$ 也是能控状态，α 是任意非零实数。

由于 $\boldsymbol{x}_0$ 是能控状态，必存在容许控制，使得

$$\boldsymbol{x}_0 = -\int_{t_0}^{t_f} \boldsymbol{\Phi}(t_0,\tau)\boldsymbol{B}(\tau)\boldsymbol{u}(\tau)\mathrm{d}\tau$$

上式左右两端同时乘以 α，可得

$$\alpha\boldsymbol{x}_0 = -\int_{t_0}^{t_f} \boldsymbol{\Phi}(t_0,\tau)\boldsymbol{B}(\tau)\alpha\boldsymbol{u}(\tau)\mathrm{d}\tau$$

其中 $\alpha\boldsymbol{u}(\tau)$ 也是容许控制，所以 $\alpha\boldsymbol{x}_0$ 也是能控状态。

⑥ 如果 $\boldsymbol{x}_{01}$ 和 $\boldsymbol{x}_{02}$ 都是能控状态，则 $\boldsymbol{x}_{01}+\boldsymbol{x}_{02}$ 也是能控状态。

由于 $\boldsymbol{x}_{01}$ 和 $\boldsymbol{x}_{02}$ 都是能控状态，必存在容许控制，使得

$$\begin{cases} \boldsymbol{x}_{01} = -\int_{t_0}^{t_f} \boldsymbol{\Phi}(t_0,\tau)\boldsymbol{B}(\tau)\boldsymbol{u}_1(\tau)\mathrm{d}\tau \\ \boldsymbol{x}_{02} = -\int_{t_0}^{t_f} \boldsymbol{\Phi}(t_0,\tau)\boldsymbol{B}(\tau)\boldsymbol{u}_2(\tau)\mathrm{d}\tau \end{cases}$$

以上两个方程左右两两相加，可得

$$\boldsymbol{x}_{01}+\boldsymbol{x}_{02} = -\int_{t_0}^{t_f} \boldsymbol{\Phi}(t_0,\tau)\boldsymbol{B}(\tau)(\boldsymbol{u}_1(\tau)+\boldsymbol{u}_2(\tau))\mathrm{d}\tau$$

其中，$\boldsymbol{u}_1(\tau)+\boldsymbol{u}_2(\tau)$ 也是容许控制，所以 $\boldsymbol{x}_{01}+\boldsymbol{x}_{02}$ 也是能控状态。

⑦ 能控子空间：所有能控状态在状态空间中所构成的子空间。

2. 能控性判别准则

线性连续时变系统的能控性判据可以分为两种：充要性判据和充分性判据。

(1) 充要性判据——能控格拉姆矩阵法

定理 3.3.1　线性连续时变系统 $\dot{\boldsymbol{x}}=\boldsymbol{A}(t)\boldsymbol{x}+\boldsymbol{B}(t)\boldsymbol{u}$ 在时间区间 $[t_0,t_f]$ 上状态完全能控的充要条件是如下的能控格拉姆矩阵满秩

$$\boldsymbol{W}_c(t_0,t_f) = \int_{t_0}^{t_f} \boldsymbol{\Phi}(t_0,t)\boldsymbol{B}(t)\boldsymbol{B}^{\mathrm{T}}(t)\boldsymbol{\Phi}^{\mathrm{T}}(t_0,t)\mathrm{d}t$$

即

$$\mathrm{rank}(\boldsymbol{W}_c(t_0,t_f)) = n$$

定理 3.3.1 证明略，对此定理做两点说明：

① 该定理所阐述的条件是充分且必要的，只要能控格拉姆矩阵不满秩，则系统状态必不完全能控。此定理也适合线性连续定常系统 $\dot{\boldsymbol{x}}=\boldsymbol{A}\boldsymbol{x}+\boldsymbol{B}\boldsymbol{u}$，此时

$$\boldsymbol{W}_c(-t_f) = \int_{0}^{t_f} \boldsymbol{\Phi}(-t)\boldsymbol{B}\boldsymbol{B}^{\mathrm{T}}\boldsymbol{\Phi}^{\mathrm{T}}(-t)\mathrm{d}t$$

② 用能控格拉姆矩阵判断系统能控性较繁琐,涉及状态转移矩阵的计算。

(2) 充分性判据

定理 3.3.2 线性连续时变系统 $\dot{\boldsymbol{x}}=\boldsymbol{A}(t)\boldsymbol{x}+\boldsymbol{B}(t)\boldsymbol{u}$ 中,$\boldsymbol{A}(t)$和 $\boldsymbol{B}(t)$是 $n-1$ 阶连续可微的,如果存在某个时刻 $t_f>0$,使得下式成立,则该系统在时间区间$[0,t_f]$上是状态完全能控的。

$$\operatorname{rank}(\boldsymbol{Q}_c(t_f)) = \operatorname{rank}[\boldsymbol{B}_1(t_f)\quad \boldsymbol{B}_2(t_f)\quad \cdots\quad \boldsymbol{B}_n(t_f)] = n$$

其中

$$\begin{aligned}
\boldsymbol{B}_1(t) &= \boldsymbol{B}(t)\\
\boldsymbol{B}_2(t) &= -\boldsymbol{A}(t)\boldsymbol{B}_1(t)+\dot{\boldsymbol{B}}_1(t)\\
&\vdots\\
\boldsymbol{B}_i(t) &= -\boldsymbol{A}(t)\boldsymbol{B}_{i-1}(t)+\dot{\boldsymbol{B}}_{i-1}(t)
\end{aligned}$$

其中,$i=2,3,\cdots,n$。

定理 3.3.2 证明略,该定理所阐述的条件是充分性条件,而不是必要条件。即使条件不满足也不足以判定系统状态不能控,因此只能用于能控系统的判断。

例 3.3.1 判定下列线性连续时变系统在 $t_0=0$ 时的能控性。

$$\dot{\boldsymbol{x}} = \begin{bmatrix}0 & t\\0 & 0\end{bmatrix}\boldsymbol{x}+\begin{bmatrix}0\\1\end{bmatrix}u$$

解 (1) 用充要性判据进行判断。

① 求状态转移矩阵。首先验证系统矩阵 $\boldsymbol{A}(t)$的可交换性。由于

$$\boldsymbol{A}(t_1)\boldsymbol{A}(t_2) = \boldsymbol{A}(t_2)\boldsymbol{A}(t_1) = 0$$

故系统矩阵 $\boldsymbol{A}(t)$是可交换的,所以

$$\begin{aligned}
\boldsymbol{\Phi}(0,t) &= \boldsymbol{I}+\int_t^0\boldsymbol{A}(\tau)\mathrm{d}\tau+\frac{1}{2!}\left[\int_t^0\boldsymbol{A}(\tau)\mathrm{d}\tau\right]^2+\frac{1}{3!}\left[\int_t^0\boldsymbol{A}(\tau)\mathrm{d}\tau\right]^3+\cdots\\
&= \begin{bmatrix}1 & -\dfrac{1}{2}t^2\\0 & 1\end{bmatrix}
\end{aligned}$$

② 计算能控格拉姆矩阵。

$$\begin{aligned}
\boldsymbol{W}_c(0,t_f) &= \int_0^{t_f}\boldsymbol{\Phi}(0,t)\boldsymbol{B}(t)\boldsymbol{B}^{\mathrm{T}}(t)\boldsymbol{\Phi}^{\mathrm{T}}(0,t)\mathrm{d}t\\
&= \int_0^{t_f}\begin{bmatrix}1 & -\dfrac{1}{2}t^2\\0 & 1\end{bmatrix}\begin{bmatrix}0\\1\end{bmatrix}\begin{bmatrix}0\\1\end{bmatrix}^{\mathrm{T}}\begin{bmatrix}1 & -\dfrac{1}{2}t^2\\0 & 1\end{bmatrix}^{\mathrm{T}}\mathrm{d}t\\
&= \begin{bmatrix}\dfrac{1}{20}t_f^5 & -\dfrac{1}{6}t_f^3\\-\dfrac{1}{6}t_f^3 & t_f\end{bmatrix}
\end{aligned}$$

③ 判断能控格拉姆矩阵的秩。

$$|\boldsymbol{W}_c(0,t_f)| = \begin{vmatrix}\dfrac{1}{20}t_f^5 & -\dfrac{1}{6}t_f^3\\-\dfrac{1}{6}t_f^3 & t_f\end{vmatrix} = \frac{1}{45}t_f^6$$

取 $t_f=1>t_0$,此时$|\boldsymbol{W}_c(0,t_f)|=\dfrac{1}{45}$,能控格拉姆矩阵满秩,系统在 $t_0=0$ 时是状态完全能

控的。

(2) 用充分性判据进行判断。

$$\boldsymbol{B}_1(t) = \boldsymbol{B}(t) = \begin{bmatrix} 0 \\ 1 \end{bmatrix}$$

$$\boldsymbol{B}_2(t) = -\boldsymbol{A}(t)\boldsymbol{B}_1(t) + \dot{\boldsymbol{B}}_1(t) = -\begin{bmatrix} 0 & t \\ 0 & 0 \end{bmatrix}\begin{bmatrix} 0 \\ 1 \end{bmatrix} = \begin{bmatrix} -t \\ 0 \end{bmatrix}$$

$$\boldsymbol{Q}_c(t) = [\boldsymbol{B}_1(t) \quad \boldsymbol{B}_2(t)] = \begin{bmatrix} 0 & -t \\ 1 & 0 \end{bmatrix}$$

所以：$|\boldsymbol{Q}_c(t)| = t$。

取 $t_f = 1 > t_0$，则 $|\boldsymbol{Q}_c(t_f)| = 1$，即 $\mathrm{rank}(\boldsymbol{Q}_c(t_f)) = 2$。所以系统在 $t_0 = 0$ 时是状态完全能控的。

3.3.2　能观测性的概念及判别准则

1. 能观测性的定义

线性连续时变系统 $\dot{\boldsymbol{x}} = \boldsymbol{A}(t)\boldsymbol{x}, \boldsymbol{y} = \boldsymbol{C}(t)\boldsymbol{x}$，对于初始时刻 t_0，存在另一个时刻 $t_f(t_f > t_0)$，使得根据时间区间 $[t_0, t_f]$ 上输出 $\boldsymbol{y}(t)$ 的量测值，能够唯一地确定系统在 t_0 时刻的初始状态 $\boldsymbol{x}(t_0) = \boldsymbol{x}_0$，则称 $\boldsymbol{x}_0$ 为在 t_0 时刻能观测的状态。若系统在 t_0 时刻的所有状态都是能观测的，则称系统是状态完全能观测的。

下面给出不能观测状态的定义：线性连续时变系统 $\dot{\boldsymbol{x}} = \boldsymbol{A}(t)\boldsymbol{x}, \boldsymbol{y} = \boldsymbol{C}(t)\boldsymbol{x}$，如果在 t_0 时刻的初始状态 $\boldsymbol{x}(t_0) = \boldsymbol{x}_0$ 所引起的系统输出恒等于 0，即 $\boldsymbol{y}(t) \equiv 0, t > t_0$，则称 $\boldsymbol{x}_0$ 为 t_0 时刻不能观测的状态。

以下给出几点说明：

① 时间区间 $[t_0, t_f]$ 是识别初始状态所需要的观测时间，对时变系统来说，区间的大小和初始时刻 t_0 的选择有关。

② 根据不能观测状态的定义，有下式：

$$\boldsymbol{C}(t)\boldsymbol{\Phi}(t, t_0)\boldsymbol{x}_0 \equiv 0, \qquad t \in [t_0, t_f] \tag{3.3.2}$$

③ 线性非奇异变换不改变时变系统的能观测性。这一点可以直接由式(3.3.2)去证明。所以，不能观测状态经非奇异变换后仍为不能观测状态。

④ 如果 $\boldsymbol{x}_0$ 是不能观测状态，则 $\alpha\boldsymbol{x}_0$ 也是不能观测状态，其中 α 是任意非零实数。由于 $\boldsymbol{x}_0$ 是不能观测状态，则必有下式成立：

$$\boldsymbol{C}(t)\boldsymbol{\Phi}(t, t_0)\boldsymbol{x}_0 \equiv 0$$

上式左右两端同时乘以 α，可得

$$\boldsymbol{C}(t)\boldsymbol{\Phi}(t, t_0)\alpha\boldsymbol{x}_0 \equiv 0$$

所以 $\alpha\boldsymbol{x}_0$ 也是不能观测状态。

⑤ 如果 $\boldsymbol{x}_{01}$ 和 $\boldsymbol{x}_{02}$ 都是不能观测的状态，则 $\boldsymbol{x}_{01} + \boldsymbol{x}_{02}$ 也是不能观测的状态。由于 $\boldsymbol{x}_{01}$ 和 $\boldsymbol{x}_{02}$ 都是不能观测状态，则必有下式成立：

$$\begin{cases} \boldsymbol{C}(t)\boldsymbol{\Phi}(t, t_0)\boldsymbol{x}_{01} \equiv 0 \\ \boldsymbol{C}(t)\boldsymbol{\Phi}(t, t_0)\boldsymbol{x}_{02} \equiv 0 \end{cases}$$

以上两个方程左右两两相加,可得

$$\boldsymbol{C}(t)\boldsymbol{\Phi}(t,t_0)(\boldsymbol{x}_{01}+\boldsymbol{x}_{02})\equiv 0$$

所以 $\boldsymbol{x}_{01}+\boldsymbol{x}_{02}$ 也是不能观测状态。

⑥ 不能观测子空间:所有不能观测状态在状态空间中所构成的一个子空间。只有不能观测子空间为零空间,系统才是状态完全能观测的。

2. 能观测性判别准则

线性连续时变系统的能观测性判据也有两种:充要性判据和充分性判据。

(1) 充要性判据——能观测格拉姆矩阵法

定理 3.3.3 线性连续时变系统 $\dot{\boldsymbol{x}}=\boldsymbol{A}(t)\boldsymbol{x},\boldsymbol{y}=\boldsymbol{C}(t)\boldsymbol{x}$ 在 t_0 时刻上状态完全能观测的充要条件是如下的能观测格拉姆矩阵满秩:

$$\boldsymbol{W}_{\mathrm{o}}(t_0,t_{\mathrm{f}})=\int_{t_0}^{t_{\mathrm{f}}}\boldsymbol{\Phi}^{\mathrm{T}}(t,t_0)\boldsymbol{C}^{\mathrm{T}}(t)\boldsymbol{C}(t)\boldsymbol{\Phi}(t,t_0)\mathrm{d}t$$

即

$$\operatorname{rank}(\boldsymbol{W}_{\mathrm{o}}(t_0,t_{\mathrm{f}}))=n$$

定理 3.3.3 证明略,对此定理也做两点说明:

① 该定理所阐述的条件是充分且必要的,只要能观测格拉姆矩阵不满秩,则系统状态必不完全能观测。此定理也适合线性连续定常系统 $\dot{\boldsymbol{x}}=\boldsymbol{A}\boldsymbol{x},\boldsymbol{y}=\boldsymbol{C}\boldsymbol{x}$,此时

$$\boldsymbol{W}_{\mathrm{o}}(-t_{\mathrm{f}})=\int_0^{t_{\mathrm{f}}}\boldsymbol{\Phi}^{\mathrm{T}}(t)\boldsymbol{C}^{\mathrm{T}}\boldsymbol{C}\boldsymbol{\Phi}(t)\mathrm{d}t$$

② 用能观测格拉姆矩阵判断系统能观测性较繁琐,也涉及状态转移矩阵的计算。

(2) 充分性判据

定理 3.3.4 线性连续时变系统 $\dot{\boldsymbol{x}}=\boldsymbol{A}(t)\boldsymbol{x},\boldsymbol{y}=\boldsymbol{C}(t)\boldsymbol{x}$ 中,$\boldsymbol{A}(t)$、$\boldsymbol{C}(t)$ 是 $n-1$ 阶连续可微的,如果存在某个时刻 $t_{\mathrm{f}}>0$,使得下式成立,则该系统在时间区间 $[0,t_{\mathrm{f}}]$ 上是状态完全能观测的。

$$\operatorname{rank}(\boldsymbol{Q}_{\mathrm{o}}(t_{\mathrm{f}}))=\operatorname{rank}\begin{bmatrix}\boldsymbol{C}_1(t_{\mathrm{f}})\\ \boldsymbol{C}_2(t_{\mathrm{f}})\\ \vdots\\ \boldsymbol{C}_n(t_{\mathrm{f}})\end{bmatrix}=n$$

其中

$$\begin{aligned}\boldsymbol{C}_1(t)&=\boldsymbol{C}(t)\\ \boldsymbol{C}_2(t)&=\boldsymbol{C}_1(t)\boldsymbol{A}(t)+\dot{\boldsymbol{C}}_1(t)\\ &\vdots\\ \boldsymbol{C}_i(t)&=\boldsymbol{C}_{i-1}(t)\boldsymbol{A}(t)+\dot{\boldsymbol{C}}_{i-1}(t)\end{aligned}$$

其中 $i=2,3,\cdots,n$。

定理 3.3.4 证明略,该定理所阐述的条件仅是充分性条件,而不是必要条件。即使条件不满足也不足以判定系统状态不完全能观测,因此只能用于能观测系统的判断。

例 3.3.2 判定下列线性连续时变系统的能观测性。

$$\dot{\boldsymbol{x}}=\begin{bmatrix}t&1&0\\0&t&0\\0&0&t^2\end{bmatrix}\boldsymbol{x},\quad y=\begin{bmatrix}1&0&1\end{bmatrix}\boldsymbol{x}$$

解　用充分性判据进行判断。

$$\boldsymbol{C}_1(t) = \boldsymbol{C}(t) = [1\quad 0\quad 1]$$

$$\boldsymbol{C}_2(t) = \boldsymbol{C}_1(t)\boldsymbol{A}(t) + \dot{\boldsymbol{C}}_1(t) = [1\quad 0\quad 1]\begin{bmatrix} t & 1 & 0 \\ 0 & t & 0 \\ 0 & 0 & t^2 \end{bmatrix} = [t\quad 1\quad t^2]$$

$$\boldsymbol{C}_3(t) = \boldsymbol{C}_2(t)\boldsymbol{A}(t) + \dot{\boldsymbol{C}}_2(t) = [t\quad 1\quad t^2]\begin{bmatrix} t & 1 & 0 \\ 0 & t & 0 \\ 0 & 0 & t^2 \end{bmatrix} + [1\quad 0\quad 2t]$$

$$= [t^2+1\quad 2t\quad t^4+2t]$$

$$|\boldsymbol{Q}_{\mathrm{o}}(t)| = \begin{vmatrix} 1 & 0 & 1 \\ t & 1 & t^2 \\ t^2+1 & 2t & t^4+2t \end{vmatrix}$$

当 $t_{\mathrm{f}}>0$ 时，$\mathrm{rank}(\boldsymbol{Q}_{\mathrm{o}}(t_{\mathrm{f}}))=3$，所以系统在 $[0,t_{\mathrm{f}}]$ 上状态完全能观测。

3.4　对偶原理

从能控性和能观测性的定义可以看出，能控性和能观测性之间存在某种内在联系。卡尔曼将这种关系称之为对偶原理，它深刻揭示了系统控制问题和估计问题之间的关系。

3.4.1　对偶关系

1. 线性连续定常系统的对偶关系

线性连续定常系统 Σ_1 和 Σ_2 分别如下：

$$\Sigma_1:\ \begin{cases} \dot{\boldsymbol{x}}_1 = \boldsymbol{A}_1\boldsymbol{x}_1 + \boldsymbol{B}_1\boldsymbol{u}_1 \\ \boldsymbol{y}_1 = \boldsymbol{C}_1\boldsymbol{x}_1 \end{cases} \tag{3.4.1}$$

$$\Sigma_2:\ \begin{cases} \dot{\boldsymbol{x}}_2 = \boldsymbol{A}_2\boldsymbol{x}_2 + \boldsymbol{B}_2\boldsymbol{u}_2 \\ \boldsymbol{y}_2 = \boldsymbol{C}_2\boldsymbol{x}_2 \end{cases} \tag{3.4.2}$$

如果满足如下关系：

$$\boldsymbol{A}_2 = \boldsymbol{A}_1^{\mathrm{T}},\quad \boldsymbol{B}_2 = \boldsymbol{C}_1^{\mathrm{T}},\quad \boldsymbol{C}_2 = \boldsymbol{B}_1^{\mathrm{T}} \tag{3.4.3}$$

则称 Σ_1 和 Σ_2 互为对偶系统。

假设 $\boldsymbol{G}_1(s)$ 和 $\boldsymbol{G}_2(s)$ 分别为系统 Σ_1 和 Σ_2 的传递函数矩阵，$f_1(\lambda)$ 和 $f_2(\lambda)$ 分别为系统 Σ_1 和 Σ_2 的特征方程。则互为对偶的系统具有以下两个重要性质：

① $\boldsymbol{G}_1(s)$ 和 $\boldsymbol{G}_2(s)$ 互为转置。即互为对偶的系统，其传递函数矩阵互为转置。

证明如下：

$\boldsymbol{G}_1(s)$ 为系统 Σ_1 的传递函数矩阵，则有

$$\boldsymbol{G}_1(s) = \boldsymbol{C}_1(s\boldsymbol{I}-\boldsymbol{A}_1)^{-1}\boldsymbol{B}_1$$

$\boldsymbol{G}_2(s)$ 为系统 Σ_2 的传递函数矩阵，则有

$$\boldsymbol{G}_2(s) = \boldsymbol{C}_2(s\boldsymbol{I}-\boldsymbol{A}_2)^{-1}\boldsymbol{B}_2$$

将式(3.4.3)代入上式,可得

$$\begin{aligned}\boldsymbol{G}_2(s) &= \boldsymbol{B}_1^{\mathrm{T}}(s\boldsymbol{I}-\boldsymbol{A}_1^{\mathrm{T}})^{-1}\boldsymbol{C}_1^{\mathrm{T}}\\ &= \boldsymbol{B}_1^{\mathrm{T}}[(s\boldsymbol{I}-\boldsymbol{A}_1)^{-1}]^{\mathrm{T}}\boldsymbol{C}_1^{\mathrm{T}}\\ &= [\boldsymbol{C}_1(s\boldsymbol{I}-\boldsymbol{A}_1)^{-1}\boldsymbol{B}_1]^{\mathrm{T}}\\ &= \boldsymbol{G}_1^{\mathrm{T}}(s)\end{aligned}$$

证毕!

② $f_1(\lambda)$和 $f_2(\lambda)$相同。即互为对偶的系统,其特征方程是相同的。

证明如下:

$f_1(\lambda)$为系统 Σ_1 的特征方程,则有

$$f_1(\lambda)=|\lambda\boldsymbol{I}-\boldsymbol{A}_1|$$

$f_2(\lambda)$为系统 Σ_2 的特征方程,则有

$$f_2(\lambda)=|\lambda\boldsymbol{I}-\boldsymbol{A}_2|$$

整理上式可得

$$f_2(\lambda)=|(\lambda\boldsymbol{I}-\boldsymbol{A}_2)^{\mathrm{T}}|=|\lambda\boldsymbol{I}-\boldsymbol{A}_2^{\mathrm{T}}|=|\lambda\boldsymbol{I}-\boldsymbol{A}_1|=f_1(\lambda)$$

证毕!

2. 线性连续时变系统的对偶关系

线性连续时变系统 Σ_1 和 Σ_2 分别如下:

$$\Sigma_1:\begin{cases}\dot{\boldsymbol{x}}_1=\boldsymbol{A}_1(t)\boldsymbol{x}_1+\boldsymbol{B}_1(t)\boldsymbol{u}_1\\ \boldsymbol{y}_1=\boldsymbol{C}_1(t)\boldsymbol{x}_1\end{cases}\tag{3.4.4}$$

$$\Sigma_2:\begin{cases}\dot{\boldsymbol{x}}_2=\boldsymbol{A}_2(t)\boldsymbol{x}_2+\boldsymbol{B}_2(t)\boldsymbol{u}_2\\ \boldsymbol{y}_2=\boldsymbol{C}_2(t)\boldsymbol{x}_2\end{cases}\tag{3.4.5}$$

如果满足如下关系,则称两系统是互为对偶的。

$$\boldsymbol{A}_2(t)=-\boldsymbol{A}_1^{\mathrm{T}}(t),\quad \boldsymbol{B}_2(t)=\boldsymbol{C}_1^{\mathrm{T}}(t),\quad \boldsymbol{C}_2(t)=\boldsymbol{B}_1^{\mathrm{T}}(t)\tag{3.4.6}$$

在线性连续时变系统的对偶关系中有一个非常重要的性质:互为对偶的系统,其状态转移矩阵互为转置逆,即如果 $\boldsymbol{\Phi}_1(t,t_0)$和 $\boldsymbol{\Phi}_2(t,t_0)$分别为系统 Σ_1 和 Σ_2 的状态转移矩阵,则有

$$[\boldsymbol{\Phi}_2^{\mathrm{T}}(t,t_0)]^{-1}=\boldsymbol{\Phi}_1(t,t_0)\tag{3.4.7}$$

证明:根据状态转移矩阵的性质,将式(3.4.7)重写为

$$\boldsymbol{\Phi}_2^{\mathrm{T}}(t_0,t)=\boldsymbol{\Phi}_1(t,t_0)\tag{3.4.8}$$

所以证明的目标就是推导出 $\boldsymbol{\Phi}_2^{\mathrm{T}}(t_0,t)$是系统 Σ_1 的状态转移矩阵,即式(3.4.8)成立。

已知 $\boldsymbol{\Phi}_2(t,t_0)$是系统 Σ_2 的状态转移矩阵,根据状态转移矩阵的定义可知

$$\dot{\boldsymbol{\Phi}}_2(t,t_0)=\boldsymbol{A}_2(t)\boldsymbol{\Phi}_2(t,t_0)\tag{3.4.9}$$

$$\boldsymbol{\Phi}_2(t,t)=\boldsymbol{I}\tag{3.4.10}$$

式(3.4.9)转置,并将式(3.4.6)代入,有

$$\dot{\boldsymbol{\Phi}}_2^{\mathrm{T}}(t,t_0)=\boldsymbol{\Phi}_2^{\mathrm{T}}(t,t_0)\boldsymbol{A}_2^{\mathrm{T}}(t)=-\boldsymbol{\Phi}_2^{\mathrm{T}}(t,t_0)\boldsymbol{A}_1(t)\tag{3.4.11}$$

式(3.4.10)转置有 $\boldsymbol{\Phi}_2^{\mathrm{T}}(t,t)=\boldsymbol{I}$,即

$$[\boldsymbol{\Phi}_2(t,t_0)\boldsymbol{\Phi}_2(t_0,t)]^{\mathrm{T}}=\boldsymbol{\Phi}_2^{\mathrm{T}}(t_0,t)\boldsymbol{\Phi}_2^{\mathrm{T}}(t,t_0)=\boldsymbol{I}\tag{3.4.12}$$

式(3.4.12)求导,有

$$\dot{\boldsymbol{\Phi}}_2^{\mathrm{T}}(t_0,t)\boldsymbol{\Phi}_2^{\mathrm{T}}(t,t_0)+\boldsymbol{\Phi}_2^{\mathrm{T}}(t_0,t)\dot{\boldsymbol{\Phi}}_2^{\mathrm{T}}(t,t_0)=0\tag{3.4.13}$$

式(3.4.13)两端右乘 $\boldsymbol{\Phi}_2^{\mathrm{T}}(t_0,t)$,并整理可得

$$\dot{\boldsymbol{\Phi}}_2^{\mathrm{T}}(t_0,t)=-\boldsymbol{\Phi}_2^{\mathrm{T}}(t_0,t)\dot{\boldsymbol{\Phi}}_2^{\mathrm{T}}(t,t_0)\boldsymbol{\Phi}_2^{\mathrm{T}}(t_0,t) \tag{3.4.14}$$

式(3.4.11)代入式(3.4.14),有

$$\begin{aligned}\dot{\boldsymbol{\Phi}}_2^{\mathrm{T}}(t_0,t)&=\boldsymbol{\Phi}_2^{\mathrm{T}}(t_0,t)\boldsymbol{\Phi}_2^{\mathrm{T}}(t,t_0)\boldsymbol{A}_1(t)\boldsymbol{\Phi}_2^{\mathrm{T}}(t_0,t)\\&=\boldsymbol{A}_1(t)\boldsymbol{\Phi}_2^{\mathrm{T}}(t_0,t)\end{aligned} \tag{3.4.15}$$

联立式(3.4.10)和式(3.4.15)可知,$[\boldsymbol{\Phi}_2^{\mathrm{T}}(t_0,t)]$是系统 Σ_1 的状态转移矩阵,所以

$$\boldsymbol{\Phi}_2^{\mathrm{T}}(t_0,t)=\boldsymbol{\Phi}_1(t,t_0)$$

即式(3.4.8)成立。

证毕!

3.4.2 对偶原理

线性连续定常系统 $\Sigma_1=(\boldsymbol{A}_1,\boldsymbol{B}_1,\boldsymbol{C}_1)$和 $\Sigma_2=(\boldsymbol{A}_2,\boldsymbol{B}_2,\boldsymbol{C}_2)$互为对偶系统,则系统 Σ_1 的能控性等价于 Σ_2 的能观测性;Σ_1 的能观测性等价于 Σ_2 的能控性。

证明:系统 Σ_1 的能控性判别矩阵 $\boldsymbol{Q}_{c1}$ 为

$$\boldsymbol{Q}_{c1}=[\boldsymbol{B}_1\quad \boldsymbol{A}_1\boldsymbol{B}_1\quad \cdots\quad \boldsymbol{A}_1^{n-1}\boldsymbol{B}_1]$$

系统 Σ_2 的能观测性判别矩阵 $\boldsymbol{Q}_{o2}$ 为

$$\boldsymbol{Q}_{o2}=\begin{bmatrix}\boldsymbol{C}_2\\ \boldsymbol{C}_2\boldsymbol{A}_2\\ \vdots\\ \boldsymbol{C}_2\boldsymbol{A}_2^{n-1}\end{bmatrix}$$

将对偶关系式(3.4.3)代入上式,可得

$$\boldsymbol{Q}_{o2}=\begin{bmatrix}\boldsymbol{B}_1^{\mathrm{T}}\\ \boldsymbol{B}_1^{\mathrm{T}}\boldsymbol{A}_1^{\mathrm{T}}\\ \vdots\\ \boldsymbol{B}_1^{\mathrm{T}}(\boldsymbol{A}_1^{\mathrm{T}})^{n-1}\end{bmatrix}=[\boldsymbol{B}_1\quad \boldsymbol{A}_1\boldsymbol{B}_1\quad \cdots\quad \boldsymbol{A}_1^{n-1}\boldsymbol{B}_1]^{\mathrm{T}}=\boldsymbol{Q}_{c1}^{\mathrm{T}}$$

所以

$$\mathrm{rank}(\boldsymbol{Q}_{o2})=\mathrm{rank}(\boldsymbol{Q}_{c1}^{\mathrm{T}})=\mathrm{rank}(\boldsymbol{Q}_{c1})$$

由此可见,Σ_2 的能观测性判别矩阵 $\boldsymbol{Q}_{o2}$ 和 Σ_1 的能控性判别矩阵 $\boldsymbol{Q}_{c1}$ 的秩相同,即 Σ_1 的状态能控性等价于 Σ_2 的状态能观测性。同理可以证明,Σ_1 的状态能观测性等价于 Σ_2 的状态能控性。

证毕!

3.5 能控标准型和能观标准型

在第 1 章控制系统的状态空间描述方法中已经指出,标准型在现代控制理论分析和设计中具有非常重要的作用。由于状态变量选取的非唯一性,使得一个系统的状态空间表达式也是非唯一的。而标准型就是在一组特定的基底下,状态空间表达式所具有的某种特定形式。对于同一个系统,各种形式的状态空间表达式都可以通过线性非奇异变换进行互相转化。因

此求解系统的能控标准型和能观标准型的过程,也就是对状态空间表达式进行线性非奇异变换的过程,关键是非奇异变换阵的选取。

将系统转换为能控标准型和能观标准型的理论根据是:线性非奇异变换不改变系统的能控性和能观测性,即只有状态完全能控的系统才能转化为能控标准型,状态完全能观测的系统才能转化为能观标准型。

3.5.1 能控标准型及变换

能控标准型一般具有两种形式:第一能控标准型和第二能控标准型。以后不特别指明,能控标准型指的是第二能控标准型,它在状态反馈系统设计中具有非常重要的地位。

对于线性连续定常系统 $\Sigma=(\boldsymbol{A},\boldsymbol{B})$,如果状态完全能控,必有

$$\begin{aligned}\operatorname{rank}(\boldsymbol{Q}_c)&=\operatorname{rank}[\boldsymbol{B} \vdots \boldsymbol{AB} \vdots \cdots \vdots \boldsymbol{A}^{n-1}\boldsymbol{B}]\\&=\operatorname{rank}[\boldsymbol{b}_1\cdots\boldsymbol{b}_r \vdots \boldsymbol{Ab}_1\cdots\boldsymbol{Ab}_r \vdots \cdots \vdots \boldsymbol{A}^{n-1}\boldsymbol{b}_1\cdots\boldsymbol{A}^{n-1}\boldsymbol{b}_r]=n\end{aligned}$$

上述能控性判据矩阵 $\boldsymbol{Q}_c$ 中,有且仅有 n 个列向量是线性无关的,可取这 n 个线性无关的列向量或其某种组合构成非奇异变换阵,将系统的状态空间表达式化为第一能控标准型或第二能控标准型。要使列向量取法唯一,则 $r=1$。故能控标准型仅讨论单输入系统。对于多输入系统,由于线性无关的列向量取法不唯一,导致其能控标准型不是唯一的。

1. 第一能控标准型

如果直接以能控性判别矩阵 $\boldsymbol{Q}_c$ 作为变换阵,对系统进行线性非奇异变换,则得到的标准型为第一能控标准型。

定理 3.5.1 如果单输入线性连续定常系统

$$\begin{cases}\dot{\boldsymbol{x}}=\boldsymbol{Ax}+\boldsymbol{b}u\\ \boldsymbol{y}=\boldsymbol{Cx}\end{cases}\tag{3.5.1}$$

状态完全能控,则必存在线性非奇异变换

$$\boldsymbol{x}=\boldsymbol{P}_{c1}\bar{\boldsymbol{x}}\tag{3.5.2}$$

将方程(3.5.1)化为第一能控标准型

$$\begin{cases}\dot{\bar{\boldsymbol{x}}}=\bar{\boldsymbol{A}}\bar{\boldsymbol{x}}+\bar{\boldsymbol{b}}u\\ \boldsymbol{y}=\bar{\boldsymbol{C}}\bar{\boldsymbol{x}}\end{cases}\tag{3.5.3}$$

其中

$$\boldsymbol{P}_{c1}=[\boldsymbol{b},\boldsymbol{Ab},\cdots,\boldsymbol{A}^{n-1}\boldsymbol{b}]=\boldsymbol{Q}_c\tag{3.5.4}$$

$$\bar{\boldsymbol{A}}=\boldsymbol{P}_{c1}^{-1}\boldsymbol{AP}_{c1}=\begin{bmatrix}0&0&\cdots&0&-a_0\\1&0&\cdots&0&-a_1\\0&1&\ddots&\vdots&-a_2\\\vdots&\ddots&\ddots&0&\vdots\\0&\cdots&0&1&-a_{n-1}\end{bmatrix}\tag{3.5.5}$$

$$\bar{\boldsymbol{b}}=\boldsymbol{P}_{c1}^{-1}\boldsymbol{b}=\begin{bmatrix}1\\0\\\vdots\\0\end{bmatrix}\tag{3.5.6}$$

$$\bar{C} = CP_{c1} = [b_0 \quad b_1 \quad \cdots \quad b_{n-1}] \tag{3.5.7}$$

并把系统矩阵和输入矩阵具有式(3.5.5)和式(3.5.6)形式的状态空间表达式，称为第一能控标准型。

证明：当变换阵选为能控性判别矩阵 Q_c 时，可得

$$AP_{c1} = A[b, Ab, \cdots, A^{n-1}b] = [Ab, A^2b, \cdots, A^nb] \tag{3.5.8}$$

由凯莱-哈密顿定理，有

$$A^n = -a_{n-1}A^{n-1} - \cdots - a_1A - a_0I$$

其中，a_i 是系统的不变量，$i=0,1,\cdots,n-1$。将上式代入式(3.5.8)，有

$$\begin{aligned} AP_{c1} &= [Ab, A^2b, \cdots, (-a_{n-1}A^{n-1} - \cdots - a_1A - a_0I)b] \\ &= [Ab, A^2b, \cdots, -a_0b - a_1Ab - \cdots - a_{n-1}A^{n-1}b] \end{aligned}$$

将上式写成矩阵形式

$$\begin{aligned} AP_{c1} &= [b, Ab, \cdots, A^{n-1}b]\begin{bmatrix} 0 & 0 & \cdots & 0 & -a_0 \\ 1 & 0 & \cdots & 0 & -a_1 \\ 0 & 1 & \ddots & \vdots & -a_2 \\ \vdots & \ddots & \ddots & 0 & \vdots \\ 0 & \cdots & 0 & 1 & -a_{n-1} \end{bmatrix} \\ &= P_{c1}\begin{bmatrix} 0 & 0 & \cdots & 0 & -a_0 \\ 1 & 0 & \cdots & 0 & -a_1 \\ 0 & 1 & \ddots & \vdots & -a_2 \\ \vdots & \ddots & \ddots & 0 & \vdots \\ 0 & \cdots & 0 & 1 & -a_{n-1} \end{bmatrix} \end{aligned}$$

上式左乘 P_{c1}^{-1}，可得

$$P_{c1}^{-1}AP_{c1} = P_{c1}^{-1}P_{c1}\begin{bmatrix} 0 & 0 & \cdots & 0 & -a_0 \\ 1 & 0 & \cdots & 0 & -a_1 \\ 0 & 1 & \ddots & \vdots & -a_2 \\ \vdots & \ddots & \ddots & 0 & \vdots \\ 0 & \cdots & 0 & 1 & -a_{n-1} \end{bmatrix} = \begin{bmatrix} 0 & 0 & \cdots & 0 & -a_0 \\ 1 & 0 & \cdots & 0 & -a_1 \\ 0 & 1 & \ddots & \vdots & -a_2 \\ \vdots & \ddots & \ddots & 0 & \vdots \\ 0 & \cdots & 0 & 1 & -a_{n-1} \end{bmatrix}$$

即

$$\bar{A} = P_{c1}^{-1}AP_{c1} = \begin{bmatrix} 0 & 0 & \cdots & 0 & -a_0 \\ 1 & 0 & \cdots & 0 & -a_1 \\ 0 & 1 & \ddots & \vdots & -a_2 \\ \vdots & \ddots & \ddots & 0 & \vdots \\ 0 & \cdots & 0 & 1 & -a_{n-1} \end{bmatrix}$$

由于 $\bar{b}=P_{c1}^{-1}b$，所以

$$b = P_{c1}\bar{b} = [b, Ab, \cdots, A^{n-1}b]\bar{b}$$

欲使上式恒成立，必有

$$\bar{\boldsymbol{b}} = \begin{bmatrix} 1 \\ 0 \\ \vdots \\ 0 \end{bmatrix}$$

证毕!

对于定理 3.5.1,做以下几点说明:

① 其中 a_i 是系统的不变量,即特征多项式的系数。

② 只有状态完全能控时,才能写成第一能控标准型。所以,在求系统的第一能控标准型时,首先要判断系统的能控性,不能控则不能写成第一能控标准型。

③ 将系统化为第一能控标准型的非奇异变换矩阵,就是能控性判别矩阵 $\boldsymbol{Q}_c$ 本身。

例 3.5.1 试将下列状态空间表达式变换为第一能控标准型。

$$\begin{cases} \dot{\boldsymbol{x}} = \begin{bmatrix} 1 & -1 \\ 0 & -1 \end{bmatrix}\boldsymbol{x} + \begin{bmatrix} 1 \\ 1 \end{bmatrix}u \\ y = \begin{bmatrix} 1 & 0 \end{bmatrix}\boldsymbol{x} \end{cases}$$

解 ① 判断系统的能控性。系统的能能控性判别矩阵为

$$\boldsymbol{Q}_c = \begin{bmatrix} \boldsymbol{b} & \boldsymbol{Ab} \end{bmatrix} = \begin{bmatrix} 1 & 0 \\ 1 & -1 \end{bmatrix}$$

由于$|\boldsymbol{Q}_c| = -1 \neq 0$,所以 $\text{rank}(\boldsymbol{Q}_c) = 2$,系统状态完全能控,第一能控标准型存在。

② 计算特征多项式。系统的特征多项式为

$$f(\lambda) = |\lambda \boldsymbol{I} - \boldsymbol{A}| = \lambda^2 - 1$$

故系统的不变量为 $a_0 = -1, a_1 = 0$。

③ 化为第一能控标准型。由式(3.5.5)~式(3.5.7)可知

$$\bar{\boldsymbol{A}} = \begin{bmatrix} 0 & -a_0 \\ 1 & -a_1 \end{bmatrix} = \begin{bmatrix} 0 & 1 \\ 1 & 0 \end{bmatrix}$$

$$\bar{\boldsymbol{b}} = \begin{bmatrix} 1 \\ 0 \end{bmatrix}$$

$$\bar{\boldsymbol{C}} = \boldsymbol{C}\boldsymbol{P}_{c1} = \boldsymbol{C}\begin{bmatrix} \boldsymbol{b} & \boldsymbol{Ab} \end{bmatrix} = \begin{bmatrix} 1 & 0 \end{bmatrix}\begin{bmatrix} 1 & 0 \\ 1 & -1 \end{bmatrix} = \begin{bmatrix} 1 & 0 \end{bmatrix}$$

所以,第一能控标准型形式的状态空间表达式为

$$\begin{cases} \dot{\boldsymbol{x}} = \begin{bmatrix} 0 & 1 \\ 1 & 0 \end{bmatrix}\boldsymbol{x} + \begin{bmatrix} 1 \\ 0 \end{bmatrix}u \\ y = \begin{bmatrix} 1 & 0 \end{bmatrix}\boldsymbol{x} \end{cases}$$

2. 第二能控标准型

如果以能控性判别矩阵 $\boldsymbol{Q}_c$ 列向量的某种组合作为变换阵,对系统进行线性非奇异变换,则可以得到第二能控标准型。

定理 3.5.2 如果单输入线性连续定常系统

$$\begin{cases} \dot{\boldsymbol{x}} = \boldsymbol{A}\boldsymbol{x} + \boldsymbol{b}u \\ \boldsymbol{y} = \boldsymbol{C}\boldsymbol{x} \end{cases} \tag{3.5.9}$$

状态完全能控,则必存在线性非奇异变换

$$x = P_{c2}\bar{x} \tag{3.5.10}$$

将方程(3.5.9)化为第二能控标准型

$$\begin{cases} \dot{\bar{x}} = \bar{A}\bar{x} + \bar{b}u \\ y = \bar{C}\bar{x} \end{cases} \tag{3.5.11}$$

其中

$$P_{c2} = [A^{n-1}b, A^{n-2}b, \cdots, b]\begin{bmatrix} 1 & 0 & \cdots & \cdots & 0 \\ a_{n-1} & 1 & \ddots & & \vdots \\ \vdots & \ddots & \ddots & \ddots & \vdots \\ a_2 & & \ddots & \ddots & 0 \\ a_1 & a_2 & \cdots & a_{n-1} & 1 \end{bmatrix} \tag{3.5.12}$$

$$\bar{A} = P_{c2}^{-1}AP_{c2} = \begin{bmatrix} 0 & 1 & 0 & \cdots & 0 \\ 0 & 0 & 1 & \ddots & \vdots \\ \vdots & \vdots & \ddots & \ddots & 0 \\ 0 & 0 & \cdots & 0 & 1 \\ -a_0 & -a_1 & -a_2 & \cdots & -a_{n-1} \end{bmatrix} \tag{3.5.13}$$

$$\bar{b} = P_{c2}^{-1}b = \begin{bmatrix} 0 \\ \vdots \\ 0 \\ 1 \end{bmatrix} \tag{3.5.14}$$

$$\bar{C} = CP_{c2} = [b_0 \quad b_1 \quad \cdots \quad b_{n-1}] \tag{3.5.15}$$

并把系统矩阵和输入矩阵具有式(3.5.13)和式(3.5.14)形式的状态空间表达式,称为第二能控标准型。

证明:令

$$P_{c2} = [p_1, \cdots, p_{n-1}, p_n]$$

将上式代入式(3.5.12)有

$$[p_1, \cdots, p_{n-1}, p_n] = [A^{n-1}b, A^{n-2}b, \cdots, b]\begin{bmatrix} 1 & 0 & \cdots & \cdots & 0 \\ a_{n-1} & 1 & \ddots & & \vdots \\ \vdots & \ddots & \ddots & \ddots & \vdots \\ a_2 & & \ddots & \ddots & 0 \\ a_1 & a_2 & \cdots & a_{n-1} & 1 \end{bmatrix}$$

将以上矩阵展开,得到以下方程组

$$\begin{cases} p_1 = a_1 b + \cdots + a_{n-1}A^{n-2}b + A^{n-1}b \\ p_2 = a_2 b + \cdots + a_{n-1}A^{n-3}b + A^{n-2}b \\ \quad \vdots \\ p_{n-1} = a_{n-1}b + Ab \\ p_n = b \end{cases} \tag{3.5.16}$$

将式(3.5.16)所示方程组中每个方程的左右两端同时左乘 A,并结合凯莱-哈密顿定理中 $a_0 I$

$+a_1\boldsymbol{A}+\cdots+a_{n-1}\boldsymbol{A}^{n-1}+\boldsymbol{A}^n=0$,可以得到

$$\begin{aligned}\boldsymbol{Ap}_1&=\boldsymbol{A}(a_1\boldsymbol{b}+\cdots+a_{n-1}\boldsymbol{A}^{n-2}\boldsymbol{b}+\boldsymbol{A}^{n-1}\boldsymbol{b})\\&=-a_0\boldsymbol{b}+(a_0\boldsymbol{b}+a_1\boldsymbol{Ab}+\cdots+a_{n-1}\boldsymbol{A}^{n-1}\boldsymbol{b}+\boldsymbol{A}^n\boldsymbol{b})\\&=-a_0\boldsymbol{b}+(a_0\boldsymbol{I}+a_1\boldsymbol{A}+\cdots+a_{n-1}\boldsymbol{A}^{n-1}+\boldsymbol{A}^n)\boldsymbol{b}\\&=-a_0\boldsymbol{b}=-a_0\boldsymbol{p}_n\end{aligned}\tag{3.5.17}$$

$$\begin{aligned}\boldsymbol{Ap}_2&=\boldsymbol{A}(a_2\boldsymbol{b}+\cdots+a_{n-1}\boldsymbol{A}^{n-3}\boldsymbol{b}+\boldsymbol{A}^{n-2}\boldsymbol{b})\\&=-a_1\boldsymbol{b}+(a_1\boldsymbol{b}+a_2\boldsymbol{Ab}+\cdots+a_{n-1}\boldsymbol{A}^{n-2}\boldsymbol{b}+\boldsymbol{A}^{n-1}\boldsymbol{b})\\&=-a_1\boldsymbol{b}+\boldsymbol{p}_1=-a_1\boldsymbol{p}_n+\boldsymbol{p}_1\end{aligned}\tag{3.5.18}$$

$$\vdots$$

$$\begin{aligned}\boldsymbol{Ap}_{n-1}&=\boldsymbol{A}(a_{n-1}\boldsymbol{b}+\boldsymbol{Ab})=-a_{n-2}\boldsymbol{b}+(a_{n-2}\boldsymbol{b}+a_{n-1}\boldsymbol{Ab}+\boldsymbol{A}^2\boldsymbol{b})\\&=-a_{n-2}\boldsymbol{b}+\boldsymbol{p}_{n-2}=-a_{n-2}\boldsymbol{p}_n+\boldsymbol{p}_{n-2}\end{aligned}\tag{3.5.19}$$

$$\begin{aligned}\boldsymbol{Ap}_n&=\boldsymbol{Ab}=-a_{n-1}\boldsymbol{b}+(a_{n-1}\boldsymbol{b}+\boldsymbol{Ab})\\&=-a_{n-1}\boldsymbol{b}+\boldsymbol{p}_{n-1}=-a_{n-1}\boldsymbol{p}_n+\boldsymbol{p}_{n-1}\end{aligned}\tag{3.5.20}$$

将式(3.5.17)~式(3.5.20)写成矩阵形式,可得

$$\boldsymbol{A}[\boldsymbol{p}_1,\cdots,\boldsymbol{p}_{n-1},\boldsymbol{p}_n]=[\boldsymbol{p}_1,\cdots,\boldsymbol{p}_{n-1},\boldsymbol{p}_n]\begin{bmatrix}0&1&0&\cdots&0\\0&0&1&\ddots&\vdots\\\vdots&\vdots&\ddots&\ddots&0\\0&0&\cdots&0&1\\-a_0&-a_1&-a_2&\cdots&-a_{n-1}\end{bmatrix}\tag{3.5.21}$$

即

$$\boldsymbol{AP}_{c2}=\boldsymbol{P}_{c2}\begin{bmatrix}0&1&0&\cdots&0\\0&0&1&\ddots&\vdots\\\vdots&\vdots&\ddots&\ddots&0\\0&0&\cdots&0&1\\-a_0&-a_1&-a_2&\cdots&-a_{n-1}\end{bmatrix}\tag{3.5.22}$$

所以

$$\begin{aligned}\bar{\boldsymbol{A}}=\boldsymbol{P}_{c2}^{-1}\boldsymbol{AP}_{c2}=\boldsymbol{P}_{c2}^{-1}\boldsymbol{P}_{c2}&\begin{bmatrix}0&1&0&\cdots&0\\0&0&1&\ddots&\vdots\\\vdots&\vdots&\ddots&\ddots&0\\0&0&\cdots&0&1\\-a_0&-a_1&-a_2&\cdots&-a_{n-1}\end{bmatrix}\\&=\begin{bmatrix}0&1&0&\cdots&0\\0&0&1&\ddots&\vdots\\\vdots&\vdots&\ddots&\ddots&0\\0&0&\cdots&0&1\\-a_0&-a_1&-a_2&\cdots&-a_{n-1}\end{bmatrix}\end{aligned}$$

由式(3.5.16)可知 $\boldsymbol{p}_n=\boldsymbol{b}$,由于 $\bar{\boldsymbol{b}}=\boldsymbol{P}_{c2}^{-1}\boldsymbol{b}$,所以

$$\boldsymbol{b}=\boldsymbol{P}_{c2}\bar{\boldsymbol{b}}=[\boldsymbol{p}_1,\cdots,\boldsymbol{p}_{n-1},\boldsymbol{p}_n]\bar{\boldsymbol{b}}=\boldsymbol{p}_n$$

欲使上式恒成立,必有

$$\bar{\boldsymbol{b}} = \begin{bmatrix} 0 \\ \vdots \\ 0 \\ 1 \end{bmatrix}$$

证毕!

对于定理 3.5.2,作以下几点说明:

① 从式(3.5.12)可以看出,线性非奇异变换阵 $\boldsymbol{P}_{c2}$ 的每一列都是能控性判别矩阵 $\boldsymbol{Q}_c$ 列向量的某种线性组合。

② 第二能控标准型的系统矩阵 $\bar{\boldsymbol{A}}$ 为友矩阵,$\bar{\boldsymbol{A}}$ 中的元素 a_i 是系统的不变量,即系统特征多项式 $f(\lambda)$ 的系数。

$$f(\lambda) = |\lambda \boldsymbol{I} - \boldsymbol{A}| = \lambda^n + a_{n-1}\lambda^{n-1} + \cdots + a_1\lambda + a_0 \tag{3.5.23}$$

③ 只有当系统状态完全能控时,才能写出第二能控标准型。在求系统的第二能控标准型时,首先要判断系统的能控性,状态不完全能控则不能写出第二能控标准型。

④ 对于单输入单输出系统,当传递函数没有零极点相约时,系统的系统矩阵 $\bar{\boldsymbol{A}}$ 和输出矩阵 $\bar{\boldsymbol{C}}$ 中的元素 a_i 和 b_i 分别是系统传递函数分母和分子多项式的系数。这些系数可以根据传递函数直接得到。即

$$G(s) = \bar{\boldsymbol{c}}(s\boldsymbol{I} - \bar{\boldsymbol{A}})^{-1}\bar{\boldsymbol{b}} = \frac{b_{n-1}s^{n-1} + b_{n-2}s^{n-2} + \cdots + b_1 s + b_0}{s^n + a_{n-1}s^{n-1} + \cdots + a_1 s + a_0} \tag{3.5.24}$$

例 3.5.2　线性连续定常系统的状态空间表达式为

$$\dot{\boldsymbol{x}} = \begin{bmatrix} 1 & -1 \\ 0 & -1 \end{bmatrix}\boldsymbol{x} + \begin{bmatrix} 1 \\ 1 \end{bmatrix}u, \quad y = [1 \quad 0]\boldsymbol{x}$$

试将其化为第二能控标准型。

解　① 判断系统的能控性。

$$\operatorname{rank}(\boldsymbol{Q}_c) = \operatorname{rank}[\boldsymbol{b} \quad \boldsymbol{Ab}] = \operatorname{rank}\begin{bmatrix} 1 & 0 \\ 1 & -1 \end{bmatrix} = 2$$

所以,系统状态完全能控,第二能控标准型存在。

② 求系统特征多项式的系数。

$$f(\lambda) = |\lambda \boldsymbol{I} - \boldsymbol{A}| = \lambda^2 - 1$$

所以,$a_0 = -1$,$a_1 = 0$。

③ 确定非奇异变换阵 $\boldsymbol{P}_{c2}$,并化为能控标准型。由式(3.5.12)可知,变换阵 $\boldsymbol{P}_{c2}$ 为

$$\boldsymbol{P}_{c2} = [\boldsymbol{Ab} \quad \boldsymbol{b}]\begin{bmatrix} 1 & 0 \\ a_1 & 1 \end{bmatrix} = \begin{bmatrix} 0 & 1 \\ -1 & 1 \end{bmatrix}\begin{bmatrix} 1 & 0 \\ 0 & 1 \end{bmatrix} = \begin{bmatrix} 0 & 1 \\ -1 & 1 \end{bmatrix}$$

所以

$$\bar{\boldsymbol{A}} = \begin{bmatrix} 0 & 1 \\ -a_0 & -a_1 \end{bmatrix} = \begin{bmatrix} 0 & 1 \\ 1 & 0 \end{bmatrix}$$

$$\bar{\boldsymbol{b}} = \begin{bmatrix} 0 \\ 1 \end{bmatrix}$$

$$\bar{\boldsymbol{C}} = \boldsymbol{CP}_{c2} = [1 \quad 0]\begin{bmatrix} 0 & 1 \\ -1 & 1 \end{bmatrix} = [0 \quad 1]$$

因此系统的第二能控标准型为

$$\begin{cases}\dot{\boldsymbol{x}}=\begin{bmatrix}0 & 1\\1 & 0\end{bmatrix}\boldsymbol{x}+\begin{bmatrix}0\\1\end{bmatrix}u\\ y=\begin{bmatrix}0 & 1\end{bmatrix}\boldsymbol{x}\end{cases}$$

例 3.5.3 已知某系统的传递函数如下

$$G(s)=\frac{s^2+4s+5}{s^3+6s^2+11s+6}$$

试写出该系统第二能控标准型形式的状态空间表达式。

解 ① 对传递函数进行因式分解,有

$$G(s)=\frac{s^2+4s+5}{s^3+6s^2+11s+6}=\frac{(s+2)^2+1}{(s+3)(s+2)(s+1)}$$

可知,传递函数无零极点相约,故系统状态能控且能观测,第二能控标准型存在。由传递函数可以得到

$$a_0=6,\ a_1=11,\ a_2=6$$
$$b_0=5,\ b_1=4,\ b_2=1$$

由此可以得到第二能控标准型的矩阵如下:

$$\bar{\boldsymbol{A}}=\begin{bmatrix}0 & 1 & 0\\0 & 0 & 1\\-a_0 & -a_1 & -a_2\end{bmatrix}=\begin{bmatrix}0 & 1 & 0\\0 & 0 & 1\\-6 & -11 & -6\end{bmatrix}$$

$$\bar{\boldsymbol{b}}=\begin{bmatrix}0\\0\\1\end{bmatrix}$$

$$\bar{\boldsymbol{c}}=\begin{bmatrix}b_0 & b_1 & b_2\end{bmatrix}=\begin{bmatrix}5 & 4 & 1\end{bmatrix}$$

② 写出系统的第二能控标准型形式的状态空间表达式如下:

$$\begin{cases}\dot{\boldsymbol{x}}=\begin{bmatrix}0 & 1 & 0\\0 & 0 & 1\\-6 & -11 & -6\end{bmatrix}\boldsymbol{x}+\begin{bmatrix}0\\0\\1\end{bmatrix}u\\ y=\begin{bmatrix}5 & 4 & 1\end{bmatrix}\boldsymbol{x}\end{cases}$$

3.5.2 能观标准型及变换

能观标准型也有两种形式:第一能观标准型和第二能观标准型。本书不特别指明,能观标准型指的是第二能观标准型,它在状态观测器的设计中具有非常重要的地位。

对于线性连续定常系统 $\Sigma=(\boldsymbol{A},\boldsymbol{B},\boldsymbol{C})$,如果状态完全能观测,必有

$$\begin{aligned}\operatorname{rank}(\boldsymbol{Q}_o)&=\operatorname{rank}\begin{bmatrix}\boldsymbol{C}^{\mathrm{T}} \vdots \boldsymbol{A}^{\mathrm{T}}\boldsymbol{C}^{\mathrm{T}} \vdots \cdots \vdots (\boldsymbol{A}^{\mathrm{T}})^{n-1}\boldsymbol{C}^{\mathrm{T}}\end{bmatrix}^{\mathrm{T}}\\&=\operatorname{rank}\begin{bmatrix}\boldsymbol{c}_1^{\mathrm{T}}\cdots\boldsymbol{c}_m^{\mathrm{T}} \vdots \boldsymbol{A}^{\mathrm{T}}\boldsymbol{c}_1^{\mathrm{T}}\cdots\boldsymbol{A}^{\mathrm{T}}\boldsymbol{c}_m^{\mathrm{T}} \vdots \cdots \vdots (\boldsymbol{A}^{\mathrm{T}})^{n-1}\boldsymbol{c}_1^{\mathrm{T}}\cdots(\boldsymbol{A}^{\mathrm{T}})^{n-1}\boldsymbol{c}_m^{\mathrm{T}}\end{bmatrix}^{\mathrm{T}}\\&=n\end{aligned}$$

上述能观测性判据矩阵中,有且仅有 n 个行向量是线性无关的,可取这 n 个线性无关的行向量或其某种组合构成非奇异变换阵,将系统的状态空间表达式化为第一能观标准型和第二能观标准型。要使行向量取法唯一,则 $m=1$。故能观测标准型仅讨论单输出系统。对于多输

出系统，由于线性无关的行向量取法不唯一，导致其能观标准型不是唯一的。

1. 第一能观标准型

如果直接以能观测性判别矩阵 $\boldsymbol{Q}_o$ 的逆作为变换阵，对系统进行线性非奇异变换，则得到的标准型为第一能观标准型。

定理 3.5.3　如果单输出线性连续定常系统

$$\begin{cases}\dot{\boldsymbol{x}} = \boldsymbol{A}\boldsymbol{x} + \boldsymbol{B}u \\ y = \boldsymbol{c}\boldsymbol{x}\end{cases} \tag{3.5.25}$$

状态完全能观测，则必存在线性非奇异变换

$$\boldsymbol{x} = \boldsymbol{P}_{o1}\bar{\boldsymbol{x}} \tag{3.5.26}$$

将方程(3.5.25)化为第一能观标准型

$$\begin{cases}\dot{\bar{\boldsymbol{x}}} = \bar{\boldsymbol{A}}\bar{\boldsymbol{x}} + \bar{\boldsymbol{B}}u \\ y = \bar{\boldsymbol{c}}\bar{\boldsymbol{x}}\end{cases} \tag{3.5.27}$$

其中

$$\boldsymbol{P}_{o1}^{-1} = \boldsymbol{Q}_o = \begin{bmatrix} \boldsymbol{c} \\ \boldsymbol{c}\boldsymbol{A} \\ \vdots \\ \boldsymbol{c}\boldsymbol{A}^{n-1} \end{bmatrix} \tag{3.5.28}$$

$$\bar{\boldsymbol{A}} = \boldsymbol{P}_{o1}^{-1}\boldsymbol{A}\boldsymbol{P}_{o1} = \begin{bmatrix} 0 & 1 & 0 & \cdots & 0 \\ 0 & 0 & 1 & \ddots & \vdots \\ \vdots & \vdots & \ddots & \ddots & 0 \\ 0 & 0 & \cdots & 0 & 1 \\ -a_0 & -a_1 & -a_2 & \cdots & -a_{n-1} \end{bmatrix} \tag{3.5.29}$$

$$\bar{\boldsymbol{B}} = \boldsymbol{P}_{o1}^{-1}\boldsymbol{B} = \begin{bmatrix} b_0 \\ b_1 \\ \vdots \\ b_{n-1} \end{bmatrix} \tag{3.5.30}$$

$$\bar{\boldsymbol{c}} = \boldsymbol{c}\boldsymbol{P}_{o1} = [1 \quad 0 \quad \cdots \quad 0] \tag{3.5.31}$$

并把系统矩阵和输出矩阵具有式(3.5.29)和式(3.5.31)形式的状态空间表达式，称为第一能观标准型。

定理 3.5.3 的证明略。从式(3.5.29)～式(3.5.31)可以看出，第一能观标准型对偶于第一能控标准型。

对于定理 3.5.3，作以下几点说明：

① 其中 a_i 是系统的不变量，即特征多项式的系数。

② 只有系统的状态完全能观测时，才能写成第一能观标准型。所以，在求系统的第一能观标准型时，首先要判断系统的能观测性，不能观测则不能写成第一能观标准型。

③ 将系统化为第一能观标准型的非奇异变换矩阵，就是能观测性判别矩阵 $\boldsymbol{Q}_o$ 的逆。

④根据对偶关系可知，第一能观标准型和第一能控标准型互为对偶系统。

2. 第二能观标准型

如果以能观测性判别矩阵 Q_o 行向量的某种组合作为变换阵的逆,对系统进行线性非奇异变换,则可以得到第二能观标准型。

定理 3.5.4 如果单输出线性连续定常系统

$$\begin{cases}\dot{\boldsymbol{x}} = \boldsymbol{A}\boldsymbol{x} + \boldsymbol{B}\boldsymbol{u} \\ y = \boldsymbol{c}\boldsymbol{x}\end{cases} \tag{3.5.32}$$

状态完全能观测,则必存在线性非奇异变换

$$\boldsymbol{x} = \boldsymbol{P}_{o2}\bar{\boldsymbol{x}} \tag{3.5.33}$$

将方程(3.5.32)化为第二能观标准型

$$\begin{cases}\dot{\bar{\boldsymbol{x}}} = \bar{\boldsymbol{A}}\bar{\boldsymbol{x}} + \bar{\boldsymbol{B}}\boldsymbol{u} \\ y = \bar{\boldsymbol{c}}\bar{\boldsymbol{x}}\end{cases} \tag{3.5.34}$$

其中

$$\boldsymbol{P}_{o2}^{-1} = \begin{bmatrix} 1 & a_{n-1} & \cdots & a_2 & a_1 \\ 0 & \ddots & \ddots & & a_2 \\ \vdots & \ddots & \ddots & \ddots & \vdots \\ 0 & & \ddots & \ddots & a_{n-1} \\ 0 & 0 & \cdots & 0 & 1 \end{bmatrix} \begin{bmatrix} \boldsymbol{c}\boldsymbol{A}^{n-1} \\ \boldsymbol{c}\boldsymbol{A}^{n-2} \\ \vdots \\ \boldsymbol{c}\boldsymbol{A} \\ \boldsymbol{c} \end{bmatrix} \tag{3.5.35}$$

$$\bar{\boldsymbol{A}} = \boldsymbol{P}_{o2}^{-1}\boldsymbol{A}\boldsymbol{P}_{o2} = \begin{bmatrix} 0 & 0 & \cdots & 0 & -a_0 \\ 1 & 0 & \cdots & 0 & -a_1 \\ 0 & 1 & \ddots & \vdots & -a_2 \\ \vdots & \ddots & \ddots & 0 & \vdots \\ 0 & \cdots & 0 & 1 & -a_{n-1} \end{bmatrix} \tag{3.5.36}$$

$$\bar{\boldsymbol{B}} = \boldsymbol{P}_{o2}^{-1}\boldsymbol{B} = \begin{bmatrix} b_0 \\ b_1 \\ \vdots \\ b_{n-1} \end{bmatrix} \tag{3.5.37}$$

$$\bar{\boldsymbol{c}} = \boldsymbol{c}\boldsymbol{P}_{o2} = [0 \ \ \cdots \ \ 0 \ \ 1] \tag{3.5.38}$$

并把系统矩阵和输出矩阵具有式(3.5.36)和式(3.5.38)形式的状态空间表达式,称为第二能观标准型。

定理 3.5.4 的证明略。从式(3.5.36)~式(3.5.38)可以看出,第二能观标准型对偶于第二能控标准型。

对于定理 3.5.4,作以下几点说明:

① 从式(3.5.35)可以看出,线性非奇异变换阵的逆 $\boldsymbol{P}_{o2}^{-1}$ 的每一行都是能观测性判别矩阵 Q_o 行向量的某种线性组合。

② 能观标准型的系统矩阵 $\bar{\boldsymbol{A}}$ 中的元素 a_i 仍然是系统的不变量,即系统特征多项式 $f(\lambda)$ 的系数,见式(3.5.23)。

③ 只有当系统状态完全能观测时,才能写出第二能观标准型。在求系统的第二能观标准型时,首先要判断系统的能观测性,状态不完全能观测则不能写出第二能观标准型。

④ 对于单输入单输出系统，当传递函数没有零极点相约时，系统的系统矩阵 $\bar{\boldsymbol{A}}$ 和输入矩阵 $\bar{\boldsymbol{B}}$ 中的元素 a_i 和 b_i 仍然分别是系统传递函数分母和分子多项式的系数，见式(3.5.24)。

⑤ 根据对偶关系可知，第二能观标准型和第二能控标准型互为对偶系统。

例 3.5.4　线性连续定常系统的状态空间表达式为

$$\dot{\boldsymbol{x}} = \begin{bmatrix} 1 & -1 \\ 0 & -1 \end{bmatrix}\boldsymbol{x} + \begin{bmatrix} 1 \\ 1 \end{bmatrix}u, \quad y = \begin{bmatrix} 1 & 0 \end{bmatrix}\boldsymbol{x}$$

试将其化为第二能观标准型。

解　① 判断系统的能观测性。

$$\text{rank}(\boldsymbol{Q}_o) = \text{rank}\begin{bmatrix} \boldsymbol{c} \\ \boldsymbol{cA} \end{bmatrix} = \text{rank}\begin{bmatrix} 1 & 0 \\ 1 & -1 \end{bmatrix} = 2$$

所以，系统状态完全能观测，第二能观标准型存在。

② 求系统特征多项式的系数。

$$f(\lambda) = |\lambda \boldsymbol{I} - \boldsymbol{A}| = \lambda^2 - 1$$

所以，$a_0 = -1, a_1 = 0$。

③ 确定非奇异变换阵 $\boldsymbol{P}_{o2}$，并化为第二能观标准型。由式(3.5.35)可知，变换阵 $\boldsymbol{P}_{o2}$ 的逆为

$$\boldsymbol{P}_{o2}^{-1} = \begin{bmatrix} 1 & a_1 \\ 0 & 1 \end{bmatrix}\begin{bmatrix} \boldsymbol{cA} \\ \boldsymbol{c} \end{bmatrix} = \begin{bmatrix} 1 & 0 \\ 0 & 1 \end{bmatrix}\begin{bmatrix} 1 & -1 \\ 1 & 0 \end{bmatrix} = \begin{bmatrix} 1 & -1 \\ 1 & 0 \end{bmatrix}$$

所以

$$\bar{\boldsymbol{A}} = \begin{bmatrix} 0 & -a_0 \\ 1 & -a_1 \end{bmatrix} = \begin{bmatrix} 0 & 1 \\ 1 & 0 \end{bmatrix}$$

$$\bar{\boldsymbol{B}} = \boldsymbol{P}_{o2}^{-1}\boldsymbol{B} = \begin{bmatrix} 1 & -1 \\ 1 & 0 \end{bmatrix}\begin{bmatrix} 1 \\ 1 \end{bmatrix} = \begin{bmatrix} 0 \\ 1 \end{bmatrix}$$

$$\bar{\boldsymbol{c}} = \begin{bmatrix} 0 & 1 \end{bmatrix}$$

因此系统的第二能观标准型为

$$\begin{cases} \dot{\boldsymbol{x}} = \begin{bmatrix} 0 & 1 \\ 1 & 0 \end{bmatrix}\boldsymbol{x} + \begin{bmatrix} 0 \\ 1 \end{bmatrix}u \\ y = \begin{bmatrix} 0 & 1 \end{bmatrix}\boldsymbol{x} \end{cases}$$

3.6　线性系统的结构分解

由前述知识可知，如果一个系统是状态不完全能控的，则其状态空间中所有的能控状态构成能控子空间，其余不能控的状态则构成不能控子空间。如果一个系统是状态不完全能观的，则其状态空间中所有能观测的状态构成能观子空间，其余不能观测的状态则构成不能观子空间。但是，在一般形式下，这些子空间并没有被明显地分解出来，也就是说，通过状态空间表达式，不能显性地看到哪些状态是能控、能观测的，哪些状态是不能控、不能观测的。

把线性系统的状态空间按能控性和能观测性进行结构分解，是状态空间分析中的一个重要内容。在理论上它揭示了状态空间的本质特征，为最小实现问题的提出提供了理论依据。在工程实际中，它与系统的状态反馈和观测器等问题的解决有密切的关系，是状态反馈中能控

部分极点任意配置和观测器设计的基础。

本节将讨论如何通过非奇异变换,将系统的状态空间按能控性和能观测性进行结构分解。一般来说,结构分解有三种形式:能控性分解、能观测性分解和能控能观测性分解。

3.6.1 能控性分解

能控性分解的目的是将系统的状态,显性地分解为能控和不能控两部分,为系统实现做准备。

如果线性连续定常系统

$$\begin{cases} \dot{\boldsymbol{x}} = \boldsymbol{A}\boldsymbol{x} + \boldsymbol{B}\boldsymbol{u} \\ \boldsymbol{y} = \boldsymbol{C}\boldsymbol{x} \end{cases} \tag{3.6.1}$$

状态不完全能控,它的能控性判别矩阵的秩 $\mathrm{rank}(\boldsymbol{Q}_c) = n_1 < n$。则存在非奇异变换

$$\boldsymbol{x} = \boldsymbol{R}_c \hat{\boldsymbol{x}}$$

将状态空间表达式变换为

$$\begin{cases} \dot{\hat{\boldsymbol{x}}} = \hat{\boldsymbol{A}}\hat{\boldsymbol{x}} + \hat{\boldsymbol{B}}\boldsymbol{u} \\ \boldsymbol{y} = \hat{\boldsymbol{C}}\hat{\boldsymbol{x}} \end{cases} \tag{3.6.2}$$

其中

$$\hat{\boldsymbol{x}} = \begin{bmatrix} \hat{\boldsymbol{x}}_1 \\ \hat{\boldsymbol{x}}_2 \end{bmatrix} \begin{matrix} \}\, n_1 \\ \}\, n - n_1 \end{matrix}$$

$$\hat{\boldsymbol{A}} = \boldsymbol{R}_c^{-1}\boldsymbol{A}\boldsymbol{R}_c = \begin{bmatrix} \overbrace{\hat{\boldsymbol{A}}_{11}}^{n_1} & \overbrace{\hat{\boldsymbol{A}}_{12}}^{n-n_1} \\ \boldsymbol{0} & \hat{\boldsymbol{A}}_{22} \end{bmatrix} \begin{matrix} \}\, n_1 \\ \}\, n - n_1 \end{matrix}$$

$$\hat{\boldsymbol{B}} = \boldsymbol{R}_c^{-1}\boldsymbol{B} = \begin{bmatrix} \hat{\boldsymbol{B}}_1 \\ \boldsymbol{0} \end{bmatrix} \begin{matrix} \}\, n_1 \\ \}\, n - n_1 \end{matrix}$$

$$\hat{\boldsymbol{C}} = \boldsymbol{C}\boldsymbol{R}_c = [\overbrace{\hat{\boldsymbol{C}}_1}^{n_1} \quad \overbrace{\hat{\boldsymbol{C}}_2}^{n-n_1}]$$

将式(3.6.2)写成矩阵形式,为

$$\begin{bmatrix} \dot{\hat{\boldsymbol{x}}}_1 \\ \dot{\hat{\boldsymbol{x}}}_2 \end{bmatrix} = \begin{bmatrix} \hat{\boldsymbol{A}}_{11} & \hat{\boldsymbol{A}}_{12} \\ \boldsymbol{0} & \hat{\boldsymbol{A}}_{22} \end{bmatrix} \begin{bmatrix} \hat{\boldsymbol{x}}_1 \\ \hat{\boldsymbol{x}}_2 \end{bmatrix} + \begin{bmatrix} \hat{\boldsymbol{B}}_1 \\ \boldsymbol{0} \end{bmatrix} \boldsymbol{u} \tag{3.6.3}$$

$$\boldsymbol{y} = [\hat{\boldsymbol{C}}_1 \quad \hat{\boldsymbol{C}}_2] \begin{bmatrix} \hat{\boldsymbol{x}}_1 \\ \hat{\boldsymbol{x}}_2 \end{bmatrix} \tag{3.6.4}$$

将式(3.6.3)展开,得

$$\dot{\hat{\boldsymbol{x}}}_1 = \hat{\boldsymbol{A}}_{11}\hat{\boldsymbol{x}}_1 + \hat{\boldsymbol{A}}_{12}\hat{\boldsymbol{x}}_2 + \hat{\boldsymbol{B}}_1\boldsymbol{u} \tag{3.6.5}$$

$$\dot{\hat{\boldsymbol{x}}}_2 = \hat{\boldsymbol{A}}_{22}\hat{\boldsymbol{x}}_2 \tag{3.6.6}$$

能控性分解的示意图如图 3.6.1 所示。

由图 3.6.1 可以看出,$\boldsymbol{u}$ 不能直接控制 $\hat{\boldsymbol{x}}_2$,同时 $\hat{\boldsymbol{x}}_2$ 未来信息中又不含 $\hat{\boldsymbol{x}}_1$ 的信息,因此输入也不能通过 $\hat{\boldsymbol{x}}_1$ 对 $\hat{\boldsymbol{x}}_2$ 产生影响,所以 $\hat{\boldsymbol{x}}_2$ 是不能控状态。因此,$\Sigma_{\bar{c}} = (\hat{\boldsymbol{A}}_{22}, 0, \hat{\boldsymbol{C}}_2)$ 表示的 $n-n_1$ 维子系统是状态不能控的,而 $\Sigma_c = (\hat{\boldsymbol{A}}_{11}, \hat{\boldsymbol{B}}_1, \hat{\boldsymbol{C}}_1)$ 表示的 n_1 维子系统是状态能控的。

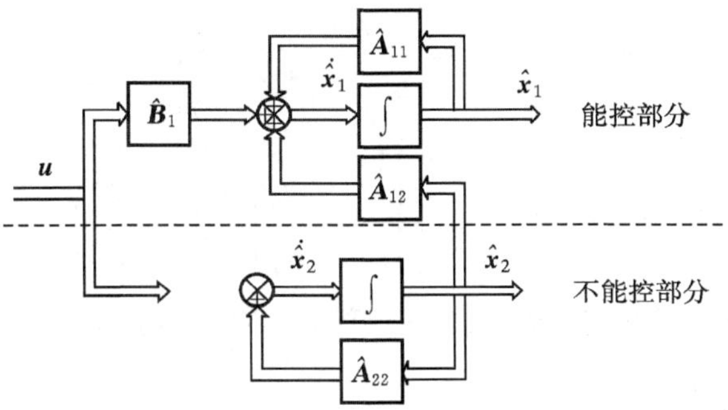

图 3.6.1　能控性分解示意图

其中,非奇异变换阵 $\boldsymbol{R}_c=[\boldsymbol{R}_1 \quad \cdots \quad \boldsymbol{R}_{n1} \quad \cdots \quad \boldsymbol{R}_n]$的前 n_1 列为 $\boldsymbol{Q}_c$ 中 n_1 个线性无关的列,其余列在保证 $\boldsymbol{R}_c$ 非奇异的情况下任选。

例 3.6.1　线性连续定常系统状态空间表达式如下:

$$\dot{\boldsymbol{x}}=\begin{bmatrix}0 & 0 & -1\\1 & 0 & -3\\0 & 1 & -3\end{bmatrix}\boldsymbol{x}+\begin{bmatrix}1\\1\\0\end{bmatrix}u$$

$$y=[0 \quad 1 \quad -2]\boldsymbol{x}$$

请判断其能控性,如果状态不完全能控,请按能控性进行分解。

解　① 求能控性判别矩阵的秩。

$$\text{rank}(\boldsymbol{Q}_c)=\text{rank}[\boldsymbol{b} \quad \boldsymbol{Ab} \quad \boldsymbol{A}^2\boldsymbol{b}]=\text{rank}\begin{bmatrix}1 & 0 & -1\\1 & 1 & -3\\0 & 1 & -2\end{bmatrix}=2<3$$

所以,系统状态不完全能控。

② 按能控性进行分解。

首先构造变换阵 $\boldsymbol{R}_c$,取 $\boldsymbol{Q}_c$ 中线性无关的前两列为变换阵 $\boldsymbol{R}_c$ 中的前两列,构造变换阵如下

$$\boldsymbol{R}_c=[\boldsymbol{R}_1 \quad \boldsymbol{R}_2 \quad \boldsymbol{R}_3]=\begin{bmatrix}1 & 0 & 0\\1 & 1 & 0\\0 & 1 & 1\end{bmatrix}$$

由此可求出

$$\boldsymbol{R}_c^{-1}=\begin{bmatrix}1 & 0 & 0\\-1 & 1 & 0\\1 & -1 & 1\end{bmatrix}$$

所以,按照能控性分解后的系统各矩阵为

$$\hat{\boldsymbol{A}}=\boldsymbol{R}_c^{-1}\boldsymbol{A}\boldsymbol{R}_c=\begin{bmatrix}1 & 0 & 0\\-1 & 1 & 0\\1 & -1 & 1\end{bmatrix}\begin{bmatrix}0 & 0 & -1\\1 & 0 & -3\\0 & 1 & -3\end{bmatrix}\begin{bmatrix}1 & 0 & 0\\1 & 1 & 0\\0 & 1 & 1\end{bmatrix}=\left[\begin{array}{cc:c}0 & -1 & -1\\1 & -2 & -2\\ \hdashline 0 & 0 & -1\end{array}\right]$$

$$\hat{\boldsymbol{b}}=\boldsymbol{R}_c^{-1}\boldsymbol{b}=\begin{bmatrix}1&0&0\\-1&1&0\\1&-1&1\end{bmatrix}\begin{bmatrix}1\\1\\0\end{bmatrix}=\begin{bmatrix}1\\0\\\cdots\\0\end{bmatrix}$$

$$\hat{\boldsymbol{c}}=\boldsymbol{c}\boldsymbol{R}_c=[0\quad 1\quad -2]\begin{bmatrix}1&0&0\\1&1&0\\0&1&1\end{bmatrix}=[1\quad -1\ \vdots\ -2]$$

从例 3.6.1 可以看出,能控性分解后,能控部分为第一能控标准型。

3.6.2 能观测性分解

能观测性分解的目的是将系统显性地分解为能观测和不能观测两部分。

如果线性连续定常系统

$$\begin{cases}\dot{\boldsymbol{x}}=\boldsymbol{A}\boldsymbol{x}+\boldsymbol{B}\boldsymbol{u}\\\boldsymbol{y}=\boldsymbol{C}\boldsymbol{x}\end{cases}\tag{3.6.7}$$

状态不完全能观测,它的能观测性判别矩阵的秩 $\text{rank}(\boldsymbol{Q}_o)=n_1<n$。则存在非奇异变换

$$\boldsymbol{x}=\boldsymbol{R}_o\tilde{\boldsymbol{x}}$$

将状态空间表达式变换为

$$\begin{cases}\dot{\tilde{\boldsymbol{x}}}=\tilde{\boldsymbol{A}}\tilde{\boldsymbol{x}}+\tilde{\boldsymbol{B}}\boldsymbol{u}\\\boldsymbol{y}=\tilde{\boldsymbol{C}}\tilde{\boldsymbol{x}}\end{cases}\tag{3.6.8}$$

其中

$$\tilde{\boldsymbol{x}}=\begin{bmatrix}\tilde{\boldsymbol{x}}_1\\\tilde{\boldsymbol{x}}_2\end{bmatrix}\begin{matrix}\}n_1\\\}n-n_1\end{matrix}$$

$$\tilde{\boldsymbol{A}}=\boldsymbol{R}_o^{-1}\boldsymbol{A}\boldsymbol{R}_o=\begin{bmatrix}\overbrace{\tilde{\boldsymbol{A}}_{11}}^{n_1}&\overbrace{\boldsymbol{0}}^{n-n_1}\\\tilde{\boldsymbol{A}}_{21}&\tilde{\boldsymbol{A}}_{22}\end{bmatrix}\begin{matrix}\}n_1\\\}n-n_1\end{matrix}$$

$$\tilde{\boldsymbol{B}}=\boldsymbol{R}_o^{-1}\boldsymbol{B}=\begin{bmatrix}\tilde{\boldsymbol{B}}_1\\\tilde{\boldsymbol{B}}_2\end{bmatrix}\begin{matrix}\}n_1\\\}n-n_1\end{matrix}$$

$$\tilde{\boldsymbol{C}}=\boldsymbol{C}\boldsymbol{R}_o=[\overbrace{\tilde{\boldsymbol{C}}_1}^{n_1}\quad\overbrace{\boldsymbol{0}}^{n-n_1}]$$

将式(3.6.8)写成矩阵形式为

$$\begin{bmatrix}\dot{\tilde{\boldsymbol{x}}}_1\\\dot{\tilde{\boldsymbol{x}}}_2\end{bmatrix}=\begin{bmatrix}\tilde{\boldsymbol{A}}_{11}&\boldsymbol{0}\\\tilde{\boldsymbol{A}}_{21}&\tilde{\boldsymbol{A}}_{22}\end{bmatrix}\begin{bmatrix}\tilde{\boldsymbol{x}}_1\\\tilde{\boldsymbol{x}}_2\end{bmatrix}+\begin{bmatrix}\tilde{\boldsymbol{B}}_1\\\tilde{\boldsymbol{B}}_2\end{bmatrix}\boldsymbol{u}\tag{3.6.9}$$

$$\boldsymbol{y}=[\tilde{\boldsymbol{C}}_1\quad\boldsymbol{0}]\begin{bmatrix}\tilde{\boldsymbol{x}}_1\\\tilde{\boldsymbol{x}}_2\end{bmatrix}\tag{3.6.10}$$

将式(3.6.9)和式(3.6.10)展开,得

$$\dot{\tilde{\boldsymbol{x}}}_1=\tilde{\boldsymbol{A}}_{11}\tilde{\boldsymbol{x}}_1+\tilde{\boldsymbol{B}}_1\boldsymbol{u}\tag{3.6.11}$$

$$\dot{\tilde{\boldsymbol{x}}}_2=\tilde{\boldsymbol{A}}_{21}\tilde{\boldsymbol{x}}_1+\tilde{\boldsymbol{A}}_{22}\tilde{\boldsymbol{x}}_2+\tilde{\boldsymbol{B}}_2\boldsymbol{u}\tag{3.6.12}$$

$$y=\widetilde{C}_1\widetilde{x}_1 \tag{3.6.13}$$

能观测性分解的示意图如图 3.6.2 所示。

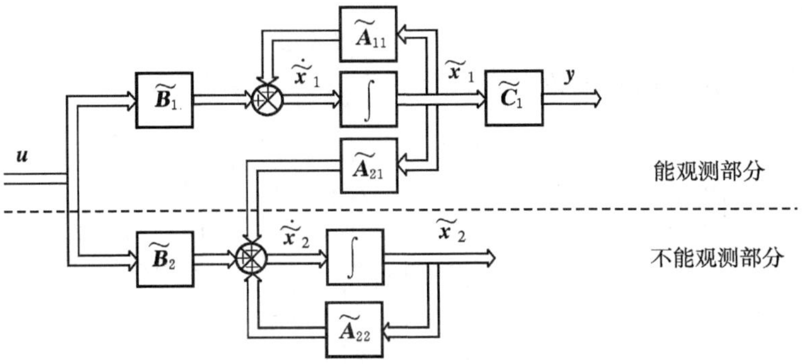

图 3.6.2　能观测性分解示意图

由图 3.6.2 可以看出，输出 $\boldsymbol{y}$ 中不含有 $\widetilde{\boldsymbol{x}}_2$ 的信息，而 $\widetilde{\boldsymbol{x}}_1$ 中也不含 $\widetilde{\boldsymbol{x}}_2$ 的信息，因此通过输出 $\boldsymbol{y}$ 不能对状态 $\widetilde{\boldsymbol{x}}_2$ 进行观测，所以 $\widetilde{\boldsymbol{x}}_2$ 是不能观测状态。因此 $\Sigma_{\bar{o}}=(\widetilde{\boldsymbol{A}}_{22},\widetilde{\boldsymbol{B}}_2,0)$ 表示的 $n-n_1$ 维子系统是状态不能观测的，而 $\Sigma_o=(\widetilde{\boldsymbol{A}}_{11},\widetilde{\boldsymbol{B}}_1,\widetilde{\boldsymbol{C}}_1)$ 表示的 n_1 维子系统是状态能观测的。

其中，非奇异变换阵的逆 $\boldsymbol{R}_o^{-1}=\begin{bmatrix}\boldsymbol{R}_1\\ \vdots\\ \boldsymbol{R}_{n1}\\ \vdots\\ \boldsymbol{R}_n\end{bmatrix}$ 的前 n_1 行为 $\boldsymbol{Q}_o$ 中 n_1 个线性无关的行，其余行在保证 $\boldsymbol{R}_o$ 非奇异的情况下任选。

例 3.6.2　线性连续定常系统状态空间表达式如下

$$\dot{\boldsymbol{x}}=\begin{bmatrix}0&1&0\\0&0&1\\-2&-4&-3\end{bmatrix}\boldsymbol{x}+\begin{bmatrix}0\\0\\1\end{bmatrix}u$$

$$y=[1\quad 1\quad 0]\boldsymbol{x}$$

判断其能观测性，如果状态不完全能观测，请按能观测性进行分解。

解　①求能观测性判别矩阵的秩

$$\operatorname{rank}(\boldsymbol{Q}_o)=\operatorname{rank}\begin{bmatrix}\boldsymbol{c}\\ \boldsymbol{cA}\\ \boldsymbol{cA}^2\end{bmatrix}=\operatorname{rank}\begin{bmatrix}1&1&0\\0&1&1\\-2&-4&-2\end{bmatrix}=2<3$$

所以，系统状态不完全能观测。

②按能观测性进行分解。

首先构造变换阵 $\boldsymbol{R}_o$，取 $\boldsymbol{Q}_o$ 中线性无关的前两行为变换阵 $\boldsymbol{R}_o$ 逆中的前两行，构造变换阵的逆如下

$$\boldsymbol{R}_o^{-1}=\begin{bmatrix}\boldsymbol{R}_1\\ \boldsymbol{R}_2\\ \boldsymbol{R}_3\end{bmatrix}=\begin{bmatrix}1&1&0\\0&1&1\\0&0&1\end{bmatrix}$$

由此可求出

$$\boldsymbol{R}_{\mathrm{o}}=\begin{bmatrix}1 & -1 & 1\\ 0 & 1 & -1\\ 0 & 0 & 1\end{bmatrix}$$

所以,按照能观测性分解后的系统各矩阵为

$$\widetilde{\boldsymbol{A}}=\boldsymbol{R}_{\mathrm{o}}^{-1}\boldsymbol{A}\boldsymbol{R}_{\mathrm{o}}=\begin{bmatrix}1 & 1 & 0\\ 0 & 1 & 1\\ 0 & 0 & 1\end{bmatrix}\begin{bmatrix}0 & 1 & 0\\ 0 & 0 & 1\\ -2 & -4 & -3\end{bmatrix}\begin{bmatrix}1 & -1 & 1\\ 0 & 1 & -1\\ 0 & 0 & 1\end{bmatrix}=\left[\begin{array}{cc:c}0 & 1 & 0\\ -2 & -2 & 0\\ \hdashline -2 & -2 & -1\end{array}\right]$$

$$\widetilde{\boldsymbol{b}}=\boldsymbol{R}_{\mathrm{o}}^{-1}\boldsymbol{b}=\begin{bmatrix}1 & 1 & 0\\ 0 & 1 & 1\\ 0 & 0 & 1\end{bmatrix}\begin{bmatrix}0\\ 0\\ 1\end{bmatrix}=\left[\begin{array}{c}0\\ 1\\ \hdashline 1\end{array}\right]$$

$$\widetilde{\boldsymbol{c}}=\boldsymbol{c}\boldsymbol{R}_{\mathrm{o}}=\begin{bmatrix}1 & 1 & 0\end{bmatrix}\begin{bmatrix}1 & -1 & 1\\ 0 & 1 & -1\\ 0 & 0 & 1\end{bmatrix}=\left[\begin{array}{cc:c}1 & 0 & 0\end{array}\right]$$

从例 3.6.2 可以看出,能观测性分解后,能观测部分为第一能观标准型。

3.6.3 能控能观测性分解

能控能观测性分解的目的是将状态空间显性地分解为能控能观测、能控不能观测、能观测不能控、不能控不能观测四部分,如图 3.6.3 所示。

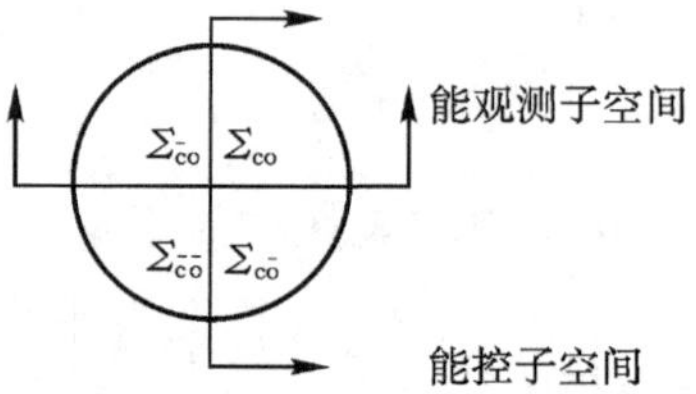

图 3.6.3 状态空间的能控能观测性分解示意图

图 3.6.3 中,Σ_{co}表示能控能观测状态子空间,$\Sigma_{c\bar{o}}$表示能控不能观测状态子空间,$\Sigma_{\bar{c}o}$表示能观测不能控状态子空间,$\Sigma_{\bar{c}\bar{o}}$表示不能控不能观测状态子空间。

如果线性连续定常系统

$$\begin{cases}\dot{\boldsymbol{x}}=\boldsymbol{A}\boldsymbol{x}+\boldsymbol{B}\boldsymbol{u}\\ \boldsymbol{y}=\boldsymbol{C}\boldsymbol{x}\end{cases}\tag{3.6.14}$$

状态不完全能控且不完全能观测,则存在非奇异变换

$$\boldsymbol{x}=\boldsymbol{R}\bar{\boldsymbol{x}}$$

将状态空间表达式变换为

$$\begin{cases}\dot{\bar{\boldsymbol{x}}}=\bar{\boldsymbol{A}}\bar{\boldsymbol{x}}+\bar{\boldsymbol{B}}\boldsymbol{u}\\ \boldsymbol{y}=\bar{\boldsymbol{C}}\bar{\boldsymbol{x}}\end{cases}\tag{3.6.15}$$

其中

$$\bar{\boldsymbol{A}} = \boldsymbol{R}^{-1}\boldsymbol{A}\boldsymbol{R} = \left[\begin{array}{cc:cc} \boldsymbol{A}_{11} & \boldsymbol{0} & \boldsymbol{A}_{13} & \boldsymbol{0} \\ \boldsymbol{A}_{21} & \boldsymbol{A}_{22} & \boldsymbol{A}_{23} & \boldsymbol{A}_{24} \\ \hdashline \boldsymbol{0} & \boldsymbol{0} & \boldsymbol{A}_{33} & \boldsymbol{0} \\ \boldsymbol{0} & \boldsymbol{0} & \boldsymbol{A}_{43} & \boldsymbol{A}_{44} \end{array}\right] \begin{matrix} \}n_1 \\ \}n_2 \\ \}n_3 \\ \}n_4 \end{matrix}$$

$$\bar{\boldsymbol{B}} = \boldsymbol{R}^{-1}\boldsymbol{B} = \left[\begin{array}{c} \boldsymbol{B}_1 \\ \boldsymbol{B}_2 \\ \hdashline \boldsymbol{0} \\ \boldsymbol{0} \end{array}\right]$$

$$\bar{\boldsymbol{C}} = \boldsymbol{C}\boldsymbol{R} = \left[\begin{array}{cc:cc} \boldsymbol{C}_1 & \boldsymbol{0} & \boldsymbol{C}_3 & \boldsymbol{0} \end{array}\right]$$

将式(3.6.15)写成矩阵形式为

$$\begin{bmatrix} \dot{\boldsymbol{x}}_{co} \\ \dot{\boldsymbol{x}}_{c\bar{o}} \\ \dot{\boldsymbol{x}}_{\bar{c}o} \\ \dot{\boldsymbol{x}}_{\bar{c}\bar{o}} \end{bmatrix} = \begin{bmatrix} \boldsymbol{A}_{11} & \boldsymbol{0} & \boldsymbol{A}_{13} & \boldsymbol{0} \\ \boldsymbol{A}_{21} & \boldsymbol{A}_{22} & \boldsymbol{A}_{23} & \boldsymbol{A}_{24} \\ \boldsymbol{0} & \boldsymbol{0} & \boldsymbol{A}_{33} & \boldsymbol{0} \\ \boldsymbol{0} & \boldsymbol{0} & \boldsymbol{A}_{43} & \boldsymbol{A}_{44} \end{bmatrix} \begin{bmatrix} \boldsymbol{x}_{co} \\ \boldsymbol{x}_{c\bar{o}} \\ \boldsymbol{x}_{\bar{c}o} \\ \boldsymbol{x}_{\bar{c}\bar{o}} \end{bmatrix} + \begin{bmatrix} \boldsymbol{B}_1 \\ \boldsymbol{B}_2 \\ \boldsymbol{0} \\ \boldsymbol{0} \end{bmatrix} \boldsymbol{u} \tag{3.6.16}$$

$$\boldsymbol{y} = \begin{bmatrix} \boldsymbol{C}_1 & \boldsymbol{0} & \boldsymbol{C}_3 & \boldsymbol{0} \end{bmatrix} \begin{bmatrix} \boldsymbol{x}_{co} \\ \boldsymbol{x}_{c\bar{o}} \\ \boldsymbol{x}_{\bar{c}o} \\ \boldsymbol{x}_{\bar{c}\bar{o}} \end{bmatrix} \tag{3.6.17}$$

其中，$\boldsymbol{x}_{co}$是 n_1 维能控且能观测状态，$\boldsymbol{x}_{c\bar{o}}$是 n_2 维能控不能观测状态，$\boldsymbol{x}_{\bar{c}o}$是 n_3 维能观测不能控状态，$\boldsymbol{x}_{\bar{c}\bar{o}}$是 n_4 维不能控且不能观测状态。

能控能观测性分解的示意图如图 3.6.4 所示。

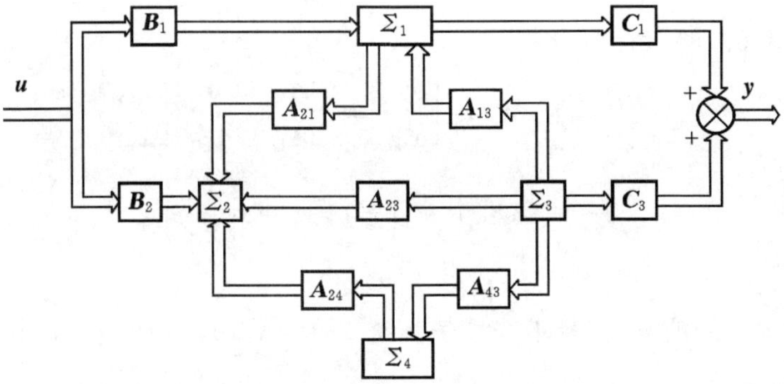

图 3.6.4　能控能观测性分解的示意图

图 3.6.4 中，$\Sigma_1=(\boldsymbol{A}_{11},\boldsymbol{B}_1,\boldsymbol{C}_1)$代表 n_1 维能控且能观测子系统，$\Sigma_2=(\boldsymbol{A}_{22},\boldsymbol{B}_2,\boldsymbol{0})$代表 n_2 维能控不能观测子系统，$\Sigma_3=(\boldsymbol{A}_{33},\boldsymbol{0},\boldsymbol{C}_3)$代表 n_3 维能观测不能控子系统，$\Sigma_4=(\boldsymbol{A}_{44},\boldsymbol{0},\boldsymbol{0})$代表 n_4 维不能控且不能观测子系统。

下面，采用逐步分解法，给出非奇异变换阵 $\boldsymbol{R}$ 的构造方式。

① 对原系统 $\Sigma=(\boldsymbol{A},\boldsymbol{B},\boldsymbol{C})$进行能控性分解，将其分解为能控、不能控两部分。为此，引入线性变换

$$x = R_c \begin{bmatrix} x_c \\ x_{\bar{c}} \end{bmatrix}$$

将原系统 $\Sigma=(A,B,C)$ 变换为

$$\begin{bmatrix} \dot{x}_c \\ \dot{x}_{\bar{c}} \end{bmatrix} = R_c^{-1} A R_c \begin{bmatrix} x_c \\ x_{\bar{c}} \end{bmatrix} + R_c^{-1} B u = \begin{bmatrix} \bar{A}_1 & \bar{A}_2 \\ 0 & \bar{A}_4 \end{bmatrix} \begin{bmatrix} x_c \\ x_{\bar{c}} \end{bmatrix} + \begin{bmatrix} \bar{B}_1 \\ 0 \end{bmatrix} u$$

$$y = \begin{bmatrix} y_1 \\ y_2 \end{bmatrix} = C R_c \begin{bmatrix} x_c \\ x_{\bar{c}} \end{bmatrix} = [\bar{C}_1 \quad \bar{C}_2] \begin{bmatrix} x_c \\ x_{\bar{c}} \end{bmatrix}$$

其中,不能控部分的状态空间表达式为

$$\begin{cases} \dot{x}_{\bar{c}} = \bar{A}_4 x_{\bar{c}} \\ y_2 = \bar{C}_2 x_{\bar{c}} \end{cases} \tag{3.6.18}$$

能控部分的状态空间表达式为

$$\begin{cases} \dot{x}_c = \bar{A}_1 x_c + \bar{A}_2 x_{\bar{c}} + \bar{B}_1 u \\ y_1 = \bar{C}_1 x_c \end{cases} \tag{3.6.19}$$

其中,变换阵 R_c 的前 m_1 列是原系统 $\Sigma=(A,B,C)$ 的 $Q_c=[B \quad \cdots \quad A^{n-1}B]$ 中 m_1 个线性无关的列,其余列在保证 R_c 为非奇异的情况下任选。其中 $m_1=n_1+n_2=\text{rank}(Q_c)$。将式(3.6.18)表示的子系统用 $\Sigma_{\bar{c}}=(\bar{A}_4,0,\bar{C}_2)$ 表示,将式(3.6.19)表示的子系统用 $\Sigma_c=(\bar{A}_1,\bar{B}_1,\bar{C}_1)$ 表示。

② 对式(3.6.18)表示的不能控部分 $\Sigma_{\bar{c}}=(\bar{A}_4,0,\bar{C}_2)$ 进行能观测性分解。

引入线性变换

$$x_{\bar{c}} = R_{o2} \begin{bmatrix} x_{\bar{c}o} \\ x_{\bar{c}\bar{o}} \end{bmatrix}$$

并将上式代入式(3.6.18),整理可得

$$\begin{bmatrix} \dot{x}_{\bar{c}o} \\ \dot{x}_{\bar{c}\bar{o}} \end{bmatrix} = R_{o2}^{-1} \bar{A}_4 R_{o2} \begin{bmatrix} x_{\bar{c}o} \\ x_{\bar{c}\bar{o}} \end{bmatrix} = \begin{bmatrix} A_{33} & 0 \\ A_{43} & A_{44} \end{bmatrix} \begin{bmatrix} x_{\bar{c}o} \\ x_{\bar{c}\bar{o}} \end{bmatrix}$$

$$y_2 = \bar{C}_2 R_{o2} \begin{bmatrix} x_{\bar{c}o} \\ x_{\bar{c}\bar{o}} \end{bmatrix} = [C_3 \quad 0] \begin{bmatrix} x_{\bar{c}o} \\ x_{\bar{c}\bar{o}} \end{bmatrix}$$

其中,变换阵的逆 R_{o2}^{-1} 的前 n_3 行是不能控子系统 $\Sigma_{\bar{c}}=(\bar{A}_4,0,\bar{C}_2)$ 的 $Q_{o2}=\begin{bmatrix} \bar{C}_2 \\ \vdots \\ \bar{C}_2 \bar{A}_4^{n-1} \end{bmatrix}$ 中 n_3 个线性无关的行,其余行在保证 R_{o2}^{-1} 为非奇异的情况下任选,其中 $n_3=\text{rank}(Q_{o2})$。

③ 对式(3.6.19)表示的能控部分 $\Sigma_c=(\bar{A}_1,\bar{B}_1,\bar{C}_1)$ 进行能观测性分解。

引入线性变换

$$x_c = R_{o1} \begin{bmatrix} x_{co} \\ x_{c\bar{o}} \end{bmatrix}$$

并将上式代入式(3.6.19),整理可得

$$
\begin{cases}
\begin{bmatrix} \dot{\boldsymbol{x}}_{co} \\ \dot{\boldsymbol{x}}_{c\bar{o}} \end{bmatrix} = \boldsymbol{R}_{o1}^{-1}\bar{\boldsymbol{A}}_1\boldsymbol{R}_{o1}\begin{bmatrix} \boldsymbol{x}_{co} \\ \boldsymbol{x}_{c\bar{o}} \end{bmatrix} + \boldsymbol{R}_{o1}^{-1}\bar{\boldsymbol{A}}_2\boldsymbol{R}_{o2}\begin{bmatrix} \boldsymbol{x}_{\bar{c}o} \\ \boldsymbol{x}_{\bar{c}\bar{o}} \end{bmatrix} + \boldsymbol{R}_{o1}^{-1}\bar{\boldsymbol{B}}_1\boldsymbol{u} \\
\quad = \begin{bmatrix} \boldsymbol{A}_{11} & \boldsymbol{0} \\ \boldsymbol{A}_{21} & \boldsymbol{A}_{22} \end{bmatrix}\begin{bmatrix} \boldsymbol{x}_{co} \\ \boldsymbol{x}_{c\bar{o}} \end{bmatrix} + \begin{bmatrix} \boldsymbol{A}_{13} & \boldsymbol{0} \\ \boldsymbol{A}_{23} & \boldsymbol{A}_{24} \end{bmatrix}\begin{bmatrix} \boldsymbol{x}_{\bar{c}o} \\ \boldsymbol{x}_{\bar{c}\bar{o}} \end{bmatrix} + \begin{bmatrix} \boldsymbol{B}_1 \\ \boldsymbol{B}_2 \end{bmatrix}\boldsymbol{u} \\
\boldsymbol{y}_1 = \bar{\boldsymbol{C}}_1\boldsymbol{R}_{o1}\begin{bmatrix} \boldsymbol{x}_{co} \\ \boldsymbol{x}_{c\bar{o}} \end{bmatrix} = [\boldsymbol{C}_1 \quad \boldsymbol{0}]\begin{bmatrix} \boldsymbol{x}_{co} \\ \boldsymbol{x}_{c\bar{o}} \end{bmatrix}
\end{cases}
\tag{3.6.20}
$$

其中，变换阵的逆 $\boldsymbol{R}_{o1}^{-1}$ 的前 n_1 行是能控子系统 $\Sigma_c = (\bar{\boldsymbol{A}}_1, \bar{\boldsymbol{B}}_1, \bar{\boldsymbol{C}}_1)$ 的 $\boldsymbol{Q}_{o1} = \begin{bmatrix} \bar{\boldsymbol{C}}_1 \\ \vdots \\ \bar{\boldsymbol{C}}_1\bar{\boldsymbol{A}}_1^{n-1} \end{bmatrix}$ 中 n_1 个线性无关的行，其余行在保证 $\boldsymbol{R}_{o1}^{-1}$ 为非奇异的情况下任选，其中 $n_1 = \mathrm{rank}(\boldsymbol{Q}_{o1})$。

例 3.6.3　线性连续定常系统状态空间表达式如下：

$$
\dot{\boldsymbol{x}} = \begin{bmatrix} 0 & 0 & -1 \\ 1 & 0 & -3 \\ 0 & 1 & -3 \end{bmatrix}\boldsymbol{x} + \begin{bmatrix} 1 \\ 1 \\ 0 \end{bmatrix}u
$$

$$
y = [0 \quad 1 \quad -2]\boldsymbol{x}
$$

状态不完全能控和不完全能观测，请按能控能观测性进行分解。

解　① 对原系统进行能控性分解。前面例 3.6.1 已将该系统按照能控性分解为

$$
\begin{bmatrix} \dot{\boldsymbol{x}}_c \\ \\ \dot{\boldsymbol{x}}_{\bar{c}} \end{bmatrix} = \left[\begin{array}{cc|c} 0 & -1 & -1 \\ 1 & -2 & -2 \\ \hline 0 & 0 & -1 \end{array}\right]\begin{bmatrix} \boldsymbol{x}_c \\ \\ \boldsymbol{x}_{\bar{c}} \end{bmatrix} + \left[\begin{array}{c} 1 \\ 0 \\ \hline 0 \end{array}\right]u
$$

$$
= \begin{bmatrix} \bar{\boldsymbol{A}}_1 & \bar{\boldsymbol{A}}_2 \\ 0 & \bar{\boldsymbol{A}}_4 \end{bmatrix}\begin{bmatrix} \boldsymbol{x}_c \\ \boldsymbol{x}_{\bar{c}} \end{bmatrix} + \begin{bmatrix} \bar{\boldsymbol{b}}_1 \\ 0 \end{bmatrix}u
$$

$$
y = [1 \quad -1 \mid -2]\left[\begin{array}{c} \boldsymbol{x}_c \\ \hline \boldsymbol{x}_{\bar{c}} \end{array}\right] = [\bar{\boldsymbol{c}}_1 \quad \bar{\boldsymbol{c}}_2]\left[\begin{array}{c} \boldsymbol{x}_c \\ \hline \boldsymbol{x}_{\bar{c}} \end{array}\right]
$$

② 对①中不能控子系统进行能观测性分解。显然，不能控子空间是 1 维的，且 $\bar{\boldsymbol{A}}_4 = -1$，$\bar{\boldsymbol{c}}_2 = -2$，根据能观测性的对角线标准型判据，不能控子系统明显是能观测的，无须再分解，因此 $\boldsymbol{R}_{o2} = \boldsymbol{I}$，且有

$$
\begin{cases} \dot{\boldsymbol{x}}_{\bar{c}} = -\boldsymbol{x}_{\bar{c}} \\ \boldsymbol{y}_2 = -2\boldsymbol{x}_{\bar{c}} \end{cases}
$$

③ 对①中能控子系统 $\Sigma_c = (\bar{\boldsymbol{A}}_1, \bar{\boldsymbol{b}}_1, \bar{\boldsymbol{c}}_1)$ 进行能观测性分解。其中

$$
\bar{\boldsymbol{A}}_1 = \begin{bmatrix} 0 & -1 \\ 1 & -2 \end{bmatrix},\ \bar{\boldsymbol{b}}_1 = \begin{bmatrix} 1 \\ 0 \end{bmatrix},\ \bar{\boldsymbol{c}}_1 = [1 \quad -1]
$$

因此，$\mathrm{rank}(\boldsymbol{Q}_{o1}) = \mathrm{rank}\begin{bmatrix} 1 & -1 \\ -1 & 1 \end{bmatrix} = 1$，变换阵的逆 $\boldsymbol{R}_{o1}^{-1}$ 可选为

$$
\boldsymbol{R}_{o1}^{-1} = \begin{bmatrix} 1 & -1 \\ 0 & 1 \end{bmatrix}
$$

将上式代入式(3.6.20)，可得

$$\begin{bmatrix}\dot{\boldsymbol{x}}_{co}\\ \dot{\boldsymbol{x}}_{c\bar{o}}\end{bmatrix}=\boldsymbol{R}_{o1}^{-1}\bar{\boldsymbol{A}}_1\boldsymbol{R}_{o1}\begin{bmatrix}\boldsymbol{x}_{co}\\ \boldsymbol{x}_{c\bar{o}}\end{bmatrix}+\boldsymbol{R}_{o1}^{-1}\bar{\boldsymbol{A}}_2\boldsymbol{R}_{o2}\boldsymbol{x}_{\bar{c}o}+\boldsymbol{R}_{o1}^{-1}\bar{\boldsymbol{b}}_1 u$$

$$=\begin{bmatrix}1 & -1\\ 0 & 1\end{bmatrix}\begin{bmatrix}0 & -1\\ 1 & -2\end{bmatrix}\begin{bmatrix}1 & -1\\ 0 & 1\end{bmatrix}^{-1}\begin{bmatrix}\boldsymbol{x}_{co}\\ \boldsymbol{x}_{c\bar{o}}\end{bmatrix}+\begin{bmatrix}1 & -1\\ 0 & 1\end{bmatrix}\begin{bmatrix}-1\\ -2\end{bmatrix}\boldsymbol{x}_{\bar{c}o}+\begin{bmatrix}1 & -1\\ 0 & 1\end{bmatrix}\begin{bmatrix}1\\ 0\end{bmatrix}u$$

$$=\begin{bmatrix}-1 & 0\\ 1 & -1\end{bmatrix}\begin{bmatrix}\boldsymbol{x}_{co}\\ \boldsymbol{x}_{c\bar{o}}\end{bmatrix}+\begin{bmatrix}1\\ -2\end{bmatrix}\boldsymbol{x}_{\bar{c}o}+\begin{bmatrix}1\\ 0\end{bmatrix}u$$

$$\boldsymbol{y}_1=\bar{\boldsymbol{c}}_1\boldsymbol{R}_{o1}\begin{bmatrix}\boldsymbol{x}_{co}\\ \boldsymbol{x}_{c\bar{o}}\end{bmatrix}=\begin{bmatrix}1 & -1\end{bmatrix}\begin{bmatrix}1 & -1\\ 0 & 1\end{bmatrix}^{-1}\begin{bmatrix}\boldsymbol{x}_{co}\\ \boldsymbol{x}_{c\bar{o}}\end{bmatrix}=\begin{bmatrix}1 & 0\end{bmatrix}\begin{bmatrix}\boldsymbol{x}_{co}\\ \boldsymbol{x}_{c\bar{o}}\end{bmatrix}$$

综合②、③两步,原系统按照能控能观测性分解为

$$\begin{bmatrix}\dot{\boldsymbol{x}}_{co}\\ \dot{\boldsymbol{x}}_{c\bar{o}}\\ \dot{\boldsymbol{x}}_{\bar{c}o}\end{bmatrix}=\begin{bmatrix}-1 & 0 & 1\\ 1 & -1 & -2\\ 0 & 0 & -1\end{bmatrix}\begin{bmatrix}\boldsymbol{x}_{co}\\ \boldsymbol{x}_{c\bar{o}}\\ \boldsymbol{x}_{\bar{c}o}\end{bmatrix}+\begin{bmatrix}1\\ 0\\ 0\end{bmatrix}u$$

$$y=\begin{bmatrix}1 & 0 & -2\end{bmatrix}\begin{bmatrix}\boldsymbol{x}_{co}\\ \boldsymbol{x}_{c\bar{o}}\\ \boldsymbol{x}_{\bar{c}o}\end{bmatrix}$$

3.7 传递函数(阵)的最小实现

在第 1 章中提到,对于一个动力学系统来说,其状态空间表达式可以有多种形式,各种形式间可以通过线性非奇异变换互相进行转换,但其对应的传递函数(阵)则只有一个。因此,由传递函数(阵)求解状态空间表达式时,可以求出多个状态空间描述,但在这些描述中,只有维数最小的描述在工程应用中才有实际意义。

3.7.1 实现的概念

由传递函数阵求解状态空间表达式的问题称为系统的实现,对于给定的传递函数阵 $\boldsymbol{G}(s)$,如果存在一个状态空间表达式

$$\begin{cases}\dot{\boldsymbol{x}}=\boldsymbol{Ax}+\boldsymbol{Bu}\\ \boldsymbol{y}=\boldsymbol{Cx}+\boldsymbol{Du}\end{cases}$$

使得 $\boldsymbol{G}(s)=\boldsymbol{C}(s\boldsymbol{I}-\boldsymbol{A})^{-1}\boldsymbol{B}+\boldsymbol{D}$ 成立,则称该状态空间表达式是该传递函数阵的一个实现。

对传递函数阵的实现说明如下:

① $\boldsymbol{G}(s)$中每个元素的分子分母多项式系数均为实常数。

② $\boldsymbol{G}(s)$中每个元素是 s 的正常型(分子多项式中 s 最高次幂的幂次等于分母多项式中 s 最高次幂的幂次,实现中有 $\boldsymbol{D}$)或严格正常型(分子多项式中 s 最高次幂的幂次小于分母多项式中 s 最高次幂的幂次,实现中无 $\boldsymbol{D}$)函数。

③ 当 $\boldsymbol{G}(s)$为正常型时,$\boldsymbol{D}=\lim\limits_{s\to\infty}\boldsymbol{G}(s)$;当 $\boldsymbol{G}(s)$为严格正常型时,$\boldsymbol{D}=0$。

④ 实现具有非唯一性,这是由状态空间描述的非唯一性决定的。

例 3.7.1　已知某系统的传递函数阵为

$$\boldsymbol{G}(s)=\begin{bmatrix}(s+2)/(s+1) & 1/(s+1)\\ s/(s+1) & (s+1)/(s+2)\end{bmatrix}$$

求 $\boldsymbol{C}(s\boldsymbol{I}-\boldsymbol{A})^{-1}\boldsymbol{B}$ 和 $\boldsymbol{D}$。

解　根据传递函数阵的说明可得

$$\boldsymbol{D}=\lim_{s\to\infty}\boldsymbol{G}(s)=\begin{bmatrix}1 & 0\\ 1 & 1\end{bmatrix}$$

所以

$$\begin{aligned}\boldsymbol{C}(s\boldsymbol{I}-\boldsymbol{A})^{-1}\boldsymbol{B}&=\boldsymbol{G}(s)-\boldsymbol{D}\\ &=\begin{bmatrix}(s+2)/(s+1) & 1/(s+1)\\ s/(s+1) & (s+1)/(s+2)\end{bmatrix}-\begin{bmatrix}1 & 0\\ 1 & 1\end{bmatrix}\\ &=\begin{bmatrix}1/(s+1) & 1/(s+1)\\ -1/(s+1) & -1/(s+2)\end{bmatrix}\end{aligned}$$

根据第 1 章内容可知，由传递函数阵列写系统的状态空间描述，可以得到第二能控标准型或第二能观标准型。因此，下面给出这些实现方法的结论。

如果单输入单输出系统的传递函数为

$$G(s)=\frac{b_{n-1}s^{n-1}+b_{n-2}s^{n-2}+\cdots+b_1s+b_0}{s^n+a_{n-1}s^{n-1}+\cdots+a_1s+a_0}$$

则有

① 当传递函数无零极点对消时，其第二能控标准型实现为

$$\boldsymbol{A}_{\mathrm{c}}=\begin{bmatrix}0 & 1 & 0 & \cdots & 0\\ 0 & 0 & 1 & \ddots & \vdots\\ \vdots & \vdots & \ddots & \ddots & 0\\ 0 & 0 & \cdots & 0 & 1\\ -a_0 & -a_1 & -a_2 & \cdots & -a_{n-1}\end{bmatrix}$$

$$\boldsymbol{b}_{\mathrm{c}}=\begin{bmatrix}0\\ \vdots\\ 0\\ 1\end{bmatrix},\quad \boldsymbol{c}_{\mathrm{c}}=\begin{bmatrix}b_0 & b_1 & \cdots & b_{n-1}\end{bmatrix}$$

② 当传递函数无零极点对消时，其第二能观标准型实现为

$$\boldsymbol{A}_{\mathrm{o}}=\begin{bmatrix}0 & 0 & \cdots & 0 & -a_0\\ 1 & 0 & \cdots & 0 & -a_1\\ 0 & 1 & \ddots & \vdots & -a_2\\ \vdots & \ddots & \ddots & 0 & \vdots\\ 0 & \cdots & 0 & 1 & -a_{n-1}\end{bmatrix}$$

$$\boldsymbol{b}_{\mathrm{o}}=\begin{bmatrix} b_0 \\ b_1 \\ \vdots \\ b_{n-1} \end{bmatrix},\quad \boldsymbol{c}_{\mathrm{o}}=\begin{bmatrix} 0 & \cdots & 0 & 1 \end{bmatrix}$$

其中,a_i 和 b_i 分别是传递函数分母和分子多项式的系数。

如果多输入多输出系统的传递函数阵为

$$\boldsymbol{G}(s)=\frac{\boldsymbol{b}_{n-1}s^{n-1}+\boldsymbol{b}_{n-2}s^{n-2}+\cdots+\boldsymbol{b}_1 s+\boldsymbol{b}_0}{s^n+a_{n-1}s^{n-1}+\cdots+a_1 s+a_0}$$

则有

① 多输入多输出系统的第二能控标准型实现为

$$\boldsymbol{A}_{\mathrm{c}}=\begin{bmatrix} 0_r & \boldsymbol{I}_r & 0_r & \cdots & 0_r \\ 0_r & 0_r & \boldsymbol{I}_r & \ddots & \vdots \\ \vdots & \vdots & \ddots & \ddots & 0_r \\ 0_r & 0_r & \cdots & 0_r & \boldsymbol{I}_r \\ -a_0\boldsymbol{I}_r & -a_1\boldsymbol{I}_r & -a_2\boldsymbol{I}_r & \cdots & -a_{n-1}\boldsymbol{I}_r \end{bmatrix},$$

$$\boldsymbol{B}_{\mathrm{c}}=\begin{bmatrix} 0_r \\ \vdots \\ 0_r \\ \boldsymbol{I}_r \end{bmatrix},\quad \boldsymbol{C}_{\mathrm{c}}=\begin{bmatrix} \boldsymbol{b}_0 & \boldsymbol{b}_1 & \cdots & \boldsymbol{b}_{n-1} \end{bmatrix}$$

② 多输入多输出系统的第二能观标准型实现为

$$\boldsymbol{A}_{\mathrm{o}}=\begin{bmatrix} 0_m & 0_m & \cdots & 0_m & -a_0\boldsymbol{I}_m \\ \boldsymbol{I}_m & 0_m & \cdots & 0_m & -a_1\boldsymbol{I}_m \\ 0_m & \boldsymbol{I}_m & \ddots & \vdots & -a_2\boldsymbol{I}_m \\ \vdots & \ddots & \ddots & 0_m & \vdots \\ 0_m & \cdots & 0_m & \boldsymbol{I}_m & -a_{n-1}\boldsymbol{I}_m \end{bmatrix},$$

$$\boldsymbol{B}_{\mathrm{o}}=\begin{bmatrix} \boldsymbol{b}_0 \\ \boldsymbol{b}_1 \\ \vdots \\ \boldsymbol{b}_{n-1} \end{bmatrix},\quad \boldsymbol{C}_{\mathrm{o}}=\begin{bmatrix} 0_m & \cdots & 0_m & \boldsymbol{I}_m \end{bmatrix}$$

其中,a_i 是传递函数阵分母多项式的系数,$\boldsymbol{b}_i$ 是传递函数阵分子多项式的系数向量。

对于多输入多输出系统来说,当 $m<r$ 时,输出维数小于输入维数,用第二能观标准型实现较简单;反之,用第二能控标准型实现较简单。

3.7.2 最小实现方法

所谓最小实现,就是传递函数阵转换成的状态空间表达式中,状态变量维数最小的实现。一个状态空间描述是最小实现的充要条件是:该实现既是状态完全能控又是状态完全能观测的。

注意:最小实现也不是唯一的,但最小实现的维数是确定的。

由最小实现的充要条件可知，求最小实现的步骤为：

① 先按照第二能控标准型或第二能观标准型得到状态空间表达式。

② 对能控(观)标准型，判断能观测(控)性，若为能控且能观测，则为最小实现，否则进行能观测(控)性分解。找出能控且能观测部分的状态空间描述，则这部分描述就是最小实现。

例 3.7.2　求以下传递函数的最小实现。

$$G(s)=\frac{s^2+4s+5}{s^3+6s^2+11s+6}$$

解　将传递函数分母、分子进行因式分解可得

$$G(s)=\frac{s^2+4s+5}{s^3+6s^2+11s+6}=\frac{(s+2)^2+1}{(s+3)(s+2)(s+1)}$$

该系统是单输入单输出系统，传递函数无零极点相约，则系统状态能控且能观测，用第二能控(观)标准型都可以，且实现后不必对能控性和能观测性进行判断，两种实现都是最小实现。

首先求得

$$a_0=6,\ a_1=11,\ a_2=6$$
$$b_0=5,\ b_1=4,\ b_2=1$$

则用第二能观标准型实现为

$$\boldsymbol{A}_{\mathrm{o}}=\begin{bmatrix}0&0&-a_0\\1&0&-a_1\\0&1&-a_2\end{bmatrix}=\begin{bmatrix}0&0&-6\\1&0&-11\\0&1&-6\end{bmatrix}$$

$$\boldsymbol{b}_{\mathrm{o}}=\begin{bmatrix}b_0\\b_1\\b_2\end{bmatrix}=\begin{bmatrix}5\\4\\1\end{bmatrix},\quad \boldsymbol{c}_{\mathrm{o}}=\begin{bmatrix}0&0&1\end{bmatrix}$$

用第二能控标准型实现为

$$\boldsymbol{A}_{\mathrm{c}}=\begin{bmatrix}0&1&0\\0&0&1\\-a_0&-a_1&-a_2\end{bmatrix}=\begin{bmatrix}0&1&0\\0&0&1\\-6&-11&-6\end{bmatrix}$$

$$\boldsymbol{b}_{\mathrm{c}}=\begin{bmatrix}0\\0\\1\end{bmatrix},\quad \boldsymbol{c}_{\mathrm{c}}=\begin{bmatrix}b_0&b_1&b_2\end{bmatrix}=\begin{bmatrix}5&4&1\end{bmatrix}$$

例 3.7.3　求以下传递函数阵的最小实现。

$$\boldsymbol{G}(s)=\begin{bmatrix}\dfrac{1}{(s+2)(s+1)}&\dfrac{1}{(s+2)(s+3)}\end{bmatrix}$$

解　该系统是 2 输入 1 输出系统，且传递函数阵中每一项都是严格正常型，故 $\boldsymbol{D}=0$。将传递函数阵写成如下形式

$$\boldsymbol{G}(s)=\begin{bmatrix}\dfrac{(s+3)}{(s+1)(s+2)(s+3)}&\dfrac{(s+1)}{(s+1)(s+2)(s+3)}\end{bmatrix}=\frac{\begin{bmatrix}1&1\end{bmatrix}s+\begin{bmatrix}3&1\end{bmatrix}}{s^3+6s^2+11s+6}$$

则

$$a_0=6,\ a_1=11,\ a_2=6$$
$$\boldsymbol{b}_0=\begin{bmatrix}3&1\end{bmatrix},\ \boldsymbol{b}_1=\begin{bmatrix}1&1\end{bmatrix},\ \boldsymbol{b}_2=\begin{bmatrix}0&0\end{bmatrix}$$

由于系统为 2 输入 1 输出系统，因此用第二能观标准型实现，可得

$$\boldsymbol{A}_{\text{o}} = \begin{bmatrix} 0_m & 0_m & -a_0\boldsymbol{I}_m \\ \boldsymbol{I}_m & 0_m & -a_1\boldsymbol{I}_m \\ 0_m & \boldsymbol{I}_m & -a_2\boldsymbol{I}_m \end{bmatrix} = \begin{bmatrix} 0 & 0 & -6 \\ 1 & 0 & -11 \\ 0 & 1 & -6 \end{bmatrix}$$

$$\boldsymbol{B}_{\text{o}} = \begin{bmatrix} \boldsymbol{b}_0 \\ \boldsymbol{b}_1 \\ \boldsymbol{b}_2 \end{bmatrix} = \begin{bmatrix} 3 & 1 \\ 1 & 1 \\ 0 & 0 \end{bmatrix}$$

$$\boldsymbol{c}_{\text{o}} = [0_m \quad 0_m \quad \boldsymbol{I}_m] = [0 \quad 0 \quad 1]$$

以上实现简记为$\Sigma=(\boldsymbol{A}_{\text{o}},\boldsymbol{B}_{\text{o}},\boldsymbol{c}_{\text{o}})$，判断其能控性

$$\boldsymbol{Q}_{\text{c}} = [\boldsymbol{B}_{\text{o}} \quad \boldsymbol{A}_{\text{o}}\boldsymbol{B}_{\text{o}} \quad \boldsymbol{A}_{\text{o}}^2\boldsymbol{B}_{\text{o}}] = \begin{bmatrix} 3 & 1 & 0 & 0 & -6 & -6 \\ 1 & 1 & 3 & 1 & -11 & -11 \\ 0 & 0 & 1 & 1 & -3 & -5 \end{bmatrix}$$

可以求得

$$\operatorname{rank}(\boldsymbol{Q}_{\text{c}}) = 3$$

所以，$\Sigma=(\boldsymbol{A}_{\text{o}},\boldsymbol{B}_{\text{o}},\boldsymbol{c}_{\text{o}})$是状态完全能控的。所以$\Sigma=(\boldsymbol{A}_{\text{o}},\boldsymbol{B}_{\text{o}},\boldsymbol{c}_{\text{o}})$能控且能观测，为系统的最小实现。

例 3.7.4 求以下传递函数阵的最小实现。

$$\boldsymbol{G}(s) = \begin{bmatrix} \frac{s+2}{s+1} & \frac{1}{s+3} \\ \frac{s}{s+1} & \frac{s+1}{s+2} \end{bmatrix}$$

解 ①写出系统的第二能控标准型实现。首先将传递函数阵的每一项化为严格正常型，得

$$\boldsymbol{D} = \lim_{s\to\infty}\boldsymbol{G}(s) = \begin{bmatrix} 1 & 0 \\ 1 & 1 \end{bmatrix}$$

$$\begin{aligned} \boldsymbol{G}_0(s) &= \boldsymbol{C}(s\boldsymbol{I}-\boldsymbol{A})^{-1}\boldsymbol{B} = \boldsymbol{G}(s) - \boldsymbol{D} \\ &= \begin{bmatrix} \frac{s+2}{s+1} & \frac{1}{s+3} \\ \frac{s}{s+1} & \frac{s+1}{s+2} \end{bmatrix} - \begin{bmatrix} 1 & 0 \\ 1 & 1 \end{bmatrix} = \begin{bmatrix} \frac{1}{s+1} & \frac{1}{s+3} \\ \frac{-1}{s+1} & \frac{-1}{s+2} \end{bmatrix} \end{aligned}$$

所以

$$\boldsymbol{G}(s) = \boldsymbol{G}_0(s) + \boldsymbol{D} = \begin{bmatrix} \frac{1}{s+1} & \frac{1}{s+3} \\ \frac{-1}{s+1} & \frac{-1}{s+2} \end{bmatrix} + \begin{bmatrix} 1 & 0 \\ 1 & 1 \end{bmatrix}$$

将$\boldsymbol{G}_0(s)$写成以下形式

$$\boldsymbol{G}_0(s) = \frac{\begin{bmatrix} 1 & 1 \\ -1 & -1 \end{bmatrix}s^2 + \begin{bmatrix} 5 & 3 \\ -5 & -4 \end{bmatrix}s + \begin{bmatrix} 6 & 2 \\ -6 & -3 \end{bmatrix}}{s^3+6s^2+11s+6}$$

则 $a_0=6, a_1=11, a_2=6, \boldsymbol{B}_0=\begin{bmatrix} 6 & 2 \\ -6 & -3 \end{bmatrix}, \boldsymbol{B}_1=\begin{bmatrix} 5 & 3 \\ -5 & -4 \end{bmatrix}, \boldsymbol{B}_2=\begin{bmatrix} 1 & 1 \\ -1 & -1 \end{bmatrix}$。由于系统是 2

输入 2 输出系统，所以用第二能控标准型或第二能观标准型实现都可以，这里采用第二能控标准型实现，可得

$$\boldsymbol{A}_c=\begin{bmatrix}0_r & \boldsymbol{I}_r & 0_r\\ 0_r & 0_r & \boldsymbol{I}_r\\ -a_0\boldsymbol{I}_r & -a_1\boldsymbol{I}_r & -a_2\boldsymbol{I}_r\end{bmatrix}=\begin{bmatrix}0&0&1&0&0&0\\0&0&0&1&0&0\\0&0&0&0&1&0\\0&0&0&0&0&1\\-6&0&-11&0&-6&0\\0&-6&0&-11&0&-6\end{bmatrix},\ \boldsymbol{B}_c=\begin{bmatrix}0_r\\0_r\\\boldsymbol{I}_r\end{bmatrix}=\begin{bmatrix}0&0\\0&0\\0&0\\0&0\\1&0\\0&1\end{bmatrix}$$

$$\boldsymbol{C}_c=[\boldsymbol{B}_0\quad\boldsymbol{B}_1\quad\boldsymbol{B}_2]=\begin{bmatrix}6&2&5&3&1&1\\-6&-3&-5&-4&-1&-1\end{bmatrix},\boldsymbol{D}=\begin{bmatrix}1&0\\1&1\end{bmatrix}$$

②求系统的最小实现。首先判断以上系统的状态能观测性，可得 $\mathrm{rank}(\boldsymbol{Q}_o)=3<6$，系统是状态不完全能观测的。所以按照能观测性进行分解，构造变换阵的逆为

$$\boldsymbol{R}_o^{-1}=\begin{bmatrix}6&2&5&3&1&1\\-6&-3&-5&-4&-1&-1\\-6&-6&-5&-9&-1&-3\\1&0&0&0&0&0\\0&1&0&0&0&0\\0&0&1&0&0&0\end{bmatrix},\text{可得}\boldsymbol{R}_o=\begin{bmatrix}0&0&0&1&0&0\\0&0&0&0&1&0\\0&0&0&0&0&1\\-1&-1&0&0&-1&0\\1.5&0&0.5&-6&0&-5\\2.5&3&-0.5&0&1&0\end{bmatrix}$$

可得按能观测性分解后的系统各矩阵为

$$\widetilde{\boldsymbol{A}}=\boldsymbol{R}_o^{-1}\boldsymbol{A}_c\boldsymbol{R}_o=\begin{bmatrix}0&0&1&0&0&0\\-1.5&-2&-0.5&0&0&0\\-3&0&-4&0&0&0\\0&0&0&0&0&1\\-1&-1&0&0&-1&0\\1.5&0&0.5&-6&0&-5\end{bmatrix},\widetilde{\boldsymbol{B}}=\boldsymbol{R}_o^{-1}\boldsymbol{B}_c=\begin{bmatrix}1&1\\-1&-1\\-1&-3\\0&0\\0&0\\0&0\end{bmatrix}$$

$$\widetilde{\boldsymbol{C}}=\boldsymbol{C}_c\boldsymbol{R}_o=\begin{bmatrix}1&0&0&0&0&0\\0&1&0&0&0&0\end{bmatrix},\widetilde{\boldsymbol{D}}=\boldsymbol{D}=\begin{bmatrix}1&0\\1&1\end{bmatrix}$$

所以，系统的最小实现为

$$\boldsymbol{A}_m=\begin{bmatrix}0&0&1\\-1.5&-2&-0.5\\-3&0&-4\end{bmatrix},\boldsymbol{B}_m=\begin{bmatrix}1&1\\-1&-1\\-1&-3\end{bmatrix},\boldsymbol{C}_m=\begin{bmatrix}1&0&0\\0&1&0\end{bmatrix},\boldsymbol{D}_m=\widetilde{\boldsymbol{D}}=\begin{bmatrix}1&0\\1&1\end{bmatrix}$$

3.8　传递函数与能控(观测)性的关系

对于单输入单输出系统来说，如果系统的传递函数出现零、极点对消，则系统能控不能观测、不能控能观测、不能控也不能观测三者必居其一。具体是哪一种，要看状态变量的选择。

所以，对于单输入单输出系统来说，传递函数仅反映系统中能控且能观测的那一部分系统的动力学行为，系统不能控和不能观测的部分，不会出现在传递函数中。这也再次说明了传递函数仅是系统的部分描述。而状态空间描述则既包含能控、能观测的部分，也包含不能控、不

能观测部分，所以是系统的完全描述。

3.8.1 传递函数与能控、能观测性的内在联系

本小节结合系统结构分解，来阐述传递函数和系统能控(观测)性的内在联系。

1. 按照能控性分解

由 3.6 节内容可知，按照能控性分解时，将原系统 $\Sigma=(\boldsymbol{A},\boldsymbol{b},\boldsymbol{c})$ 分解为

$$\hat{\boldsymbol{A}}=\boldsymbol{R}_{\mathrm{c}}^{-1}\boldsymbol{A}\boldsymbol{R}_{\mathrm{c}}=\left[\begin{array}{c:c}\hat{\boldsymbol{A}}_{11} & \hat{\boldsymbol{A}}_{12}\\ \hdashline \boldsymbol{0} & \hat{\boldsymbol{A}}_{22}\end{array}\right]$$

$$\hat{\boldsymbol{b}}=\boldsymbol{R}_{\mathrm{c}}^{-1}\boldsymbol{b}=\left[\begin{array}{c}\hat{\boldsymbol{b}}_1\\ \hdashline \boldsymbol{0}\end{array}\right]$$

$$\hat{\boldsymbol{c}}=\boldsymbol{c}\boldsymbol{R}_{\mathrm{c}}=\left[\begin{array}{c:c}\hat{\boldsymbol{c}}_1 & \hat{\boldsymbol{c}}_2\end{array}\right]$$

其中，$\Sigma_{\bar{\mathrm{c}}}=(\hat{\boldsymbol{A}}_{22},0,\hat{\boldsymbol{c}}_2)$ 表示的 $n-n_1$ 维子系统是状态不能控的，而 $\Sigma_{\mathrm{c}}=(\hat{\boldsymbol{A}}_{11},\hat{\boldsymbol{b}}_1,\hat{\boldsymbol{c}}_1)$ 表示的 n_1 维子系统是状态能控的。求分解后系统的传递函数可得

$$\begin{aligned}G(s)&=\hat{\boldsymbol{c}}(s\boldsymbol{I}-\hat{\boldsymbol{A}})^{-1}\hat{\boldsymbol{b}}\\&=\begin{bmatrix}\hat{\boldsymbol{c}}_1 & \hat{\boldsymbol{c}}_2\end{bmatrix}\begin{bmatrix}s\boldsymbol{I}-\hat{\boldsymbol{A}}_{11} & -\hat{\boldsymbol{A}}_{12}\\ \boldsymbol{0} & s\boldsymbol{I}-\hat{\boldsymbol{A}}_{22}\end{bmatrix}^{-1}\begin{bmatrix}\hat{\boldsymbol{b}}_1\\ \boldsymbol{0}\end{bmatrix}\\&=\hat{\boldsymbol{c}}_1(s\boldsymbol{I}-\hat{\boldsymbol{A}}_{11})^{-1}\hat{\boldsymbol{b}}_1\end{aligned}\tag{3.8.1}$$

可知上式恰好是能控子系统 $\Sigma_{\mathrm{c}}=(\hat{\boldsymbol{A}}_{11},\hat{\boldsymbol{b}}_1,\hat{\boldsymbol{c}}_1)$ 的传递函数。根据线性变换不改变系统的传递函数的性质，可知式(3.8.1)也是原系统 $\Sigma=(\boldsymbol{A},\boldsymbol{b},\boldsymbol{c})$ 的传递函数。所以，在能控性分解下，传递函数仅反映了系统中的能控部分。

2. 按照能观测性分解

由 3.6 节内容可知，按照能观测性分解时，将原系统 $\Sigma=(\boldsymbol{A},\boldsymbol{b},\boldsymbol{c})$ 分解为

$$\tilde{\boldsymbol{A}}=\boldsymbol{R}_{\mathrm{o}}^{-1}\boldsymbol{A}\boldsymbol{R}_{\mathrm{o}}=\left[\begin{array}{c:c}\tilde{\boldsymbol{A}}_{11} & \boldsymbol{0}\\ \hdashline \tilde{\boldsymbol{A}}_{21} & \tilde{\boldsymbol{A}}_{22}\end{array}\right]$$

$$\tilde{\boldsymbol{b}}=\boldsymbol{R}_{\mathrm{o}}^{-1}\boldsymbol{b}=\left[\begin{array}{c}\tilde{\boldsymbol{b}}_1\\ \hdashline \tilde{\boldsymbol{b}}_2\end{array}\right]$$

$$\tilde{\boldsymbol{c}}=\boldsymbol{c}\boldsymbol{R}_{\mathrm{o}}=\left[\begin{array}{c:c}\tilde{\boldsymbol{c}}_1 & \boldsymbol{0}\end{array}\right]$$

其中，$\Sigma_{\bar{\mathrm{o}}}=(\tilde{\boldsymbol{A}}_{22},\tilde{\boldsymbol{b}}_2,\boldsymbol{0})$ 表示的 $n-n_1$ 维子系统是状态不能观测的，而 $\Sigma_{\mathrm{o}}=(\tilde{\boldsymbol{A}}_{11},\tilde{\boldsymbol{b}}_1,\tilde{\boldsymbol{c}}_1)$ 表示的 n_1 维子系统是状态能观测的。求分解后系统的传递函数可得

$$\begin{aligned}G(s)&=\tilde{\boldsymbol{c}}(s\boldsymbol{I}-\tilde{\boldsymbol{A}})^{-1}\tilde{\boldsymbol{b}}\\&=\begin{bmatrix}\tilde{\boldsymbol{c}}_1 & \boldsymbol{0}\end{bmatrix}\begin{bmatrix}s\boldsymbol{I}-\tilde{\boldsymbol{A}}_{11} & \boldsymbol{0}\\ -\tilde{\boldsymbol{A}}_{21} & s\boldsymbol{I}-\tilde{\boldsymbol{A}}_{22}\end{bmatrix}^{-1}\begin{bmatrix}\tilde{\boldsymbol{b}}_1\\ \tilde{\boldsymbol{b}}_2\end{bmatrix}\\&=\tilde{\boldsymbol{c}}_1(s\boldsymbol{I}-\tilde{\boldsymbol{A}}_{11})^{-1}\tilde{\boldsymbol{b}}_1\end{aligned}\tag{3.8.2}$$

可知上式恰好是能观测子系统 $\Sigma_{\mathrm{o}}=(\tilde{\boldsymbol{A}}_{11},\tilde{\boldsymbol{b}}_1,\tilde{\boldsymbol{c}}_1)$ 的传递函数。根据线性变换不改变系统的传递函数的性质，可知式(3.8.2)也是原系统 $\Sigma=(\boldsymbol{A},\boldsymbol{b},\boldsymbol{c})$ 的传递函数。所以，在能观测性分解下，传递函数仅反映了系统中的能观测部分。

3. 按照能控能观测性分解

由 3.6 节内容可知，按照能控能观测性分解时，将原系统 $\Sigma=(\boldsymbol{A},\boldsymbol{b},\boldsymbol{c})$ 分解为

$$\bar{\boldsymbol{A}}=\boldsymbol{R}^{-1}\boldsymbol{A}\boldsymbol{R}=\left[\begin{array}{cc:cc}\boldsymbol{A}_{11} & \boldsymbol{0} & \boldsymbol{A}_{13} & \boldsymbol{0}\\ \boldsymbol{A}_{21} & \boldsymbol{A}_{22} & \boldsymbol{A}_{23} & \boldsymbol{A}_{24}\\ \hdashline \boldsymbol{0} & \boldsymbol{0} & \boldsymbol{A}_{33} & \boldsymbol{0}\\ \boldsymbol{0} & \boldsymbol{0} & \boldsymbol{A}_{43} & \boldsymbol{A}_{44}\end{array}\right]=\begin{bmatrix}\bar{\boldsymbol{A}}_1 & \bar{\boldsymbol{A}}_2\\ \boldsymbol{0} & \bar{\boldsymbol{A}}_4\end{bmatrix}$$

$$\bar{\boldsymbol{b}}=\boldsymbol{R}^{-1}\boldsymbol{b}=\left[\begin{array}{c}\boldsymbol{b}_1\\ \boldsymbol{b}_2\\ \hdashline \boldsymbol{0}\\ \boldsymbol{0}\end{array}\right]=\begin{bmatrix}\bar{\boldsymbol{b}}_1\\ \boldsymbol{0}\end{bmatrix}$$

$$\bar{\boldsymbol{c}}=\boldsymbol{c}\boldsymbol{R}=\left[\begin{array}{cc:cc}\boldsymbol{c}_1 & \boldsymbol{0} & \boldsymbol{c}_3 & \boldsymbol{0}\end{array}\right]=\begin{bmatrix}\bar{\boldsymbol{c}}_1 & \bar{\boldsymbol{c}}_2\end{bmatrix}$$

其中，$\Sigma_1=(\boldsymbol{A}_{11},\boldsymbol{b}_1,\boldsymbol{c}_1)$代表 n_1 维能控且能观测子系统，$\Sigma_2=(\boldsymbol{A}_{22},\boldsymbol{b}_2,\boldsymbol{0})$代表 n_2 维能控不能观测子系统，$\Sigma_3=(\boldsymbol{A}_{33},\boldsymbol{0},\boldsymbol{c}_3)$代表 n_3 维能观测不能控子系统，$\Sigma_4=(\boldsymbol{A}_{44},\boldsymbol{0},\boldsymbol{0})$代表 n_4 维不能控且不能观测子系统。求分解后系统的传递函数可得

$$\begin{aligned}G(s)&=\bar{\boldsymbol{c}}(s\boldsymbol{I}-\bar{\boldsymbol{A}})^{-1}\bar{\boldsymbol{b}}\\&=\begin{bmatrix}\bar{\boldsymbol{c}}_1 & \bar{\boldsymbol{c}}_2\end{bmatrix}\begin{bmatrix}s\boldsymbol{I}-\bar{\boldsymbol{A}}_1 & -\bar{\boldsymbol{A}}_2\\ \boldsymbol{0} & s\boldsymbol{I}-\bar{\boldsymbol{A}}_4\end{bmatrix}^{-1}\begin{bmatrix}\bar{\boldsymbol{b}}_1\\ \boldsymbol{0}\end{bmatrix}\\&=\bar{\boldsymbol{c}}_1(s\boldsymbol{I}-\bar{\boldsymbol{A}}_1)^{-1}\bar{\boldsymbol{b}}_1\\&=\begin{bmatrix}\boldsymbol{c}_1 & \boldsymbol{0}\end{bmatrix}\begin{bmatrix}s\boldsymbol{I}-\boldsymbol{A}_{11} & \boldsymbol{0}\\ -\boldsymbol{A}_{21} & s\boldsymbol{I}-\boldsymbol{A}_{22}\end{bmatrix}^{-1}\begin{bmatrix}\boldsymbol{b}_1\\ \boldsymbol{b}_2\end{bmatrix}\\&=\boldsymbol{c}_1(s\boldsymbol{I}-\boldsymbol{A}_{11})^{-1}\boldsymbol{b}_1\end{aligned}\tag{3.8.3}$$

可知上式恰好是能控且能观测子系统 $\Sigma_1=(\boldsymbol{A}_{11},\boldsymbol{b}_1,\boldsymbol{c}_1)$的传递函数。根据线性变换不改变系统的传递函数的性质，可知式(3.8.3)也是原系统 $\Sigma=(\boldsymbol{A},\boldsymbol{b},\boldsymbol{c})$的传递函数。所以，在能控能观测性分解下，传递函数仅反映了系统中的能控且能观测部分。

按照能控能观测性分解时，原系统 $\Sigma=(\boldsymbol{A},\boldsymbol{b},\boldsymbol{c})$的传递函数也可以按照以下方法计算：按照能控能观测性分解后得到的系统 $\Sigma=(\bar{\boldsymbol{A}},\bar{\boldsymbol{b}},\bar{\boldsymbol{c}})$，其分块形式与能控分解形式完全相同，根据能控性分解时的传递函数可得

$$G(s)=\bar{\boldsymbol{c}}(s\boldsymbol{I}-\bar{\boldsymbol{A}})^{-1}\bar{\boldsymbol{b}}=\bar{\boldsymbol{c}}_1(s\boldsymbol{I}-\bar{\boldsymbol{A}}_1)^{-1}\bar{\boldsymbol{b}}_1$$

而子系统 $\Sigma=(\bar{\boldsymbol{A}}_1,\bar{\boldsymbol{b}}_1,\bar{\boldsymbol{c}}_1)$的分块形式又与能观测分解形式完全相同，故根据能观测性分解时的传递函数可得

$$G(s)=\boldsymbol{c}_1(s\boldsymbol{I}-\boldsymbol{A}_{11})^{-1}\boldsymbol{b}_1$$

由以上三种分解求传递函数的方法可知，传递函数仅反映了系统中能控且能观测部分，系统不能控和不能观测的部分，不会出现在传递函数中，所以，传递函数仅是系统的部分描述。

以上分析也给出了由状态空间表达式求解传递函数的另一种方法，举例子加以说明。

例 3.8.1　求以下单输入单输出系统的传递函数。

$$\begin{bmatrix}\dot{x}_1\\\dot{x}_2\\\dot{x}_3\\\dot{x}_4\end{bmatrix}=\begin{bmatrix}-1&0&0&0\\0&-3&0&0\\0&0&-2&0\\0&0&0&-4\end{bmatrix}\begin{bmatrix}x_1\\x_2\\x_3\\x_4\end{bmatrix}+\begin{bmatrix}2\\1\\0\\0\end{bmatrix}\boldsymbol{u}$$

$$y=\begin{bmatrix}1&0&1&0\end{bmatrix}\begin{bmatrix}x_1\\x_2\\x_3\\x_4\end{bmatrix}$$

解 该系统的状态空间表达式是对角线标准型,由能控性和能观测性的对角线标准型判据可知,仅状态 x_1 是能控且能观测的,且该部分的状态空间描述为

$$\dot{x}_1=-x_1+2u$$

$$y=x_1$$

对以上两式进行拉氏变换有

$$s\boldsymbol{X}(s)=-\boldsymbol{X}(s)+2\boldsymbol{U}(s)$$

$$\boldsymbol{Y}(s)=\boldsymbol{X}(s)$$

联立以上两式,可得该部分状态空间描述的传递函数为

$$G(s)=\frac{2}{s+1}$$

由于该部分状态空间描述能控且能观测,因此以上传递函数即是整个系统的传递函数。

对以上结果用传递函数求解方法进行验证:

$$\begin{aligned}G(s)&=\boldsymbol{c}(s\boldsymbol{I}-\boldsymbol{A})^{-1}\boldsymbol{b}\\&=\begin{bmatrix}1&0&1&0\end{bmatrix}\begin{bmatrix}s+1&0&0&0\\0&s+3&0&0\\0&0&s+2&0\\0&0&0&s+4\end{bmatrix}^{-1}\begin{bmatrix}2\\1\\0\\0\end{bmatrix}\\&=\begin{bmatrix}\frac{1}{s+1}&0&\frac{1}{s+2}&0\end{bmatrix}\begin{bmatrix}2\\1\\0\\0\end{bmatrix}\\&=\frac{2}{s+1}\end{aligned}$$

3.8.2 对消的零极点位置和能控、能观测性之间的关系

本小节通过如下两个系统来讨论传递函数零极点对消的位置,对系统能控性和能观测性的影响。

1. 串联系统中被消去的零点在前一个系统的传递函数中

某串联系统的方框图如图 3.8.1 所示,且 $z_1\neq p_1$。

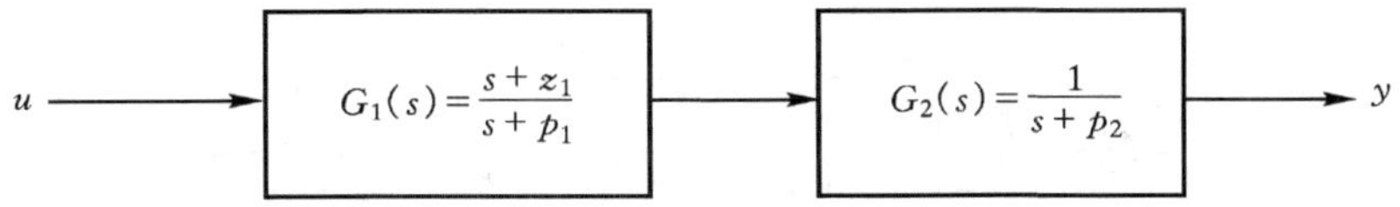

图 3.8.1　串联系统的方框图

根据第 1 章内容可知，该系统的模拟结构图如图 3.8.2 所示。

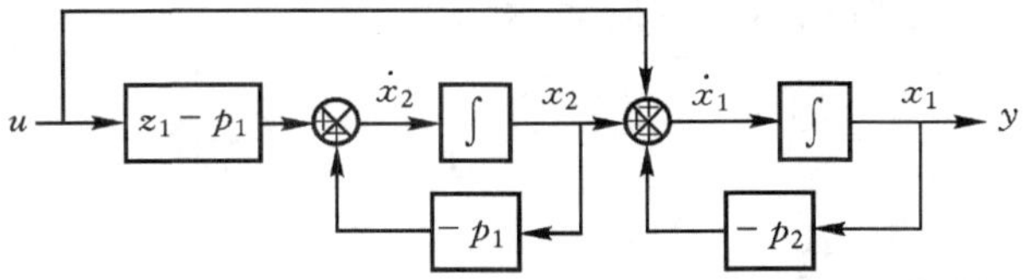

图 3.8.2　系统的模拟结构图

由图 3.8.2 可写出该系统的状态空间表达式为

$$\begin{cases}\dot{\boldsymbol{x}}=\begin{bmatrix}-p_2 & 1\\ 0 & -p_1\end{bmatrix}\boldsymbol{x}+\begin{bmatrix}1\\ z_1-p_1\end{bmatrix}u\\ y=\begin{bmatrix}1 & 0\end{bmatrix}\boldsymbol{x}\end{cases}$$

则系统的能观测性判别阵为

$$\boldsymbol{Q}_{\mathrm{o}}=\begin{bmatrix}1 & 0\\ -p_2 & 1\end{bmatrix}$$

系统的能控性判别阵为

$$\boldsymbol{Q}_{\mathrm{c}}=\begin{bmatrix}1 & -p_2+z_1-p_1\\ z_1-p_1 & -p_1(z_1-p_1)\end{bmatrix}$$

所以

$$|\boldsymbol{Q}_{\mathrm{o}}|=1$$

$$|\boldsymbol{Q}_{\mathrm{c}}|=\begin{vmatrix}1 & -p_2+z_1-p_1\\ z_1-p_1 & -p_1(z_1-p_1)\end{vmatrix}=(z_1-p_2)(p_1-z_1)$$

如果 $z_1=p_2$，出现零极点对消，则$|\boldsymbol{Q}_{\mathrm{c}}|=0$，系统状态不完全能控。能观测性则不受影响。

因此可以得到如下结论：在串联系统中，被消去的零点在前一个系统的传递函数中，则破坏了系统的状态能控性，能观测性则不受影响。

2. 串联系统中被消去的零点在后一个系统的传递函数中

如果将图 3.8.1 所示系统中的两个子系统互换，则得到图 3.8.3 所示的方框图。

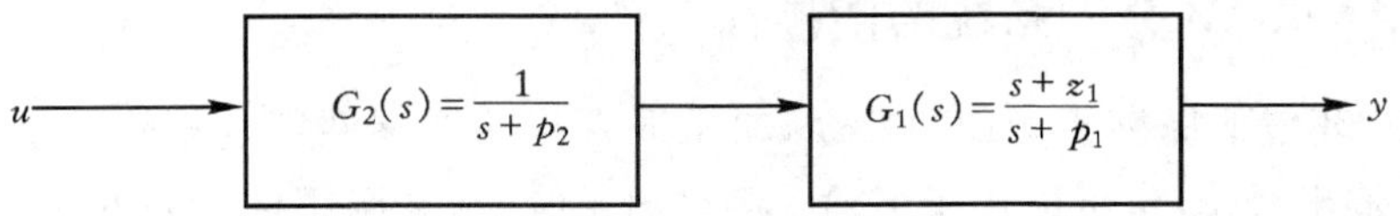

图 3.8.3　串联系统的方框图

此时,该系统的模拟结构图如图 3.8.4 所示。

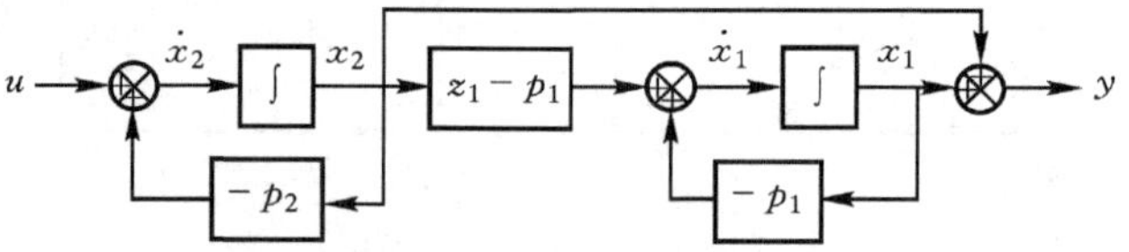

图 3.8.4 系统的模拟结构图

由图 3.8.4 可写出该系统的状态空间表达式为

$$\begin{cases}\dot{\boldsymbol{x}}=\begin{bmatrix}-p_1 & z_1-p_1\\0 & -p_2\end{bmatrix}\boldsymbol{x}+\begin{bmatrix}0\\1\end{bmatrix}u\\y=\begin{bmatrix}1 & 1\end{bmatrix}\boldsymbol{x}\end{cases}$$

则系统的能观测性判别阵为

$$\boldsymbol{Q}_{\mathrm{o}}=\begin{bmatrix}1 & 1\\-p_1 & z_1-p_1-p_2\end{bmatrix}$$

系统的能控性判别阵为

$$\boldsymbol{Q}_{\mathrm{c}}=\begin{bmatrix}0 & z_1-p_1\\1 & -p_2\end{bmatrix}$$

所以

$$|\boldsymbol{Q}_{\mathrm{o}}|=\begin{vmatrix}1 & 1\\-p_1 & z_1-p_1-p_2\end{vmatrix}=z_1-p_2$$

$$|\boldsymbol{Q}_{\mathrm{c}}|=\begin{vmatrix}0 & z_1-p_1\\1 & -p_2\end{vmatrix}=p_1-z_1$$

如果 $z_1=p_2$,出现零极点对消,则$|\boldsymbol{Q}_{\mathrm{o}}|=0$,系统状态不完全能观测。能控性则不受影响。

因此可以得到如下结论:在串联系统中,被消去的零点在后一个系统的传递函数中,则破坏了系统的能观测性,系统能控性则不受影响。

所以,在经典控制理论中,用校正器消去传递函数因子的方法,破坏了系统的能控性或能观测性,不是一种最优的设计方法。

3.9 用 MATLAB 分析系统的能控性和能观测性

在现代控制理论中,利用 MATLAB 工具可以非常方便地对系统进行分析和设计。在 MATLAB 环境下,提供了判断系统状态能控性和能观测性的函数。除了这些函数,还可以根据以上介绍的定义、结论和定理,通过编制特定的 MATLAB 程序来进行分析。

3.9.1 用 MATLAB 分析系统的能控性

MATLAB 环境下提供了 ctrb()命令,来求取系统的能控性判别矩阵 $\boldsymbol{Q}_{\mathrm{c}}$。该命令既可以用于单输入单输出系统,也可以用于多输入多输出系统,基本调用格式如下:

$$\boldsymbol{Q}_{\mathrm{c}}=\mathrm{ctrb}(\boldsymbol{A},\boldsymbol{B})$$

其中，$\boldsymbol{A}$ 为系统矩阵，$\boldsymbol{B}$ 为输入矩阵。

为了加深对能控性判别矩阵法的理解，也可以直接根据 $\boldsymbol{Q}_c$ 的定义，通过编制程序得到 $\boldsymbol{Q}_c$，然后判断能控性。下面通过一个例子进行说明。

例 3.9.1　已知线性连续定常系统的动态方程为

$$\begin{cases}\dot{\boldsymbol{x}} = \begin{bmatrix}0 & 1\\0 & 3\end{bmatrix}\boldsymbol{x} + \begin{bmatrix}2\\2\end{bmatrix}u \\ y = \begin{bmatrix}1 & 0\end{bmatrix}\boldsymbol{x}\end{cases}$$

试判别系统的能控性。

解　用两种方法求解。

方法 1：直接调用 ctrb()求取能控性判别矩阵 $\boldsymbol{Q}_c$，用 rank($\boldsymbol{Q}_c$)求取 $\boldsymbol{Q}_c$ 的秩 raQc。MATLAB 中 M 程序片断如程序 3.9.1 所示。

```
A=[0,1;0,3];
B=[2;2];
Qc=ctrb(A,B);        %求能控性判别矩阵 Qc
raQc=rank(Qc)        %求能控性判别矩阵 Qc 的秩
```

程序 3.9.1　例 3.9.1 方法 1 程序片断

程序执行后可得：raQc=2，所以系统是状态完全能控的。

方法 2：根据能控性判别矩阵的定义求解。此时，MATLAB 中 M 程序片断如程序 3.9.2 所示。

```
A=[0,1;0,3];
B=[2;2];
Qc=[B,A*B];          %求能控性判别矩阵 Qc
raQc=rank(Qc)        %求能控性判别矩阵 Qc 的秩
```

程序 3.9.2　例 3.9.1 方法 2 程序片断

执行结果和方法 1 的执行结果相同。

3.9.2　用 MATLAB 分析系统的能观测性

MATLAB 环境下提供了 obsv()命令，来求取系统的能观测性判别矩阵 $\boldsymbol{Q}_o$。该命令既可以用于单输入单输出系统，也可以用于多输入多输出系统。基本调用格式如下：

$$\boldsymbol{Q}_o = \mathrm{obsv}(\boldsymbol{A}, \boldsymbol{C})$$

其中，$\boldsymbol{A}$ 为系统矩阵，$\boldsymbol{C}$ 为输出矩阵。

为了加深对能观测性判别矩阵法的理解，也可以直接根据 $\boldsymbol{Q}_o$ 的定义，通过编制程序得到 $\boldsymbol{Q}_o$，然后判断能观测性。下面通过一个例子进行说明。

例 3.9.2　已知线性连续定常系统的动态方程为

$$\begin{cases}\dot{\boldsymbol{x}} = \begin{bmatrix}0 & 1\\0 & 3\end{bmatrix}\boldsymbol{x} + \begin{bmatrix}2\\2\end{bmatrix}u \\ y = \begin{bmatrix}1 & 0\end{bmatrix}\boldsymbol{x}\end{cases}$$

试判别系统的能观测性。

解 用两种方法求解。

方法1:直接调用 obsv()求取能观测性判别矩阵 $\boldsymbol{Q}_o$,用 rank($\boldsymbol{Q}_o$)求取 $\boldsymbol{Q}_o$ 的秩 raQo。MATLAB 中 M 程序片断如程序 3.9.3 所示。

```
A=[0,1;0,3];
C=[1,0];
Qo=obsv(A,C);        %求能观性判别矩阵 Qo
raQo=rank(Qo)        %求能观性判别矩阵 Qo 的秩
```

程序 3.9.3 例 3.9.2 方法 1 程序片断

程序执行后可得:raQo=2,所以系统是状态完全能观测的。

方法2:根据能观测性判别矩阵的定义求解。此时,MATLAB 中 M 程序片断如程序 3.9.4 所示。

```
A=[0,1;0,3];
C=[1,0];
Qo=[C;C*A];    %求能观性判别矩阵 Qo
raQo=rank(Qo)  %求能观性判别矩阵 Qo 的秩
```

程序 3.9.4 例 3.9.2 方法 2 程序片断

执行结果和方法 1 的执行结果相同。

习 题

3.1 判断以下系统的状态能控性。

① $\dot{\boldsymbol{x}}=\begin{bmatrix}-7 & 0 & 0\\ 0 & -5 & 0\\ 0 & 0 & -1\end{bmatrix}\boldsymbol{x}+\begin{bmatrix}2\\0\\9\end{bmatrix}u$

② $\dot{\boldsymbol{x}}=\begin{bmatrix}-7 & 0 & 0\\ 0 & -5 & 0\\ 0 & 0 & -1\end{bmatrix}\boldsymbol{x}+\begin{bmatrix}0 & 1\\4 & 0\\7 & 5\end{bmatrix}\boldsymbol{u}$

③ $\dot{\boldsymbol{x}}=\begin{bmatrix}-4 & 1 & 0\\ 0 & -4 & 0\\ 0 & 0 & -2\end{bmatrix}\boldsymbol{x}+\begin{bmatrix}4 & 2\\0 & 0\\3 & 0\end{bmatrix}\boldsymbol{u}$

④ $\dot{\boldsymbol{x}}=\begin{bmatrix}-4 & 1 & & \\ 0 & -4 & \multicolumn{2}{c}{0} \\ & & -4 & 1\\ \multicolumn{2}{c}{0} & 0 & -4\end{bmatrix}\boldsymbol{x}+\begin{bmatrix}1 & 0 & 1\\1 & 2 & 3\\0 & 0 & 0\\3 & 6 & 9\end{bmatrix}\boldsymbol{u}$

3.2 判断以下系统的状态能观测性。

① $\begin{cases} \dot{\boldsymbol{x}}=\begin{bmatrix} 2 & -1 \\ 1 & -3 \end{bmatrix}\boldsymbol{x} \\ \boldsymbol{y}=\begin{bmatrix} 1 & 0 \\ -1 & 0 \end{bmatrix}\boldsymbol{x} \end{cases}$

② $\begin{cases} \dot{\boldsymbol{x}}=\begin{bmatrix} 2 & 1 & 0 & 0 \\ 0 & 2 & 0 & 0 \\ 0 & 0 & 3 & 1 \\ 0 & 0 & 0 & 3 \end{bmatrix}\boldsymbol{x}+\begin{bmatrix} 0 \\ 2 \\ 1 \\ 0 \end{bmatrix}u \\ \boldsymbol{y}=\begin{bmatrix} 0 & 1 & 1 & 0 \\ 0 & 1 & 1 & 1 \end{bmatrix}\boldsymbol{x} \end{cases}$

3.3　某系统状态空间表达式如下：

$$\begin{cases} \dot{x}_1 = x_2 + 2u \\ \dot{x}_2 = - x_1 - 2x_2 - u \end{cases}$$

$$\begin{cases} y_1 = 2x_1 + 2u \\ y_2 = x_1 + x_2 \end{cases}$$

试判断该系统的状态能控性与能观测性。

3.4　考虑如下的线性连续定常系统：

$$\begin{cases} \dot{\boldsymbol{x}} = \begin{bmatrix} 0 & 1 & 0 \\ 0 & 0 & 1 \\ -6 & -11 & -6 \end{bmatrix}\boldsymbol{x} + \begin{bmatrix} 0 \\ 1 \\ 0 \end{bmatrix}u \\ y = [c_1 \quad c_2 \quad c_3]\boldsymbol{x} \end{cases}$$

试找出使得该系统状态不完全能观测的一组 c_1，c_2 和 c_3。

3.5　线性连续定常系统的传递函数为

$$G(s) = \frac{2s + a}{s^3 + 6s^2 + 11s + 6}$$

① 指出当 a 为何值时，系统是状态不完全能控或者是不完全能观测的？

② 建立状态空间表达式，使系统是状态不完全能控的。

③ 建立状态空间表达式，使系统是状态不完全能观测的。

3.6　已知线性连续定常系统的状态空间表达式为

$$\begin{bmatrix} \dot{x}_1 \\ \dot{x}_2 \\ \dot{x}_3 \end{bmatrix} = \begin{bmatrix} 20 & -1 & 0 \\ 4 & 16 & 0 \\ 12 & 0 & 18 \end{bmatrix}\begin{bmatrix} x_1 \\ x_2 \\ x_3 \end{bmatrix} + \begin{bmatrix} a \\ b \\ c \end{bmatrix}u$$

求使该系统状态完全能控的一组 a，b，c 的值。

3.7　已知线性连续定常系统的状态空间表达式为

$$\begin{cases} \dot{\boldsymbol{x}} = \begin{bmatrix} \lambda & 0 & 0 \\ 0 & \lambda & 1 \\ 0 & 0 & \lambda \end{bmatrix}\boldsymbol{x} + \begin{bmatrix} a \\ b \\ c \end{bmatrix}u \\ y = [\alpha \quad \beta \quad \gamma]\boldsymbol{x} \end{cases}$$

请问：

① 能否通过适当地选取 a,b,c,使系统状态完全能控。

② 能否通过适当地选取 α,β,γ,使系统状态完全能观测。

3.8 线性连续定常系统的状态空间表达式为

$$\begin{cases}\dot{\boldsymbol{x}}=\begin{bmatrix}1 & -2\\3 & 4\end{bmatrix}\boldsymbol{x}+\begin{bmatrix}1\\1\end{bmatrix}u\\ y=\begin{bmatrix}1 & 0\end{bmatrix}\boldsymbol{x}\end{cases}$$

试将其转换为能控标准型和能观标准型。

3.9 已知系统的传递函数为

$$G(s)=\frac{s^2+s+5}{s^3+6s^2+11s+6}$$

试写出该系统的能控标准型和能观标准型形式的状态空间表达式。

3.10 已知线性连续定常系统的状态空间表达式为

$$\begin{cases}\dot{\boldsymbol{x}}=\begin{bmatrix}1 & 2 & 1\\0 & 0 & 1\\1 & -2 & 1\end{bmatrix}\boldsymbol{x}+\begin{bmatrix}0\\1\\0\end{bmatrix}u\\ y=\begin{bmatrix}1 & 0 & 1\end{bmatrix}\boldsymbol{x}\end{cases}$$

请问:

① 该系统状态是否完全能控?

② 如果状态不完全能控,试将该系统按能控性进行结构分解。

3.11 某线性连续定常系统的状态空间表达式为

$$\begin{cases}\dot{\boldsymbol{x}}=\begin{bmatrix}-1 & 2 & 0\\0 & 1 & 0\\1 & 0 & 3\end{bmatrix}\boldsymbol{x}+\begin{bmatrix}1\\1\\1\end{bmatrix}u\\ y=\begin{bmatrix}1 & 0 & 0\end{bmatrix}\boldsymbol{x}\end{cases}$$

请问:

① 该系统状态是否完全能观测?

② 如果状态不完全能观测,试将该系统按能观测性进行结构分解。

3.12 某线性连续定常系统的状态空间表达式为

$$\begin{cases}\dot{\boldsymbol{x}}=\begin{bmatrix}-2 & 1 & -1\\0 & -2 & 0\\1 & 1 & 0\end{bmatrix}\boldsymbol{x}+\begin{bmatrix}0\\0\\1\end{bmatrix}u\\ y=\begin{bmatrix}1 & 0 & 1\end{bmatrix}\boldsymbol{x}\end{cases}$$

请将该系统按能控能观测性进行结构分解。

3.13 求以下传递函数阵的最小实现。

$$\boldsymbol{G}(s)=\begin{bmatrix}\dfrac{1}{s+1} & \dfrac{1}{s+3}\\ \dfrac{-1}{s+1} & \dfrac{-1}{s+2}\end{bmatrix}$$

3.14 线性连续定常系统的状态空间表达式为

$$\begin{cases}\dot{\boldsymbol{x}}=\begin{bmatrix}-1 & 1 & 0\\ 0 & -2 & 0\\ 0 & 1 & -3\end{bmatrix}\boldsymbol{x}+\begin{bmatrix}0\\1\\0\end{bmatrix}\boldsymbol{u}\\ y=\begin{bmatrix}1 & 1 & 0\end{bmatrix}\boldsymbol{x}\end{cases}$$

请用 MATLAB 工具判断系统的能控性和能观测性。

第 4 章　控制系统的李雅普诺夫稳定性分析

由经典控制理论中控制系统稳定性的概念可知，稳定性是控制系统能否正常工作的前提条件，是系统本身的一种特性，一个控制系统是否稳定只和系统本身的结构和参数有关，而与输入输出信号无关。

研究系统稳定性的方法很多，在经典控制理论中，应用劳斯判据和赫尔维茨判据等代数方法，来判定系统的稳定性。这些稳定性判断方法是以分析系统特征方程在 s 平面上根的分布为基础的，仅适用于单输入单输出的线性连续定常系统，对于多输入多输出系统，以及非线性系统和时变系统不再适用，为此需要寻求其它的稳定性判断方法。

1892 年，俄国数学家李雅普诺夫给出了稳定性概念的严格数学定义，并提出了两种判断系统稳定性的方法，即李雅普诺夫第一法和李雅普诺夫第二法，通过这两种方法可以对线性系统、非线性系统、定常系统和时变系统等进行分析。李雅普诺夫第一法是通过求解系统微分方程，然后根据解的性质来判定系统的稳定性，它的基本思路和分析方法与经典控制理论相一致。李雅普诺夫第二法则无需求解系统微分方程的解，而是通过构造李雅普诺夫函数的方法，来判定系统的稳定性。因此，李雅普诺夫第二法特别适用于那些难以求解的非线性系统和时变系统，不特别指明，李雅普诺夫方法指的就是李雅普诺夫第二法。

李雅普诺夫稳定性分析理论，在现代控制理论中得到了广泛的应用，尤其是李雅普诺夫第二法，这也是本章讲述的重点。

4.1　李雅普诺夫稳定性定义

4.1.1　平衡状态的概念

李雅普诺夫稳定性研究的是平衡状态邻域的稳定性，因此首先给出平衡状态的概念。

对所有时间 t，如果满足 $\dot{\boldsymbol{x}}_e=\boldsymbol{f}(\boldsymbol{x}_e,t)=0$，则称 $\boldsymbol{x}_e$ 为系统的平衡状态或平衡点。这里的函数 $\boldsymbol{f}$ 一般为时变非线性函数，如果不显含时间 t，则为定常非线性函数。

对平衡状态给出几点说明：

① 对于线性连续定常系统 $\Sigma=(\boldsymbol{A},\boldsymbol{B},\boldsymbol{C})$ 来说，如果 $\boldsymbol{A}$ 为非奇异阵，则 $\boldsymbol{x}_e=0$ 是其唯一的平衡状态。如果 $\boldsymbol{A}$ 为奇异阵，则系统有无穷多个平衡状态。

② 对于非线性系统，有一个或多个平衡状态。

③ 对任意孤立的平衡状态 $\boldsymbol{x}_e\neq0$，总可以经过一定的坐标变换，把它转换到坐标原点（即零状态）。所以，一般而言平衡状态为状态空间的原点。

④ 李雅普诺夫稳定性针对某个平衡状态而言，不同的平衡状态可能表现出不同的稳定特性。所以，稳定性必须针对所有平衡状态分别加以讨论。

例 4.1.1　某非线性系统状态方程为

$$\begin{cases}\dot{x}_1=-x_1\\ \dot{x}_2=x_1+x_2-x_2^3\end{cases}$$

求该系统的平衡状态。

解　由

$$\begin{cases}\dot{x}_1=0\\ \dot{x}_2=0\end{cases}$$

可得方程组

$$\begin{cases}-x_1=0\\ x_1+x_2-x_2^3=x_1+x_2(1-x_2^2)=0\end{cases}$$

求解以上方程组，可得该系统的 3 个平衡状态为

$$\boldsymbol{x}_{e1}=\begin{bmatrix}0\\0\end{bmatrix},\quad \boldsymbol{x}_{e2}=\begin{bmatrix}0\\-1\end{bmatrix},\quad \boldsymbol{x}_{e3}=\begin{bmatrix}0\\1\end{bmatrix}$$

4.1.2　李雅普诺夫稳定性定义

根据系统的自由响应是否有界，李雅普诺夫将系统的稳定性定义为四种。

1. 稳定与一致稳定

假设 $\boldsymbol{x}_e$ 为动力学系统的一个孤立平衡状态，如果对任意正实数 $\varepsilon>0$ 或球域$S(\varepsilon)$，都可以找到另一个正实数 $\delta(\varepsilon,t_0)$或球域 $S(\delta)$，当初始状态 $\boldsymbol{x}_0$ 满足 $\|\boldsymbol{x}_0-\boldsymbol{x}_e\|\leqslant\delta(\varepsilon,t_0)$时，对由球域$S(\delta)$内出发的状态 $\boldsymbol{x}$ 的运动轨迹有 $\|\boldsymbol{x}-\boldsymbol{x}_e\|\leqslant\varepsilon$，则称平衡状态 $\boldsymbol{x}_e$ 在李雅普诺夫意义下是稳定的。稳定系统的状态轨迹如图4.1.1所示。

如果 δ 与初始时刻 t_0 无关，则称平衡状态是一致稳定的。

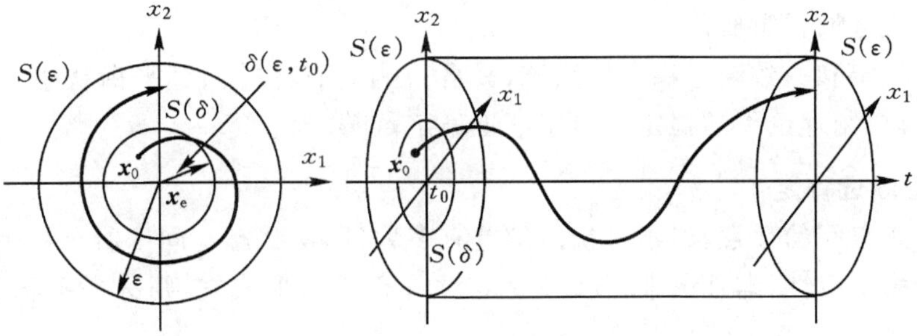

图 4.1.1　李雅普诺夫意义下稳定系统的状态轨迹图

对李雅普诺夫意义下的稳定有以下几点说明：

① $\|\boldsymbol{x}_0-\boldsymbol{x}_e\|\leqslant\delta(\varepsilon,t_0)$表示初始偏差都在以 δ 为半径，以平衡状态 $\boldsymbol{x}_e$ 为球心的球域$S(\delta)$里，$\|\boldsymbol{x}-\boldsymbol{x}_e\|\leqslant\varepsilon$ 表示状态偏差都在以 ε 为半径，以平衡状态 $\boldsymbol{x}_e$ 为球心的球域 $S(\varepsilon)$内。其中 $\|\boldsymbol{x}_0-\boldsymbol{x}_e\|=[(x_{10}-x_{1e})^2+(x_{20}-x_{2e})^2+\cdots+(x_{n0}-x_{ne})^2]^{\frac{1}{2}}$为欧氏范数。

② 李雅普诺夫稳定性针对平衡状态而言，反映的是平衡状态邻域的局部稳定性，即小范围稳定性。

③ 系统做等幅振荡时，状态随时间变化会在状态空间平面上描出一条封闭曲线，只要不超过 $S(\varepsilon)$，就是李雅普诺夫意义下稳定的，而在经典控制理论的工程实际中认为是不稳定的。

④ 在李雅普诺夫意义下稳定的系统，其自由响应是有界的。

2. 渐近稳定和一致渐近稳定

假设 $\boldsymbol{x}_e$ 为动力学系统的一个孤立平衡状态，如果它是李雅普诺夫意义下稳定的，且有 $\lim\limits_{t\to\infty}\|\boldsymbol{x}-\boldsymbol{x}_e\|=0$，即状态轨迹最终收敛于平衡状态 $\boldsymbol{x}_e$，则称平衡状态 $\boldsymbol{x}_e$ 为渐近稳定的。渐近稳定系统的状态轨迹如图 4.1.2 所示。

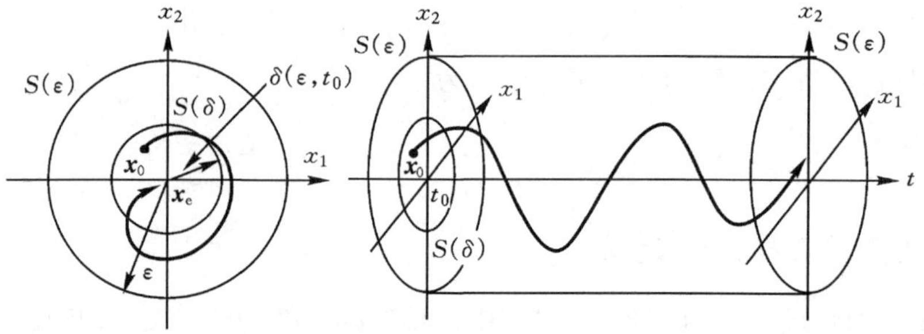

图 4.1.2　渐近稳定系统的状态轨迹图

如果 δ 与初始时刻 t_0 无关，则称平衡状态 $\boldsymbol{x}_e$ 为一致渐近稳定。

注意：稳定和渐近稳定，两者有很大的不同。对于稳定而言，只要求状态轨迹永远不会跑出球域 $S(\varepsilon)$，至于在球域内如何变化不作任何规定。而对于渐近稳定而言，不仅要求状态的运动轨迹不能跑出球域 $S(\varepsilon)$，而且还要求它最终收敛或无限趋近平衡状态 $\boldsymbol{x}_e$。渐近稳定比稳定更重要，但它是一个局部概念，平衡状态局部稳定并不意味着整个系统能正常工作。确定其渐近稳定的最大区域很重要。

具有渐近稳定和一致渐近稳定的系统，其自由响应有界并回到平衡状态。由渐近稳定的概念可知，经典控制理论下的稳定性属于渐近稳定范畴。

3. 大范围渐近稳定

如果对状态空间的任意点，不管初始偏差有多大(即从状态空间中所有初始状态出发的轨迹)，都有渐近稳定特性，即：$\lim\limits_{t\to\infty}\|\boldsymbol{x}-\boldsymbol{x}_e\|=0$ 对所有状态都成立，则称平衡状态 $\boldsymbol{x}_e$ 是大范围渐近稳定的。

大范围渐近稳定的最大区域是整个状态空间，因此要求在整个状态空间中，系统只有一个平衡状态。假设有两个或两个以上的平衡状态，则每个平衡状态都有自己的稳定范围，其稳定区域不可能是整个状态空间。

4. 不稳定

如果对于某一实数 $\varepsilon>0$，不论 δ 取得多么小，由 $S(\delta)$ 内出发的状态，只要有一个状态的轨迹超出 $S(\varepsilon)$，则称平衡状态 $\boldsymbol{x}_e$ 是不稳定的。不稳定系统的状态轨迹如图 4.1.3 所示。

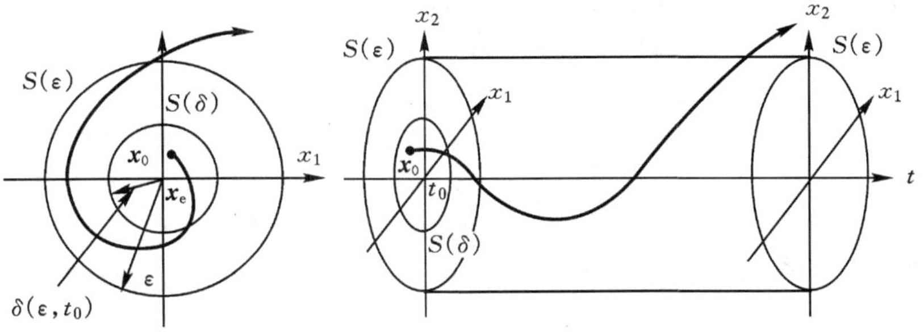

图 4.1.3　不稳定系统的状态轨迹图

4.2　李雅普诺夫第一法

对于一个控制系统而言，其稳定性一般有两种形式，即外部稳定性和内部稳定性。

外部稳定性是指系统在零初始条件下通过其外部状态，即由系统的输入和输出两者关系所定义的稳定性，又称为有界输入有界输出稳定(Bounded-Input-Bounded-Output，BIBO)。内部稳定性是指系统在零输入条件下通过其内部状态变化所定义的稳定性，即状态的稳定性。

外部稳定性只适用于线性系统，内部稳定性不但适用于线性系统，而且也适用于非线性系统。对于同一个线性系统，只有在满足一定的条件下，外部稳定性和内部稳定性才具有等价性。

4.2.1　BIBO 外部稳定性定义及判据

如果线性系统在有界的输入量或干扰量作用下，引起的输出量的幅值是有界的，即有界输入引起的零状态响应的输出是有界的，则称系统是有界输入有界输出稳定的。否则，如果系统在有界输入作用下，产生无界输出，则系统是不稳定的。

说明：

① 函数 $h(t)$有界的含义为：对于函数 $h(t)$，在$(0,\infty)$时间区间内存在正实常数 k，满足 $|h(t)|<k<\infty$。

② 尽管在定义时提到了输入和扰动作用，但对线性定常系统来说，系统稳定与否完全取决于系统本身的结构和参数，稳定性是系统本身的一种特性，而与输入作用无关。

BIBO 外部稳定性判据：线性连续定常系统的传递函数是 $G(s)=\boldsymbol{c}(s\boldsymbol{I}-\boldsymbol{A})^{-1}\boldsymbol{b}$，当且仅当其极点都在 s 的左半平面时，系统才是有界输入有界输出稳定的，否则系统是不稳定的。在此，虚轴上的临界稳定，对应等幅周期振荡，控制工程上认为是不稳定的。

例 4.2.1　某线性连续定常系统的状态方程为

$$\begin{cases}\dot{\boldsymbol{x}}=\begin{bmatrix}0 & 6\\ 1 & -1\end{bmatrix}\boldsymbol{x}+\begin{bmatrix}-2\\ 1\end{bmatrix}u\\ y=\begin{bmatrix}0 & 1\end{bmatrix}\boldsymbol{x}\end{cases}$$

试确定该系统的外部稳定性。

解 由状态方程可以求得该系统的传递函数为

$$G(s)=\boldsymbol{c}(s\boldsymbol{I}-\boldsymbol{A})^{-1}\boldsymbol{b}$$
$$=[0\quad 1]\begin{bmatrix} s & -6 \\ -1 & s+1 \end{bmatrix}^{-1}\begin{bmatrix} -2 \\ 1 \end{bmatrix}$$
$$=\frac{(s-2)}{(s-2)(s+3)}=\frac{1}{(s+3)}$$

$s=2$ 的极点被对消掉了,所以传递函数的极点位于 s 左半平面,系统是有界输入有界输出稳定的。

4.2.2 内部稳定性定义及判据

李雅普诺夫第一法判断系统的稳定性,属于内部稳定性范畴。这是一种间接的方法,对于线性连续定常系统,通过系统矩阵 $\boldsymbol{A}$ 的特征值来判断系统的稳定性。

李雅普诺夫第一法稳定性判据:线性连续定常系统渐近稳定的充分必要条件是,系统矩阵 $\boldsymbol{A}$ 的所有特征值均具有负实部。

由以上稳定性判据可知,所有特征值均具有负实部,等同于特征方程的根(包含零极点相约消掉的极点)全部位于 s 平面的左半部分。

例 4.2.2 对例 4.2.1 给定的系统,判断其内部稳定性。

解 求系统的特征方程

$$\det(\lambda\boldsymbol{I}-\boldsymbol{A})=\begin{vmatrix} \lambda & -6 \\ -1 & \lambda+1 \end{vmatrix}=(\lambda-2)(\lambda+3)=0$$

由以上方程可求得系统矩阵 $\boldsymbol{A}$ 的特征值为 $\lambda_1=2,\lambda_2=-3$。由于 $\lambda_1=2$ 的特征值不是负实数,也不是具有负实部的共轭复数,因此根据李雅普诺夫第一法可知,系统不是渐近稳定的。

4.2.3 内部稳定性和 BIBO 外部稳定性的关系

由以上分析可知,BIBO 外部稳定性和内部状态稳定性之间存在如下关系:

① 由于零极点对消的影响,导致内部稳定性和外部稳定性是不等价的。这一点由例 4.2.1 和例 4.2.2 可以看出。

② 如果系统是有界输入有界输出稳定的,则不一定是渐近稳定的。因为在这种情况下,可能有零极点对消发生,消去的极点可能不在 s 的左半平面,如例 4.2.1。

③ 如果系统是渐近稳定的,则一定是有界输入有界输出稳定的。因为不管是否有零极点对消情况发生,系统矩阵 $\boldsymbol{A}$ 的特征值一定包含所有极点。

④ 内部稳定性要比外部稳定性严格。只用传递函数极点性质判定系统的稳定性不一定能真正反映系统稳定的性能。一个外部稳定的系统,完全可能由于内部状态的不稳定性导致系统中某些元件饱和甚至损坏,而使系统无法正常工作。

4.3 李雅普诺夫第二法

李雅普诺夫第二法又称为直接法,该方法通过构造李雅普诺夫函数,然后判断李雅普诺夫函数及其导数的正定性和(半)负定性,来判定系统的稳定性。

因此，在介绍李雅普诺夫第二法判断系统稳定性之前，先介绍一下二次型及其正定性相关的知识。

4.3.1　二次型及其正定性

二次型标量函数 $V(\boldsymbol{x})$ 如下：

$$V(\boldsymbol{x}) = \begin{bmatrix} x_1 & x_2 & \cdots & x_n \end{bmatrix} \begin{bmatrix} p_{11} & p_{12} & \cdots & p_{1n} \\ p_{21} & p_{22} & \cdots & p_{2n} \\ \vdots & \vdots & & \cdots \\ p_{n1} & p_{n2} & \cdots & p_{nn} \end{bmatrix} \begin{bmatrix} x_1 \\ x_2 \\ \vdots \\ x_n \end{bmatrix} = \boldsymbol{x}^{\mathrm{T}} \boldsymbol{P} \boldsymbol{x} \tag{4.3.1}$$

其中，如果 $p_{ik}=p_{ki}$，则称 $\boldsymbol{P}$ 为实对称矩阵。则有

① 正定性：当且仅当 $\boldsymbol{x}=0$ 时，才有 $V(\boldsymbol{x})=0$；对任意非零 $\boldsymbol{x}$，恒有 $V(\boldsymbol{x})>0$，则 $V(\boldsymbol{x})$ 为正定的。

② 负定性：当且仅当 $\boldsymbol{x}=0$ 时，才有 $V(\boldsymbol{x})=0$；对任意非零 $\boldsymbol{x}$，恒有 $V(\boldsymbol{x})<0$，则 $V(\boldsymbol{x})$ 为负定的。

③ 半正定和半负定：

如果对任意 $\boldsymbol{x}\neq 0$，恒有 $V(\boldsymbol{x})\geqslant 0$，则 $V(\boldsymbol{x})$ 为半正定的；

如果对任意 $\boldsymbol{x}\neq 0$，恒有 $V(\boldsymbol{x})\leqslant 0$，则 $V(\boldsymbol{x})$ 为半负定的。

④ (半)正定和(半)负定间的关系：

$V(\boldsymbol{x})$ 为正定，则 $-V(\boldsymbol{x})$ 为负定的；

$V(\boldsymbol{x})$ 为半正定，则 $-V(\boldsymbol{x})$ 为半负定的。

⑤ 不定性：如果无论取多么小的非零 $\boldsymbol{x}$，$V(\boldsymbol{x})$ 可为正值也可为负值，则 $V(\boldsymbol{x})$ 为不定的。

对于二次型函数 $V(\boldsymbol{x})=\boldsymbol{x}^{\mathrm{T}}\boldsymbol{P}\boldsymbol{x}$ 来说，其正(负)定性和实对称矩阵 $\boldsymbol{P}$ 的正(负)定性相一致。因此，可以通过赛尔维斯特准则来判断其正(负)定性。

给定 $n\times n$ 维实对称矩阵 $\boldsymbol{P}$

$$\boldsymbol{P} = \begin{bmatrix} p_{11} & p_{12} & \cdots & p_{1n} \\ p_{21} & p_{22} & \cdots & p_{2n} \\ \vdots & \vdots & & \cdots \\ p_{n1} & p_{n2} & \cdots & p_{nn} \end{bmatrix}$$

则 $\Delta_1=p_{11}$，$\Delta_2=\begin{vmatrix} p_{11} & p_{12} \\ p_{21} & p_{22} \end{vmatrix}$，$\cdots$，$\Delta_n=|\boldsymbol{P}|$ 称为矩阵 $\boldsymbol{P}$ 的各阶主子行列式。

赛尔维斯特准则描述如下：

① 二次型 $V(\boldsymbol{x})=\boldsymbol{x}^{\mathrm{T}}\boldsymbol{P}\boldsymbol{x}$ 为正定，或实对称矩阵 $\boldsymbol{P}$ 为正定的充要条件是：矩阵 $\boldsymbol{P}$ 的所有主子行列式均为正，即

$$\Delta_1 = p_{11} > 0,\ \Delta_2 = \begin{vmatrix} p_{11} & p_{12} \\ p_{21} & p_{22} \end{vmatrix} > 0, \cdots, \Delta_n = |\ \boldsymbol{P}\ | > 0$$

② 二次型 $V(\boldsymbol{x})=\boldsymbol{x}^{\mathrm{T}}\boldsymbol{P}\boldsymbol{x}$ 为负定，或实对称阵 $\boldsymbol{P}$ 为负定的充要条件是：矩阵 $\boldsymbol{P}$ 的奇数阶主子行列式小于零，同时偶数阶主子行列式大于零。即

$$\Delta_i > 0\text{，其中 } i \text{ 为偶数}$$
$$\Delta_i < 0\text{，其中 } i \text{ 为奇数}$$

③ 二次型 $V(\boldsymbol{x})=\boldsymbol{x}^{\mathrm{T}}\boldsymbol{P}\boldsymbol{x}$ 为半正定,或实对称阵 $\boldsymbol{P}$ 为半正定的充要条件是:矩阵 $\boldsymbol{P}$ 的各阶主子行列式满足下列条件

$$\Delta_i \geqslant 0,\text{其中 } i=1,2,\cdots,n-1$$
$$\Delta_i = 0,\text{其中 } i=n$$

④ 二次型 $V(\boldsymbol{x})=\boldsymbol{x}^{\mathrm{T}}\boldsymbol{P}\boldsymbol{x}$ 为半负定,或实对称阵 $\boldsymbol{P}$ 为半负定的充要条件是:矩阵 $\boldsymbol{P}$ 的各阶主子行列式满足下列条件

$$\Delta_i \geqslant 0,\text{其中 } i \text{ 为偶数}$$
$$\Delta_i \leqslant 0,\text{其中 } i \text{ 为奇数}$$
$$\Delta_i = 0,\text{其中 } i=n$$

例 4.3.1 试证明下列二次型是正定的。

$$V(\boldsymbol{x}) = 10x_1^2 + 4x_2^2 + x_3^2 + 2x_1x_2 - 2x_2x_3 - 4x_1x_3$$

证明 二次型 $V(\boldsymbol{x})$ 可写为如下形式:

$$V(\boldsymbol{x}) = \boldsymbol{x}^{\mathrm{T}}\boldsymbol{P}\boldsymbol{x} = [x_1 \quad x_2 \quad x_3]\begin{bmatrix} 10 & 1 & -2 \\ 1 & 4 & -1 \\ -2 & -1 & 1 \end{bmatrix}\begin{bmatrix} x_1 \\ x_2 \\ x_3 \end{bmatrix}$$

求解以上实对称阵 $\boldsymbol{P}$ 的各阶主子行列式

$$\Delta_1 = 10,\quad \Delta_2 = \begin{vmatrix} 10 & 1 \\ 1 & 4 \end{vmatrix} = 39,\quad \Delta_3 = \begin{vmatrix} 10 & 1 & -2 \\ 1 & 4 & -1 \\ -2 & -1 & 1 \end{vmatrix} = 17$$

所以

$$\Delta_1 > 0,\quad \Delta_2 > 0,\quad \Delta_3 > 0$$

因为实对称阵 $\boldsymbol{P}$ 的所有主子行列式均为正值,根据赛尔维斯特准则可知,$V(\boldsymbol{x})$ 是正定的。

4.3.2 李雅普诺夫第二法稳定性定理

李雅普诺夫第二法判断系统稳定性的思路是:通过能量观点,根据能量的衰减来分析系统的稳定性。在给出李雅普诺夫第二法的稳定性定理之前,先来介绍一下能量函数和李雅普诺夫函数。

1. 能量函数和李雅普诺夫函数

下面分析图 4.3.1 所示的弹簧-质量-阻尼系统。

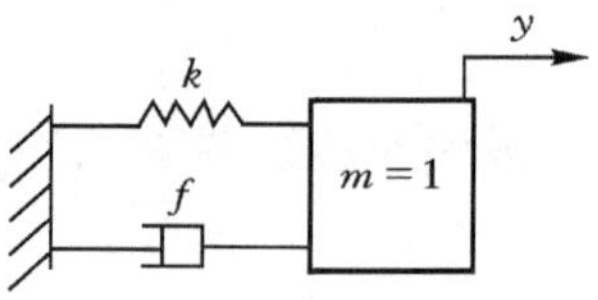

图 4.3.1 弹簧-质量-阻尼系统结构图

根据牛顿定理,可以列写出系统的微分方程为

$$m\ddot{y} + f\dot{y} + ky = 0$$

即

$$\ddot{y}+f\dot{y}+ky=0$$

选择质量块的位移和速度作为状态变量，即 $x_1=y, x_2=\dot{y}$。则系统的状态方程为

$$\begin{cases}\dot{x}_1=x_2\\ \dot{x}_2=-kx_1-fx_2\end{cases}$$

则在任意时刻，系统的总能量 $E(x_1,x_2)$ 为质量块动能加上弹簧势能，即

$$E(x_1,x_2)=\frac{1}{2}kx_1^2+\frac{1}{2}mx_2^2=\frac{1}{2}kx_1^2+\frac{1}{2}x_2^2$$

由上式可知，当 $\boldsymbol{x}>0$ 时，$E(x_1,x_2)>0$；当 $\boldsymbol{x}=0$ 时，$E(x_1,x_2)=0$，因此，$E(x_1,x_2)$ 是正定的。

$E(x_1,x_2)$ 随时间的变化率为

$$\begin{aligned}\frac{\mathrm{d}}{\mathrm{d}t}E(x_1,x_2)&=\frac{\partial E}{\partial x_1}\frac{\mathrm{d}x_1}{\mathrm{d}t}+\frac{\partial E}{\partial x_2}\frac{\mathrm{d}x_2}{\mathrm{d}t}\\&=kx_1\dot{x}_1+x_2\dot{x}_2\\&=kx_1x_2+x_2(-kx_1-fx_2)\\&=-fx_2^2\end{aligned}$$

由以上分析可知，该系统的能量随时间的变化率为负数，即系统的能量是衰减的。在此，称函数 $E(x_1,x_2)$ 为系统的能量函数。

需要注意：对于一个实际系统而言，很难找到一个统一的能量函数。因此，为了分析系统的稳定性，可以虚构一个广义能量函数，这个广义能量函数称为李雅普诺夫函数，根据该函数和它的一阶导数的正定性和(半)负定性来判断系统稳定性。

因此李雅普诺夫第二法判稳的过程，就是要找到一个正定的标量函数 $V(\boldsymbol{x})$，而 $\dot{V}(\boldsymbol{x})$ 是(半)负定的，则这个系统就是渐近稳定的，而这个标量函数 $V(\boldsymbol{x})$ 就是系统的李雅普诺夫函数。

2. 李雅普诺夫第二法稳定性定理

定理 4.3.1　设系统的状态方程为 $\dot{\boldsymbol{x}}=\boldsymbol{f}(\boldsymbol{x})$，$\boldsymbol{x}_e=0$ 为其平衡状态，如果有连续一阶偏导数的标量函数 $V(\boldsymbol{x})$ 存在，并且满足以下两个条件：

① $V(\boldsymbol{x})$ 是正定的；

② $\dot{V}(\boldsymbol{x})$ 是负定的。

则系统在状态空间原点处的平衡状态是渐近稳定的。如果随着 $\|\boldsymbol{x}\|\to\infty$，有 $V(\boldsymbol{x})\to\infty$，则原点处的平衡状态是大范围渐近稳定的。

在定理 4.3.1 中，标量函数 $V(\boldsymbol{x})$ 就是系统的一个李雅普诺夫函数。

例 4.3.2　某非线性系统的状态方程为

$$\begin{cases}\dot{x}_1=x_2-x_1(x_1^2+x_2^2)\\ \dot{x}_2=-x_1-x_2(x_1^2+x_2^2)\end{cases}$$

$\boldsymbol{x}_e=0$ 是其唯一的平衡状态，试确定平衡状态的稳定性。

解　① 构造李雅普诺夫函数。假设正定标量函数为

$$V(\boldsymbol{x})=x_1^2+x_2^2$$

则

$$\dot{V}(\boldsymbol{x})=2x_1\dot{x}_1+2x_2\dot{x}_2$$

将系统的状态方程代入上式可得

$$\dot{V}(\boldsymbol{x})=2x_1[x_2-x_1(x_1^2+x_2^2)]+2x_2[-x_1-x_2(x_1^2+x_2^2)]$$

$$=-2(x_1^2+x_2^2)^2$$

所以，$\dot{V}(\boldsymbol{x})$是负定的。

根据定理 4.3.1 可知，该系统的平衡状态 $\boldsymbol{x}_e=0$ 是渐近稳定的。同时，$V(\boldsymbol{x})$是系统的一个李雅普诺夫函数。

② 当 $\|\boldsymbol{x}\|\to\infty$，即$(x_1^2+x_2^2)^{\frac{1}{2}}\to\infty$，得 $V(\boldsymbol{x})=x_1^2+x_2^2\to\infty$。因此，该系统的平衡状态 $\boldsymbol{x}_e=0$是大范围渐近稳定的。

一般情况下，$\dot{V}(\boldsymbol{x})$是负定的条件难于满足，那么能不能用 $\dot{V}(\boldsymbol{x})$是半负定这个条件代替？为此有以下的定理 4.3.2。

定理 4.3.2 设系统的状态方程 $\dot{\boldsymbol{x}}=\boldsymbol{f}(\boldsymbol{x})$，$\boldsymbol{x}_e=0$ 为其唯一的平衡状态，如果有连续一阶偏导数的标量函数 $V(\boldsymbol{x})$存在，并且满足以下三个条件：

① $V(\boldsymbol{x})$是正定的；

② $\dot{V}(\boldsymbol{x})$是半负定的；

③ 对任意初始时刻 t_0 的任意状态 $\boldsymbol{x}_0\neq 0$，当 $t\geqslant t_0$ 时，除了在 $\boldsymbol{x}=0$ 时有$\dot{V}(\boldsymbol{x})=0$外，$\dot{V}(\boldsymbol{x})$不恒等于零。

则系统在原点处的平衡状态是渐近稳定的。如果随着 $\|\boldsymbol{x}\|\to\infty$，有 $V(\boldsymbol{x})\to\infty$，则原点处的平衡状态是大范围渐近稳定的。

这里所说的不恒等于零意味着仅在某个特定时刻，在某个点上和某个特定的曲面相切，然后状态会继续向平衡状态移动。恒等于零就意味着运动轨迹是某个特定的曲面 $V(\boldsymbol{x})=C$。

例 4.3.3 某系统的状态方程为

$$\begin{cases}\dot{x}_1=x_2\\ \dot{x}_2=-x_1-x_2\end{cases}$$

试确定其平衡状态的稳定性。

解 ① 求系统的平衡状态。在状态方程中，令 $\dot{x}_1=0$ 和 $\dot{x}_2=0$，可得 $\boldsymbol{x}_e=0$ 是系统唯一的平衡状态。

② 构造李雅普诺夫函数。假设正定标量函数为

$$V(\boldsymbol{x})=x_1^2+x_2^2$$

则

$$\dot{V}(\boldsymbol{x})=2x_1\dot{x}_1+2x_2\dot{x}_2=-2x_2^2$$

因此，$\dot{V}(\boldsymbol{x})\leqslant 0$，$\dot{V}(\boldsymbol{x})$是半负定的。

当 $\boldsymbol{x}=0$ 时

$$\dot{V}(\boldsymbol{x})=0$$

当 $x_2=0$ 时，不论 x_1 是否为零，也有

$$\dot{V}(\boldsymbol{x})=0$$

但只要 $x_2\neq 0$，$\dot{V}(\boldsymbol{x})$就不等于零。因此，$\dot{V}(\boldsymbol{x})$不恒等于零。所以，由定理 4.3.2 可知，系统的平衡状态 $\boldsymbol{x}_e=0$ 是渐近稳定的。并且，$V(\boldsymbol{x})$是系统的一个李雅普诺夫函数。

③ 当 $\|\boldsymbol{x}\|\to\infty$，即$(x_1^2+x_2^2)^{\frac{1}{2}}\to\infty$，得 $V(\boldsymbol{x})=x_1^2+x_2^2\to\infty$，则系统的平衡状态 $\boldsymbol{x}_e=0$ 是大范围渐近稳定的。

以上两个定理仅是李雅普诺夫稳定性判据的充分条件，而非必要条件，判稳过程就是寻找

李雅普诺夫函数 $V(\boldsymbol{x})$。如果没有找到合适的 $V(\boldsymbol{x})$，也不能因此判断系统不稳定。这两个稳定性定理，既适合于线性系统和非线性系统，也适合于定常系统和时变系统，具有普遍意义。

对于系统的不稳定性，有以下的定理 4.3.3。

定理 4.3.3　设系统状态方程为 $\dot{\boldsymbol{x}}=\boldsymbol{f}(\boldsymbol{x})$，$\boldsymbol{x}_e=0$ 为其平衡状态。如果存在一个标量函数 $V(\boldsymbol{x})$，它具有连续的一阶偏导数，且满足下列条件

① $V(\boldsymbol{x})$ 在原点的某一邻域内是正定的；

② $\dot{V}(\boldsymbol{x})$ 在同样的邻域内也是正定的。

则系统在原点处的平衡状态是不稳定的。

例 4.3.4　某系统的状态方程为

$$\begin{cases}\dot{x}_1 = x_1 + x_2\\ \dot{x}_2 = - x_1 + x_2\end{cases}$$

试确定其平衡状态的稳定性。

解　① 求系统的平衡状态。在状态方程中，令 $\dot{x}_1=0$ 和 $\dot{x}_2=0$，可得 $\boldsymbol{x}_e=0$ 是系统唯一的平衡状态。

② 假设正定标量函数为

$$V(\boldsymbol{x}) = x_1^2 + x_2^2 > 0$$

则

$$\dot{V}(\boldsymbol{x}) = 2x_1\dot{x}_1 + 2x_2\dot{x}_2 = 2x_1^2 + 2x_2^2$$

因此，$\dot{V}(\boldsymbol{x})>0$，$\dot{V}(\boldsymbol{x})$ 是正定的。所以，由定理 4.3.3 可知，系统的平衡状态 $\boldsymbol{x}_e=0$ 是不稳定的。

不稳定性定理 4.3.3 也是一个充分条件判据。

3. 对李雅普诺夫函数的简单说明

由以上分析可以看出，李雅普诺夫函数具有以下性质：

① 李雅普诺夫函数是一个标量函数，且为正定的，其一阶导数为(半)负定。

② 对于渐近稳定的系统，其李雅普诺夫函数一定存在，且不是唯一的。用李雅普诺夫第二法判稳时，只要找到一个李雅普诺夫函数即可。

③ 李雅普诺夫函数最简洁的形式是二次型标量函数 $V(\boldsymbol{x})=\boldsymbol{x}^{\mathrm{T}}\boldsymbol{P}\boldsymbol{x}$，其中 $\boldsymbol{P}$ 是正定实对称方阵。

④ 李雅普诺夫函数只表示平衡状态邻域内系统局部运动的稳定情况，丝毫不能提供域外运动的任何信息。

需要注意：对一个实际系统而言，构造其李雅普诺夫函数的过程有时是非常困难的，需要很多技巧。因此，使用以上定理判断系统稳定性，有时使用起来很不方便，所以需要进一步给出构造李雅普诺夫函数的一般方法。

4.4　线性连续定常系统的李雅普诺夫稳定性分析

对于线性连续定常系统，有没有构造李雅普诺夫函数的通用方法呢？这是本节将要讨论的问题。

针对如下的线性连续定常系统

$$\dot{\boldsymbol{x}} = \boldsymbol{A}\boldsymbol{x}$$

如果选择二次型函数 $V(\boldsymbol{x})=\boldsymbol{x}^{\mathrm{T}}\boldsymbol{P}\boldsymbol{x}$ 为李雅普诺夫函数，则求得

$$\begin{aligned}\dot{V}(\boldsymbol{x}) &= (\boldsymbol{x}^{\mathrm{T}}\boldsymbol{P}\boldsymbol{x})' \\ &= \dot{\boldsymbol{x}}^{\mathrm{T}}\boldsymbol{P}\boldsymbol{x} + \boldsymbol{x}^{\mathrm{T}}\boldsymbol{P}\dot{\boldsymbol{x}} \\ &= (\boldsymbol{A}\boldsymbol{x})^{\mathrm{T}}\boldsymbol{P}\boldsymbol{x} + \boldsymbol{x}^{\mathrm{T}}\boldsymbol{P}\boldsymbol{A}\boldsymbol{x} \\ &= \boldsymbol{x}^{\mathrm{T}}(\boldsymbol{A}^{\mathrm{T}}\boldsymbol{P} + \boldsymbol{P}\boldsymbol{A})\boldsymbol{x}\end{aligned} \tag{4.4.1}$$

如果令

$$\boldsymbol{A}^{\mathrm{T}}\boldsymbol{P} + \boldsymbol{P}\boldsymbol{A} = -\boldsymbol{Q}$$

则有

$$\dot{V}(\boldsymbol{x}) = -\boldsymbol{x}^{\mathrm{T}}\boldsymbol{Q}\boldsymbol{x}$$

如果 $\boldsymbol{P}$ 是正定的，则 $V(\boldsymbol{x})$ 也是正定的；如果 $\boldsymbol{Q}$ 是正定的，则 $\dot{V}(\boldsymbol{x})$ 是负定的；如果 $\boldsymbol{Q}$ 是半正定的，则 $\dot{V}(\boldsymbol{x})$ 是半负定的。因此，根据 4.3.2 一节给出的定理 4.3.1 和定理 4.3.2，就可以相应地得到以下两个稳定性判据。

判据 4.4.1：线性连续定常系统

$$\dot{\boldsymbol{x}} = \boldsymbol{A}\boldsymbol{x}$$

其平衡状态 $\boldsymbol{x}_e=0$ 为渐近稳定的充要条件是：给定任意一个正定实对称矩阵 $\boldsymbol{Q}$，存在唯一的正定实对称矩阵 $\boldsymbol{P}$，使

$$\boldsymbol{A}^{\mathrm{T}}\boldsymbol{P} + \boldsymbol{P}\boldsymbol{A} = -\boldsymbol{Q} \tag{4.4.2}$$

成立。标量函数 $V(\boldsymbol{x})=\boldsymbol{x}^{\mathrm{T}}\boldsymbol{P}\boldsymbol{x}$ 就是系统的一个李雅普诺夫函数。

下面给出判据 4.4.1 的证明过程。

证明：①先证充分性。即证明，对任意的正定实对称矩阵 $\boldsymbol{Q}$，存在正定实对称矩阵 $\boldsymbol{P}$ 满足方程 $\boldsymbol{A}^{\mathrm{T}}\boldsymbol{P}+\boldsymbol{P}\boldsymbol{A}=-\boldsymbol{Q}$，则平衡状态是渐近稳定的。

令 $V(\boldsymbol{x})=\boldsymbol{x}^{\mathrm{T}}\boldsymbol{P}\boldsymbol{x}$，当 $\boldsymbol{P}$ 为正定矩阵时，$V(\boldsymbol{x})$ 也是正定的，根据式(4.4.1)，有

$$\dot{V}(\boldsymbol{x})=\boldsymbol{x}^{\mathrm{T}}(\boldsymbol{A}^{\mathrm{T}}\boldsymbol{P}+\boldsymbol{P}\boldsymbol{A})\boldsymbol{x}=-\boldsymbol{x}^{\mathrm{T}}\boldsymbol{Q}\boldsymbol{x}$$

由于矩阵 $\boldsymbol{Q}$ 是正定的，所以 $\dot{V}(\boldsymbol{x})$ 是负定的，所以平衡状态是渐近稳定的。

②再证必要性。即证明，当系统渐近稳定时，对于任意的正定实对称矩阵 $\boldsymbol{Q}$，存在正定实对称矩阵 $\boldsymbol{P}$，使方程 $\boldsymbol{A}^{\mathrm{T}}\boldsymbol{P}+\boldsymbol{P}\boldsymbol{A}=-\boldsymbol{Q}$ 成立。为此，构造矩阵 $\boldsymbol{P}$ 如下

$$\boldsymbol{P} = \int_0^{\infty} \mathrm{e}^{\boldsymbol{A}^{\mathrm{T}}t}\boldsymbol{Q}\mathrm{e}^{\boldsymbol{A}t}\,\mathrm{d}t$$

当系统渐近稳定时，有 $\lim\limits_{t\to\infty}\mathrm{e}^{\boldsymbol{A}^{\mathrm{T}}t}=\lim\limits_{t\to\infty}\mathrm{e}^{\boldsymbol{A}t}=0$，同时 $\dfrac{\mathrm{d}}{\mathrm{d}t}(\mathrm{e}^{\boldsymbol{A}t})=\mathrm{e}^{\boldsymbol{A}t}\boldsymbol{A}=\boldsymbol{A}\mathrm{e}^{\boldsymbol{A}t}$，可得

$$\begin{aligned}\boldsymbol{A}^{\mathrm{T}}\boldsymbol{P} + \boldsymbol{P}\boldsymbol{A} &= \boldsymbol{A}^{\mathrm{T}}\left(\int_0^{\infty} \mathrm{e}^{\boldsymbol{A}^{\mathrm{T}}t}\boldsymbol{Q}\mathrm{e}^{\boldsymbol{A}t}\,\mathrm{d}t\right) + \left(\int_0^{\infty} \mathrm{e}^{\boldsymbol{A}^{\mathrm{T}}t}\boldsymbol{Q}\mathrm{e}^{\boldsymbol{A}t}\,\mathrm{d}t\right)\boldsymbol{A} \\ &= \int_0^{\infty} (\boldsymbol{A}^{\mathrm{T}}\mathrm{e}^{\boldsymbol{A}^{\mathrm{T}}t}\boldsymbol{Q}\mathrm{e}^{\boldsymbol{A}t} + \mathrm{e}^{\boldsymbol{A}^{\mathrm{T}}t}\boldsymbol{Q}\mathrm{e}^{\boldsymbol{A}t}\boldsymbol{A})\,\mathrm{d}t \\ &= \int_0^{\infty} \frac{\mathrm{d}}{\mathrm{d}t}(\mathrm{e}^{\boldsymbol{A}^{\mathrm{T}}t}\boldsymbol{Q}\mathrm{e}^{\boldsymbol{A}t})\,\mathrm{d}t \\ &= \mathrm{e}^{\boldsymbol{A}^{\mathrm{T}}t}\boldsymbol{Q}\mathrm{e}^{\boldsymbol{A}t}\Big|_0^{\infty} = -\boldsymbol{Q}\end{aligned}$$

所以，$\boldsymbol{P}$ 满足方程(4.4.2)。另外，由于

$$\boldsymbol{P}^{\mathrm{T}}=\left(\int_0^{\infty}\mathrm{e}^{\boldsymbol{A}^{\mathrm{T}}t}\boldsymbol{Q}\mathrm{e}^{\boldsymbol{A}t}\mathrm{d}t\right)^{\mathrm{T}}=\int_0^{\infty}(\mathrm{e}^{\boldsymbol{A}^{\mathrm{T}}t}\boldsymbol{Q}\mathrm{e}^{\boldsymbol{A}t})^{\mathrm{T}}\mathrm{d}t=\int_0^{\infty}\mathrm{e}^{\boldsymbol{A}^{\mathrm{T}}t}\boldsymbol{Q}\mathrm{e}^{\boldsymbol{A}t}\mathrm{d}t=\boldsymbol{P}$$

所以，$\boldsymbol{P}$ 为对称阵。此外

$$\boldsymbol{x}^{\mathrm{T}}\boldsymbol{P}\boldsymbol{x}=\int_0^{\infty}\boldsymbol{x}^{\mathrm{T}}\mathrm{e}^{\boldsymbol{A}^{\mathrm{T}}t}\boldsymbol{Q}\mathrm{e}^{\boldsymbol{A}t}\boldsymbol{x}\mathrm{d}t=\int_0^{\infty}(\mathrm{e}^{\boldsymbol{A}t}\boldsymbol{x})^{\mathrm{T}}\boldsymbol{Q}(\mathrm{e}^{\boldsymbol{A}t}\boldsymbol{x})\mathrm{d}t\geqslant 0$$

只有当 $\boldsymbol{x}=0$ 时上式等号成立，故 $\boldsymbol{P}$ 正定。

下面对 $\boldsymbol{P}$ 的唯一性进行证明。若存在两个正定实对称矩阵$\boldsymbol{P}_1$ 和$\boldsymbol{P}_2$，满足方程$\boldsymbol{A}^{\mathrm{T}}\boldsymbol{P}+\boldsymbol{P}\boldsymbol{A}=-\boldsymbol{Q}$，则有

$$\boldsymbol{A}^{\mathrm{T}}\boldsymbol{P}_1+\boldsymbol{P}_1\boldsymbol{A}=\boldsymbol{A}^{\mathrm{T}}\boldsymbol{P}_2+\boldsymbol{P}_2\boldsymbol{A}$$

即

$$\boldsymbol{A}^{\mathrm{T}}(\boldsymbol{P}_1-\boldsymbol{P}_2)+(\boldsymbol{P}_1-\boldsymbol{P}_2)\boldsymbol{A}=0$$

将上式左乘 $\mathrm{e}^{\boldsymbol{A}^{\mathrm{T}}t}$，右乘 $\mathrm{e}^{\boldsymbol{A}t}$，可得

$$\mathrm{e}^{\boldsymbol{A}^{\mathrm{T}}t}\{\boldsymbol{A}^{\mathrm{T}}(\boldsymbol{P}_1-\boldsymbol{P}_2)+(\boldsymbol{P}_1-\boldsymbol{P}_2)\boldsymbol{A}\}\mathrm{e}^{\boldsymbol{A}t}=0$$

即

$$\frac{\mathrm{d}}{\mathrm{d}t}\{\mathrm{e}^{\boldsymbol{A}^{\mathrm{T}}t}(\boldsymbol{P}_1-\boldsymbol{P}_2)\mathrm{e}^{\boldsymbol{A}t}\}=0$$

说明 $\mathrm{e}^{\boldsymbol{A}^{\mathrm{T}}t}(\boldsymbol{P}_1-\boldsymbol{P}_2)\mathrm{e}^{\boldsymbol{A}t}$ 是常数矩阵，与 t 无关。显然，$t=0$ 时有

$$\mathrm{e}^{\boldsymbol{A}^{\mathrm{T}}t}(\boldsymbol{P}_1-\boldsymbol{P}_2)\mathrm{e}^{\boldsymbol{A}t}\Big|_{t=0}=\boldsymbol{P}_1-\boldsymbol{P}_2$$

又由于当系统渐近稳定时，有$\lim\limits_{t\to\infty}\mathrm{e}^{\boldsymbol{A}^{\mathrm{T}}t}=\lim\limits_{t\to\infty}\mathrm{e}^{\boldsymbol{A}t}=0$，所以

$$\mathrm{e}^{\boldsymbol{A}^{\mathrm{T}}t}(\boldsymbol{P}_1-\boldsymbol{P}_2)\mathrm{e}^{\boldsymbol{A}t}\Big|_{t=\infty}=0$$

从而有

$$\boldsymbol{P}_1=\boldsymbol{P}_2$$

证毕！

判据 4.4.1 所阐述的条件，是充分且必要的。正定的实对称矩阵 $\boldsymbol{Q}$ 的形式可任意给定，且最终判断结果和 $\boldsymbol{Q}$ 的不同形式选择无关。因此，在实际使用时，为了计算方便，通常取

$$\boldsymbol{Q}=\boldsymbol{I}$$

判据 4.4.2：线性连续定常系统

$$\dot{\boldsymbol{x}}=\boldsymbol{A}\boldsymbol{x}$$

其平衡状态 $\boldsymbol{x}_{\mathrm{e}}=0$ 为渐近稳定的充要条件是：给定任意一个半正定实对称矩阵 $\boldsymbol{Q}$，存在唯一的正定实对称矩阵 $\boldsymbol{P}$，使

$$\boldsymbol{A}^{\mathrm{T}}\boldsymbol{P}+\boldsymbol{P}\boldsymbol{A}=-\boldsymbol{Q}$$

成立。同时，$\dot{V}(\boldsymbol{x})=-\boldsymbol{x}^{\mathrm{T}}\boldsymbol{Q}\boldsymbol{x}$ 除了在 $\boldsymbol{x}=0$ 时有 $\dot{V}(\boldsymbol{x})=0$ 外，$\dot{V}(\boldsymbol{x})$不恒等于零。标量函数 $V(\boldsymbol{x})=\boldsymbol{x}^{\mathrm{T}}\boldsymbol{P}\boldsymbol{x}$就是系统的一个李雅普诺夫函数。

判据 4.4.2 所阐述的条件，也是充分且必要的，在实际使用时，为了计算方便，通常取

$$\boldsymbol{Q}=\begin{bmatrix}0 & 0 & \cdots & 0\\ \vdots & \ddots & \ddots & \vdots\\ 0 & \ddots & 0 & 0\\ 0 & \cdots & 0 & 1\end{bmatrix}$$

下面通过两个例子,来说明用判据 4.4.1 和判据 4.4.2 判断线性连续定常系统渐近稳定性的过程。

例 4.4.1 已知某线性连续定常系统的方框图如图 4.4.1 所示,求使该系统渐近稳定的 k 值范围,其中 $k\neq 0$。

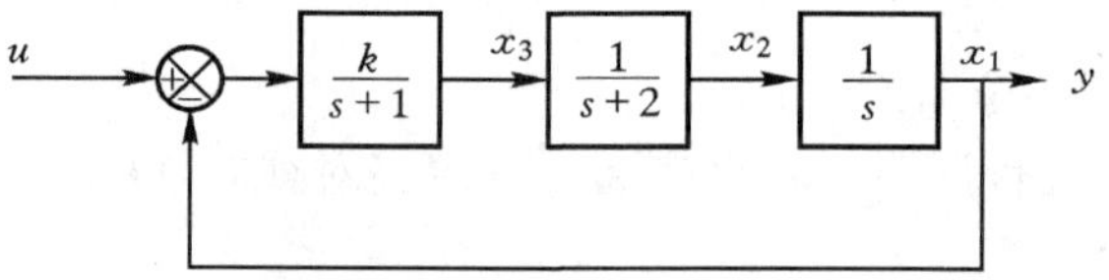

图 4.4.1 系统方框图

解 ① 首先求系统的状态空间表达式。

画出系统的模拟结构图,如图 4.4.2 所示

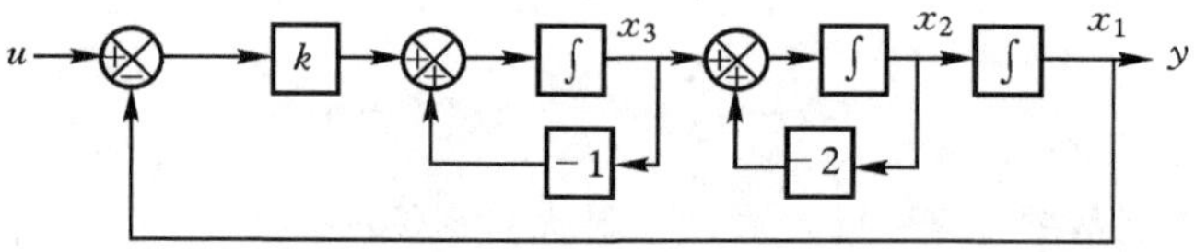

图 4.4.2 系统的模拟结构图

由图 4.4.2 可以直接写出该系统的状态空间表达式为

$$\begin{bmatrix}\dot{x}_1\\ \dot{x}_2\\ \dot{x}_3\end{bmatrix}=\begin{bmatrix}0 & 1 & 0\\ 0 & -2 & 1\\ -k & 0 & -1\end{bmatrix}\begin{bmatrix}x_1\\ x_2\\ x_3\end{bmatrix}+\begin{bmatrix}0\\ 0\\ k\end{bmatrix}u$$

$$y=\begin{bmatrix}1 & 0 & 0\end{bmatrix}\begin{bmatrix}x_1\\ x_2\\ x_3\end{bmatrix}$$

由于系统的稳定性与系统的输入无关,在判断系统稳定性时,常令输入为零。

② 用李雅普诺夫判据进行稳定性判断。

首先,求解平衡状态。由于$|\boldsymbol{A}|=-k\neq 0$,所以 $\boldsymbol{x}_e=0$ 是系统唯一的平衡状态。

选择 $\boldsymbol{Q}$ 阵,如果令

$$\boldsymbol{Q}=\begin{bmatrix}0 & 0 & 0\\ 0 & 0 & 0\\ 0 & 0 & 1\end{bmatrix}$$

则

$$\dot{V}(\boldsymbol{x})=-\boldsymbol{x}^{\mathrm{T}}\boldsymbol{Q}\boldsymbol{x}=-x_3^2$$

由此可知,当 $x_3\neq 0$ 时,$\dot{V}(\boldsymbol{x})$不等于零。要使 $\dot{V}(\boldsymbol{x})$恒等于零,则 $x_3=0$,此时由状态方程可知,x_1 和 x_2 也必然为零。也就是说,只有当 $\boldsymbol{x}=0$ 时,$\dot{V}(\boldsymbol{x})$才等于零,当 $\boldsymbol{x}\neq 0$ 时,$\dot{V}(\boldsymbol{x})$不恒等于

零。所以，Q 可以取以上的半正定阵。

用判据 4.4.2 进行判断：

将 Q 阵代入 $A^{T}P+PA=-Q$，可得

$$\begin{bmatrix}0 & 1 & 0\\0 & -2 & 1\\-k & 0 & -1\end{bmatrix}^{T}\begin{bmatrix}p_{11} & p_{12} & p_{13}\\p_{12} & p_{22} & p_{23}\\p_{13} & p_{23} & p_{33}\end{bmatrix}+\begin{bmatrix}p_{11} & p_{12} & p_{13}\\p_{12} & p_{22} & p_{23}\\p_{13} & p_{23} & p_{33}\end{bmatrix}\begin{bmatrix}0 & 1 & 0\\0 & -2 & 1\\-k & 0 & -1\end{bmatrix}$$

$$=-\begin{bmatrix}0 & 0 & 0\\0 & 0 & 0\\0 & 0 & 1\end{bmatrix}$$

解得

$$P=\begin{bmatrix}\frac{k^2+12k}{12-2k} & \frac{6k}{12-2k} & 0\\ \frac{6k}{12-2k} & \frac{3k}{12-2k} & \frac{k}{12-2k}\\ 0 & \frac{k}{12-2k} & \frac{6}{12-2k}\end{bmatrix}$$

根据赛尔维斯特准则，如果 P 正定，则有

$$\Delta_1=\frac{k^2+12k}{12-2k}>0,\text{ 且 }\Delta_2=\begin{vmatrix}\frac{k^2+12k}{12-2k} & \frac{6k}{12-2k}\\ \frac{6k}{12-2k} & \frac{3k}{12-2k}\end{vmatrix}>0,\text{ 且 }\Delta_3=|P|>0$$

解得 $12-2k>0$ 和 $k>0$，即 $0<k<6$。所以该系统渐近稳定的 k 值范围为 $0<k<6$。

例 4.4.2　某系统的状态方程为

$$\begin{cases}\dot{x}_1=x_1+x_2\\ \dot{x}_2=-x_1+x_2\end{cases}$$

试确定其平衡状态的稳定性。

解　① 求系统的平衡状态。在状态方程中，令 $\dot{x}_1=0$ 和 $\dot{x}_2=0$，可得 $x_e=0$ 是系统唯一的平衡状态。

② 稳定性判断。

该系统的系统矩阵为

$$A=\begin{bmatrix}1 & 1\\-1 & 1\end{bmatrix}$$

利用判据 4.4.1 进行判断：

令正定实对称矩阵 Q 为

$$Q=\begin{bmatrix}1 & 0\\0 & 1\end{bmatrix}$$

将其代入 $A^{T}P+PA=-Q$，可得

$$\begin{bmatrix}1 & 1\\-1 & 1\end{bmatrix}^{T}\begin{bmatrix}p_1 & p_3\\p_3 & p_2\end{bmatrix}+\begin{bmatrix}p_1 & p_3\\p_3 & p_2\end{bmatrix}\begin{bmatrix}1 & 1\\-1 & 1\end{bmatrix}=-\begin{bmatrix}1 & 0\\0 & 1\end{bmatrix}$$

得到以下方程组

$$\begin{cases}2(p_1-p_3)=-1\\2p_3+p_1-p_2=0\\2(p_2+p_3)=-1\end{cases}$$

解得

$$\boldsymbol{P}=\begin{bmatrix}-\dfrac{1}{2} & 0\\ 0 & -\dfrac{1}{2}\end{bmatrix}$$

$\boldsymbol{P}$ 的各阶主子行列式为

$$\Delta_1=-\frac{1}{2}<0$$

$$\Delta_2=\begin{vmatrix}-\dfrac{1}{2} & 0\\ 0 & -\dfrac{1}{2}\end{vmatrix}=\frac{1}{4}>0$$

所以，根据赛尔维斯特准则可知，矩阵 $\boldsymbol{P}$ 是负定的，根据判据 4.4.1 可知该系统是不稳定的。

利用判据 4.4.2 进行判断：

令半正定实对称矩阵 $\boldsymbol{Q}$ 为

$$\boldsymbol{Q}=\begin{bmatrix}0 & 0\\0 & 1\end{bmatrix}$$

则

$$\dot{V}(\boldsymbol{x})=-\boldsymbol{x}^{\mathrm{T}}\boldsymbol{Q}\boldsymbol{x}=-x_2^2$$

由此可知，当 $x_2\neq0$ 时，$\dot{V}(\boldsymbol{x})$不等于零。要使 $\dot{V}(\boldsymbol{x})$等于零，则 $x_2=0$，此时由状态方程可知，x_1 也必然为零。也就是说，只有当 $\boldsymbol{x}=0$ 时，$\dot{V}(\boldsymbol{x})$才等于零，当 $\boldsymbol{x}\neq0$ 时，$\dot{V}(\boldsymbol{x})$不恒等于零。所以，$\boldsymbol{Q}$ 可以取以上的半正定阵。

将以上 $\boldsymbol{Q}$ 阵代入$\boldsymbol{A}^{\mathrm{T}}\boldsymbol{P}+\boldsymbol{P}\boldsymbol{A}=-\boldsymbol{Q}$，可得

$$\begin{bmatrix}1 & 1\\-1 & 1\end{bmatrix}^{\mathrm{T}}\begin{bmatrix}p_1 & p_3\\p_3 & p_2\end{bmatrix}+\begin{bmatrix}p_1 & p_3\\p_3 & p_2\end{bmatrix}\begin{bmatrix}1 & 1\\-1 & 1\end{bmatrix}=-\begin{bmatrix}0 & 0\\0 & 1\end{bmatrix}$$

得到以下方程组

$$\begin{cases}2(p_1-p_3)=0\\2p_3+p_1-p_2=0\\2(p_2+p_3)=-1\end{cases}$$

解得

$$\boldsymbol{P}=\begin{bmatrix}-\dfrac{1}{8} & -\dfrac{1}{8}\\ -\dfrac{1}{8} & -\dfrac{3}{8}\end{bmatrix}$$

$\boldsymbol{P}$ 的各阶主子行列式为

$$\Delta_1 = -\frac{1}{8} < 0$$

$$\Delta_2 = \begin{vmatrix} -\frac{1}{8} & -\frac{1}{8} \\ -\frac{1}{8} & -\frac{3}{8} \end{vmatrix} = \frac{1}{32} > 0$$

所以，根据赛尔维斯特准则可知，矩阵 $\boldsymbol{P}$ 是负定的，根据判据 4.4.2 可知该系统是不稳定的。由例 4.4.2 可知，通过判据 4.4.1 和判据 4.4.2 得到的判断结果是完全一致的。

4.5　用 MATLAB 分析系统的李雅普诺夫稳定性

在现代控制理论中，利用 MATLAB 工具也可以非常方便地对线性连续定常系统进行李雅普诺夫稳定性分析。MATLAB 环境下提供了 lyap()命令，来求解线性连续定常系统的李雅普诺夫方程，得到矩阵 $\boldsymbol{P}$。该命令的基本调用格式如下

$$\boldsymbol{P}=\mathrm{lyap}(\boldsymbol{A},\boldsymbol{Q})$$

其中，$\boldsymbol{A}$ 为系统矩阵，$\boldsymbol{Q}$ 为任意给定的正定实对称矩阵，一般情况下，可取 $\boldsymbol{Q}=\boldsymbol{I}$，$\boldsymbol{P}$ 为方程 $\boldsymbol{AP}+\boldsymbol{PA}^{\mathrm{T}}=-\boldsymbol{Q}$ 的解。为求得式(4.4.2)中 $\boldsymbol{A}^{\mathrm{T}}\boldsymbol{P}+\boldsymbol{PA}=-\boldsymbol{Q}$ 的解 $\boldsymbol{P}$，在实际使用中，将 lyap()命令中的 $\boldsymbol{A}$ 用 $\boldsymbol{A}^{\mathrm{T}}$ 来取代，即：

$$\boldsymbol{P}=\mathrm{lyap}(\boldsymbol{A}^{\mathrm{T}},\boldsymbol{Q})$$

例 4.5.1　已知线性连续定常系统的状态方程为

$$\dot{\boldsymbol{x}}=\begin{bmatrix} -1 & 1 \\ 2 & -3 \end{bmatrix}\boldsymbol{x}$$

用李雅普诺夫第二法分析系统在平衡点 $\boldsymbol{x}_e=0$ 处的稳定性。

解　MATLAB 中 M 程序片断如程序 4.5.1 所示。

```
A=[-1,1;2,-3];
Q=[1,0;0,1];              %Q 取为单位阵
P=lyap(A',Q)              %求解李雅普诺夫方程，得到 P
P1=det(P(1,1))            %求各阶主子行列式
P2=det(P)                 %求各阶主子行列式
```

程序 4.5.1　例 4.5.1 程序片断

执行结果为：

```
P =
    1.7500    0.6250
    0.6250    0.3750
P1 =
    1.7500
P2 =
    0.2656
```

由此可知，$\boldsymbol{P}$ 的各阶主子行列式均大于零，$\boldsymbol{P}$ 为正定矩阵，所以系统在平衡点 $\boldsymbol{x}_e=0$ 处是渐近稳定的。

习　题

4.1　某线性连续定常系统的状态方程为

$$\begin{cases}\dot{\boldsymbol{x}}=\begin{bmatrix}0 & 3\\2 & -1\end{bmatrix}\boldsymbol{x}+\begin{bmatrix}-1\\1\end{bmatrix}u\\ y=\begin{bmatrix}0 & 1\end{bmatrix}\boldsymbol{x}\end{cases}$$

① 判断该系统的 BIBO 外部稳定性。

② 判断该系统的内部稳定性。

4.2　判断下列二次型函数 $V(\boldsymbol{x})$ 的符号性质。

① $V(\boldsymbol{x})=x_1^2+3x_2^2+x_3^2-2x_1x_2+x_1x_3$

② $V(\boldsymbol{x})=x_1^2+2x_2^2+x_3^2-3x_1x_2-2x_2x_3+2x_1x_3$

4.3　已知系统的状态方程为

$$\begin{cases}\dot{x}_1=x_2\\ \dot{x}_2=-x_2-x_1^3\end{cases}$$

请问 $V(\boldsymbol{x})=\frac{1}{4}x_1^4+\frac{1}{2}x_2^2$ 是该系统的李雅普诺夫函数吗？为什么？

4.4　试用李雅普诺夫第二法判断下列系统的稳定性。

① $\dot{\boldsymbol{x}}=\begin{bmatrix}0 & 1\\-8 & -6\end{bmatrix}\boldsymbol{x}$

② $\dot{\boldsymbol{x}}=\begin{bmatrix}-2 & 0 & 0\\0 & -1 & 0\\1 & 0 & -3\end{bmatrix}\boldsymbol{x}$

4.5　某系统的方框图如题 4.5 图所示，试用李雅普诺夫第二方法确定系统渐近稳定的 k 值范围，其中 $k\neq 0$。

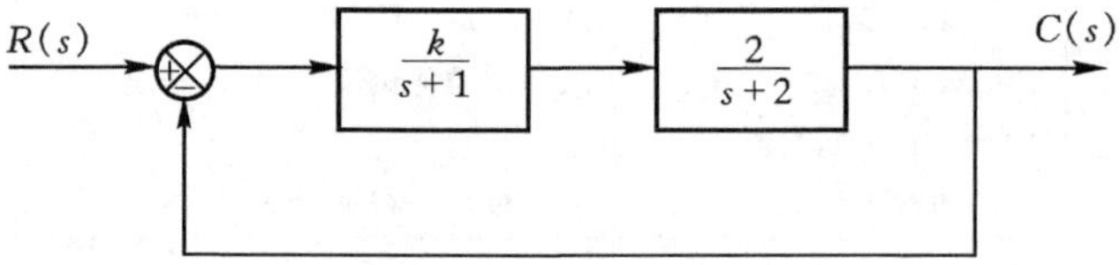

题 4.5 图

4.6　已知系统的状态方程为

$$\dot{\boldsymbol{x}}=\begin{bmatrix}0 & 1\\-k & -2\end{bmatrix}\boldsymbol{x}+\begin{bmatrix}0\\k\end{bmatrix}u$$

确定使系统为渐近稳定的 k 值范围。

4.7　某系统的状态方程为

$$\begin{cases}\dot{x}_1=x_2\\ \dot{x}_2=-x_1-x_2\end{cases}$$

试确定其平衡状态的稳定性。

4.8　利用 MATLAB 方法重新求解习题 4.4。

4.9　利用 MATLAB 方法重新求解习题 4.7。

第 5 章　状态反馈和状态观测器

控制系统的状态空间分析与设计是现代控制理论的基本内容。在前面的章节中，已经详细介绍了系统的状态空间表达式、状态方程求解、状态能控性和能观测性、李雅普诺夫稳定性等内容，这些内容属于系统描述和分析范畴。本章将继续讨论线性控制系统的状态空间设计方法，即状态反馈与状态观测器的设计。本章的讨论仅限于线性连续定常系统。

5.1　状态反馈与极点配置

反馈是经典控制理论中一个非常重要的概念，通常用系统输出作为反馈量来组成反馈控制系统，从而得到较满意的系统性能。在现代控制理论中，经常采用状态反馈来优化系统性能。状态变量与输出变量相比，包含了更加丰富的系统信息，使得对控制系统的描述更加全面。因此，为了得到更好的系统性能，在现代控制理论中常采用状态反馈来构成反馈控制系统。

5.1.1　状态反馈的概念及系统构成

所谓状态反馈，就是将系统的每一个状态变量乘以相应的反馈系数后，馈送到系统的输入端与参考输入相加，将相加和作为受控系统的输入。图 5.1.1 是状态反馈系统的结构图，其中图中虚线部分是状态反馈，状态反馈阵为 $\boldsymbol{K}$。

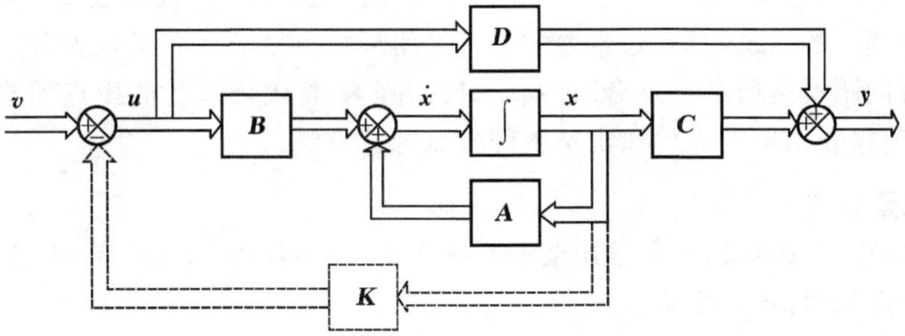

图 5.1.1　状态反馈系统的结构图

在图 5.1.1 中，原受控系统的状态空间表达式为

$$\begin{cases} \dot{\boldsymbol{x}} = \boldsymbol{A}\boldsymbol{x} + \boldsymbol{B}\boldsymbol{u} \\ \boldsymbol{y} = \boldsymbol{C}\boldsymbol{x} + \boldsymbol{D}\boldsymbol{u} \end{cases} \tag{5.1.1}$$

其中，$\boldsymbol{x}$ 是 n 维状态向量；$\boldsymbol{u}$ 为 r 维输入向量；$\boldsymbol{y}$ 为 m 维输出向量；$\boldsymbol{A},\boldsymbol{B},\boldsymbol{C},\boldsymbol{D}$ 是满足相应维数的常数矩阵。

当 $\boldsymbol{D}=0$ 时，受控系统简记为 $\Sigma_0=(\boldsymbol{A},\boldsymbol{B},\boldsymbol{C})$。

现引入状态反馈,反馈控制规律为

$$\boldsymbol{u} = -\boldsymbol{K}\boldsymbol{x} + \boldsymbol{v} \tag{5.1.2}$$

其中,$\boldsymbol{v}$ 为 r 维的参考输入向量;$\boldsymbol{K}$ 为 $r\times n$ 维的状态反馈阵。对于单输入系统,$\boldsymbol{K}$ 为 $1\times n$ 维行向量。

将式(5.1.2)代入式(5.1.1),整理后可得状态反馈闭环系统的状态空间表达式为

$$\begin{cases} \dot{\boldsymbol{x}} = (\boldsymbol{A}-\boldsymbol{B}\boldsymbol{K})\boldsymbol{x} + \boldsymbol{B}\boldsymbol{v} \\ \boldsymbol{y} = (\boldsymbol{C}-\boldsymbol{D}\boldsymbol{K})\boldsymbol{x} + \boldsymbol{D}\boldsymbol{v} \end{cases} \tag{5.1.3}$$

若 $\boldsymbol{D}=0$,则有

$$\begin{cases} \dot{\boldsymbol{x}} = (\boldsymbol{A}-\boldsymbol{B}\boldsymbol{K})\boldsymbol{x} + \boldsymbol{B}\boldsymbol{v} \\ \boldsymbol{y} = \boldsymbol{C}\boldsymbol{x} \end{cases} \tag{5.1.4}$$

此时,状态反馈闭环系统简记为 $\Sigma_{\mathrm{k}}=(\boldsymbol{A}-\boldsymbol{B}\boldsymbol{K},\boldsymbol{B},\boldsymbol{C})$。

式(5.1.4)所示状态反馈闭环系统的传递函数阵为

$$\boldsymbol{G}(s) = \boldsymbol{C}[s\boldsymbol{I}-(\boldsymbol{A}-\boldsymbol{B}\boldsymbol{K})]^{-1}\boldsymbol{B} \tag{5.1.5}$$

其特征多项式为

$$f(\lambda) = |\lambda\boldsymbol{I}-(\boldsymbol{A}-\boldsymbol{B}\boldsymbol{K})| \tag{5.1.6}$$

从受控系统和状态反馈闭环系统的状态空间表达式可以看出,状态反馈闭环系统的维数仍然为 n 维,即状态反馈的引入不增加系统的维数。

当 $\boldsymbol{K}=\boldsymbol{H}\boldsymbol{C}$ 时,式(5.1.2)所示的反馈控制规律变为 $\boldsymbol{u}=-\boldsymbol{H}\boldsymbol{C}\boldsymbol{x}+\boldsymbol{v}$,即 $\boldsymbol{u}=-\boldsymbol{H}\boldsymbol{y}+\boldsymbol{v}$,此时为输出反馈。由 $\boldsymbol{K}=\boldsymbol{H}\boldsymbol{C}$ 可知,给定输出反馈增益矩阵 $\boldsymbol{H}$,则相应的状态反馈阵 $\boldsymbol{K}$ 一定存在;反之,给定状态反馈阵 $\boldsymbol{K}$,则输出反馈增益矩阵 $\boldsymbol{H}$ 不一定存在。也就是说,系统任何一个输出反馈都可以由状态反馈来实现,反之则不然,所以输出反馈是状态反馈的特殊情况。

5.1.2 状态反馈极点配置方法

由前几章的分析可知,控制系统的性能主要取决于系统闭环极点在 s 平面的分布情况。因此,为了获得期望的系统性能,通常要求系统的闭环极点处于 s 平面的适当位置。在状态反馈中,极点配置问题就是通过选择合适的状态反馈阵 $\boldsymbol{K}$,将闭环系统的极点配置在 s 平面期望的位置上。本节仅介绍单输入单输出系统的极点配置方法。

1. 极点配置定理

极点配置定理:如果单输入单输出受控系统 $\Sigma_0=(\boldsymbol{A},\boldsymbol{b},\boldsymbol{c})$ 状态完全能控,则对状态反馈闭环系统的极点可以进行任意配置。

证明:如果系统 Σ_0 状态完全能控,那么通过状态反馈一定能使下式成立

$$\det[\lambda\boldsymbol{I}-(\boldsymbol{A}-\boldsymbol{b}\boldsymbol{k})] = f^*(\lambda) \tag{5.1.7}$$

其中,$f^*(\lambda)$ 为系统的期望特征多项式,其一般形式为

$$f^*(\lambda) = \prod_{i=1}^{n}(\lambda-\lambda_i^*) = \lambda^n + a_{n-1}^*\lambda^{n-1} + \cdots + a_1^*\lambda + a_0^* \tag{5.1.8}$$

式中,$\lambda_i^*\ (i=1,2,\cdots,n)$ 为期望的闭环极点。

① 若 Σ_0 完全能控,那么必存在线性非奇异变换 $\boldsymbol{x}=\boldsymbol{P}_{c2}\bar{\boldsymbol{x}}$,能将 Σ_0 变换成能控标准型

$$\begin{cases}\dot{\bar{\boldsymbol{x}}} = \begin{bmatrix} 0 & 1 & 0 & \cdots & 0 \\ 0 & 0 & 1 & \cdots & 0 \\ \vdots & \vdots & \vdots & & \vdots \\ 0 & 0 & 0 & \cdots & 1 \\ -a_0 & -a_1 & -a_2 & \cdots & -a_{n-1} \end{bmatrix} \bar{\boldsymbol{x}} + \begin{bmatrix} 0 \\ 0 \\ \vdots \\ 0 \\ 1 \end{bmatrix} u \\ y = [b_0 \quad b_1 \quad b_2 \quad \cdots \quad b_{n-1}] \bar{\boldsymbol{x}} \end{cases} \tag{5.1.9}$$

② 在能控标准型下，引入状态反馈阵

$$\bar{\boldsymbol{k}} = [\bar{k}_0 \quad \bar{k}_1 \quad \cdots \quad \bar{k}_{n-1}] \tag{5.1.10}$$

则闭环系统的状态空间表达式为

$$\begin{cases}\dot{\bar{\boldsymbol{x}}} = (\bar{\boldsymbol{A}} - \bar{\boldsymbol{b}}\bar{\boldsymbol{k}})\bar{\boldsymbol{x}} + \bar{\boldsymbol{b}}v \\ y = \bar{\boldsymbol{c}}\bar{\boldsymbol{x}} \end{cases} \tag{5.1.11}$$

其中

$$\bar{\boldsymbol{A}} - \bar{\boldsymbol{b}}\bar{\boldsymbol{k}} = \begin{bmatrix} 0 & 1 & 0 & \cdots & 0 \\ 0 & 0 & 1 & \cdots & 0 \\ \vdots & \vdots & \vdots & & \vdots \\ 0 & 0 & 0 & \cdots & 1 \\ -(a_0 + \bar{k}_0) & -(a_1 + \bar{k}_1) & -(a_2 + \bar{k}_2) & \cdots & -(a_{n-1} + \bar{k}_{n-1}) \end{bmatrix}$$

闭环系统的特征多项式为

$$\begin{aligned} f(\lambda) &= |\lambda \boldsymbol{I} - (\bar{\boldsymbol{A}} - \bar{\boldsymbol{b}}\bar{\boldsymbol{k}})| \\ &= \lambda^n + (a_{n-1} + \bar{k}_{n-1})\lambda^{n-1} + \cdots + (a_1 + \bar{k}_1)\lambda + (a_0 + \bar{k}_0) \end{aligned} \tag{5.1.12}$$

③ 要使闭环极点与给定的期望极点相等，必须满足以下条件

$$f(\lambda) = f^*(\lambda)$$

即式(5.1.8)和式(5.1.12)相等。由等式两边 λ 同次幂系数对应相等，可以求得状态反馈阵的各系数为

$$\bar{k}_i = a_i^* - a_i \quad (i = 0, 1, \cdots, n-1)$$

从而求得状态反馈阵为

$$\bar{\boldsymbol{k}} = [a_0^* - a_0 \quad a_1^* - a_1 \quad \cdots \quad a_{n-1}^* - a_{n-1}] \tag{5.1.13}$$

由于 $\bar{\boldsymbol{k}}$ 是能控标准型下的状态反馈阵，通过如下的线性变换，就可以求得原受控系统下的状态反馈阵 $\boldsymbol{k}$ 为

$$\boldsymbol{k} = \bar{\boldsymbol{k}}\boldsymbol{P}_{c2}^{-1} \tag{5.1.14}$$

关于式(5.1.14)，说明如下：

由于 $\boldsymbol{x} = \boldsymbol{P}_{c2}\bar{\boldsymbol{x}}$，所以

$$\begin{aligned} \dot{\boldsymbol{x}} &= \boldsymbol{P}_{c2}\dot{\bar{\boldsymbol{x}}} \\ &= \boldsymbol{P}_{c2}[(\bar{\boldsymbol{A}} - \bar{\boldsymbol{b}}\bar{\boldsymbol{k}})\bar{\boldsymbol{x}} + \bar{\boldsymbol{b}}v] \\ &= \boldsymbol{P}_{c2}[(\boldsymbol{P}_{c2}^{-1}\boldsymbol{A}\boldsymbol{P}_{c2} - \boldsymbol{P}_{c2}^{-1}\boldsymbol{b}\bar{\boldsymbol{k}})\boldsymbol{P}_{c2}^{-1}\boldsymbol{x} + \boldsymbol{P}_{c2}^{-1}\boldsymbol{b}v] \\ &= (\boldsymbol{A} - \boldsymbol{b}\bar{\boldsymbol{k}}\boldsymbol{P}_{c2}^{-1})\boldsymbol{x} + \boldsymbol{b}v \end{aligned}$$

又由于 $\dot{\boldsymbol{x}} = (\boldsymbol{A} - \boldsymbol{b}\boldsymbol{k})\boldsymbol{x} + \boldsymbol{b}v$，比较以上两式可以得到式(5.1.14)。

由式(5.1.13)可以看出，通过状态反馈阵 $\bar{\boldsymbol{k}}$ 的任意选取，就可以得到期望特征多项式的系

数 a_i^*,从而将系统的闭环极点配置到 s 平面上的任意位置。也就是说,只要受控系统 $\Sigma_0=(\boldsymbol{A},\boldsymbol{b},\boldsymbol{c})$状态完全能控,则对状态反馈闭环系统的极点就可以进行任意配置。

证毕!

应该指出,状态完全能控是系统极点任意配置的充要条件。当系统状态不完全能控时,通过状态反馈是不能改变不能控状态的特征值的,也就不能通过状态反馈任意配置其极点;只有对能控状态,才能任意配置其极点,关于这一点,可以参考后面的例 5.1.2。此外,极点配置定理也适用于多输入多输出系统。

2. 极点配置算法

常用的确定状态反馈阵 $\boldsymbol{k}$ 的极点配置算法有三种,分别为直接求解法、能控标准型法和爱克曼(Ackermann)公式法。直接求解法适合于手工求解,而后两种方法更适合于计算机求解。下面分别进行介绍。

(1) 直接求解法

直接求解法是通过状态反馈闭环系统的特征多项式和期望的特征多项式相等,直接求解状态反馈阵 $\boldsymbol{k}$。本方法适合于手工求解维数较低($n\leqslant 3$)的系统。直接求解法的步骤如下:

① 判断系统 $\Sigma_0=(\boldsymbol{A},\boldsymbol{b},\boldsymbol{c})$的能控性。如果状态完全能控,则极点可以任意配置,按下列步骤继续。

② 求状态反馈闭环系统的特征多项式

$$f(\lambda)=|\lambda\boldsymbol{I}-(\boldsymbol{A}-\boldsymbol{b}\boldsymbol{k})|$$

③ 根据给定(或由瞬态性能指标等求得)的期望闭环极点,写出期望的特征多项式

$$f^*(\lambda)=\prod_{i=1}^{n}(\lambda-\lambda_i^*)$$

④ 由 $f(\lambda)=f^*(\lambda)$,求出状态反馈阵 $\boldsymbol{k}$。

(2) 能控标准型法

当系统的维数较高($n>3$)时,直接求解法计算 $f(\lambda)=|\lambda\boldsymbol{I}-(\boldsymbol{A}-\boldsymbol{b}\boldsymbol{k})|$将相当繁琐。这时可以先将系统化为能控标准型,设计能控标准型下的状态反馈阵 $\bar{\boldsymbol{k}}$,最后变换到原系统下即可求得原系统的状态反馈阵 $\boldsymbol{k}$。极点配置定理的证明过程,已经给出了这种求解法的步骤,现整理如下:

① 判断系统 $\Sigma_0=(\boldsymbol{A},\boldsymbol{b},\boldsymbol{c})$的能控性。如果状态完全能控,则极点可以任意配置,按下列步骤继续。

② 求原系统的特征多项式,确定系统的不变量 a_i,并确定将系统化为能控标准型的变换阵 $\boldsymbol{P}_{c2}$。如果系统已经是能控标准型,则 $\boldsymbol{P}_{c2}=\boldsymbol{I}$。

$$f(\lambda)=|\lambda\boldsymbol{I}-\boldsymbol{A}|=\lambda^n+a_{n-1}\lambda^{n-1}+\cdots+a_1\lambda+a_0$$

③ 根据给定(或由瞬态性能指标等求得)的期望闭环极点,根据式(5.1.8)写出期望的特征多项式,得到期望特征多项式的系数 a_i^*。

④ 根据式(5.1.13),得到能控标准型下的状态反馈阵 $\bar{\boldsymbol{k}}$。

⑤ 根据式(5.1.14),即可求得原受控系统 $\Sigma_0=(\boldsymbol{A},\boldsymbol{b},\boldsymbol{c})$的状态反馈阵 $\boldsymbol{k}$。

(3) 爱克曼(Ackermann)公式法

当系统的维数较高($n>3$)时,也可以采用爱克曼公式来求解状态反馈阵 $\boldsymbol{k}$。这种方法也非常适合计算机求解。下面给出求解状态反馈阵 $\boldsymbol{k}$ 的爱克曼公式。

如果系统 $\Sigma_0=(\boldsymbol{A},\boldsymbol{b},\boldsymbol{c})$ 状态完全能控，则确定状态反馈阵 $\boldsymbol{k}$ 的爱克曼公式为

$$\boldsymbol{k}=\begin{bmatrix}0 & \cdots & 0 & 1\end{bmatrix}\begin{bmatrix}\boldsymbol{b} & \boldsymbol{Ab} & \cdots & \boldsymbol{A}^{n-1}\boldsymbol{b}\end{bmatrix}^{-1}\phi(\boldsymbol{A}) \tag{5.1.15}$$

其中，$\phi(\boldsymbol{A})$ 是 $\boldsymbol{A}$ 满足其自身的特征方程，即

$$\phi(\boldsymbol{A})=\boldsymbol{A}^n+a_{n-1}^*\boldsymbol{A}^{n-1}+\cdots+a_1^*\boldsymbol{A}+a_0^*\boldsymbol{I} \tag{5.1.16}$$

上式中，a_i^* 是期望的特征多项式的系数，由式(5.1.8)确定。爱克曼公式的证明略，有兴趣的读者可以参考相关文献。

例 5.1.1　已知线性连续定常系统的状态空间表达式为

$$\begin{cases}\dot{\boldsymbol{x}}=\begin{bmatrix}0 & 1\\0 & 3\end{bmatrix}\boldsymbol{x}+\begin{bmatrix}0\\2\end{bmatrix}u\\ y=\begin{bmatrix}1 & 0\end{bmatrix}\boldsymbol{x}\end{cases}$$

请用三种方法设计状态反馈阵 $\boldsymbol{k}$，使闭环系统的极点为 -1 和 -2。并画出闭环系统的结构图。

解　先判断系统的能控性。

$$\mathrm{rank}(\boldsymbol{Q}_c)=\mathrm{rank}\begin{bmatrix}\boldsymbol{b} & \boldsymbol{Ab}\end{bmatrix}=\mathrm{rank}\begin{bmatrix}0 & 2\\2 & 6\end{bmatrix}=2$$

系统状态完全能控，可以通过状态反馈任意配置其极点。下面用三种方法确定状态反馈阵 $\boldsymbol{k}$。

方法 1：直接求解法

① 令 $\boldsymbol{k}=\begin{bmatrix}k_1 & k_2\end{bmatrix}$，则状态反馈闭环系统的特征多项式为

$$f(\lambda)=|\lambda\boldsymbol{I}-(\boldsymbol{A}-\boldsymbol{bk})|=\begin{vmatrix}\lambda & -1\\2k_1 & \lambda-(3-2k_2)\end{vmatrix}=\lambda^2-(3-2k_2)\lambda+2k_1$$

② 期望的特征多项式为

$$f^*(\lambda)=(\lambda+1)(\lambda+2)=\lambda^2+3\lambda+2$$

所以，期望的特征多项式的系数为 $a_0^*=2$，$a_1^*=3$。

③ 由 $f(\lambda)=f^*(\lambda)$，求得 $k_1=1$，$k_2=3$，所以，状态反馈阵为 $\boldsymbol{k}=\begin{bmatrix}1 & 3\end{bmatrix}$。

方法 2：能控标准型法

① 原系统的特征多项式为

$$f(\lambda)=|\lambda\boldsymbol{I}-\boldsymbol{A}|=\begin{vmatrix}\lambda & -1\\0 & \lambda-3\end{vmatrix}=\lambda^2-3\lambda$$

所以，原系统的不变量 $a_0=0$，$a_1=-3$。则将原系统化为能控标准型的变换阵 $\boldsymbol{P}_{c2}$ 为

$$\boldsymbol{P}_{c2}=\begin{bmatrix}\boldsymbol{Ab} & \boldsymbol{b}\end{bmatrix}\begin{bmatrix}1 & 0\\a_1 & 1\end{bmatrix}=\begin{bmatrix}2 & 0\\6 & 2\end{bmatrix}\begin{bmatrix}1 & 0\\-3 & 1\end{bmatrix}=\begin{bmatrix}2 & 0\\0 & 2\end{bmatrix}$$

② 方法 1 已经求得期望的特征多项式的系数为 $a_0^*=2$，$a_1^*=3$。

③ 能控标准型下的状态反馈阵 $\bar{\boldsymbol{k}}$ 为

$$\bar{\boldsymbol{k}}=\begin{bmatrix}a_0^*-a_0 & a_1^*-a_1\end{bmatrix}=\begin{bmatrix}2 & 6\end{bmatrix}$$

④ 原受控系统的状态反馈阵 $\boldsymbol{k}$ 为

$$\boldsymbol{k}=\bar{\boldsymbol{k}}\boldsymbol{P}_{c2}^{-1}=\begin{bmatrix}2 & 6\end{bmatrix}\begin{bmatrix}2 & 0\\0 & 2\end{bmatrix}^{-1}=\begin{bmatrix}1 & 3\end{bmatrix}$$

所以，状态反馈阵为 $\boldsymbol{k}=\begin{bmatrix}1 & 3\end{bmatrix}$。

方法 3:爱克曼公式法

① 方法 1 已经求得期望的特征多项式的系数为 $a_0^*=2, a_1^*=3$。

② 确定 $\phi(\boldsymbol{A})$

$$\phi(\boldsymbol{A}) = \boldsymbol{A}^2 + a_1^*\boldsymbol{A} + a_0^*\boldsymbol{I} = \boldsymbol{A}^2 + 3\boldsymbol{A} + 2\boldsymbol{I} = \begin{bmatrix} 2 & 6 \\ 0 & 20 \end{bmatrix}$$

③ 由爱克曼公式,有

$$\boldsymbol{k} = [0 \quad 1][\boldsymbol{b} \quad \boldsymbol{Ab}]^{-1}\phi(\boldsymbol{A}) = [0 \quad 1]\begin{bmatrix} 0 & 2 \\ 2 & 6 \end{bmatrix}^{-1}\begin{bmatrix} 2 & 6 \\ 0 & 20 \end{bmatrix} = [1 \quad 3]$$

所以,状态反馈阵为 $\boldsymbol{k}=[1 \quad 3]$。

由此可见,用三种方法得到的结果完全一致。状态反馈闭环系统的结构图如图 5.1.2 所示。

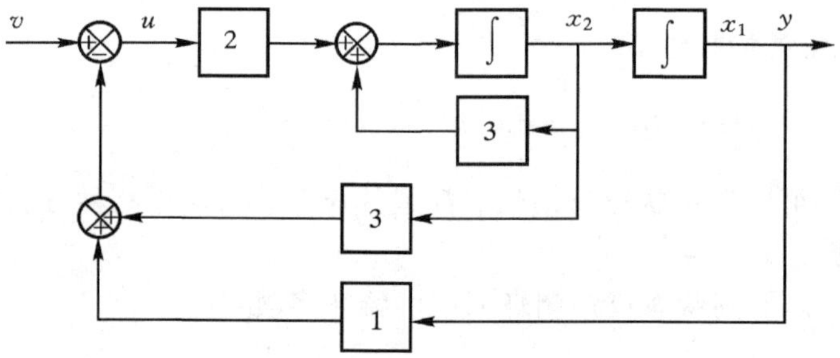

图 5.1.2　状态反馈闭环系统的结构图

例 5.1.2　对如下的线性连续定常系统,讨论状态反馈对系统极点的影响。

$$\dot{\boldsymbol{x}} = \begin{bmatrix} -1 & 0 \\ 0 & 2 \end{bmatrix}\boldsymbol{x} + \begin{bmatrix} 0 \\ 1 \end{bmatrix}u$$

解　① 先判断该系统的能控性。

由对角线标准型判据可知,特征值为 -1 的状态不能控。

② 假如加入状态反馈阵 $\boldsymbol{k}$,得到反馈后的特征多项式为

$$f(\lambda) = \det[\lambda\boldsymbol{I} - (\boldsymbol{A} - \boldsymbol{bk})] = \begin{vmatrix} \lambda+1 & 0 \\ k_1 & \lambda-2+k_2 \end{vmatrix} = (\lambda+1)(\lambda-2+k_2)$$

从中可以看出,对于特征值为 -1 的极点,状态反馈不起作用,状态反馈只能通过 k_2 去影响特征值为 2 这个极点。即状态反馈对不能控部分状态,不能任意配置其极点。该例子说明状态反馈的极点任意配置,仅适合于能控状态,也印证了前面的结论。

5.1.3　状态反馈闭环系统的能控性和能观测性

状态反馈的引入是否改变系统的能控性和能观测性?关于这一问题,下面给予分析说明。

1. 状态反馈系统的能控性

比较原系统和状态反馈闭环系统能控性判别矩阵的秩可知,状态反馈后系统的能控性是否发生改变。原系统 $\Sigma_0=(\boldsymbol{A},\boldsymbol{b},\boldsymbol{c})$ 的能控性判别矩阵为

$$Q_{c0}=[\boldsymbol{b}\quad \boldsymbol{Ab}\quad \cdots\quad \boldsymbol{A}^{n-1}\boldsymbol{b}] \tag{5.1.17}$$

状态反馈闭环系统 $\Sigma_k=(\boldsymbol{A}-\boldsymbol{bk},\boldsymbol{b},\boldsymbol{c})$ 的能控性判别矩阵为

$$Q_{ck}=[\boldsymbol{b}\quad (\boldsymbol{A}-\boldsymbol{bk})\boldsymbol{b}\quad (\boldsymbol{A}-\boldsymbol{bk})^2\boldsymbol{b}\quad \cdots\quad (\boldsymbol{A}-\boldsymbol{bk})^{n-1}\boldsymbol{b}] \tag{5.1.18}$$

比较式(5.1.17)与式(5.1.18)两个矩阵的各个分块，可以看到：

第一分块 $\boldsymbol{b}$ 相同。

Q_{ck} 的第二分块 $(\boldsymbol{A}-\boldsymbol{bk})\boldsymbol{b}=\boldsymbol{Ab}-\boldsymbol{b}(\boldsymbol{kb})$，其中 $\boldsymbol{kb}$ 是一常数，因此 $(\boldsymbol{A}-\boldsymbol{bk})\boldsymbol{b}$ 可表示成 Q_{c0} 前两列的线性组合。

同理，Q_{ck} 的第三分块 $(\boldsymbol{A}-\boldsymbol{bk})^2\boldsymbol{b}=\boldsymbol{A}^2\boldsymbol{b}-\boldsymbol{Ab}(\boldsymbol{kb})-\boldsymbol{b}(\boldsymbol{kAb})+\boldsymbol{b}(\boldsymbol{kbkb})$ 可表示成 Q_{c0} 前三列的线性组合。依此类推，可知 Q_{ck} 的每一列都是 Q_{c0} 列向量的线性组合。因此 Q_{ck} 可看做是由 Q_{c0} 经初等变换得到的，而矩阵的初等变换不改变矩阵的秩。所以 Q_{ck} 与 Q_{c0} 的秩相同。

由此可知：原系统能控，则状态反馈闭环系统也必能控，即状态反馈不改变系统的能控性。

2. 状态反馈系统的能观测性

设单输入单输出受控系统 $\Sigma_0=(\boldsymbol{A},\boldsymbol{b},\boldsymbol{c},d)$ 的传递函数 $G_0(s)$ 为

$$G_0(s)=\boldsymbol{c}(s\boldsymbol{I}-\boldsymbol{A})^{-1}\boldsymbol{b}+d \tag{5.1.19}$$

将系统的能控标准型代入上式，得

$$\begin{aligned}G_0(s)&=\frac{b_{n-1}s^{n-1}+b_{n-2}s^{n-2}+\cdots+b_1s+b_0}{s^n+a_{n-1}s^{n-1}+\cdots+a_1s+a_0}+d\\&=\frac{ds^n+(b_{n-1}+da_{n-1})s^{n-1}+\cdots+(b_1+da_1)s+(b_0+da_0)}{s^n+a_{n-1}s^{n-1}+\cdots+a_1s+a_0}\end{aligned} \tag{5.1.20}$$

引入状态反馈后闭环系统的传递函数 $G_k(s)$ 为

$$\begin{aligned}G_k(s)&=(\boldsymbol{c}-d\boldsymbol{k})[s\boldsymbol{I}-(\boldsymbol{A}-\boldsymbol{bk})]^{-1}\boldsymbol{b}+d\\&=\frac{(b_{n-1}-dk_{n-1})s^{n-1}+\cdots+(b_0-dk_0)}{s^n+(a_{n-1}+k_{n-1})s^{n-1}+\cdots+(a_1+k_1)s+(a_0+k_0)}+d\\&=\frac{[(b_{n-1}+da_{n-1})-d(a_{n-1}+k_{n-1})]s^{n-1}+\cdots+[(b_0+da_0)-d(a_0+k_0)]}{s^n+(a_{n-1}+k_{n-1})s^{n-1}+\cdots+(a_1+k_1)s+(a_0+k_0)}+d\\&=\frac{ds^n+(b_{n-1}+da_{n-1})s^{n-1}+\cdots+(b_1+da_1)s+(b_0+da_0)}{s^n+(a_{n-1}+k_{n-1})s^{n-1}+\cdots+(a_1+k_1)s+(a_0+k_0)}\end{aligned} \tag{5.1.21}$$

比较式(5.1.20)和式(5.1.21)可以看出，引入状态反馈后闭环系统传递函数的分子多项式不变，即系统零点保持不变。但分母多项式的每一项系数均可通过选择状态反馈阵 $\boldsymbol{k}$ 而改变，即系统极点可能发生变化。这就可能使传递函数出现零、极点对消现象，在这种情况下，系统必不能同时满足能控性和能观测性条件。前面已推得状态反馈不改变系统的能控性，所以状态反馈有可能改变系统的能观测性。

综上所述，有以下结论：状态反馈不改变受控系统 $\Sigma_0=(\boldsymbol{A},\boldsymbol{b},\boldsymbol{c},d)$ 的能控性。但可能改变系统的能观测性。

需要指出，输出反馈既不改变系统的能控性，也不改变系统的能观测性。关于这一点，有兴趣的读者可自行证明。

5.2　状态反馈与系统的镇定

对于一个控制系统来说，如果通过某种反馈可以使系统实现渐近稳定，即闭环系统极点具

有负实部,则称该系统是能镇定的。如果采用状态反馈可以使系统达到渐近稳定,则称系统是状态反馈能镇定的。

定理 5.2.1 如果线性连续定常系统 $\Sigma_1=(\boldsymbol{A},\boldsymbol{B},\boldsymbol{C})$ 不是状态完全能控的,则它状态反馈能镇定的充要条件是:不能控子系统是渐近稳定的。

证明:将原系统按照能控性分解,得到系统 $\Sigma_2=(\hat{\boldsymbol{A}},\hat{\boldsymbol{B}},\hat{\boldsymbol{C}})$,其中

$$\hat{\boldsymbol{A}}=\boldsymbol{R}_c^{-1}\boldsymbol{A}\boldsymbol{R}_c=\begin{bmatrix}\hat{\boldsymbol{A}}_{11} & \hat{\boldsymbol{A}}_{12}\\ 0 & \hat{\boldsymbol{A}}_{22}\end{bmatrix}$$

$$\hat{\boldsymbol{B}}=\boldsymbol{R}_c^{-1}\boldsymbol{B}=\begin{bmatrix}\hat{\boldsymbol{B}}_1\\ 0\end{bmatrix}$$

对系统 $\Sigma_2=(\hat{\boldsymbol{A}},\hat{\boldsymbol{B}},\hat{\boldsymbol{C}})$ 引入状态反馈后,系统矩阵变为

$$\hat{\boldsymbol{A}}-\hat{\boldsymbol{B}}\hat{\boldsymbol{K}}=\begin{bmatrix}\hat{\boldsymbol{A}}_{11}-\hat{\boldsymbol{B}}_1\hat{\boldsymbol{k}}_1 & \hat{\boldsymbol{A}}_{12}-\hat{\boldsymbol{B}}_1\hat{\boldsymbol{k}}_2\\ 0 & \hat{\boldsymbol{A}}_{22}\end{bmatrix}$$

其中,$\hat{\boldsymbol{A}}_{11}-\hat{\boldsymbol{B}}_1\hat{\boldsymbol{k}}_1$ 部分状态是能控的,$\hat{\boldsymbol{A}}_{22}$ 部分状态是不能控的,闭环系统特征多项式为

$$\begin{aligned}|s\boldsymbol{I}-(\hat{\boldsymbol{A}}-\hat{\boldsymbol{B}}\hat{\boldsymbol{K}})| &= \begin{vmatrix}s\boldsymbol{I}_1-(\hat{\boldsymbol{A}}_{11}-\hat{\boldsymbol{B}}_1\hat{\boldsymbol{k}}_1) & -(\hat{\boldsymbol{A}}_{12}-\hat{\boldsymbol{B}}_1\hat{\boldsymbol{k}}_2)\\ 0 & s\boldsymbol{I}_2-\hat{\boldsymbol{A}}_{22}\end{vmatrix}\\ &=|s\boldsymbol{I}_1-(\hat{\boldsymbol{A}}_{11}-\hat{\boldsymbol{B}}_1\hat{\boldsymbol{k}}_1)|\,|s\boldsymbol{I}_2-\hat{\boldsymbol{A}}_{22}|\end{aligned}$$

由此可见,引入状态反馈后,闭环系统的特征多项式由两部分组成,即 $|s\boldsymbol{I}_1-(\hat{\boldsymbol{A}}_{11}-\hat{\boldsymbol{B}}_1\hat{\boldsymbol{k}}_1)|$ 和 $|s\boldsymbol{I}_2-\hat{\boldsymbol{A}}_{22}|$。对于 $\hat{\boldsymbol{A}}_{11}-\hat{\boldsymbol{B}}_1\hat{\boldsymbol{k}}_1$ 部分,由于状态完全能控,可以通过状态反馈阵的设计,使得其特征值全部具有负实部;对于 $\hat{\boldsymbol{A}}_{22}$ 部分,由于状态不能控,状态反馈不能改变该部分的特征值,要想使得系统特征值全部具有负实部,则 $\hat{\boldsymbol{A}}_{22}$ 部分的特征值必须具有负实部,即不能控子系统 $\hat{\boldsymbol{A}}_{22}$ 必须渐近稳定。

证毕!

通过定理 5.2.1 的证明可以得出以下两个结论:

① 如果线性连续定常系统是状态完全能控的,则不管其特征值是否都具有负实部,一定是状态反馈能镇定的。因此,不稳定但状态完全能控的系统,可以通过状态反馈使它镇定。

② 可控系统是一定可镇定的,可镇定系统不一定是能控的,只要不能控子系统是渐近稳定的,也可以通过状态反馈使系统镇定。

例 5.2.1 已知系统的状态方程为

$$\dot{\boldsymbol{x}}=\begin{bmatrix}1 & 0 & 0\\ 0 & 2 & 0\\ 0 & 0 & -5\end{bmatrix}\boldsymbol{x}+\begin{bmatrix}1\\ 1\\ 0\end{bmatrix}u$$

请问:

① 该系统是否是渐近稳定的?

② 该系统是否是状态反馈能镇定的?

③ 设计状态反馈,使期望的闭环极点为 $\lambda_1=-2+\mathrm{j}2,\lambda_2=-2-\mathrm{j}2,\lambda_3=-5$。

解 ① 系统矩阵为对角阵,所以系统的特征值为 $\lambda_1=1,\lambda_2=2,\lambda_3=-5$。有两个特征值在右半 s 平面,因此系统不是渐近稳定的。

② 由状态方程可知系统不是状态完全能控的,但不能控部分的特征值是 -5,位于左半 s 平面,该部分是渐近稳定的,根据定理 5.2.1 可知,该系统是状态反馈能镇定的。

③ 不能控部分的极点为 $\lambda_3=-5$，与其中一个期望极点相同。此时，只能对能控部分进行极点配置，能控部分的状态方程为

$$\dot{\boldsymbol{x}}=\begin{bmatrix}1&0\\0&2\end{bmatrix}\boldsymbol{x}+\begin{bmatrix}1\\1\end{bmatrix}u$$

设状态反馈阵 $\boldsymbol{k}=[k_1\quad k_2]$，对能控部分进行极点配置。

$$\begin{aligned}\boldsymbol{A}-\boldsymbol{bk}&=\begin{bmatrix}1&0\\0&2\end{bmatrix}-\begin{bmatrix}k_1&k_2\\k_1&k_2\end{bmatrix}\\&=\begin{bmatrix}1-k_1&-k_2\\-k_1&2-k_2\end{bmatrix}\end{aligned}$$

$$\begin{aligned}f(\lambda)&=|\lambda\boldsymbol{I}-(\boldsymbol{A}-\boldsymbol{bk})|\\&=\begin{vmatrix}\lambda-(1-k_1)&k_2\\k_1&\lambda-(2-k_2)\end{vmatrix}\\&=\lambda^2+(k_1+k_2-3)\lambda+(1-k_1)(2-k_2)-k_1k_2\\&=\lambda^2+(k_1+k_2-3)\lambda+(2-2k_1-k_2)\end{aligned}$$

期望特征多项式为

$$\begin{aligned}f^*(\lambda)&=(\lambda+2-\mathrm{j}2)(\lambda+2+\mathrm{j}2)\\&=\lambda^2+4\lambda+8\end{aligned}$$

由 $f(\lambda)=f^*(\lambda)$ 可得

$$\begin{cases}k_1+k_2-3=4\\2-2k_1-k_2=8\end{cases}$$

解得 $k_1=-13,k_2=20$，所以，状态反馈阵 $\boldsymbol{k}=[-13\quad 20]$。

5.3　状态观测器的设计

状态反馈可以实现闭环极点的任意配置，从而改善控制系统的性能。要实现状态反馈，就离不开对状态变量的测量。但是在实际系统中，并不是所有的状态变量物理上都能够直接测量得到，有些状态变量通过传感器根本无法测量。在这种情况下，就需要从系统的已知信息，如输入 u 和输出 y，来估计这些不可测量的状态变量。这种估计状态的方法称为状态观测或状态重构，而估计状态的装置在确定性系统中称为状态观测器，简称观测器。观测器是一个物理可实现的模拟动力学系统，通过可直接测量的输入和输出信息来进行状态估计。

如果原系统有 n 个状态变量，且这 n 个状态变量都需要进行估计，则观测器的维数和原系统的维数相同，这种观测器称为全维状态观测器。如果这 n 个状态变量中有 m 个状态可以通过直接测量得到，那么只需要设计 $n-m$ 维观测器，来估计 $n-m$ 个状态变量即可，这种观测器称为降维观测器。如果降维观测器阶数是最小的，则称该观测器为最小维观测器。

5.3.1　状态观测器的原理与构成

为重构状态，直观的解决办法是构造一个和原系统 $\Sigma_0=(\boldsymbol{A},\boldsymbol{B},\boldsymbol{C})$ 具有相同动态方程的物理系统，其输入是原系统的输入 u，则得到的状态即为估计状态，记为 $\hat{\boldsymbol{x}}$。这样得到的观测器为开环观测器，结构如图 5.3.1 所示。

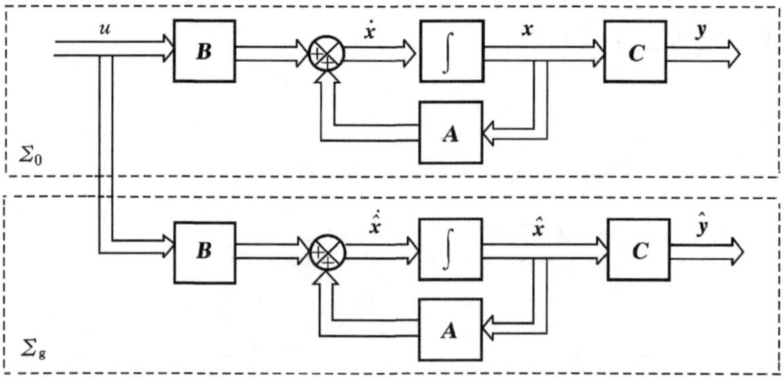

图 5.3.1　开环观测器的结构图

原系统 Σ_0 和观测器 Σ_g 之间的估计误差为

$$\tilde{x} = x - \hat{x} \tag{5.3.1}$$

要使估计误差为零,必须使原系统和观测器的初始状态相同,但这在实际系统中是很难满足的。此外,干扰和参数的变化等原因,也可能使估计误差不等于零。所以,开环观测器并无实际使用价值。

为了使状态尽可能地精确重构,必须对开环观测器的结构进行修正,从而取得良好的估计效果。由于

$$y - \hat{y} = Cx - C\hat{x} = C(x - \hat{x}) \tag{5.3.2}$$

所以,只要 $\lim\limits_{t\to\infty}(y-\hat{y})\neq 0$,即输出存在误差,则必有 $\lim\limits_{t\to\infty}(x-\hat{x})\neq 0$,即状态估计存在误差。所以最简单的修正方法是将原系统 Σ_0 和观测器 Σ_g 的输出误差作为修正量,通过增益矩阵反馈到观测器中对系统进行修正。这样得到的观测器称为渐近观测器,也称为全维(阶)观测器,简称观测器。全维观测器的结构如图 5.3.2 所示,其中,G 为观测器 Σ_g 的 $n\times m$ 维增益矩阵。

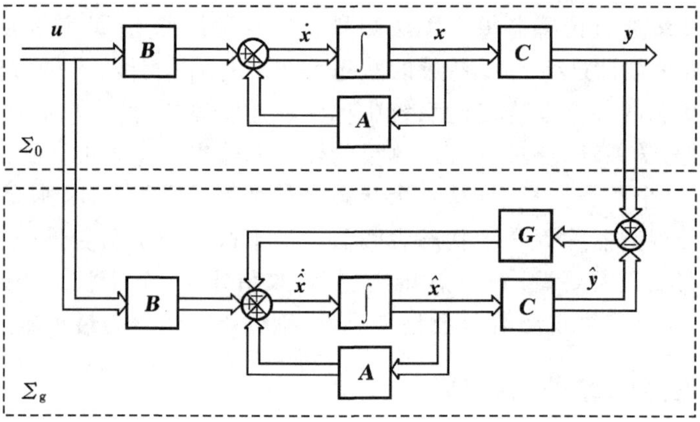

图 5.3.2　全维观测器的结构图

下面推导出全维观测器的动态方程。由图 5.3.2 可知

$$\dot{\hat{\boldsymbol{x}}} = \boldsymbol{A}\hat{\boldsymbol{x}} + \boldsymbol{B}\boldsymbol{u} + \boldsymbol{G}(\boldsymbol{y} - \hat{\boldsymbol{y}}) \tag{5.3.3}$$

将 $\hat{\boldsymbol{y}}=\boldsymbol{C}\hat{\boldsymbol{x}}$ 代入上式，整理可得

$$\dot{\hat{\boldsymbol{x}}} = (\boldsymbol{A} - \boldsymbol{G}\boldsymbol{C})\hat{\boldsymbol{x}} + \boldsymbol{B}\boldsymbol{u} + \boldsymbol{G}\boldsymbol{y} \tag{5.3.4}$$

式(5.3.4)就是全维观测器的状态方程。由此可以看出，全维观测器的特征多项式为

$$g(\lambda) = |\lambda\boldsymbol{I} - (\boldsymbol{A} - \boldsymbol{G}\boldsymbol{C})| \tag{5.3.5}$$

由式(5.3.4)，可以画出全维观测器的等价结构图，如图 5.3.3 所示。

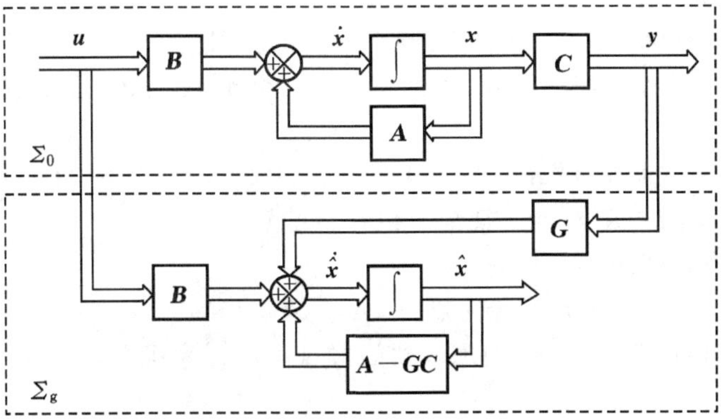

图 5.3.3　全维观测器的等价结构图

由图 5.3.2 和图 5.3.3 可以看出，加入全维观测器后，整个系统的维数为 $2n$，也就是说，全维观测器增加了系统的维数。这和状态反馈不同，状态反馈是不增加系统维数的。

5.3.2　状态观测器的存在条件

在任何初始条件下，观测器能否无误差地重构原状态变量，是观测器能够存在的关键。将观测器误差式(5.3.1)两边同时取一阶导数，整理后可以得到观测器误差的状态方程为

$$\begin{aligned}\dot{\tilde{\boldsymbol{x}}} &= \dot{\boldsymbol{x}} - \dot{\hat{\boldsymbol{x}}} = (\boldsymbol{A}\boldsymbol{x} + \boldsymbol{B}\boldsymbol{u}) - [(\boldsymbol{A} - \boldsymbol{G}\boldsymbol{C})\hat{\boldsymbol{x}} + \boldsymbol{B}\boldsymbol{u} + \boldsymbol{G}\boldsymbol{y}] \\ &= \boldsymbol{A}(\boldsymbol{x} - \hat{\boldsymbol{x}}) - \boldsymbol{G}\boldsymbol{C}(\boldsymbol{x} - \hat{\boldsymbol{x}}) \\ &= (\boldsymbol{A} - \boldsymbol{G}\boldsymbol{C})(\boldsymbol{x} - \hat{\boldsymbol{x}}) \\ &= (\boldsymbol{A} - \boldsymbol{G}\boldsymbol{C})\tilde{\boldsymbol{x}}\end{aligned} \tag{5.3.6}$$

该方程的解为

$$\tilde{\boldsymbol{x}}(t) = \mathrm{e}^{(\boldsymbol{A}-\boldsymbol{G}\boldsymbol{C})(t-t_0)}\tilde{\boldsymbol{x}}(t_0) = \mathrm{e}^{(\boldsymbol{A}-\boldsymbol{G}\boldsymbol{C})(t-t_0)}[\boldsymbol{x}(t_0) - \hat{\boldsymbol{x}}(t_0)] \tag{5.3.7}$$

由式(5.3.7)可以看出，如果 $\boldsymbol{A}-\boldsymbol{G}\boldsymbol{C}$ 的特征值均具有负实部，则不论观测器初始误差 $\hat{\boldsymbol{x}}(t_0)$为何值，当 $t\to\infty$时，观测器的误差向量 $\tilde{\boldsymbol{x}}(t)$都将趋于零，从而达到状态的准确重构。所以说，$\boldsymbol{A}-\boldsymbol{G}\boldsymbol{C}$ 的特征值均具有负实部，是观测器的存在条件。为此，有以下存在性定理。

观测器存在性定理：对线性连续定常系统 $\Sigma_0=(\boldsymbol{A},\boldsymbol{B},\boldsymbol{C})$，观测器存在的充要条件是 $\Sigma_0=(\boldsymbol{A},\boldsymbol{B},\boldsymbol{C})$的不能观测子系统是渐近稳定的。

该定理的证明涉及到系统结构分解的知识，故证明从略，有兴趣的读者可以参考相关文

献。观测器存在性定理表明了观测器存在的两个条件:如果状态不完全能观测,则不能观测子系统必须是渐近稳定的,但需要注意的是这部分极点不能进行配置,也就是说这部分状态的估计速度不能任意选择;另一方面,如果系统状态完全能观测,则可对 $\boldsymbol{A}-\boldsymbol{GC}$ 的特征值进行任意配置,关于这一点,有以下的观测器极点配置定理。

观测器的误差向量 $\tilde{\boldsymbol{x}}(t)$ 究竟以什么样的速度趋于零,取决于矩阵 $\boldsymbol{A}-\boldsymbol{GC}$ 的特征值在 s 左半平面上的位置。所以,为了获得期望的逼近速度,要求能对 $\boldsymbol{A}-\boldsymbol{GC}$ 的特征值进行任意配置。

观测器极点配置定理:如果线性连续定常系统 $\Sigma_0=(\boldsymbol{A},\boldsymbol{B},\boldsymbol{C})$ 状态完全能观测,则观测器的极点,即 $\boldsymbol{A}-\boldsymbol{GC}$ 的特征值,可以任意配置。

证明:采用对偶原理来证明。

如果 $\Sigma_0=(\boldsymbol{A},\boldsymbol{B},\boldsymbol{C})$ 状态完全能观测,则其对偶系统 $\Sigma_1=(\boldsymbol{A}^{\mathrm{T}},\boldsymbol{C}^{\mathrm{T}},\boldsymbol{B}^{\mathrm{T}})$ 状态完全能控。

由上一节状态反馈极点配置可知,对偶系统 $\Sigma_1=(\boldsymbol{A}^{\mathrm{T}},\boldsymbol{C}^{\mathrm{T}},\boldsymbol{B}^{\mathrm{T}})$ 加入反馈阵为 $\boldsymbol{K}$ 的状态反馈后,系统的特征多项式为

$$f(\lambda)=|\lambda\boldsymbol{I}-(\boldsymbol{A}^{\mathrm{T}}-\boldsymbol{C}^{\mathrm{T}}\boldsymbol{K})|=|(\lambda\boldsymbol{I}-(\boldsymbol{A}^{\mathrm{T}}-\boldsymbol{C}^{\mathrm{T}}\boldsymbol{K}))^{\mathrm{T}}|=|\lambda\boldsymbol{I}-(\boldsymbol{A}-\boldsymbol{K}^{\mathrm{T}}\boldsymbol{C})|$$

通过选择不同的 $\boldsymbol{K}$ 阵,$\boldsymbol{A}-\boldsymbol{K}^{\mathrm{T}}\boldsymbol{C}$ 的特征值可以任意配置。

当 $\boldsymbol{G}=\boldsymbol{K}^{\mathrm{T}}$ 时,由式(5.3.5)可知

$$f(\lambda)=|\lambda\boldsymbol{I}-(\boldsymbol{A}-\boldsymbol{GC})|=g(\lambda)$$

则 $\boldsymbol{A}-\boldsymbol{GC}$ 的特征值可以任意配置,即观测器的极点可以任意配置。

证毕!

该定理的证明过程,沟通了观测器的极点配置和其对偶系统状态反馈的极点配置问题,也给出了设计观测器的一种方法。

5.3.3 全维状态观测器的设计

全维状态观测器的设计过程,就是观测器的极点配置过程,即增益矩阵 $\boldsymbol{G}$ 的求解过程。和状态反馈系统的极点配置相似,全维状态观测器的设计方法也有直接求解法、能观标准型法和爱克曼公式法。除此之外,由观测器极点配置定理的证明过程可以看出,还可以通过设计其对偶系统的状态反馈阵 $\boldsymbol{K}$ 来求解。下面对各种方法进行介绍。

1. 直接求解法

直接求解法是通过观测器的特征多项式和期望的特征多项式相等,直接求解观测器的增益矩阵 $\boldsymbol{G}$。本方法适合于手工求解维数较低($n\leqslant3$)的系统。直接求解法的步骤如下:

① 判断系统 $\Sigma_0=(\boldsymbol{A},\boldsymbol{B},\boldsymbol{C})$ 的能观测性。如果状态完全能观测,则观测器存在,且其极点可以任意配置,按下列步骤继续。

② 求观测器的特征多项式

$$g(\lambda)=|\lambda\boldsymbol{I}-(\boldsymbol{A}-\boldsymbol{GC})|$$

③ 根据观测器的期望极点,写出期望的特征多项式

$$g^*(\lambda)=\prod_{i=1}^{n}(\lambda-\lambda_i^*)=\lambda^n+a_{n-1}^*\lambda^{n-1}+\cdots+a_1^*\lambda+a_0^* \tag{5.3.8}$$

④ 由 $g(\lambda)=g^*(\lambda)$,求得观测器的增益矩阵 $\boldsymbol{G}$。

2. 能观标准型法

和状态反馈阵求解的能控标准型法相似,当系统的维数较高($n>3$)时,也可以采用能观

标准型法来求解观测器的增益矩阵 $\boldsymbol{G}$。即先将系统化为能观标准型，然后在能观标准型下设计观测器的增益矩阵 $\bar{\boldsymbol{G}}$，最后通过变换即可求得原系统下观测器的增益矩阵 $\boldsymbol{G}$。步骤如下：

① 判断系统 $\Sigma_0=(\boldsymbol{A},\boldsymbol{B},\boldsymbol{C})$ 的能观测性。如果状态完全能观测，则观测器存在，且其极点可以任意配置，按下列步骤继续。

② 求原系统的特征多项式，确定系统的不变量 a_i，并确定将系统化为能观标准型的变换阵的逆 $\boldsymbol{P}_{o2}^{-1}$。如果系统已经是能观标准型，则 $\boldsymbol{P}_{o2}^{-1}=\boldsymbol{I}$。

$$g(\lambda)=|\lambda\boldsymbol{I}-\boldsymbol{A}|=\lambda^n+a_{n-1}\lambda^{n-1}+\cdots+a_1\lambda+a_0$$

③ 根据观测器的期望极点，由式(5.3.8)写出观测器期望的特征多项式，得到系数 a_i^*。

④ 求能观标准型下观测器的增益矩阵 $\bar{\boldsymbol{G}}$

$$\bar{\boldsymbol{G}}=[a_0^*-a_0\quad a_1^*-a_1\quad\cdots\quad a_{n-1}^*-a_{n-1}]^{\mathrm{T}}$$

⑤ 求原受控系统 $\Sigma_0=(\boldsymbol{A},\boldsymbol{B},\boldsymbol{C})$ 下观测器的增益矩阵 $\boldsymbol{G}$

$$\boldsymbol{G}=\boldsymbol{P}_{o2}\bar{\boldsymbol{G}}$$

关于上式，请读者参照式(5.1.14)的说明过程进行证明。

3. 爱克曼公式法

当系统的维数较高($n>3$)时，也可以采用爱克曼公式来求解观测器的增益矩阵 $\boldsymbol{G}$。

如果系统 $\Sigma_0=(\boldsymbol{A},\boldsymbol{B},\boldsymbol{C})$ 状态完全能观测，则确定观测器的增益矩阵 $\boldsymbol{G}$ 的爱克曼公式为

$$\boldsymbol{G}=\phi(\boldsymbol{A})\begin{bmatrix}\boldsymbol{C}\\ \boldsymbol{CA}\\ \vdots\\ \boldsymbol{CA}^{n-2}\\ \boldsymbol{CA}^{n-1}\end{bmatrix}^{-1}\begin{bmatrix}0\\0\\ \vdots\\0\\1\end{bmatrix}\tag{5.3.9}$$

其中，$\phi(\boldsymbol{A})$ 仍然是 $\boldsymbol{A}$ 满足其自身的特征方程，即

$$\phi(\boldsymbol{A})=\boldsymbol{A}^n+a_{n-1}^*\boldsymbol{A}^{n-1}+\cdots+a_1^*\boldsymbol{A}+a_0^*\boldsymbol{I}\tag{5.3.10}$$

上式中，a_i^* 是观测器期望的特征多项式的系数，由式(5.3.8)确定。确定观测器的增益矩阵 $\boldsymbol{G}$ 的爱克曼公式的证明略，有兴趣的读者可以参考相关文献。

4. 对偶关系求解法

求 $\Sigma_0=(\boldsymbol{A},\boldsymbol{B},\boldsymbol{C})$ 的对偶系统 $\Sigma_1=(\boldsymbol{A}^{\mathrm{T}},\boldsymbol{C}^{\mathrm{T}},\boldsymbol{B}^{\mathrm{T}})$ 的状态反馈阵 $\boldsymbol{K}$，求解 $\boldsymbol{K}$ 时，用观测器的期望极点作为状态反馈闭环系统的期望极点。则 $\Sigma_0=(\boldsymbol{A},\boldsymbol{B},\boldsymbol{C})$ 下观测器的增益矩阵 $\boldsymbol{G}=\boldsymbol{K}^{\mathrm{T}}$。

例 5.3.1　已知线性连续定常系统的状态空间表达式为

$$\begin{cases}\dot{\boldsymbol{x}}=\begin{bmatrix}0&1\\0&3\end{bmatrix}\boldsymbol{x}+\begin{bmatrix}0\\2\end{bmatrix}u\\ y=[1\quad 0]\boldsymbol{x}\end{cases}$$

请设计状态观测器，使其极点为－10 和－10。并画出系统的结构图。

解　首先判断系统的能观测性。

$$\mathrm{rank}(\boldsymbol{Q}_o)=\mathrm{rank}\begin{bmatrix}\boldsymbol{c}\\ \boldsymbol{cA}\end{bmatrix}=\mathrm{rank}\begin{bmatrix}1&0\\0&1\end{bmatrix}=2$$

所以系统状态完全能观测，观测器存在，且其极点可以任意配置。

下面用四种方法确定观测器的增益矩阵 $\boldsymbol{g}$。

方法 1:直接求解法

① 令 $\boldsymbol{g}=\begin{bmatrix} g_1 \\ g_2 \end{bmatrix}$,则观测器的特征多项式为

$$g(\lambda)=|\lambda\boldsymbol{I}-(\boldsymbol{A}-\boldsymbol{gc})|=\begin{vmatrix} \lambda+g_1 & -1 \\ g_2 & \lambda-3 \end{vmatrix}=\lambda^2+(g_1-3)\lambda-3g_1+g_2$$

② 观测器期望的特征多项式为

$$g^*(\lambda)=(\lambda+10)^2=\lambda^2+20\lambda+100$$

所以,期望特征多项式的系数 $a_0^*=100, a_1^*=20$。

③ 由 $g(\lambda)=g^*(\lambda)$,求得 $g_1=23, g_2=169$

所以,观测器的增益矩阵为 $\boldsymbol{g}=\begin{bmatrix} 23 \\ 169 \end{bmatrix}$。

方法 2:能观标准型法

① 原系统的特征多项式为

$$g(\lambda)=|\lambda\boldsymbol{I}-\boldsymbol{A}|=\begin{vmatrix} \lambda & -1 \\ 0 & \lambda-3 \end{vmatrix}=\lambda^2-3\lambda$$

所以,原系统的不变量 $a_0=0, a_1=-3$。则将系统化为能观标准型的变换阵 $\boldsymbol{P}_{o2}^{-1}$ 为

$$\boldsymbol{P}_{o2}^{-1}=\begin{bmatrix} 1 & a_1 \\ 0 & 1 \end{bmatrix}\begin{bmatrix} \boldsymbol{cA} \\ \boldsymbol{c} \end{bmatrix}=\begin{bmatrix} 1 & -3 \\ 0 & 1 \end{bmatrix}\begin{bmatrix} 0 & 1 \\ 1 & 0 \end{bmatrix}=\begin{bmatrix} -3 & 1 \\ 1 & 0 \end{bmatrix}$$

② 方法 1 已经求得观测器期望的特征多项式的系数为 $a_0^*=100, a_1^*=20$。

③ 能观标准型下观测器的增益矩阵 $\bar{\boldsymbol{g}}$ 为

$$\bar{\boldsymbol{g}}=[a_0^*-a_0 \quad a_1^*-a_1]^{\mathrm{T}}=\begin{bmatrix} 100 \\ 23 \end{bmatrix}$$

④ 原受控系统下观测器的增益矩阵 $\boldsymbol{g}$ 为

$$\boldsymbol{g}=\boldsymbol{P}_{o2}\bar{\boldsymbol{g}}=\begin{bmatrix} -3 & 1 \\ 1 & 0 \end{bmatrix}^{-1}\begin{bmatrix} 100 \\ 23 \end{bmatrix}=\begin{bmatrix} 23 \\ 169 \end{bmatrix}$$

所以,观测器的增益矩阵为 $\boldsymbol{g}=\begin{bmatrix} 23 \\ 169 \end{bmatrix}$。

方法 3:爱克曼公式法

① 方法 1 已经求得观测器期望的特征多项式的系数为 $a_0^*=100, a_1^*=20$。

② 确定 $\phi(\boldsymbol{A})$

$$\phi(\boldsymbol{A})=\boldsymbol{A}^2+a_1^*\boldsymbol{A}+a_0^*\boldsymbol{I}=\boldsymbol{A}^2+20\boldsymbol{A}+100\boldsymbol{I}=\begin{bmatrix} 100 & 23 \\ 0 & 169 \end{bmatrix}$$

③ 由爱克曼公式,有

$$\boldsymbol{g}=\phi(\boldsymbol{A})\begin{bmatrix} \boldsymbol{c} \\ \boldsymbol{cA} \end{bmatrix}^{-1}\begin{bmatrix} 0 \\ 1 \end{bmatrix}=\begin{bmatrix} 100 & 23 \\ 0 & 169 \end{bmatrix}\begin{bmatrix} 1 & 0 \\ 0 & 1 \end{bmatrix}^{-1}\begin{bmatrix} 0 \\ 1 \end{bmatrix}=\begin{bmatrix} 23 \\ 169 \end{bmatrix}$$

所以,观测器的增益矩阵为 $\boldsymbol{g}=\begin{bmatrix} 23 \\ 169 \end{bmatrix}$。

方法 4:对偶关系求解法

原系统 $\Sigma_0=(\boldsymbol{A},\boldsymbol{b},\boldsymbol{c})$ 的对偶系统的状态空间表达式为

$$\begin{cases}\dot{\boldsymbol{x}}_1 = \begin{bmatrix}0 & 0\\1 & 3\end{bmatrix}\boldsymbol{x}_1 + \begin{bmatrix}1\\0\end{bmatrix}u_1\\ y_1 = \begin{bmatrix}0 & 2\end{bmatrix}\boldsymbol{x}_1\end{cases}$$

对以上对偶系统设计其状态反馈阵 $\boldsymbol{k}$。

① 令 $\boldsymbol{k}=[k_1\quad k_2]$，则状态反馈闭环系统的特征多项式为

$$f(\lambda) = |\lambda\boldsymbol{I} - (\boldsymbol{A}^* - \boldsymbol{b}^*\boldsymbol{k})| = \begin{vmatrix}\lambda + k_1 & k_2\\ -1 & \lambda - 3\end{vmatrix} = \lambda^2 + (k_1 - 3)\lambda + k_2 - 3k_1$$

② 期望的特征多项式为

$$f^*(\lambda) = g^*(\lambda) = \lambda^2 + 20\lambda + 100$$

③ 由 $f(\lambda)=f^*(\lambda)$，求得 $k_1=23$，$k_2=169$。

对偶系统的状态反馈阵 $\boldsymbol{k}=[23\quad 169]$。

所以，原系统下状态观测器的增益矩阵为 $\boldsymbol{g}=\boldsymbol{k}^{\mathrm{T}}=\begin{bmatrix}23\\169\end{bmatrix}$。

由此可见，用四种方法得到的结果完全一致。观测器的系统结构图如图5.3.4所示。

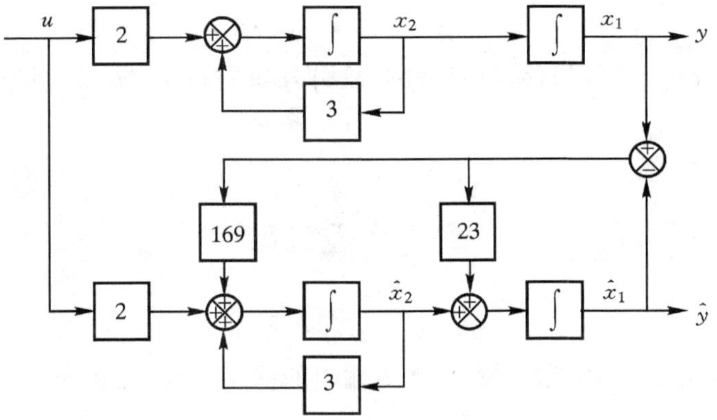

图 5.3.4　观测器的系统结构图

5.3.4　降维状态观测器的设计

5.3.3 小节所讲述的是全维状态观测器的设计，实际上，对于 m 维输出系统，就有 m 个变量可以通过传感器直接测量得到。如果选择该 m 个变量作为状态变量，则这部分变量不需要进行状态重构。观测器只需要估计 $n-m$ 个状态变量即可。这种 $n-m$ 维观测器称为降维观测器，或最小阶观测器。

注意：降维观测器的设计前提也是系统状态完全能观测。下面给出 $n-m$ 维观测器的设计方法。

1. $n-m$ 维观测器的设计方法

假设系统 $\Sigma_0=(\boldsymbol{A},\boldsymbol{B},\boldsymbol{C})$ 状态完全能观测，则引入线性非奇异变换 $\boldsymbol{x}=\boldsymbol{T}\tilde{\boldsymbol{x}}$，其中

$$\boldsymbol{T}^{-1} = \begin{bmatrix}\boldsymbol{C}'\\ \boldsymbol{C}\end{bmatrix}$$

其中,$\boldsymbol{C}'$是保证$\boldsymbol{T}^{-1}$为非奇异的$(n-m)\times n$维任意矩阵,则

$$\boldsymbol{C}=\boldsymbol{C}\begin{bmatrix}\boldsymbol{C}'\\ \boldsymbol{C}\end{bmatrix}^{-1}\begin{bmatrix}\boldsymbol{C}'\\ \boldsymbol{C}\end{bmatrix}=\boldsymbol{CT}\begin{bmatrix}\boldsymbol{C}'\\ \boldsymbol{C}\end{bmatrix}=\widetilde{\boldsymbol{C}}\begin{bmatrix}\boldsymbol{C}'\\ \boldsymbol{C}\end{bmatrix}$$

所以

$$\widetilde{\boldsymbol{C}}=[0 \quad \boldsymbol{I}_m]$$

经过非奇异变换后的状态空间表达式为

$$\begin{bmatrix}\dot{\tilde{\boldsymbol{x}}}_1\\ \dot{\tilde{\boldsymbol{x}}}_2\end{bmatrix}=\begin{bmatrix}\widetilde{\boldsymbol{A}}_{11} & \widetilde{\boldsymbol{A}}_{12}\\ \widetilde{\boldsymbol{A}}_{21} & \widetilde{\boldsymbol{A}}_{22}\end{bmatrix}\begin{bmatrix}\tilde{\boldsymbol{x}}_1\\ \tilde{\boldsymbol{x}}_2\end{bmatrix}+\begin{bmatrix}\widetilde{\boldsymbol{B}}_1\\ \widetilde{\boldsymbol{B}}_2\end{bmatrix}\boldsymbol{u} \tag{5.3.11}$$

$$\tilde{\boldsymbol{y}}=[0_{n-m} \quad \boldsymbol{I}_m]\begin{bmatrix}\tilde{\boldsymbol{x}}_1\\ \tilde{\boldsymbol{x}}_2\end{bmatrix} \tag{5.3.12}$$

其中,$\tilde{\boldsymbol{x}}_2$可以通过输出进行测量,所以只需要设计$n-m$维观测器来估计状态向量$\tilde{\boldsymbol{x}}_1$。

由式(5.3.11)和式(5.3.12),可得

$$\dot{\tilde{\boldsymbol{x}}}_1=\widetilde{\boldsymbol{A}}_{11}\tilde{\boldsymbol{x}}_1+\widetilde{\boldsymbol{A}}_{12}\tilde{\boldsymbol{y}}+\widetilde{\boldsymbol{B}}_1\boldsymbol{u} \tag{5.3.13}$$

$$\dot{\tilde{\boldsymbol{y}}}=\widetilde{\boldsymbol{A}}_{21}\tilde{\boldsymbol{x}}_1+\widetilde{\boldsymbol{A}}_{22}\tilde{\boldsymbol{y}}+\widetilde{\boldsymbol{B}}_2\boldsymbol{u} \tag{5.3.14}$$

由于$\boldsymbol{u}$是已知输入,$\tilde{\boldsymbol{y}}=\tilde{\boldsymbol{x}}_2$可以直接测量得到,故引入如下的$n-m$维向量$\boldsymbol{v}$

$$\boldsymbol{v}=\widetilde{\boldsymbol{A}}_{12}\tilde{\boldsymbol{y}}+\widetilde{\boldsymbol{B}}_1\boldsymbol{u} \tag{5.3.15}$$

则

$$\dot{\tilde{\boldsymbol{x}}}_1=\widetilde{\boldsymbol{A}}_{11}\tilde{\boldsymbol{x}}_1+\boldsymbol{v}$$

令

$$\boldsymbol{z}=\dot{\tilde{\boldsymbol{y}}}-\widetilde{\boldsymbol{A}}_{22}\tilde{\boldsymbol{y}}-\widetilde{\boldsymbol{B}}_2\boldsymbol{u} \tag{5.3.16}$$

则得到以$n-m$维向量$\tilde{\boldsymbol{x}}_1$为状态向量、以$\boldsymbol{z}$为输出的状态空间,描述如下:

$$\begin{cases}\dot{\tilde{\boldsymbol{x}}}_1=\widetilde{\boldsymbol{A}}_{11}\tilde{\boldsymbol{x}}_1+\boldsymbol{v}\\ \boldsymbol{z}=\widetilde{\boldsymbol{A}}_{21}\tilde{\boldsymbol{x}}_1\end{cases} \tag{5.3.17}$$

由于原系统状态完全能观测,同时线性非奇异变换不改变系统的能观测性,所以式(5.3.17)所示系统状态完全能观测,下面对该$n-m$维子系统设计全维状态观测器。

该$n-m$维子系统的全维状态观测器的结构图如图 5.3.5 所示。

图中$\boldsymbol{H}$为$(n-m)\times m$维增益矩阵,由图 5.3.5 可以得到$n-m$维观测器的状态方程为

$$\dot{\hat{\tilde{\boldsymbol{x}}}}_1=(\widetilde{\boldsymbol{A}}_{11}-\boldsymbol{H}\widetilde{\boldsymbol{A}}_{21})\hat{\tilde{\boldsymbol{x}}}_1+\boldsymbol{v}+\boldsymbol{Hz} \tag{5.3.18}$$

将式(5.3.15)和式(5.3.16)代入式(5.3.18)中,消掉$\boldsymbol{v}$和$\boldsymbol{z}$,可得

$$\dot{\hat{\tilde{\boldsymbol{x}}}}_1=(\widetilde{\boldsymbol{A}}_{11}-\boldsymbol{H}\widetilde{\boldsymbol{A}}_{21})\hat{\tilde{\boldsymbol{x}}}_1+(\widetilde{\boldsymbol{A}}_{12}\tilde{\boldsymbol{y}}+\widetilde{\boldsymbol{B}}_1\boldsymbol{u})+\boldsymbol{H}(\dot{\tilde{\boldsymbol{y}}}-\widetilde{\boldsymbol{A}}_{22}\tilde{\boldsymbol{y}}-\widetilde{\boldsymbol{B}}_2\boldsymbol{u}) \tag{5.3.19}$$

由上式可知,$n-m$维观测器的特征方程为

$$f(\lambda)=|\lambda\boldsymbol{I}-(\widetilde{\boldsymbol{A}}_{11}-\boldsymbol{H}\widetilde{\boldsymbol{A}}_{21})|$$

状态估计误差的微分方程为

$$\dot{e}=\dot{\tilde{\boldsymbol{x}}}_1-\dot{\hat{\tilde{\boldsymbol{x}}}}_1=(\widetilde{\boldsymbol{A}}_{11}-\boldsymbol{H}\widetilde{\boldsymbol{A}}_{21})(\tilde{\boldsymbol{x}}_1-\hat{\tilde{\boldsymbol{x}}}_1)=(\widetilde{\boldsymbol{A}}_{11}-\boldsymbol{H}\widetilde{\boldsymbol{A}}_{21})e$$

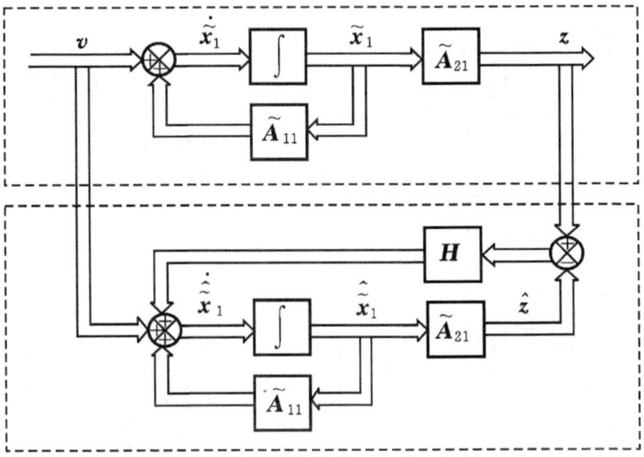

图 5.3.5　$n-m$ 维子系统的全维观测器

所以，只要合理选择增益矩阵 $\boldsymbol{H}$，就可以任意配置 $n-m$ 维观测器的极点，从而使误差具有满意的衰减速度。

式(5.3.19)中含有 $\tilde{\boldsymbol{y}}$ 的导数项，需要消去。为此，选择观测器的状态向量为 $\boldsymbol{w}$，且

$$\boldsymbol{w}=\hat{\tilde{\boldsymbol{x}}}_1-\boldsymbol{H}\tilde{\boldsymbol{y}} \tag{5.3.20}$$

对上式两边求导，可得

$$\begin{aligned}\dot{\boldsymbol{w}}&=\dot{\hat{\tilde{\boldsymbol{x}}}}_1-\boldsymbol{H}\dot{\tilde{\boldsymbol{y}}}\\&=(\tilde{\boldsymbol{A}}_{11}-\boldsymbol{H}\tilde{\boldsymbol{A}}_{21})\boldsymbol{w}+[(\tilde{\boldsymbol{A}}_{11}-\boldsymbol{H}\tilde{\boldsymbol{A}}_{21})\boldsymbol{H}+(\tilde{\boldsymbol{A}}_{12}-\boldsymbol{H}\tilde{\boldsymbol{A}}_{22})]\tilde{\boldsymbol{y}}+(\tilde{\boldsymbol{B}}_1-\boldsymbol{H}\tilde{\boldsymbol{B}}_2)\boldsymbol{u}\end{aligned} \tag{5.3.21}$$

由式(5.3.20)可得

$$\hat{\tilde{\boldsymbol{x}}}_1=\boldsymbol{w}+\boldsymbol{H}\tilde{\boldsymbol{y}}$$

其中，$\hat{\tilde{\boldsymbol{x}}}_1$ 是由观测器重构的状态向量。

所以，整个系统的估计状态为

$$\hat{\tilde{\boldsymbol{x}}}=\begin{bmatrix}\hat{\tilde{\boldsymbol{x}}}_1\\ \tilde{\boldsymbol{x}}_2\end{bmatrix}=\begin{bmatrix}\boldsymbol{w}+\boldsymbol{H}\tilde{\boldsymbol{y}}\\ \tilde{\boldsymbol{y}}\end{bmatrix}=\begin{bmatrix}\boldsymbol{I}_{n-m}\\ \boldsymbol{0}\end{bmatrix}\boldsymbol{w}+\begin{bmatrix}\boldsymbol{H}\\ \boldsymbol{I}_m\end{bmatrix}\tilde{\boldsymbol{y}}$$

所以，原系统 $\Sigma_0=(\boldsymbol{A},\boldsymbol{B},\boldsymbol{C})$下的估计状态为 $\hat{\boldsymbol{x}}=\boldsymbol{T}\hat{\tilde{\boldsymbol{x}}}$。

$n-m$ 维观测器的结构如图 5.3.6 所示。

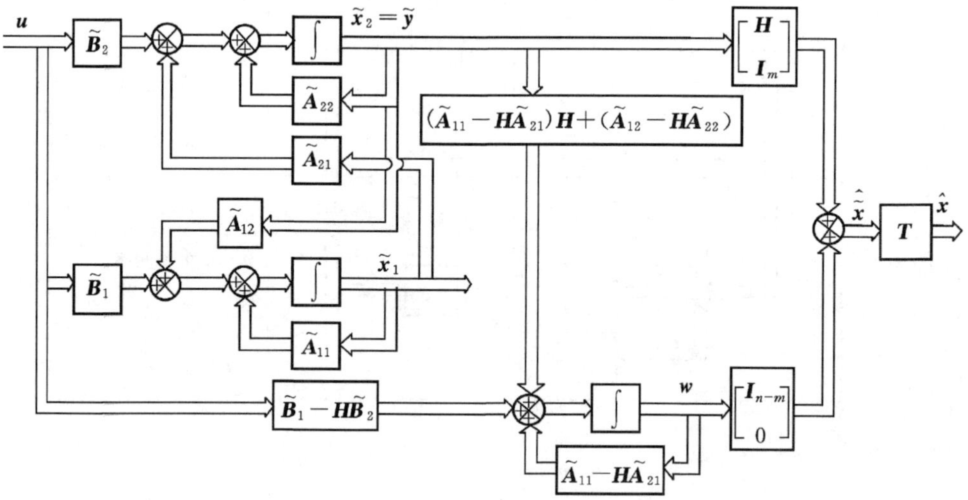

图 5.3.6　$n-m$ 维观测器的结构图

2. $n-m$ 维观测器的设计步骤

由以上 $n-m$ 维观测器的设计方法可以归纳出降维观测器的设计步骤如下：

① 判断系统的状态能观测性,状态能观测则按照以下步骤进行；

② 求非奇异变换阵 $\boldsymbol{T}$,对系统进行结构分解；

③ 确定降维观测器的期望多项式 $f^*(\lambda)$；

④ 求降维观测器的特征多项式 $f(\lambda)=|\lambda\boldsymbol{I}-(\widetilde{\boldsymbol{A}}_{11}-\boldsymbol{H}\widetilde{\boldsymbol{A}}_{21})|$；

⑤ 由 $f(\lambda)=f^*(\lambda)$,求出增益矩阵 $\boldsymbol{H}$；

⑥ 由式(5.3.21)设计降维状态观测器

$$\dot{\boldsymbol{w}}=(\widetilde{\boldsymbol{A}}_{11}-\boldsymbol{H}\widetilde{\boldsymbol{A}}_{21})\boldsymbol{w}+[(\widetilde{\boldsymbol{A}}_{11}-\boldsymbol{H}\widetilde{\boldsymbol{A}}_{21})\boldsymbol{H}+(\widetilde{\boldsymbol{A}}_{12}-\boldsymbol{H}\widetilde{\boldsymbol{A}}_{22})]\widetilde{\boldsymbol{y}}+(\widetilde{\boldsymbol{B}}_1-\boldsymbol{H}\widetilde{\boldsymbol{B}}_2)\boldsymbol{u}$$

则整个系统的估计状态为

$$\hat{\widetilde{\boldsymbol{x}}}=\begin{bmatrix}\hat{\widetilde{\boldsymbol{x}}}_1\\ \widetilde{\boldsymbol{x}}_2\end{bmatrix}=\begin{bmatrix}\boldsymbol{w}+\boldsymbol{H}\widetilde{\boldsymbol{y}}\\ \widetilde{\boldsymbol{y}}\end{bmatrix}$$

原系统 $\Sigma_0=(\boldsymbol{A},\boldsymbol{B},\boldsymbol{C})$下的估计状态为 $\hat{\boldsymbol{x}}=\boldsymbol{T}\hat{\widetilde{\boldsymbol{x}}}$。

例 5.3.2　考虑线性连续定常系统 $\dot{\boldsymbol{x}}=\boldsymbol{A}\boldsymbol{x}+\boldsymbol{B}\boldsymbol{u},\boldsymbol{y}=\boldsymbol{C}\boldsymbol{x}$,其中

$$\boldsymbol{A}=\begin{bmatrix}4&4&4\\-11&-12&-12\\13&14&13\end{bmatrix},\quad \boldsymbol{B}=\begin{bmatrix}1\\-1\\0\end{bmatrix},\quad \boldsymbol{C}=[1\quad 1\quad 1]$$

试设计极点为-3和-4的降维观测器,并画出降维观测器的结构图。

解　① 判断系统的状态能观测性。经检验,$\text{rank}(\boldsymbol{Q}_o)=3$,系统状态完全能观测,观测器存在。

② 对系统进行结构分解。

令变换阵为

$$\boldsymbol{T}^{-1} = \begin{bmatrix} 1 & 0 & 0 \\ 0 & 1 & 0 \\ 1 & 1 & 1 \end{bmatrix}$$

可以求得

$$\widetilde{\boldsymbol{A}} = \begin{bmatrix} 0 & 0 & 4 \\ 1 & 0 & -12 \\ 1 & 1 & 5 \end{bmatrix},\quad \widetilde{\boldsymbol{B}} = \begin{bmatrix} 1 \\ -1 \\ 0 \end{bmatrix},\quad \widetilde{\boldsymbol{C}} = [0\quad 0\quad 1]$$

由此可知

$$\widetilde{\boldsymbol{A}}_{11} = \begin{bmatrix} 0 & 0 \\ 1 & 0 \end{bmatrix},\quad \widetilde{\boldsymbol{A}}_{12} = \begin{bmatrix} 4 \\ -12 \end{bmatrix},\quad \widetilde{\boldsymbol{A}}_{21} = [1\quad 1],\quad \widetilde{\boldsymbol{A}}_{22} = 5$$

$$\widetilde{\boldsymbol{B}}_1 = \begin{bmatrix} 1 \\ -1 \end{bmatrix},\quad \widetilde{\boldsymbol{B}}_2 = 0$$

③ 观测器期望的特征多项式为

$$f^*(\lambda) = (\lambda + 3)(\lambda + 4) = \lambda^2 + 7\lambda + 12$$

④ 求降维观测器的特征多项式。令增益矩阵为

$$\boldsymbol{h} = \begin{bmatrix} h_1 \\ h_2 \end{bmatrix}$$

则降维观测器的特征多项式为

$$f(\lambda) = |\lambda \boldsymbol{I} - (\widetilde{\boldsymbol{A}}_{11} - \boldsymbol{h}\widetilde{\boldsymbol{A}}_{21})| = \begin{vmatrix} \lambda + h_1 & h_1 \\ -1 + h_2 & \lambda + h_2 \end{vmatrix} = \lambda^2 + (h_1 + h_2)\lambda + h_1$$

⑤ 由 $f(\lambda) = f^*(\lambda)$，可得如下方程组

$$\begin{cases} h_1 + h_2 = 7 \\ h_1 = 12 \end{cases}$$

解以上方程组可得

$$\boldsymbol{h} = \begin{bmatrix} 12 \\ -5 \end{bmatrix}$$

⑥ 得到观测器方程为

$$\begin{aligned} \dot{\boldsymbol{w}} &= (\widetilde{\boldsymbol{A}}_{11} - \boldsymbol{h}\widetilde{\boldsymbol{A}}_{21})\boldsymbol{w} + [(\widetilde{\boldsymbol{A}}_{11} - \boldsymbol{h}\widetilde{\boldsymbol{A}}_{21})\boldsymbol{h} + (\widetilde{\boldsymbol{A}}_{12} - \boldsymbol{h}\widetilde{\boldsymbol{A}}_{22})]\tilde{y} + (\widetilde{\boldsymbol{B}}_1 - \boldsymbol{h}\widetilde{\boldsymbol{B}}_2)u \\ &= \begin{bmatrix} -12 & -12 \\ 6 & 5 \end{bmatrix}\boldsymbol{w} + \begin{bmatrix} -140 \\ 60 \end{bmatrix}\tilde{y} + \begin{bmatrix} 1 \\ -1 \end{bmatrix}u \end{aligned}$$

则整个系统的估计状态为

$$\hat{\tilde{\boldsymbol{x}}} = \begin{bmatrix} \hat{\tilde{\boldsymbol{x}}}_1 \\ \tilde{x}_3 \end{bmatrix} = \begin{bmatrix} \boldsymbol{w} + \boldsymbol{h}\tilde{y} \\ \tilde{y} \end{bmatrix} = \begin{bmatrix} w_1 + 12\tilde{y} \\ w_2 - 5\tilde{y} \\ \tilde{y} \end{bmatrix}$$

则原系统的估计状态为

$$\hat{\boldsymbol{x}} = \boldsymbol{T}\hat{\tilde{\boldsymbol{x}}} = \begin{bmatrix} w_1 + 12\tilde{y} \\ w_2 - 5\tilde{y} \\ -w_1 - w_2 - 6\tilde{y} \end{bmatrix}$$

该系统的降维观测器的结构图如图 5.3.7 所示。

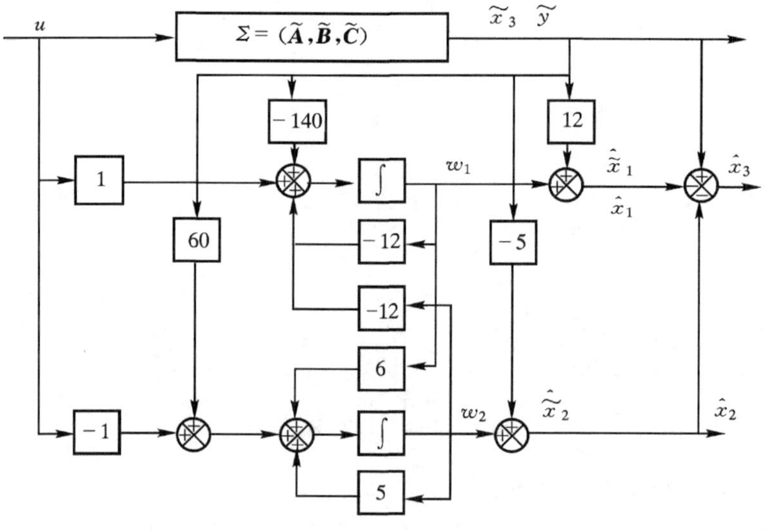

图 5.3.7 降维观测器的结构图

5.4 带有观测器的状态反馈系统设计

观测器的建立，解决了受控系统的状态重构问题，为不能直接测量的状态反馈提供了条件。用观测器的估计状态进行状态反馈，就构成了带有观测器的状态反馈系统。用观测器的估计状态进行反馈，会不会影响系统的性能？这样的系统如何设计状态反馈阵 $\boldsymbol{K}$ 和观测器的增益矩阵 $\boldsymbol{G}$？这是本节需要讨论的问题。

5.4.1 带有观测器的状态反馈系统的构成

首先看一下带有观测器的状态反馈系统的结构，如图 5.4.1 所示，其等价结构如图 5.4.2 所示。

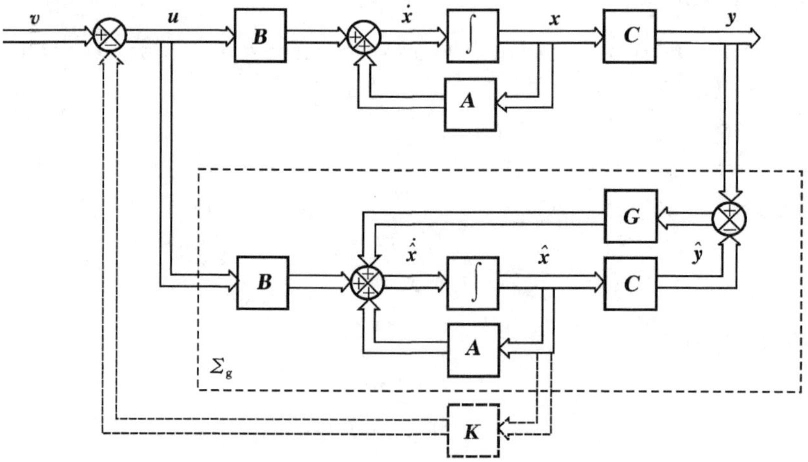

图 5.4.1 带有观测器的状态反馈系统结构图

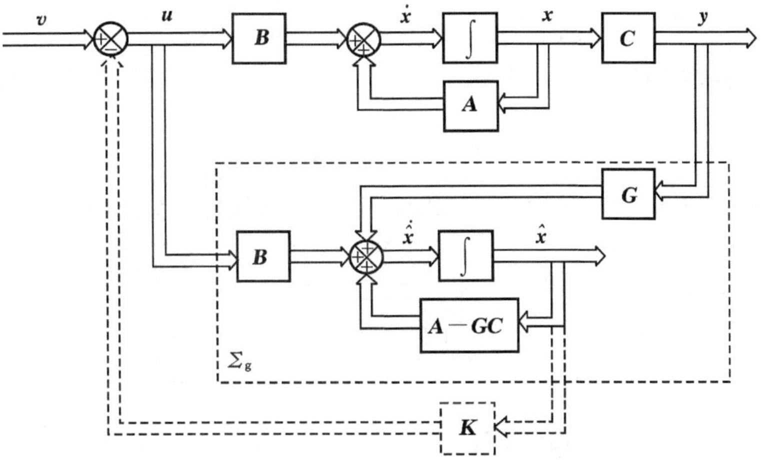

图 5.4.2　带有观测器的状态反馈系统的等价结构图

下面推导带有观测器的状态反馈闭环系统的状态空间表达式。

设原受控系统 $\Sigma_0=(\boldsymbol{A},\boldsymbol{B},\boldsymbol{C})$ 的状态空间表达式为

$$\begin{cases}\dot{\boldsymbol{x}}=\boldsymbol{Ax}+\boldsymbol{Bu}\\ \boldsymbol{y}=\boldsymbol{Cx}\end{cases}\tag{5.4.1}$$

则观测器 Σ_g 的状态方程为

$$\dot{\hat{\boldsymbol{x}}}=(\boldsymbol{A}-\boldsymbol{GC})\hat{\boldsymbol{x}}+\boldsymbol{Bu}+\boldsymbol{Gy}\tag{5.4.2}$$

用观测器的估计状态进行反馈，引入状态反馈控制规律为

$$\boldsymbol{u}=-\boldsymbol{K}\hat{\boldsymbol{x}}+\boldsymbol{v}\tag{5.4.3}$$

将式(5.4.3)代入式(5.4.1)，整理后可得状态反馈部分的状态空间表达式为

$$\begin{cases}\dot{\boldsymbol{x}}=\boldsymbol{Ax}-\boldsymbol{BK}\hat{\boldsymbol{x}}+\boldsymbol{Bv}\\ \boldsymbol{y}=\boldsymbol{Cx}\end{cases}\tag{5.4.4}$$

将式(5.4.3)代入式(5.4.2)，整理后可得状态观测器部分的状态方程为

$$\dot{\hat{\boldsymbol{x}}}=(\boldsymbol{A}-\boldsymbol{BK}-\boldsymbol{GC})\hat{\boldsymbol{x}}+\boldsymbol{GCx}+\boldsymbol{Bv}\tag{5.4.5}$$

联立式(5.4.4)和式(5.4.5)，即可得到整个闭环系统的状态空间表达式为

$$\begin{cases}\begin{bmatrix}\dot{\boldsymbol{x}}\\ \dot{\hat{\boldsymbol{x}}}\end{bmatrix}=\begin{bmatrix}\boldsymbol{A} & -\boldsymbol{BK}\\ \boldsymbol{GC} & \boldsymbol{A}-\boldsymbol{BK}-\boldsymbol{GC}\end{bmatrix}\begin{bmatrix}\boldsymbol{x}\\ \hat{\boldsymbol{x}}\end{bmatrix}+\begin{bmatrix}\boldsymbol{B}\\ \boldsymbol{B}\end{bmatrix}\boldsymbol{v}\\ \boldsymbol{y}=\begin{bmatrix}\boldsymbol{C} & \boldsymbol{0}\end{bmatrix}\begin{bmatrix}\boldsymbol{x}\\ \hat{\boldsymbol{x}}\end{bmatrix}\end{cases}\tag{5.4.6}$$

由式(5.4.6)可以看出，带有观测器的状态反馈系统，其维数是受控系统维数(n 维)和观测器维数(n 维)之和，为 $2n$ 维。

5.4.2　带有观测器的状态反馈系统的输入输出特性

在讨论闭环系统的基本特性之前，为分析方便，首先对闭环系统的状态空间表达式(5.4.6)进行线性变换。

设状态估计误差为 $\tilde{\boldsymbol{x}}=\boldsymbol{x}-\hat{\boldsymbol{x}}$，则可以得到下式

$$\begin{bmatrix}\boldsymbol{x}\\ \hat{\boldsymbol{x}}\end{bmatrix}=\begin{bmatrix}\boldsymbol{x}\\ \boldsymbol{x}-\tilde{\boldsymbol{x}}\end{bmatrix}=\begin{bmatrix}\boldsymbol{I}_n & \boldsymbol{0}\\ \boldsymbol{I}_n & -\boldsymbol{I}_n\end{bmatrix}\begin{bmatrix}\boldsymbol{x}\\ \tilde{\boldsymbol{x}}\end{bmatrix} \tag{5.4.7}$$

所以,令线性非奇异变换阵为

$$\boldsymbol{P}=\begin{bmatrix}\boldsymbol{I}_n & \boldsymbol{0}\\ \boldsymbol{I}_n & -\boldsymbol{I}_n\end{bmatrix} \tag{5.4.8}$$

用该变换阵,对式(5.4.6)进行线性变换,得到变换后的系统各常数矩阵为

$$\bar{\boldsymbol{A}}=\boldsymbol{P}^{-1}\boldsymbol{AP}=\begin{bmatrix}\boldsymbol{I}_n & \boldsymbol{0}\\ \boldsymbol{I}_n & -\boldsymbol{I}_n\end{bmatrix}^{-1}\begin{bmatrix}\boldsymbol{A} & -\boldsymbol{BK}\\ \boldsymbol{GC} & \boldsymbol{A}-\boldsymbol{BK}-\boldsymbol{GC}\end{bmatrix}\begin{bmatrix}\boldsymbol{I}_n & \boldsymbol{0}\\ \boldsymbol{I}_n & -\boldsymbol{I}_n\end{bmatrix}=\begin{bmatrix}\boldsymbol{A}-\boldsymbol{BK} & \boldsymbol{BK}\\ \boldsymbol{0} & \boldsymbol{A}-\boldsymbol{GC}\end{bmatrix}$$

$$\bar{\boldsymbol{B}}=\boldsymbol{P}^{-1}\boldsymbol{B}=\begin{bmatrix}\boldsymbol{I}_n & \boldsymbol{0}\\ \boldsymbol{I}_n & -\boldsymbol{I}_n\end{bmatrix}^{-1}\begin{bmatrix}\boldsymbol{B}\\ \boldsymbol{B}\end{bmatrix}=\begin{bmatrix}\boldsymbol{B}\\ \boldsymbol{0}\end{bmatrix}$$

$$\bar{\boldsymbol{C}}=\boldsymbol{CP}=[\boldsymbol{C}\quad \boldsymbol{0}]\begin{bmatrix}\boldsymbol{I}_n & \boldsymbol{0}\\ \boldsymbol{I}_n & -\boldsymbol{I}_n\end{bmatrix}=[\boldsymbol{C}\quad \boldsymbol{0}]$$

所以,可得变换后的状态空间表达式如下

$$\begin{cases}\begin{bmatrix}\dot{\boldsymbol{x}}\\ \dot{\tilde{\boldsymbol{x}}}\end{bmatrix}=\begin{bmatrix}\boldsymbol{A}-\boldsymbol{BK} & \boldsymbol{BK}\\ \boldsymbol{0} & \boldsymbol{A}-\boldsymbol{GC}\end{bmatrix}\begin{bmatrix}\boldsymbol{x}\\ \tilde{\boldsymbol{x}}\end{bmatrix}+\begin{bmatrix}\boldsymbol{B}\\ \boldsymbol{0}\end{bmatrix}\boldsymbol{v}\\ \boldsymbol{y}=[\boldsymbol{C}\quad \boldsymbol{0}]\begin{bmatrix}\boldsymbol{x}\\ \tilde{\boldsymbol{x}}\end{bmatrix}\end{cases} \tag{5.4.9}$$

系统(5.4.9)的特征多项式为

$$\begin{aligned}f(\lambda)&=\begin{vmatrix}\lambda\boldsymbol{I}-(\boldsymbol{A}-\boldsymbol{BK}) & -\boldsymbol{BK}\\ \boldsymbol{0} & \lambda\boldsymbol{I}-(\boldsymbol{A}-\boldsymbol{GC})\end{vmatrix}\\ &=\det[\lambda\boldsymbol{I}-(\boldsymbol{A}-\boldsymbol{BK})]\det[\lambda\boldsymbol{I}-(\boldsymbol{A}-\boldsymbol{GC})]\end{aligned} \tag{5.4.10}$$

系统(5.4.9)的传递函数阵为

$$\begin{aligned}\boldsymbol{G}(s)&=\bar{\boldsymbol{C}}(s\boldsymbol{I}-\bar{\boldsymbol{A}})^{-1}\bar{\boldsymbol{B}}=[\boldsymbol{C}\quad \boldsymbol{0}]\begin{bmatrix}s\boldsymbol{I}-(\boldsymbol{A}-\boldsymbol{BK}) & -\boldsymbol{BK}\\ \boldsymbol{0} & s\boldsymbol{I}-(\boldsymbol{A}-\boldsymbol{GC})\end{bmatrix}^{-1}\begin{bmatrix}\boldsymbol{B}\\ \boldsymbol{0}\end{bmatrix}\\ &=\boldsymbol{C}[s\boldsymbol{I}-(\boldsymbol{A}-\boldsymbol{BK})]^{-1}\boldsymbol{B}\end{aligned} \tag{5.4.11}$$

由于线性变换不改变系统的特征多项式和传递函数阵。所以,带有观测器的闭环系统的特征多项式和传递函数阵,与系统(5.4.9)的特征多项式和传递函数阵相同,也为式(5.4.10)和式(5.4.11)。对此可以得到以下结论。

1. 闭环系统极点设计的分离性

式(5.4.10)表明,带有观测器的状态反馈闭环系统,其特征多项式等于矩阵 $\boldsymbol{A}-\boldsymbol{BK}$ 和矩阵 $\boldsymbol{A}-\boldsymbol{GC}$ 的特征多项式的乘积。也就是说,闭环系统的极点由直接状态反馈 $\boldsymbol{A}-\boldsymbol{BK}$ 的极点和状态观测器 $\boldsymbol{A}-\boldsymbol{GC}$ 的极点共同组成,而且两者相互独立。因此,只要系统 $\Sigma_0=(\boldsymbol{A},\boldsymbol{B},\boldsymbol{C})$ 状态完全能控且能观测,则系统的状态反馈的设计和观测器的设计可独立进行,两者互不影响。这个性质就是带有观测器的状态反馈闭环系统极点设计的分离性。

在用分离性设计状态反馈阵和观测器时,有时仅给出闭环系统的期望极点,而没有给出观测器的期望极点。由于观测器的目的是使估计状态能快速逼近系统的实际状态。因此,观测器期望极点与虚轴的距离一般要比状态反馈期望极点与虚轴的距离大 3～5 倍以上,为了观测器能够物理上实现,也不宜过大。可以按照这个原则去选取观测器的期望极点。

2. 传递函数阵的不变性

由式(5.1.5)可知,原受控系统 $\Sigma_0=(\boldsymbol{A},\boldsymbol{B},\boldsymbol{C})$ 直接状态反馈闭环系统的传递函数阵和式(5.4.11)相同。这表明,观测器的引入不改变闭环系统的传递函数阵。即用观测器的估计状态进行反馈,不影响系统的输入输出特性。

5.4.3　带有观测器的状态反馈系统的设计方法

关于闭环系统极点设计的分离性,请看下面的例子。

例 5.4.1　已知线性连续定常系统的动态方程为

$$\begin{cases}\dot{\boldsymbol{x}}=\begin{bmatrix}0&1\\0&3\end{bmatrix}\boldsymbol{x}+\begin{bmatrix}0\\2\end{bmatrix}u\\ y=\begin{bmatrix}1&0\end{bmatrix}\boldsymbol{x}\end{cases}$$

请采用状态观测器实现状态反馈控制,使闭环系统的特征值为-1和-2。观测器极点选为-10和-10。并画出整个闭环系统的结构图。

解　先判断系统的能控性和能观测性。例 5.1.1 和例 5.3.1 已经求得,该系统是状态能控且能观测的。所以,观测器存在,并可用观测器的估计状态实现反馈控制,同时状态反馈闭环系统的极点和观测器的极点可以任意配置。

① 根据分离特性,先设计状态反馈阵 $\boldsymbol{k}$。例 5.1.1 已经求得状态反馈阵为 $\boldsymbol{k}=[1\quad 3]$。

② 根据分离特性,设计状态观测器的增益矩阵 $\boldsymbol{g}$。例 5.3.1 已经求得状态观测器的增益矩阵为 $\boldsymbol{g}=\begin{bmatrix}23\\169\end{bmatrix}$。

用状态观测器实现状态反馈控制后,整个闭环系统的结构图如图 5.4.3 所示。

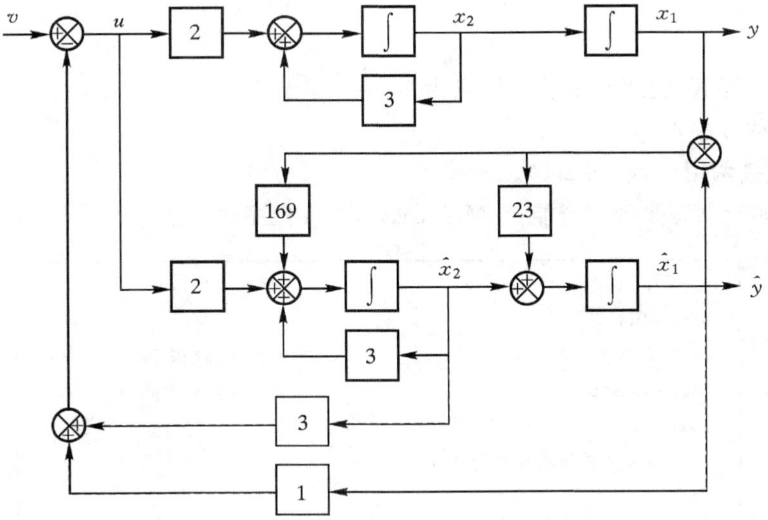

图 5.4.3　带有观测器的状态反馈系统结构图

5.5　用 MATLAB 设计状态反馈和状态观测器

在现代控制理论中,利用 MATLAB 工具可以非常方便地对系统进行设计。在 MATLAB 环境下,提供了求取状态反馈阵和观测器的增益矩阵的函数。除了这些函数,还可以根据以上介绍的定义、结论和定理,通过编制特定的 MATLAB 程序来进行设计。

5.5.1 用 MATLAB 设计状态反馈

应用 MATLAB 可以十分方便的求解极点配置问题,并且有多种求解方法可以选择。在 MATLAB 环境下,求解极点配置的反馈阵 $\boldsymbol{K}$ 的最简单方法是采用 MATLAB 控制工具箱中的 acker()和 place()函数。这两个函数的基本调用格式如下:

$$\boldsymbol{K}=\text{acker}(\boldsymbol{A},\boldsymbol{b},\boldsymbol{p})$$

$$\boldsymbol{K}=\text{place}(\boldsymbol{A},\boldsymbol{b},\boldsymbol{p})$$

其中,$\boldsymbol{K}$ 为状态反馈阵,$\boldsymbol{A}$ 为系统矩阵,$\boldsymbol{B}$ 为输入矩阵,$\boldsymbol{p}$ 是由期望的闭环极点 λ_i^* $(i=1,2,\cdots,n)$组成的行向量,即

$$\boldsymbol{p}=[\lambda_1^* \quad \lambda_2^* \quad \cdots \quad \lambda_n^*]$$

用函数 acker()和 place()时,引入的状态反馈控制律为 $\boldsymbol{u}=\boldsymbol{v}-\boldsymbol{Kx}$。其中,acker()仅适用于 SISO 系统的极点配置,并且在使用这个函数时,期望的闭环极点中可以包含多重极点。place()既适用于 SISO 系统的极点配置,也适用于 MIMO 系统的极点配置,但这个函数要求在期望的闭环极点中,极点的重数不大于矩阵 $\boldsymbol{B}$ 的秩。所以,在 SISO 系统的极点配置中使用 place()时,一定注意期望的闭环极点中不能包含重极点。

除了直接调用函数 acker()和 place()设计状态反馈外,也可以利用状态反馈的设计方法,编写 MATLAB 程序来计算状态反馈阵 $\boldsymbol{K}$。

例 5.5.1 已知线性连续定常系统的动态方程为

$$\dot{\boldsymbol{x}}=\begin{bmatrix}0 & 1 & 0\\0 & 0 & 1\\-1 & -5 & -6\end{bmatrix}\boldsymbol{x}+\begin{bmatrix}0\\0\\1\end{bmatrix}u$$

请设计状态反馈阵 $\boldsymbol{K}$,使闭环系统的极点为 $\lambda_{1,2}=-2\pm\text{j}4$ 和 $\lambda_3=-10$。

解 用两种方法求解。

方法 1:直接调用函数 acker()。

先要判断系统状态是否完全能控,MATLAB 中 M 程序片断如程序 5.5.1 所示。

```
A=[0,1,0;0,0,1;-1,-5,-6];
B=[0;0;1];
Qc=[B,A*B,A^2*B];                    %求能控性判别矩阵 Qc
raQc=rank(Qc);                       %求能控性判别矩阵 Qc 的秩
if raQc<3
    disp('不能进行极点配置')
else
    P=[-2+j*4,-2-j*4,-10];           %期望的闭环极点
    K=acker(A,B,P)                   %求状态反馈阵
end
```

程序 5.5.1 例 5.5.1 方法 1 程序片断

运行可得状态反馈阵为 $\boldsymbol{K}=[199 \quad 55 \quad 8]$。

方法 2：用爱克曼公式法求解。

也要先判断系统状态是否完全能控，用爱克曼公式计算状态反馈阵时，需要计算矩阵特征多项式 $\phi(\boldsymbol{A})$。MATLAB 中 M 程序片断如程序 5.5.2 所示。

```
A=[0,1,0;0,0,1;-1,-5,-6];
B=[0;0;1];
Qc=[B,A*B,A^2*B];                 %求能控性判别矩阵 Qc
raQc=rank(Qc);                    %求能控性判别矩阵 Qc 的秩
if raQc<3
    disp('不能进行极点配置')
else
    Al=[-2+j*4,0,0;0,-2-j*4,0;0,0,-10];
    JAl=poly(A1);                 %求期望的特征多项式的系数
    Phi=polyvalm(JA1,A);          %求期望的特征多项式 φ(A)
    K=[0,0,1]*inv(Qc)*Phi         %求状态反馈阵
end
```

程序 5.5.2　例 5.5.1 方法 2 程序片断

运行结果如下：

K=

　　199　　55　　8

从方法 1 和方法 2 的结果可以看出，两种方法求得的状态反馈阵都为 $\boldsymbol{K}=[199\quad 55\quad 8]$。

5.5.2　用 MATLAB 设计状态观测器

应用 MATLAB 也可以方便地设计观测器。从 5.3 节可以看到，观测器的设计与状态反馈的极点配置具有对偶性。所以，可以直接调用 acker() 和 place() 函数，求其对偶系统的状态反馈阵 $\boldsymbol{K}$，然后取其转置，即可得到观测器的增益矩阵 $\boldsymbol{G}$。

应用对偶关系设计 $\Sigma_0=(\boldsymbol{A},\boldsymbol{B},\boldsymbol{C})$ 的观测器的函数调用格式如下：

$\boldsymbol{K}=\mathrm{acker}(\boldsymbol{A}^{\mathrm{T}},\boldsymbol{C}^{\mathrm{T}},\boldsymbol{p})$

$\boldsymbol{K}=\mathrm{place}(\boldsymbol{A}^{\mathrm{T}},\boldsymbol{C}^{\mathrm{T}},\boldsymbol{p})$

其中，$\boldsymbol{K}$ 为 $\Sigma_0=(\boldsymbol{A},\boldsymbol{B},\boldsymbol{C})$ 对偶系统的状态反馈阵；$\boldsymbol{A}$ 为系统矩阵；$\boldsymbol{C}$ 为输出矩阵；$\boldsymbol{p}$ 是由观测器的期望极点 λ_i^* $(i=1,2,\cdots,n)$ 组成的行向量。则观测器的增益矩阵为 $\boldsymbol{G}=\boldsymbol{K}^{\mathrm{T}}$。

除了根据对偶关系，直接调用函数 acker() 和 place() 设计观测器外，也可以利用观测器的设计方法，编写 MATLAB 程序来设计观测器。

例 5.5.2　已知线性连续定常系统的动态方程为

$$\begin{cases}\dot{\boldsymbol{x}}=\begin{bmatrix}0 & 1\\ 20.6 & 0\end{bmatrix}\boldsymbol{x}+\begin{bmatrix}0\\ 1\end{bmatrix}u\\ y=[1\quad 0]\boldsymbol{x}\end{cases}$$

设计观测器的增益矩阵 $\boldsymbol{G}$，使得观测器的极点为 $\lambda_{1,2}=-8$。

解　用两种方法求解。

方法 1:用对偶关系,直接调用函数 acker()求解。先要判断系统状态是否完全能观测。MATLAB 中 M 程序片断如程序 5.5.3 所示。

```
A=[0,1;20.6,0];
C=[1,0];
Qo=[C;C*A];             %求能观测性判别矩阵Qo
raQo=rank(Qo);          %求能观测性判别矩阵Qo的秩
if raQo<2
    disp('观测器极点不能任意配置')
else
    P=[-8,-8];          %观测器的期望极点
    K=acker(A',C',P)    %求对偶系统的状态反馈阵
    G=K'                %求观测器的增益矩阵
end
```

程序 5.5.3　例 5.5.2 方法 1 程序片断

运行结果如下:

```
K=
      16.0000      84.6000

G=
      16.0000
      84.6000
```

所以,观测器的增益矩阵为 $\boldsymbol{G}=\begin{bmatrix}16\\84.6\end{bmatrix}$。

方法 2:用爱克曼公式法求解。

也要先判断系统状态是否完全能观测,此时也需要计算矩阵特征多项式 $\phi(\boldsymbol{A})$。

MATLAB 中 M 程序片断如程序 5.5.4 所示。

```
A=[0,1;20.6,0];
C=[1,0];
Qo=[C;C*A];                      %求能观测性判别矩阵Qo
raQo=rank(Qo);                   %求能观测性判别矩阵Qo的秩
if raQo<2
    disp('观测器极点不能任意配置')
else
    Al=[-8,0;0,-8];
    JA1=poly(A1);                %求期望的特征多项式的系数
    Pho=polyvalm(JA1,A);         %求期望的特征多项式φ(A)
    G=Pho*inv((Qo)')*[0;1]       %求观测器的增益矩阵
end
```

程序 5.5.4　例 5.5.2 方法 2 程序片断

运行结果如下：

```
G=
      16.0000
      84.6000
```

从方法 1 和方法 2 的结果可以看出，两种方法求得的观测器的增益矩阵都为 $\boldsymbol{G}=\begin{bmatrix}16\\84.6\end{bmatrix}$。

习　题

5.1　已知系统的状态方程如下

$$\dot{\boldsymbol{x}}=\begin{bmatrix}1 & -1 & 1\\0 & 1 & 1\\1 & 0 & 1\end{bmatrix}\boldsymbol{x}+\begin{bmatrix}0\\0\\1\end{bmatrix}u$$

请设计状态反馈阵 $\boldsymbol{k}$，使闭环系统的极点为－1，－2 和－3。

5.2　设系统的传递函数为

$$G(s)=\frac{50}{s(s+10)}$$

请设计状态反馈阵 $\boldsymbol{k}$，使闭环系统的极点为－10，－8。

5.3　设系统的传递函数为

$$G(s)=\frac{(s-1)(s+2)}{(s+1)(s-2)(s+3)}$$

试问能否存在状态反馈，将闭环系统的传递函数变为

$$G(s)=\frac{s-1}{(s+2)(s+3)}$$

若能，试确定状态反馈阵 $\boldsymbol{k}$。

5.4　控制系统的传递函数为

$$\frac{Y(s)}{U(s)}=\frac{10}{(s+1)(s+2)(s+3)}$$

定义状态变量

$$x_1=y,\quad x_2=\dot{x}_1,\quad x_3=\dot{x}_2$$

试设计状态反馈阵 $\boldsymbol{k}$，使得系统的闭环极点为：$s_1=-2+\mathrm{j}2\sqrt{3}$，$s_2=-2-\mathrm{j}2\sqrt{3}$，$s_3=-10$。

5.5　设系统 $\dot{\boldsymbol{x}}=\boldsymbol{A}\boldsymbol{x}+\boldsymbol{B}\boldsymbol{u}$ 状态完全能控，$\boldsymbol{A}$ 为 $n\times n$ 矩阵，$\boldsymbol{B}$ 为 $n\times m$ 矩阵，$\boldsymbol{A}$ 可逆。请证明：

① 系统 $\dot{\boldsymbol{x}}=\boldsymbol{A}^{-1}\boldsymbol{x}+\boldsymbol{B}\boldsymbol{u}$ 状态完全能控。

② 系统 $\dot{\boldsymbol{x}}=(2\boldsymbol{A}+\boldsymbol{B}\boldsymbol{K}-\boldsymbol{I})\boldsymbol{x}+\boldsymbol{B}\boldsymbol{u}$ 状态完全能控。其中 $\boldsymbol{K}$ 为 $m\times n$ 矩阵。

5.6　已知单输入单输出系统的状态空间表达式为

$$\begin{cases}\dot{\boldsymbol{x}}=\begin{bmatrix}-2 & 1\\1 & 0\end{bmatrix}\boldsymbol{x}+\begin{bmatrix}1\\0\end{bmatrix}u\\ y=\begin{bmatrix}1 & 2\end{bmatrix}\boldsymbol{x}\end{cases}$$

① 证明该系统是能控且能观测的。

② 当状态反馈阵 $\boldsymbol{k}$ 为何值时,系统是不能观测的。

5.7 已知线性连续定常系统的状态空间表达式为

$$\begin{bmatrix}\dot{x}_1\\\dot{x}_2\end{bmatrix}=\begin{bmatrix}0 & 1\\-2 & -3\end{bmatrix}\begin{bmatrix}x_1\\x_2\end{bmatrix}+\begin{bmatrix}0\\1\end{bmatrix}u$$

$$y=\begin{bmatrix}2 & 0\end{bmatrix}\begin{bmatrix}x_1\\x_2\end{bmatrix}$$

试设计全维状态观测器,并将观测器的极点配置在 $\lambda_1=\lambda_2=-3$ 处。

5.8 已知线性连续定常系统的动态方程为

$$\begin{cases}\dot{\boldsymbol{x}}=\begin{bmatrix}1 & 1 & 1\\1 & 2 & -1\\0 & 1 & 0\end{bmatrix}\boldsymbol{x}+\begin{bmatrix}0\\1\\0\end{bmatrix}u\\y=\begin{bmatrix}1 & 0 & 0\end{bmatrix}\boldsymbol{x}\end{cases}$$

试设计全维状态观测器,并将观测器的极点配置在 1,-1 和 -2 处。

5.9 已知线性连续定常系统的动态方程为

$$\begin{cases}\dot{\boldsymbol{x}}=\begin{bmatrix}-1 & -2 & -2\\0 & -1 & 1\\1 & 0 & -1\end{bmatrix}\boldsymbol{x}+\begin{bmatrix}2\\0\\1\end{bmatrix}u\\y=\begin{bmatrix}1 & 1 & 0\end{bmatrix}\boldsymbol{x}\end{cases}$$

试设计极点为 -2 和 -3 的降维观测器,并画出降维观测器的结构图。

5.10 已知线性连续定常系统的动态方程为

$$\begin{cases}\dot{\boldsymbol{x}}=\begin{bmatrix}0 & 1\\0 & -5\end{bmatrix}\boldsymbol{x}+\begin{bmatrix}0\\100\end{bmatrix}u\\y=\begin{bmatrix}1 & 0\end{bmatrix}\boldsymbol{x}\end{cases}$$

请采用状态观测器实现状态反馈控制,使闭环系统的特征值为 $\lambda_1=-7.07\pm j7.07$。并画出整个闭环系统的结构图。

5.11 已知某线性连续定常系统的状态空间表达式为

$$\begin{cases}\dot{\boldsymbol{x}}=\begin{bmatrix}0 & 1\\-1 & 0\end{bmatrix}\boldsymbol{x}+\begin{bmatrix}1\\0\end{bmatrix}u\\y=\begin{bmatrix}0 & 1\end{bmatrix}\boldsymbol{x}\end{cases}$$

① 该系统是渐近稳定的吗?

② 加状态反馈能否使系统镇定?

5.12 线性连续定常系统的状态空间表达式为

$$\begin{cases}\dot{\boldsymbol{x}}=\begin{bmatrix}3 & 1 & 0\\1 & 0 & 1\\0 & 1 & 2\end{bmatrix}\boldsymbol{x}+\begin{bmatrix}0\\1\\1\end{bmatrix}u\\y=\begin{bmatrix}0 & 2 & 0\end{bmatrix}\boldsymbol{x}\end{cases}$$

请用 MATLAB 设计状态反馈阵 $\boldsymbol{k}$,使闭环系统的极点为 $\lambda_{1,2}=-5\pm j2$ 和 $\lambda_3=-15$。

5.13　线性连续定常系统的状态空间表达式为

$$\begin{cases}\dot{\boldsymbol{x}}=\begin{bmatrix}0 & 1 & 0\\ 0 & 0 & 1\\ -5 & -6 & 0\end{bmatrix}\boldsymbol{x}+\begin{bmatrix}0\\ 0\\ 1\end{bmatrix}\boldsymbol{u}\\ y=\begin{bmatrix}1 & 0 & 0\end{bmatrix}\boldsymbol{x}\end{cases}$$

请用 MATLAB 设计全维状态观测器，并将观测器的极点配置在－10，－10，－15 上。

5.14　利用 MATLAB 方法重新求解习题 5.9 中的降维观测器方程。

第 6 章　线性离散时间系统的状态空间分析与设计

前几章所讨论的系统是线性连续时间系统，随着计算机和数字控制器的广泛应用，离散时间系统越来越普遍，尤其是线性离散时间系统。因此，本章将讨论线性离散时间系统的状态空间分析与设计问题。

大多数线性连续时间系统的状态空间分析与设计方法，也适用于线性离散时间系统，如状态空间表达式的建立、李雅普诺夫稳定性分析、状态反馈与状态观测器的设计等。因此，在具有前几章知识的基础上，进行线性离散时间系统的状态空间分析与设计，就变得相对简单。

6.1　离散时间系统的状态空间表达式

对于线性离散时间系统来说，可以参照线性连续时间系统状态空间表达式的建立方法，来建立其状态方程和输出方程。

6.1.1　状态空间表达式的一般形式

与连续时间系统类似，离散时间系统的状态方程为

$$\begin{bmatrix} x_1((k+1)T) \\ x_2((k+1)T) \\ \vdots \\ x_n((k+1)T) \end{bmatrix} = \begin{bmatrix} g_{11} & g_{12} & \cdots & g_{1n} \\ g_{21} & g_{22} & \cdots & g_{2n} \\ \vdots & \vdots & & \vdots \\ g_{n1} & g_{n2} & \cdots & g_{nn} \end{bmatrix} \begin{bmatrix} x_1(kT) \\ x_2(kT) \\ \vdots \\ x_n(kT) \end{bmatrix} + \begin{bmatrix} h_{11} & h_{12} & \cdots & h_{1r} \\ h_{21} & h_{22} & \cdots & h_{2r} \\ \vdots & \vdots & & \vdots \\ h_{n1} & h_{n2} & \cdots & h_{nr} \end{bmatrix} \boldsymbol{u}(kT) \tag{6.1.1}$$

输出方程为

$$\boldsymbol{y}(kT) = \begin{bmatrix} c_{11} & c_{12} & \cdots & c_{1n} \\ c_{21} & c_{22} & \cdots & c_{2n} \\ \vdots & \vdots & & \vdots \\ c_{m1} & c_{m2} & \cdots & c_{mn} \end{bmatrix} \begin{bmatrix} x_1(kT) \\ x_2(kT) \\ \vdots \\ x_n(kT) \end{bmatrix} + \begin{bmatrix} d_{11} & d_{12} & \cdots & d_{1r} \\ d_{21} & d_{22} & \cdots & d_{2r} \\ \vdots & \vdots & & \vdots \\ d_{m1} & d_{m2} & \cdots & d_{mr} \end{bmatrix} \boldsymbol{u}(kT) \tag{6.1.2}$$

其中，T 为采样周期，经常省去不写。

因此，离散时间系统的状态空间表达式又可以写为

$$\boldsymbol{x}(k+1) = \boldsymbol{G}\boldsymbol{x}(k) + \boldsymbol{H}\boldsymbol{u}(k) \tag{6.1.3}$$

$$\boldsymbol{y}(k) = \boldsymbol{C}\boldsymbol{x}(k) + \boldsymbol{D}\boldsymbol{u}(k) \tag{6.1.4}$$

其中，$\boldsymbol{x}(k)$为 n 维状态向量；$\boldsymbol{u}(k)$为 r 维输入向量；$\boldsymbol{y}(k)$为 m 维输出向量；$\boldsymbol{G}$ 为 $n\times n$ 维系统矩阵；$\boldsymbol{H}$ 为 $n\times r$ 输入矩阵；$\boldsymbol{C}$ 为 $m\times n$ 维输出矩阵；$\boldsymbol{D}$ 为 $m\times r$ 前馈矩阵。

式(6.1.3)和式(6.1.4)所示线性离散时间系统的模拟结构图如图 6.1.1 所示。图中，z^{-1} 为迟延算子，其作用相当于线性连续时间系统模拟结构图中积分器的作用。

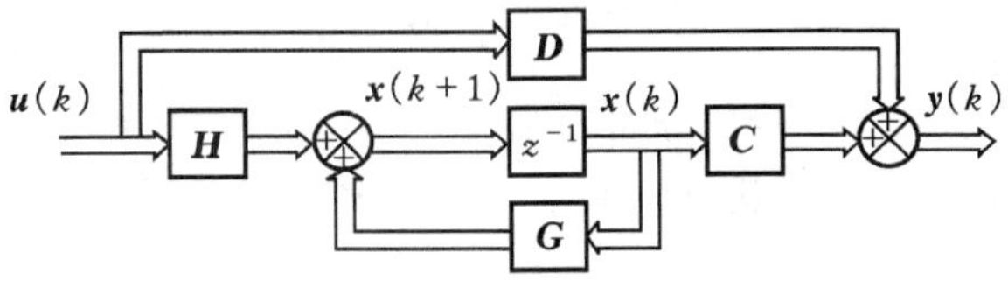

图 6.1.1　线性离散时间系统的模拟结构图

对于线性离散时间系统来说，通过差分方程或脉冲传递函数建立状态空间表达式，读者可以参照连续时间系统中通过微分方程和传递函数来建立状态空间表达式的方法，这里不再介绍。

6.1.2　连续时间系统状态空间描述的离散化

对于一个连续时间系统，在采样周期 T 的作用下，可以将其状态空间表达式转换为离散时间系统的状态方程和输出方程，这种转换过程，称为连续时间系统状态空间描述的离散化。离散化一般有两种方法：精确离散化和近似离散化。

1. 线性连续定常系统的离散化方法

(1) 精确离散化方法

已知线性连续定常系统的状态空间表达式为

$$\begin{cases}\dot{\boldsymbol{x}} = \boldsymbol{A}\boldsymbol{x} + \boldsymbol{B}\boldsymbol{u} \\ \boldsymbol{y} = \boldsymbol{C}\boldsymbol{x} + \boldsymbol{D}\boldsymbol{u}\end{cases} \tag{6.1.5}$$

则其精确离散化后得到的状态空间表达式为

$$\begin{cases}\boldsymbol{x}((k+1)T) = \boldsymbol{G}(T)\boldsymbol{x}(kT) + \boldsymbol{H}(T)\boldsymbol{u}(kT) \\ \boldsymbol{y}(kT) = \boldsymbol{C}\boldsymbol{x}(kT) + \boldsymbol{D}\boldsymbol{u}(kT)\end{cases} \tag{6.1.6}$$

其中

$$\begin{cases}\boldsymbol{G}(T) = \boldsymbol{\Phi}(T) = \mathrm{e}^{\boldsymbol{A}T} \\ \boldsymbol{H}(T) = \left(\int_0^T \boldsymbol{\Phi}(t)\,\mathrm{d}t\right)\boldsymbol{B} = \left(\int_0^T \mathrm{e}^{\boldsymbol{A}t}\,\mathrm{d}t\right)\boldsymbol{B}\end{cases} \tag{6.1.7}$$

推导过程如下：

直接从式(6.1.5)所表示的线性连续定常系统非齐次状态方程的解

$$\boldsymbol{x}(t) = \boldsymbol{\Phi}(t-t_0)\boldsymbol{x}(t_0) + \int_{t_0}^{t} \boldsymbol{\Phi}(t-\tau)\boldsymbol{B}\boldsymbol{u}(\tau)\,\mathrm{d}\tau \tag{6.1.8}$$

中进行离散化，取 $t_0=kT$，$t=(k+1)T$ 代入式(6.1.8)中可得

$$\boldsymbol{x}((k+1)T) = \boldsymbol{\Phi}(T)\boldsymbol{x}(kT) + \int_{kT}^{(k+1)T} \boldsymbol{\Phi}((k+1)T-\tau)\boldsymbol{B}\boldsymbol{u}(\tau)\,\mathrm{d}\tau \tag{6.1.9}$$

当 $kT<t<(k+1)T$ 时，$\boldsymbol{u}(t)$ 为零阶保持器的输出，故在时间区间 $[kT,(k+1)T]$ 上，$\boldsymbol{u}(t)\equiv\boldsymbol{u}(kT)$。如果令 $t=(k+1)T-\tau$，则 $\mathrm{d}t=-\mathrm{d}\tau$，$t\in[T,0]$。将这些结果代入式(6.1.9)中可得到

$$\begin{aligned}\boldsymbol{x}((k+1)T) &= \boldsymbol{\Phi}(T)\boldsymbol{x}(kT) + \int_{kT}^{(k+1)T} \boldsymbol{\Phi}((k+1)T-\tau)\,\mathrm{d}\tau\boldsymbol{B}\boldsymbol{u}(kT) \\ &= \boldsymbol{\Phi}(T)\boldsymbol{x}(kT) - \int_{T}^{0} \boldsymbol{\Phi}(t)\,\mathrm{d}t\boldsymbol{B}\boldsymbol{u}(kT)\end{aligned}$$

$$= \boldsymbol{\Phi}(T)\boldsymbol{x}(kT) + (\int_0^T \boldsymbol{\Phi}(t)\mathrm{d}t)\boldsymbol{Bu}(kT)$$

将上式和式(6.1.6)的状态方程相比,即可得到式(6.1.7)。

由此可见,线性连续定常系统状态空间描述的精确离散化的核心内容,就是求解系统状态转移矩阵。

例 6.1.1 当采样周期为 T 时,请写出下列线性连续定常系统的离散化方程。

$$\dot{\boldsymbol{x}} = \begin{bmatrix} 0 & 1 \\ 0 & -2 \end{bmatrix}\boldsymbol{x} + \begin{bmatrix} 0 \\ 1 \end{bmatrix}u$$

解 先求连续系统的状态转移矩阵

$$\boldsymbol{\Phi}(t) = \mathrm{e}^{\boldsymbol{A}t} = \mathscr{L}^{-1}(s\boldsymbol{I} - \boldsymbol{A})^{-1} = \mathscr{L}^{-1}\begin{bmatrix} s & -1 \\ 0 & s+2 \end{bmatrix}^{-1} = \begin{bmatrix} 1 & \frac{1}{2}(1 - \mathrm{e}^{-2t}) \\ 0 & \mathrm{e}^{-2t} \end{bmatrix}$$

将上式代入式(6.1.7),可得离散化系统的系统矩阵和输入矩阵如下

$$\boldsymbol{G}(T) = \boldsymbol{\Phi}(T) = \begin{bmatrix} 1 & \frac{1}{2}(1 - \mathrm{e}^{-2T}) \\ 0 & \mathrm{e}^{-2T} \end{bmatrix}$$

$$\boldsymbol{H}(T) = (\int_0^T \boldsymbol{\Phi}(t)\mathrm{d}t)\boldsymbol{B} = \int_0^T \begin{bmatrix} 1 & \frac{1}{2}(1 - \mathrm{e}^{-2t}) \\ 0 & \mathrm{e}^{-2t} \end{bmatrix}\mathrm{d}t\begin{bmatrix} 0 \\ 1 \end{bmatrix} = \begin{bmatrix} \frac{1}{2}T + \frac{1}{4}\mathrm{e}^{-2T} - \frac{1}{4} \\ -\frac{1}{2}\mathrm{e}^{-2T} + \frac{1}{2} \end{bmatrix}$$

(2) 近似离散化方法

如果采样周期非常小,可以通过差商代替微商的形式,得到线性连续定常系统的近似离散化方程,下面给出推导过程。

仿导数定义,令

$$\dot{\boldsymbol{x}} = \frac{\boldsymbol{x}((k+1)T) - \boldsymbol{x}(kT)}{T}$$

当 $t = kT$ 时,将上式代入式(6.1.5)可得

$$\frac{\boldsymbol{x}((k+1)T) - \boldsymbol{x}(kT)}{T} = \boldsymbol{Ax}(kT) + \boldsymbol{Bu}(kT)$$

整理上式可得

$$\boldsymbol{x}((k+1)T) = (\boldsymbol{I} + \boldsymbol{A}T)\boldsymbol{x}(kT) + \boldsymbol{B}T\boldsymbol{u}(kT)$$

将上式和式(6.1.6)的状态方程相比,可得离散化后系统的系统矩阵和输入矩阵为

$$\boldsymbol{G}(T) = \boldsymbol{I} + \boldsymbol{A}T$$

$$\boldsymbol{H}(T) = \boldsymbol{B}T$$

对于近似离散化方法,当采样周期非常小时,这种近似的精度可以接受;当采样周期较大时,用差商代替微商的方法会产生较大的误差。因此,本书非特别指明,离散化指的是精确离散化。

2. 线性连续时变系统的离散化方法

(1) 精确离散化方法

已知线性连续时变系统的状态空间表达式为

$$\begin{cases}\dot{\boldsymbol{x}}(t)=\boldsymbol{A}(t)\boldsymbol{x}(t)+\boldsymbol{B}(t)\boldsymbol{u}(t)\\ \boldsymbol{y}(t)=\boldsymbol{C}(t)\boldsymbol{x}(t)+\boldsymbol{D}(t)\boldsymbol{u}(t)\end{cases}\tag{6.1.10}$$

则其精确离散化后得到的状态空间表达式为

$$\begin{cases}\boldsymbol{x}(k+1)=\boldsymbol{G}(k)\boldsymbol{x}(k)+\boldsymbol{H}(k)\boldsymbol{u}(k)\\ \boldsymbol{y}(k)=\boldsymbol{C}(k)\boldsymbol{x}(k)+\boldsymbol{D}(k)\boldsymbol{u}(k)\end{cases}\tag{6.1.11}$$

其中

$$\begin{cases}\boldsymbol{G}(k)=\boldsymbol{G}(kT)=\boldsymbol{\Phi}((k+1)T,kT)\\ \boldsymbol{H}(k)=\boldsymbol{H}(kT)=\int_{kT}^{(k+1)T}\boldsymbol{\Phi}((k+1)T,\tau)\boldsymbol{B}(\tau)\mathrm{d}\tau\\ \boldsymbol{C}(k)=[\boldsymbol{C}(t)]_{t=kT}\\ \boldsymbol{D}(k)=[\boldsymbol{D}(t)]_{t=kT}\end{cases}\tag{6.1.12}$$

推导过程如下：

仿照线性连续定常系统的精确离散化过程，直接从线性连续时变系统非齐次状态方程的解

$$\boldsymbol{x}(t)=\boldsymbol{\Phi}(t,t_0)\boldsymbol{x}(t_0)+\int_{t_0}^{t}\boldsymbol{\Phi}(t,\tau)\boldsymbol{B}(\tau)\boldsymbol{u}(\tau)\mathrm{d}\tau\tag{6.1.13}$$

中进行离散化，取 $t_0=kT,t=(k+1)T$ 代入式(6.1.13)中可得

$$\begin{aligned}\boldsymbol{x}((k+1)T)&=\boldsymbol{\Phi}((k+1)T,kT)\boldsymbol{x}(kT)+\int_{kT}^{(k+1)T}\boldsymbol{\Phi}((k+1)T,\tau)\boldsymbol{B}(\tau)\boldsymbol{u}(\tau)\mathrm{d}\tau\\ &=\boldsymbol{\Phi}((k+1)T,kT)\boldsymbol{x}(kT)+\left[\int_{kT}^{(k+1)T}\boldsymbol{\Phi}((k+1)T,\tau)\boldsymbol{B}(\tau)\mathrm{d}\tau\right]\boldsymbol{u}(kT)\end{aligned}$$

将上式和式(6.1.11)的状态方程相比，即可得到式(6.1.12)。

(2) 近似离散化方法

如果采样周期非常小，也可以仿照线性连续定常系统的近似离散化方法，得到线性连续时变系统的离散化近似方程。推导过程略，这里只给出结果。

线性连续时变系统的离散化近似方程为

$$\begin{cases}\boldsymbol{x}(k+1)=\boldsymbol{G}(k)\boldsymbol{x}(k)+\boldsymbol{H}(k)\boldsymbol{u}(k)\\ \boldsymbol{y}(k)=\boldsymbol{C}(k)\boldsymbol{x}(k)+\boldsymbol{D}(k)\boldsymbol{u}(k)\end{cases}$$

其中

$$\boldsymbol{G}(k)=\boldsymbol{G}(kT)=\boldsymbol{I}+T\boldsymbol{A}(kT)$$
$$\boldsymbol{H}(k)=\boldsymbol{H}(kT)=T\boldsymbol{B}(kT)$$

$\boldsymbol{C}(k)$和 $\boldsymbol{D}(k)$同式(6.1.12)。

6.1.3 脉冲传递函数(阵)

对于单输入单输出离散时间系统来说，其 Z 传递函数也叫脉冲传递函数，是分析线性离散时间系统的基本数学工具。Z 传递函数的定义与线性连续时间系统传递函数的定义类似，即在零初始条件下，一个系统的输出脉冲序列的 Z 变换$Y(z)$与输入脉冲序列的 Z 变换 $X(z)$之比，称为该系统的 Z 传递函数或脉冲传递函数。

对于多输入多输出系统，Z 传递函数变为 Z 传递函数矩阵或脉冲传递函数矩阵，用 $\boldsymbol{G}(z)=\boldsymbol{Y}(z)/\boldsymbol{U}(z)$进行表示。与线性连续时间系统传递函数矩阵相似，线性离散时间系统的 Z 传

递函数矩阵为

$$G(z)=C(zI-G)^{-1}H+D \tag{6.1.14}$$

下面给出推导过程:

对于式(6.1.6)所示的线性离散定常系统,对其状态方程和输出方程分别作初始条件 $x(0)=0$的 Z 变换,可得

$$\begin{cases} zX(z)=GX(z)+HU(z) \\ Y(z)=CX(z)+DU(z) \end{cases}$$

整理以上方程组可得

$$Y(z)=[C(zI-G)^{-1}H+D]U(z)$$

即

$$G(z)=C(zI-G)^{-1}H+D$$

线性离散时间系统的特征方程为

$$|zI-G|=0$$

该特征方程的根就是线性离散时间系统的极点,也是系统矩阵 G 的特征值。

6.2 线性离散时间系统状态方程的解

线性离散定常系统状态方程的解有两种求解方法:递推法和 Z 变换法。递推法又称为迭代法。下面分别进行介绍。

6.2.1 递推法求解

线性离散定常系统的状态方程为

$$x(k+1)=Gx(k)+Hu(k)$$

其中,系统矩阵 G 和输入矩阵 H 是定常矩阵。

给定 $k=0$ 时的初始状态 $x(0)$及任意时刻系统的输入 $u(k)$,由迭代法可得

$$\begin{aligned} x(1)&=Gx(0)+Hu(0) \\ x(2)&=Gx(1)+Hu(1)=G^2x(0)+GHu(0)+Hu(1) \\ x(3)&=Gx(2)+Hu(2)=G^3x(0)+G^2Hu(0)+GHu(1)+Hu(2) \\ &\ \vdots \end{aligned}$$

依此类推,可得状态方程的解为

$$x(k)=G^kx(0)+\sum_{i=0}^{k-1}G^{k-i-1}Hu(i) \tag{6.2.1}$$

对于线性离散定常系统状态方程的解,作以下说明。

① 由式(6.2.1)可以看出,线性离散定常系统状态方程的解也由两部分组成:由初始状态引起的零输入响应,该部分的值仅与系统的初始状态有关;第二部分是由输入引起的零状态响应,其值与控制作用 u 的大小、性质及系统的结构有关。

② 在输入引起的响应中,第 k 个时刻的状态只取决于所有此时刻前的输入采样值,与第 k 个时刻的输入采样值无关。

与线性连续定常系统相对照,在线性离散定常系统中,状态转移矩阵定义为$\Phi(k)$,即

$$\boldsymbol{\Phi}(k)=\boldsymbol{G}^k$$
$$\boldsymbol{\Phi}(k+1)=\boldsymbol{G}\boldsymbol{\Phi}(k)$$
$$\boldsymbol{\Phi}(0)=\boldsymbol{I}$$

利用状态转移矩阵,线性离散定常系统的解可重写为

$$\boldsymbol{x}(k)=\boldsymbol{\Phi}(k)\boldsymbol{x}(0)+\sum_{i=0}^{k-1}\boldsymbol{\Phi}(k-i-1)\boldsymbol{H}\boldsymbol{u}(i)$$

6.2.2　Z 变换法求解

线性离散定常系统的状态方程为

$$\boldsymbol{x}(k+1)=\boldsymbol{G}\boldsymbol{x}(k)+\boldsymbol{H}\boldsymbol{u}(k)$$

对上式两边进行 Z 变换有

$$z\boldsymbol{X}(z)-z\boldsymbol{x}(0)=\boldsymbol{G}\boldsymbol{X}(z)+\boldsymbol{H}\boldsymbol{U}(z)$$

整理上式可得

$$\begin{aligned}\boldsymbol{X}(z)&=(z\boldsymbol{I}-\boldsymbol{G})^{-1}z\boldsymbol{x}(0)+(z\boldsymbol{I}-\boldsymbol{G})^{-1}\boldsymbol{H}\boldsymbol{U}(z)\\&=(z\boldsymbol{I}-\boldsymbol{G})^{-1}[z\boldsymbol{x}(0)+\boldsymbol{H}\boldsymbol{U}(z)]\end{aligned}$$

对上式两边进行 Z 反变换可得

$$\boldsymbol{x}(k)=\mathscr{Z}^{-1}[(z\boldsymbol{I}-\boldsymbol{G})^{-1}z]\boldsymbol{x}(0)+\mathscr{Z}^{-1}[(z\boldsymbol{I}-\boldsymbol{G})^{-1}\boldsymbol{H}\boldsymbol{U}(z)] \tag{6.2.2}$$

将式(6.2.2)和迭代法的式(6.2.1)相比较可得

$$\boldsymbol{G}^k=\mathscr{Z}^{-1}[(z\boldsymbol{I}-\boldsymbol{G})^{-1}z]$$

$$\sum_{i=0}^{k-1}\boldsymbol{G}^{k-i-1}\boldsymbol{H}\boldsymbol{u}(i)=\mathscr{Z}^{-1}[(z\boldsymbol{I}-\boldsymbol{G})^{-1}\boldsymbol{H}\boldsymbol{U}(z)]$$

通过以上方法得到的 $\boldsymbol{G}^k$ 是否成立,下面给出证明过程。

$\boldsymbol{G}^k$ 的 Z 变换为

$$\mathscr{Z}[\boldsymbol{G}^k]=\sum_{k=0}^{\infty}\boldsymbol{G}^k z^{-k}=\boldsymbol{I}+\boldsymbol{G}z^{-1}+\boldsymbol{G}^2z^{-2}+\cdots \tag{6.2.3}$$

对上式两边左乘 $\boldsymbol{G}z^{-1}$ 得

$$\boldsymbol{G}z^{-1}\mathscr{Z}[\boldsymbol{G}^k]=\boldsymbol{G}z^{-1}+\boldsymbol{G}^2z^{-2}+\cdots \tag{6.2.4}$$

式(6.2.3)和式(6.2.4)左右两两相减可得

$$[\boldsymbol{I}-\boldsymbol{G}z^{-1}]\mathscr{Z}[\boldsymbol{G}^k]=\boldsymbol{I}$$

所以有

$$\mathscr{Z}[\boldsymbol{G}^k]=[\boldsymbol{I}-\boldsymbol{G}z^{-1}]^{-1}=\left[\frac{z\boldsymbol{I}-\boldsymbol{G}z^{-1}z}{z}\right]^{-1}=(z\boldsymbol{I}-\boldsymbol{G})^{-1}z$$

即

$$\boldsymbol{G}^k=\mathscr{Z}^{-1}[(z\boldsymbol{I}-\boldsymbol{G})^{-1}z]$$

例 6.2.1　已知线性离散定常系统的状态方程为

$$\boldsymbol{x}(k+1)=\boldsymbol{G}\boldsymbol{x}(k)+\boldsymbol{H}\boldsymbol{u}(k)$$

其中

$$\boldsymbol{G}=\begin{bmatrix}0&1\\-0.16&-1\end{bmatrix},\quad \boldsymbol{H}=\begin{bmatrix}1\\1\end{bmatrix}$$

给定初始状态为

$$x(0)=\begin{bmatrix}1\\-1\end{bmatrix}$$

求该系统在单位阶跃输入下状态方程的解。

解 ① 用迭代法求解

由于输入为单位阶跃函数,所以对于任意 $k\geqslant 0$,有 $u(k)=1$,根据递推法可得

$$\boldsymbol{x}(1)=\boldsymbol{G}\boldsymbol{x}(0)+\boldsymbol{H}u(0)=\begin{bmatrix}0&1\\-0.16&-1\end{bmatrix}\begin{bmatrix}1\\-1\end{bmatrix}+\begin{bmatrix}1\\1\end{bmatrix}=\begin{bmatrix}0\\1.84\end{bmatrix}$$

$$\boldsymbol{x}(2)=\boldsymbol{G}\boldsymbol{x}(1)+\boldsymbol{H}u(1)=\begin{bmatrix}0&1\\-0.16&-1\end{bmatrix}\begin{bmatrix}0\\1.84\end{bmatrix}+\begin{bmatrix}1\\1\end{bmatrix}=\begin{bmatrix}2.84\\-0.84\end{bmatrix}$$

$$\boldsymbol{x}(3)=\boldsymbol{G}\boldsymbol{x}(2)+\boldsymbol{H}u(2)=\begin{bmatrix}0&1\\-0.16&-1\end{bmatrix}\begin{bmatrix}2.84\\-0.84\end{bmatrix}+\begin{bmatrix}1\\1\end{bmatrix}=\begin{bmatrix}0.16\\1.386\end{bmatrix}$$

依此类推,可以得到系统状态方程的解为

$$\boldsymbol{x}(k)=\boldsymbol{G}\boldsymbol{x}(k-1)+\boldsymbol{H}u(k-1)=\begin{bmatrix}0&1\\-0.16&-1\end{bmatrix}\boldsymbol{x}(k-1)+\begin{bmatrix}1\\1\end{bmatrix}$$

② 用 Z 变换法求解

$\boldsymbol{x}(k)$的 Z 变换为

$$\boldsymbol{X}(z)=(z\boldsymbol{I}-\boldsymbol{G})^{-1}[z\boldsymbol{x}(0)+\boldsymbol{H}U(z)]$$

由于输入为单位阶跃函数,所以有

$$U(z)=\frac{z}{z-1}$$

将 $\boldsymbol{G},\boldsymbol{H},U(z),\boldsymbol{x}(0)$代入 $\boldsymbol{x}(k)$的 Z 变换式有

$$\boldsymbol{X}(z)=\begin{bmatrix}z&-1\\0.16&z+1\end{bmatrix}^{-1}\left\{\begin{bmatrix}z\\-z\end{bmatrix}+\begin{bmatrix}z/(z-1)\\z/(z-1)\end{bmatrix}\right\}$$

整理得

$$\boldsymbol{X}(z)=\begin{bmatrix}\dfrac{-17}{6}\left(\dfrac{z}{z+0.2}\right)+\dfrac{22}{9}\left(\dfrac{z}{z+0.8}\right)+\dfrac{25}{18}\left(\dfrac{z}{z-1}\right)\\ \dfrac{3.4}{6}\left(\dfrac{z}{z+0.2}\right)-\dfrac{17.6}{9}\left(\dfrac{z}{z+0.8}\right)+\dfrac{7}{18}\left(\dfrac{z}{z-1}\right)\end{bmatrix}$$

对上式进行 Z 反变换,可以得到系统状态方程的解为

$$\boldsymbol{x}(k)=\mathscr{Z}^{-1}[\boldsymbol{X}(z)]=\begin{bmatrix}\dfrac{-17}{6}(-0.2)^k+\dfrac{22}{9}(-0.8)^k+\dfrac{25}{18}\\ \dfrac{3.4}{6}(-0.2)^k-\dfrac{17.6}{9}(-0.8)^k+\dfrac{7}{18}\end{bmatrix},\ k=1,2,\cdots$$

6.3 线性离散时间系统的能控性和能观测性

6.3.1 能控性概念及判别准则

对于线性离散定常系统

$$\boldsymbol{x}(k+1)=\boldsymbol{G}\boldsymbol{x}(k)+\boldsymbol{H}\boldsymbol{u}(k) \tag{6.3.1}$$

若存在控制序列$\{\boldsymbol{u}(0),\boldsymbol{u}(1),\cdots,\boldsymbol{u}(l-1)\}(l\leqslant n)$能将任意初始状态 $\boldsymbol{x}(0)=\boldsymbol{x}_0$ 在第 l 步上转移到零态 $\boldsymbol{x}(l)=0$,则称系统是状态完全能控的。

对能控性定义有两点说明：

① 能控性表示任意初始状态到零状态的转移能力；

② 只讨论使任意初始状态转移到零态，或零态转移到任意终端状态的控制序列是否存在，不涉及具体转移几步。

线性离散定常系统具有和线性连续定常系统相一致的能控性判别准则，具体表示为：式(6.3.1)所示系统，状态完全能控的充分必要条件是如下的能控性判别阵

$$\boldsymbol{Q}_c=[\boldsymbol{H}\quad \boldsymbol{G}\boldsymbol{H}\quad \cdots\quad \boldsymbol{G}^{n-1}\boldsymbol{H}] \tag{6.3.2}$$

满秩，即

$$\mathrm{rank}(\boldsymbol{Q}_c)=\mathrm{rank}[\boldsymbol{H}\quad \boldsymbol{G}\boldsymbol{H}\quad \cdots\quad \boldsymbol{G}^{n-1}\boldsymbol{H}]=n \tag{6.3.3}$$

下面从系统状态方程的解出发，给出以上判别准则的推导过程。

式(6.3.1)所示系统的解为

$$\boldsymbol{x}(k)=\boldsymbol{G}^k\boldsymbol{x}(0)+\sum_{i=0}^{k-1}\boldsymbol{G}^{k-i-1}\boldsymbol{H}\boldsymbol{u}(i)$$

所以

$$\boldsymbol{x}(n)=\boldsymbol{G}^n\boldsymbol{x}(0)+\sum_{i=0}^{n-1}\boldsymbol{G}^{n-i-1}\boldsymbol{H}\boldsymbol{u}(i)$$

根据能控性定义

$$\boldsymbol{x}(n)=0$$

有

$$\begin{aligned}-\boldsymbol{G}^n\boldsymbol{x}(0)&=\sum_{i=0}^{n-1}\boldsymbol{G}^{n-i-1}\boldsymbol{H}\boldsymbol{u}(i)\\&=\boldsymbol{G}^{n-1}\boldsymbol{H}\boldsymbol{u}(0)+\cdots+\boldsymbol{G}\boldsymbol{H}\boldsymbol{u}(n-2)+\boldsymbol{H}\boldsymbol{u}(n-1)\\&=[\boldsymbol{H}\quad \boldsymbol{G}\boldsymbol{H}\quad \cdots\quad \boldsymbol{G}^{n-1}\boldsymbol{H}]\begin{bmatrix}\boldsymbol{u}(n-1)\\ \vdots\\ \boldsymbol{u}(1)\\ \boldsymbol{u}(0)\end{bmatrix}=\boldsymbol{Q}_c\boldsymbol{U}\end{aligned}$$

所以，对任意 $\boldsymbol{x}(0)$,$\boldsymbol{U}$ 存在的充分必要条件是 $\boldsymbol{Q}_c$ 满秩。

例 6.3.1　某线性离散定常系统的状态空间表达式为

$$\begin{bmatrix}x_1(k+1)\\x_2(k+1)\\x_3(k+1)\end{bmatrix}=\begin{bmatrix}1&0&0\\0&2&-2\\-1&1&0\end{bmatrix}\begin{bmatrix}x_1(k)\\x_2(k)\\x_3(k)\end{bmatrix}+\begin{bmatrix}1\\0\\1\end{bmatrix}u(k)$$

试判断该系统的状态能控性。

解　首先构造能控判别矩阵

$$\boldsymbol{H}=\begin{bmatrix}1\\0\\1\end{bmatrix},\quad \boldsymbol{G}\boldsymbol{H}=\begin{bmatrix}1&0&0\\0&2&-2\\-1&1&0\end{bmatrix}\begin{bmatrix}1\\0\\1\end{bmatrix}=\begin{bmatrix}1\\-2\\-1\end{bmatrix}$$

$$G^2H=\begin{bmatrix}1&0&0\\0&2&-2\\-1&1&0\end{bmatrix}\begin{bmatrix}1\\-2\\-1\end{bmatrix}=\begin{bmatrix}1\\-2\\-3\end{bmatrix}$$

所以能控性判别阵为

$$Q_c=[H\quad GH\quad G^2H]=\begin{bmatrix}1&1&1\\0&-2&-2\\1&-1&-3\end{bmatrix}$$

求能控性判别阵的秩

$$\text{rank}(Q_c)=3$$

故系统是状态完全能控的。

6.3.2 能观测性概念及判别准则

对于线性离散定常系统

$$\begin{cases}x(k+1)=Gx(k)+Hu(k)\\y(k)=Cx(k)+Du(k)\end{cases}\tag{6.3.4}$$

如果根据有限个采样周期内测量的 $y(0),y(1),\cdots,y(n)$可以唯一地确定系统的任意初始状态 x_0,则称 x_0 为能观测状态。如果系统的所有状态都是能观测的,则称系统是状态完全能观测的。

与线性连续定常系统相类似,线性离散定常系统也有能观测性判别准则如下:对于式(6.3.4)所示系统,其状态完全能观测的充要条件是其能观测性判别矩阵

$$Q_o=\begin{bmatrix}C\\CG\\\vdots\\CG^{n-1}\end{bmatrix}=[C^T\ \vdots\ G^TC^T\ \vdots\ \cdots\ \vdots\ (G^T)^{n-1}C^T]^T\tag{6.3.5}$$

满秩,即 $\text{rank}(Q_o)=n$。

例 6.3.2 某线性离散定常系统的状态空间表达式为

$$x(k+1)=\begin{bmatrix}2&0&0\\-1&-2&0\\0&1&2\end{bmatrix}x(k),\quad y(k)=\begin{bmatrix}1&0&0\\0&1&0\end{bmatrix}x(k)$$

试判断该系统的状态能观测性。

解 首先构造系统的能观测性判别矩阵。

$$CG=\begin{bmatrix}1&0&0\\0&1&0\end{bmatrix}\begin{bmatrix}2&0&0\\-1&-2&0\\0&1&2\end{bmatrix}=\begin{bmatrix}2&0&0\\-1&-2&0\end{bmatrix}$$

$$CG^2=\begin{bmatrix}2&0&0\\-1&-2&0\end{bmatrix}\begin{bmatrix}2&0&0\\-1&-2&0\\0&1&2\end{bmatrix}=\begin{bmatrix}4&0&0\\0&4&0\end{bmatrix}$$

$$\text{rank}(\boldsymbol{Q}_o)=\text{rank}\begin{bmatrix}\boldsymbol{C}\\ \boldsymbol{CG}\\ \boldsymbol{CG}^2\end{bmatrix}=\text{rank}\begin{bmatrix}1&0&0\\0&1&0\\2&0&0\\-1&-2&0\\4&0&0\\0&4&0\end{bmatrix}=2<3$$

故系统状态不完全能观测。

6.3.3　连续时间系统离散化后的能控性和能观测性

对于线性连续定常系统，离散化后其状态能控性和能观测性是否会发生变化呢？下面通过一个例子加以说明。

例 6.3.3　已知线性连续定常系统

$$\dot{\boldsymbol{x}}=\begin{bmatrix}0&1\\-1&0\end{bmatrix}\boldsymbol{x}+\begin{bmatrix}0\\1\end{bmatrix}u,\quad y=[1\quad 0]\boldsymbol{x}$$

是状态完全能控且能观测的。请写出其精确离散化方程，并确定使相应的离散化系统能控且能观测的采样周期 T 的取值范围。

解　① 离散化。首先求连续系统的状态转移矩阵

$$\boldsymbol{\Phi}(t)=\mathrm{e}^{\boldsymbol{A}t}=\mathscr{L}^{-1}(s\boldsymbol{I}-\boldsymbol{A})^{-1}=\mathscr{L}^{-1}\begin{bmatrix}s&-1\\1&s\end{bmatrix}^{-1}$$

$$=\mathscr{L}^{-1}\begin{bmatrix}s/(s^2+1)&1/(s^2+1)\\-1/(s^2+1)&s/(s^2+1)\end{bmatrix}=\begin{bmatrix}\cos t&\sin t\\-\sin t&\cos t\end{bmatrix}$$

所以，可求得离散化后系统的系统矩阵和输入矩阵为

$$\boldsymbol{G}=\boldsymbol{\Phi}(T)=\begin{bmatrix}\cos T&\sin T\\-\sin T&\cos T\end{bmatrix}$$

$$\boldsymbol{H}=\left(\int_0^T\boldsymbol{\Phi}(t)\mathrm{d}t\right)\boldsymbol{B}=\int_0^T\begin{bmatrix}\cos t&\sin t\\-\sin t&\cos t\end{bmatrix}\mathrm{d}t\begin{bmatrix}0\\1\end{bmatrix}=\begin{bmatrix}1-\cos T\\ \sin T\end{bmatrix}$$

② 判断离散化后系统的能控性和能观测性。

要使系统状态能控，则能控判别矩阵的行列式非零，即

$$|\boldsymbol{Q}_c|=|\boldsymbol{H}\quad\boldsymbol{GH}|=\begin{vmatrix}1-\cos T&\cos T-\cos^2T+\sin^2T\\ \sin T&2\sin T\cos T-\sin T\end{vmatrix}$$

$$=2\sin T(\cos T-1)\neq 0$$

要使系统状态完全能观测，则能观测判别矩阵的行列式非零，即

$$|\boldsymbol{Q}_o|=\begin{vmatrix}\boldsymbol{C}\\ \boldsymbol{CG}\end{vmatrix}=\begin{vmatrix}1&0\\ \cos T&\sin T\end{vmatrix}=\sin T\neq 0$$

要使离散化后系统能控且能观测，必有以下方程组成立

$$\begin{cases}2\sin T(\cos T-1)\neq 0\\ \sin T\neq 0\end{cases}$$

因此，T 必须满足

$$T\neq k\pi,\quad (k=1,2,\cdots)$$

由例 6.3.3 可以看出:对于线性连续定常系统,如果是状态能控且能观测的,则其离散化后的系统不一定是状态能控且能观测的。离散化后的系统能否保持状态的能控性和能观测性,取决于采样周期 T 的选择。所以,线性连续定常系统离散化后,系统的能控性和能观测性变差了。

6.4 线性离散时间系统的李雅普诺夫稳定性分析

线性离散定常系统的状态方程为

$$\boldsymbol{x}(k+1)=\boldsymbol{G}\boldsymbol{x}(k)$$

如果选择二次型函数 $V(\boldsymbol{x}(k))=\boldsymbol{x}^{\mathrm{T}}(k)\boldsymbol{P}\boldsymbol{x}(k)$ 为李雅普诺夫函数,$V(\boldsymbol{x}(k))$ 的导数用 $\Delta V(\boldsymbol{x}(k))$ 来代替,则有

$$\begin{aligned}\Delta V(\boldsymbol{x}(k)) &= V(\boldsymbol{x}(k+1))-V(\boldsymbol{x}(k))\\ &= \boldsymbol{x}^{\mathrm{T}}(k+1)\boldsymbol{P}\boldsymbol{x}(k+1)-\boldsymbol{x}^{\mathrm{T}}(k)\boldsymbol{P}\boldsymbol{x}(k)\\ &= [\boldsymbol{G}\boldsymbol{x}(k)]^{\mathrm{T}}\boldsymbol{P}\boldsymbol{G}\boldsymbol{x}(k)-\boldsymbol{x}^{\mathrm{T}}(k)\boldsymbol{P}\boldsymbol{x}(k)\\ &= \boldsymbol{x}^{\mathrm{T}}(k)[\boldsymbol{G}^{\mathrm{T}}\boldsymbol{P}\boldsymbol{G}-\boldsymbol{P}]\boldsymbol{x}(k)\end{aligned}$$

如果令

$$\boldsymbol{G}^{\mathrm{T}}\boldsymbol{P}\boldsymbol{G}-\boldsymbol{P}=-\boldsymbol{Q} \tag{6.4.1}$$

则有

$$\Delta V(\boldsymbol{x}(k))=-\boldsymbol{x}^{\mathrm{T}}(k)\boldsymbol{Q}\boldsymbol{x}(k) \tag{6.4.2}$$

如果 $\boldsymbol{P}$ 是正定的,则 $V(\boldsymbol{x}(k))$ 也是正定的;如果 $\boldsymbol{Q}$ 是正定的,则 $\Delta V(\boldsymbol{x}(k))$ 是负定的;如果 $\boldsymbol{Q}$ 是半正定的,则 $\Delta V(\boldsymbol{x}(k))$ 是半负定的。

与线性连续时间系统相似,根据李雅普诺夫第二法,线性离散时间系统也具有以下两个稳定性判据。

判据 1:线性离散定常系统的状态方程为

$$\boldsymbol{x}(k+1)=\boldsymbol{G}\boldsymbol{x}(k)$$

则系统在平衡点 $\boldsymbol{x}_e=0$ 处渐近稳定的充要条件是:对于任意给定的正定实对称矩阵 $\boldsymbol{Q}$,都存在正定实对称矩阵 $\boldsymbol{P}$,使得

$$\boldsymbol{G}^{\mathrm{T}}\boldsymbol{P}\boldsymbol{G}-\boldsymbol{P}=-\boldsymbol{Q}$$

且系统的李雅普诺夫函数为

$$V(\boldsymbol{x}(k))=\boldsymbol{x}^{\mathrm{T}}(k)\boldsymbol{P}\boldsymbol{x}(k)$$

判据 2:线性离散定常系统的状态方程为

$$\boldsymbol{x}(k+1)=\boldsymbol{G}\boldsymbol{x}(k)$$

当 $\boldsymbol{x}(k)$ 沿任意一解序列不恒等于零时,则系统在平衡点 $\boldsymbol{x}_e=0$ 处渐近稳定的充要条件是:对于任意给定的半正定实对称矩阵 $\boldsymbol{Q}$,都存在正定实对称矩阵 $\boldsymbol{P}$,使得

$$\boldsymbol{G}^{\mathrm{T}}\boldsymbol{P}\boldsymbol{G}-\boldsymbol{P}=-\boldsymbol{Q}$$

且系统的李雅普诺夫函数为

$$V(\boldsymbol{x}(k))=\boldsymbol{x}^{\mathrm{T}}(k)\boldsymbol{P}\boldsymbol{x}(k)$$

与线性连续定常系统的李雅普诺夫稳定性分析相同,当实对称矩阵 $\boldsymbol{Q}$ 为正定时,取

$$\boldsymbol{Q}=\boldsymbol{I}$$

当实对称矩阵 $\boldsymbol{Q}$ 为半正定时，取

$$\boldsymbol{Q}=\begin{bmatrix}0 & 0 & \cdots & 0\\ 0 & \ddots & \ddots & \vdots\\ \vdots & \ddots & 0 & 0\\ 0 & \cdots & 0 & 1\end{bmatrix}$$

例 6.4.1　已知线性离散定常系统状态方程为

$$\boldsymbol{x}(k+1)=\boldsymbol{G}\boldsymbol{x}(k)$$

其中

$$\boldsymbol{G}=\begin{bmatrix}0 & 1 & 0\\ 0 & 0 & 1\\ 0 & k/2 & 0\end{bmatrix},\quad k>0$$

试用李雅普诺夫第二法确定系统在平衡点 $\boldsymbol{x}_e=0$ 为渐近稳定的 k 值范围。

解　平衡状态已经给出，不需要再求解。

取 $\boldsymbol{Q}=\boldsymbol{I}$，根据 $\boldsymbol{G}^{\mathrm{T}}\boldsymbol{P}\boldsymbol{G}-\boldsymbol{P}=-\boldsymbol{Q}$ 得

$$\begin{bmatrix}0 & 0 & 0\\ 1 & 0 & k/2\\ 0 & 1 & 0\end{bmatrix}\begin{bmatrix}p_{11} & p_{12} & p_{13}\\ p_{12} & p_{22} & p_{23}\\ p_{13} & p_{23} & p_{33}\end{bmatrix}\begin{bmatrix}0 & 1 & 0\\ 0 & 0 & 1\\ 0 & k/2 & 0\end{bmatrix}-\begin{bmatrix}p_{11} & p_{12} & p_{13}\\ p_{12} & p_{22} & p_{23}\\ p_{13} & p_{23} & p_{33}\end{bmatrix}=-\begin{bmatrix}1 & 0 & 0\\ 0 & 1 & 0\\ 0 & 0 & 1\end{bmatrix}$$

解得

$$\boldsymbol{P}=\begin{bmatrix}1 & 0 & 0\\ 0 & \dfrac{2+(k/2)^2}{1-(k/2)^2} & 0\\ 0 & 0 & \dfrac{3}{1-(k/2)^2}\end{bmatrix}$$

根据赛尔维斯特法则：如果 $\boldsymbol{P}$ 正定，则 $1-(k/2)^2>0$，即：$-2<k<2$，所以系统渐近稳定的 k 值范围为 $0<k<2$。

6.5　线性离散时间系统的状态反馈及状态观测器

线性离散时间系统的状态反馈与状态观测器的设计，与线性连续时间系统的状态反馈与观测器的设计非常相似，下面分别进行介绍。

6.5.1　状态反馈与极点配置

线性离散定常系统状态反馈系统的结构如图 6.5.1 所示。

原受控系统的状态空间表达式为

$$\begin{cases}\boldsymbol{x}(k+1)=\boldsymbol{G}\boldsymbol{x}(k)+\boldsymbol{H}\boldsymbol{u}(k)\\ \boldsymbol{y}(k)=\boldsymbol{C}\boldsymbol{x}(k)\end{cases}\tag{6.5.1}$$

线性反馈规律为

$$\boldsymbol{u}(k)=\boldsymbol{v}(k)-\boldsymbol{K}\boldsymbol{x}(k)$$

状态反馈闭环系统的状态空间表达式为

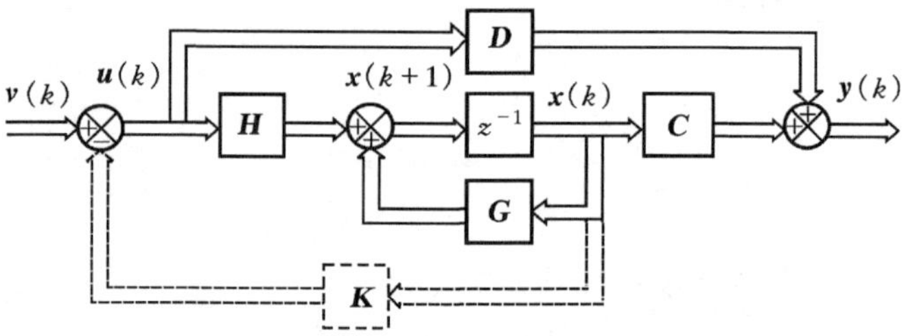

图 6.5.1 状态反馈系统的结构图

$$\begin{cases} x(k+1) = (G-HK)x(k) + Hv(k) \\ y(k) = Cx(k) \end{cases} \tag{6.5.2}$$

状态反馈闭环系统的脉冲传递函数为

$$G_k(z) = C[zI-(G-HK)]^{-1}H \tag{6.5.3}$$

状态反馈闭环系统的特征方程为

$$|zI-(G-HK)| = 0 \tag{6.5.4}$$

将式(6.5.1)所示的线性离散定常系统简记为 $\Sigma_0=(G,H,C)$,则该系统进行状态反馈后,系统在 z 平面上其全部极点得到任意配置的充要条件是:$\Sigma_0=(G,H,C)$状态完全能控。

和线性连续定常系统的状态反馈极点配置方法相同,对于线性离散定常系统,极点配置方法也有 3 种:直接法、标准型法和爱克曼公式法。只需要将连续时间系统的系统矩阵 A 和输入矩阵 B,分别换成离散时间系统的系统矩阵 G 和输入矩阵 H 即可。

这里仅介绍直接法求解的步骤。

① 判断系统能控性。如果状态完全能控,按下列步骤继续。

② 求状态反馈后闭环系统的特征多项式

$$|zI-(G-HK)| \tag{6.5.5}$$

③ 根据期望闭环极点,写出期望特征多项式如下

$$(z-\mu_1)(z-\mu_2)\cdots(z-\mu_n) = z^n + \alpha_{n-1}^* z^{n-1} + \cdots + \alpha_1^* z + \alpha_0^* \tag{6.5.6}$$

④ 由式(6.5.5)和式(6.5.6)中 z 同次幂系数相等,求出状态反馈阵 K。

例 6.5.1 已知线性离散定常系统的状态空间表达式为

$$x(k+1) = \begin{bmatrix} 0 & 1 \\ -0.16 & -1 \end{bmatrix} x(k) + \begin{bmatrix} 0 \\ 1 \end{bmatrix} u(k)$$

设计状态反馈阵 K,使闭环系统的极点为 0.5+j0.5 和 0.5−j0.5,并画出闭环系统的结构图。

解 先判断系统的能控性。

$$\text{rank}[H \quad GH] = \text{rank}\begin{bmatrix} 0 & 1 \\ 1 & -1 \end{bmatrix} = 2$$

系统状态完全能控,可以通过状态反馈任意配置其极点。

令状态反馈阵 $K=[k_1 \quad k_2]$,则状态反馈闭环系统的特征多项式为

$$|zI-(G-HK)| = \begin{vmatrix} z & -1 \\ 0.16+k_1 & z+1+k_2 \end{vmatrix} = z^2 + (1+k_2)z + 0.16 + k_1$$

期望的特征多项式为

$$(z-0.5-\mathrm{j}0.5)(z-0.5+\mathrm{j}0.5)=z^2-z+0.5$$

由 z 同次幂系数相等，求得状态反馈阵为

$$\boldsymbol{K}=[0.34\quad -2]$$

状态反馈闭环系统的结构图如图 6.5.2 所示。

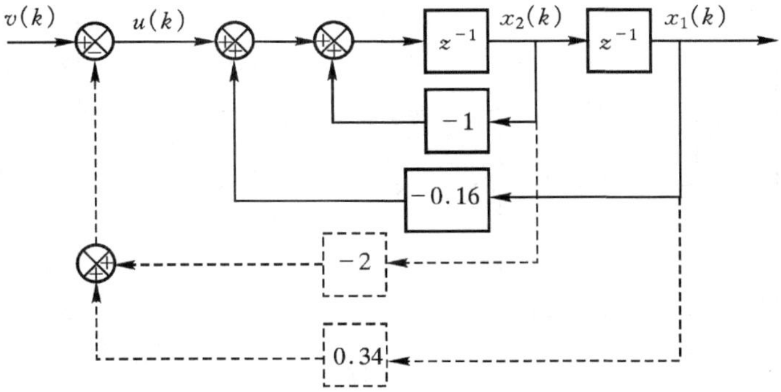

图 6.5.2　例 6.5.1 状态反馈系统的结构图

6.5.2　全维状态观测器

与线性连续定常系统的全维状态观测器结构相似，线性离散定常系统 $\Sigma_0=(\boldsymbol{G},\boldsymbol{H},\boldsymbol{C})$ 的全维状态观测器的结构如图 6.5.3 所示。

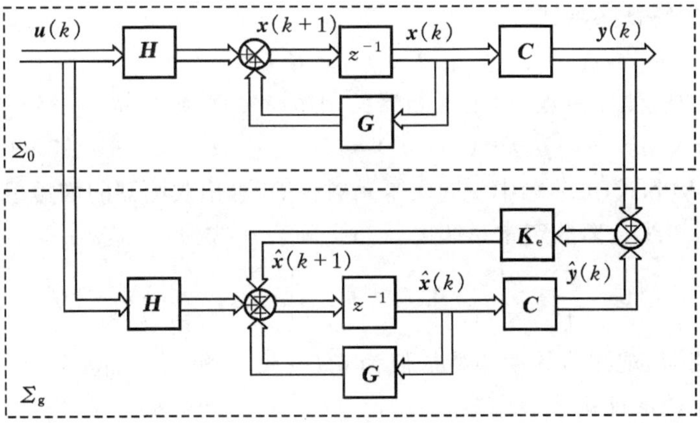

图 6.5.3　全维观测器的结构图

由图 6.5.3 可知，状态观测器 Σ_g 方程为

$$\begin{aligned}\hat{\boldsymbol{x}}(k+1)&=\boldsymbol{G}\hat{\boldsymbol{x}}(k)+\boldsymbol{K}_e(\boldsymbol{y}(k)-\hat{\boldsymbol{y}}(k))+\boldsymbol{H}\boldsymbol{u}(k)\\&=(\boldsymbol{G}-\boldsymbol{K}_e\boldsymbol{C})\hat{\boldsymbol{x}}(k)+\boldsymbol{K}_e\boldsymbol{y}(k)+\boldsymbol{H}\boldsymbol{u}(k)\end{aligned}$$

其中，$\boldsymbol{K}_e$ 为状态观测器的增益矩阵。

状态观测器的特征方程为

$$|z\boldsymbol{I}-(\boldsymbol{G}-\boldsymbol{K}_e\boldsymbol{C})|=0 \tag{6.5.7}$$

全维状态观测器的等价结构如图 6.5.4 所示。

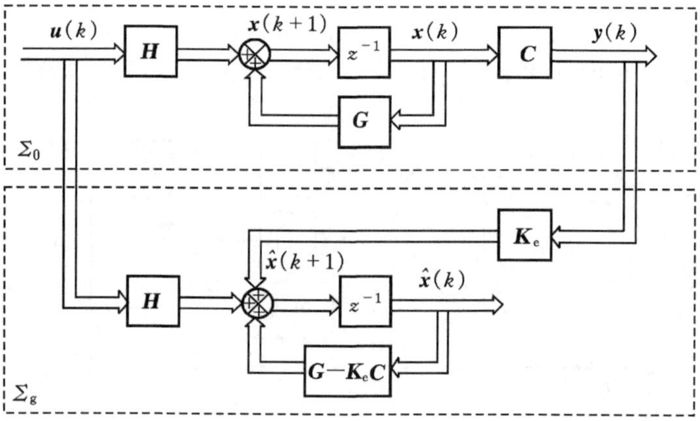

图 6.5.4　全维观测器的等价结构图

线性离散定常系统 $\Sigma_0=(\boldsymbol{G},\boldsymbol{H},\boldsymbol{C})$ 的状态观测器极点任意配置,即具有任意逼近速度的充要条件是:系统 $\Sigma_0=(\boldsymbol{G},\boldsymbol{H},\boldsymbol{C})$ 状态完全能观测。

和线性连续定常系统的状态观测器的设计相同,线性离散定常系统的观测器设计也有 4 种方法:直接法、标准型法、爱克曼公式法和对偶原理法。只需要将连续时间系统的系统矩阵 $\boldsymbol{A}$ 换成离散时间系统的系统矩阵 $\boldsymbol{G}$ 即可。

这里也仅介绍直接法求解的步骤。

① 判断系统能观测性。如果状态完全能观测,则观测器存在,且其极点可以任意配置。

② 求观测器的特征多项式

$$|z\boldsymbol{I}-(\boldsymbol{G}-\boldsymbol{K}_e\boldsymbol{C})| \tag{6.5.8}$$

③ 根据期望的观测器极点,写出观测器的期望特征多项式为

$$(z-\mu_1)(z-\mu_2)\cdots(z-\mu_n)=z^n+\alpha_{n-1}^* z^{n-1}+\cdots+\alpha_1^* z+\alpha_0^* \tag{6.5.9}$$

④ 由式(6.5.8)和式(6.5.9)中 z 同次幂系数相等,求出观测器的增益矩阵 $\boldsymbol{K}_e$。

例 6.5.2　已知线性离散定常系统的状态空间表达式为

$$\boldsymbol{x}(k+1)=\begin{bmatrix}0 & -0.16\\ 1 & -1\end{bmatrix}\boldsymbol{x}(k)+\begin{bmatrix}0\\ 1\end{bmatrix}u(k),\quad y(k)=\begin{bmatrix}0 & 1\end{bmatrix}\boldsymbol{x}(k)$$

设计全维状态观测器,观测器的期望特征值为 0.5+j0.5 和 0.5−j0.5。

解　先判断系统的能观测性。

$$\operatorname{rank}\begin{bmatrix}\boldsymbol{C}\\ \boldsymbol{CG}\end{bmatrix}=\operatorname{rank}\begin{bmatrix}0 & 1\\ 1 & -1\end{bmatrix}=2$$

系统状态完全能观测,观测器存在,且其极点可任意配置。令观测器的增益矩阵为

$$\boldsymbol{K}_e=\begin{bmatrix}k_{e1}\\ k_{e2}\end{bmatrix}$$

则观测器的特征多项式为

$$|z\boldsymbol{I}-(\boldsymbol{G}-\boldsymbol{K}_e\boldsymbol{C})|=\begin{vmatrix}z & 0.16+k_{e1}\\ -1 & z+1+k_{e2}\end{vmatrix}=z^2+(1+k_{e2})z+0.16+k_{e1}$$

观测器的期望特征多项式为

$$(z-0.5-\mathrm{j}0.5)(z-0.5+\mathrm{j}0.5)=z^2-z+0.5$$

由 z 同次幂系数相等，求得观测器的增益矩阵为

$$\boldsymbol{K}_e=\begin{bmatrix}0.34\\-2\end{bmatrix}$$

注意：由例 6.5.1 和例 6.5.2 可以看出，例 6.5.2 中系统是例 6.5.1 中系统的对偶系统，在期望特征值相同的情况下，状态反馈阵和观测器的增益矩阵是互为转置的。

6.5.3　带有观测器的状态反馈系统

与线性连续定常系统相似，对于线性离散定常系统来说，当状态不能直接测量时，可以用观测器的估计状态进行反馈，从而组成带有状态观测器的状态反馈系统。该系统由观测器和状态反馈两个子系统构成，其模拟结构图如图 6.5.5 所示，图 6.5.6 是其等价结构图。

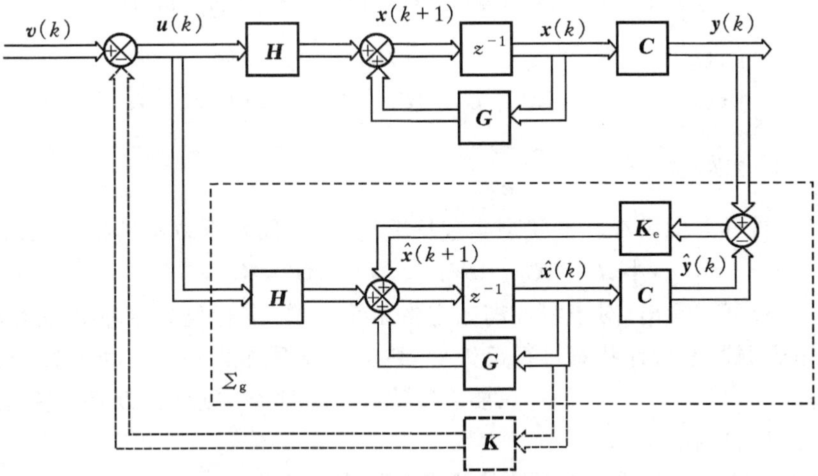

图 6.5.5　带有观测器的状态反馈系统结构图

原受控系统 $\Sigma_0=(\boldsymbol{G},\boldsymbol{H},\boldsymbol{C})$ 的状态空间表达式为

$$\begin{cases}\boldsymbol{x}(k+1)=\boldsymbol{Gx}(k)+\boldsymbol{Hu}(k)\\ \boldsymbol{y}(k)=\boldsymbol{Cx}(k)\end{cases}$$

线性反馈规律为

$$\boldsymbol{u}(k)=\boldsymbol{v}(k)-\boldsymbol{K}\hat{\boldsymbol{x}}(k)$$

由图 6.5.6 可以写出状态反馈部分的状态方程为

$$\begin{cases}\boldsymbol{x}(k+1)=\boldsymbol{Gx}(k)+\boldsymbol{Hu}(k)=\boldsymbol{Gx}(k)-\boldsymbol{HK}\hat{\boldsymbol{x}}(k)+\boldsymbol{Hv}(k)\\ \boldsymbol{y}(k)=\boldsymbol{Cx}(k)\end{cases}\tag{6.5.10}$$

观测器部分的状态方程为

$$\begin{aligned}\hat{\boldsymbol{x}}(k+1)&=(\boldsymbol{G}-\boldsymbol{K}_e\boldsymbol{C})\hat{\boldsymbol{x}}(k)+\boldsymbol{K}_e\boldsymbol{y}(k)+\boldsymbol{H}(\boldsymbol{v}(k)-\boldsymbol{K}\hat{\boldsymbol{x}}(k))\\ &=(\boldsymbol{G}-\boldsymbol{HK}-\boldsymbol{K}_e\boldsymbol{C})\hat{\boldsymbol{x}}(k)+\boldsymbol{K}_e\boldsymbol{Cx}(k)+\boldsymbol{Hv}(k)\end{aligned}\tag{6.5.11}$$

综合式(6.5.10)和式(6.5.11)，可得带有观测器的状态反馈组合系统的状态空间描述为

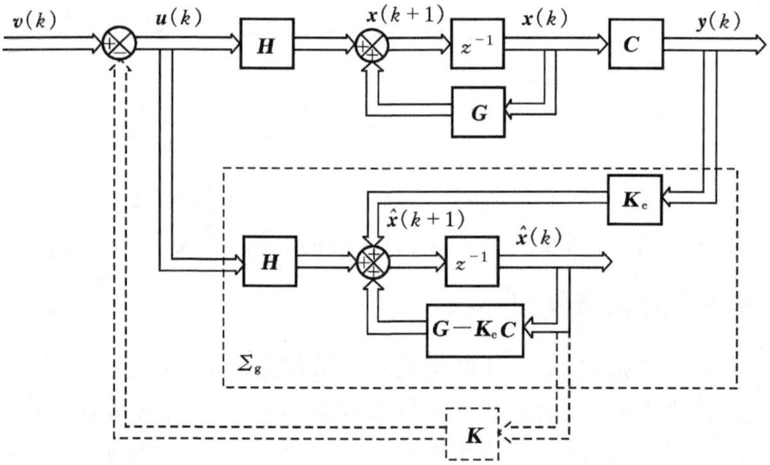

图 6.5.6 带有观测器的状态反馈系统的等价结构图

$$\begin{cases}\begin{bmatrix}\boldsymbol{x}(k+1)\\ \hat{\boldsymbol{x}}(k+1)\end{bmatrix}=\begin{bmatrix}\boldsymbol{G} & -\boldsymbol{HK}\\ \boldsymbol{K}_e\boldsymbol{C} & \boldsymbol{G}-\boldsymbol{HK}-\boldsymbol{K}_e\boldsymbol{C}\end{bmatrix}\begin{bmatrix}\boldsymbol{x}(k)\\ \hat{\boldsymbol{x}}(k)\end{bmatrix}+\begin{bmatrix}\boldsymbol{H}\\ \boldsymbol{H}\end{bmatrix}\boldsymbol{v}(k)\\ \boldsymbol{y}(k)=[\boldsymbol{C}\quad 0]\begin{bmatrix}\boldsymbol{x}(k)\\ \hat{\boldsymbol{x}}(k)\end{bmatrix}\end{cases}\tag{6.5.12}$$

由式(6.5.12)可求得用观测器状态实现反馈后,整个闭环系统的特征多项式为

$$|z\boldsymbol{I}-(\boldsymbol{G}-\boldsymbol{HK})||z\boldsymbol{I}-(\boldsymbol{G}-\boldsymbol{K}_e\boldsymbol{C})|\tag{6.5.13}$$

由式(6.5.13)可以看出,对于线性离散定常系统来说,带有观测器的状态反馈系统也具有分离特性,即用观测器的估计状态进行反馈后,整个闭环系统的特征值由状态反馈和观测器两部分的特征值组成,相互独立。所以,只要系统能控且能观测,则状态反馈阵 $\boldsymbol{K}$ 和状态观测器的增益矩阵 $\boldsymbol{K}_e$ 可以单独设计。

例 6.5.3 已知线性离散定常系统的状态空间表达式为

$$\begin{cases}\boldsymbol{x}(k+1)=\begin{bmatrix}0 & 1\\ 0 & -5\end{bmatrix}\boldsymbol{x}(k)+\begin{bmatrix}0\\ 100\end{bmatrix}u(k)\\ y(k)=[1\quad 0]\boldsymbol{x}(k)\end{cases}$$

请采用状态观测器实现状态反馈控制,使闭环系统的特征值为 $\mu_{1,2}=-7.07\pm \mathrm{j}7.07$,观测器的极点选为−50 和−50。

解 先判断系统的能控性和能观测性

$$\mathrm{rank}(\boldsymbol{Q}_c)=\mathrm{rank}[\boldsymbol{H}\quad \boldsymbol{GH}]=\mathrm{rank}\begin{bmatrix}0 & 100\\ 100 & -500\end{bmatrix}=2$$

所以该系统状态完全能控,通过状态反馈,极点可任意配置。

$$\mathrm{rank}(\boldsymbol{Q}_o)=\mathrm{rank}\begin{bmatrix}\boldsymbol{C}\\ \boldsymbol{CG}\end{bmatrix}=\mathrm{rank}\begin{bmatrix}1 & 0\\ 0 & 1\end{bmatrix}=2$$

所以该系统状态完全能观测,观测器存在且其极点可任意配置。

① 根据分离特性,先设计状态反馈阵 $\boldsymbol{K}$。设状态反馈阵为

$$\boldsymbol{K}=[k_1\quad k_2]$$

写出直接反馈下，闭环系统的特征多项式为

$$|z\boldsymbol{I}-(\boldsymbol{G}-\boldsymbol{HK})|=\begin{vmatrix} z & -1 \\ 100k_1 & z+(100k_2+5) \end{vmatrix}=z^2+(100k_2+5)z+100k_1$$

计算期望的特征多项式

$$(z+7.07-\mathrm{j}7.07)(z+7.07+\mathrm{j}7.07)=z^2+14.14z+100$$

由 z 同次幂系数相等，可以求得状态反馈阵为

$$\boldsymbol{K}=[1 \quad 0.0914]$$

② 设计观测器的增益矩阵 $\boldsymbol{K}_\mathrm{e}$。令观测器的增益矩阵 $\boldsymbol{K}_\mathrm{e}$ 为

$$\boldsymbol{K}_\mathrm{e}=\begin{bmatrix} k_{\mathrm{e}1} \\ k_{\mathrm{e}2} \end{bmatrix}$$

全维状态观测器的特征多项式为

$$|z\boldsymbol{I}-(\boldsymbol{G}-\boldsymbol{K}_\mathrm{e}C)|=\begin{vmatrix} z+k_{\mathrm{e}1} & -1 \\ k_{\mathrm{e}2} & z+5 \end{vmatrix}=z^2+(5+k_{\mathrm{e}1})z+5k_{\mathrm{e}1}+k_{\mathrm{e}2}$$

状态观测器期望的特征多项式为

$$(z+50)^2=z^2+100z+2500$$

由 z 的同次幂系数相等，可以求得观测器的增益矩阵为

$$\boldsymbol{K}_\mathrm{e}=\begin{bmatrix} 95 \\ 2025 \end{bmatrix}$$

6.6 用 MATLAB 进行离散时间系统描述和分析

在现代控制理论中，利用 MATLAB 工具也可以非常方便地对离散时间系统进行分析和设计。下面重点介绍如何利用 MATLAB 进行线性连续定常系统状态空间描述的离散化，求解离散时间系统的响应，以及进行李雅普诺夫稳定性分析等内容。关于离散时间系统的状态能控性和能观测性的判断，以及状态反馈和状态观测器的设计，与连续时间系统的 MATLAB 方法相同，读者可以参考以前章节相关内容，这里不再赘述。

6.6.1 用 MATLAB 进行连续时间系统状态空间描述的离散化

MATLAB 环境下提供了 c2d()命令，可以将线性连续定常系统的状态空间描述进行精确离散化。该命令的基本调用格式如下：

$$[\boldsymbol{G},\boldsymbol{H}]=\mathrm{c2d}(\boldsymbol{A},\boldsymbol{B},T)$$

其中，$\boldsymbol{A}$ 和 $\boldsymbol{B}$ 分别为连续系统的系统矩阵和输入矩阵；T 为采样周期；$\boldsymbol{G}$ 和 $\boldsymbol{H}$ 分别为离散化方程的系统矩阵和输入矩阵。

为了加深对线性连续定常系统状态空间描述精确离散化方法的掌握，也可以按照精确离散化的定义得到离散化方程。

例 6.6.1 用 MATLAB 方法重新求解例 6.1.1。

解 用两种方法求解。

方法 1：直接调用 c2d()进行离散化。MATLAB 中 M 程序片断如程序 6.6.1 所示。

```
syms T                %定义采样周期 T
A=[0,1;0,-2];
B=[0;1];
[G,H]=c2d(A,B,T)
```

程序 6.6.1 例 6.6.1 方法 1 程序片断

执行结果为：

```
G =
    1,   1/2 - exp(-2 * T)/2
    0,         exp(-2 * T)
H =
    T/2 + exp(-2 * T)/4 - 1/4
    1/2 - exp(-2 * T)/2
```

即离散化系统的系统矩阵和输入矩阵分别为

$$\boldsymbol{G}(T)=\begin{bmatrix}1 & \frac{1}{2}(1-\mathrm{e}^{-2T})\\ 0 & \mathrm{e}^{-2T}\end{bmatrix},\boldsymbol{H}(T)=\begin{bmatrix}\frac{1}{2}T+\frac{1}{4}\mathrm{e}^{-2T}-\frac{1}{4}\\ -\frac{1}{2}\mathrm{e}^{-2T}+\frac{1}{2}\end{bmatrix}$$

方法 2：根据精确离散化的定义求解。此时，MATLAB 中 M 程序片断如程序 6.6.2 所示。

```
syms t T              %定义时间变量 t 和采样周期 T
A=[0,1;0,-2];
B=[0;1];
Gt=expm(A * t);       %求 A 的矩阵指数函数
G=expm(A * T)         %求离散化方程的系统矩阵
H=int(Gt,t,0,T) * B   %求离散化方程的输入矩阵
```

程序 6.6.2 例 6.6.1 方法 2 程序片断

执行结果和方法 1 的执行结果相同。

6.6.2 用 MATLAB 求离散时间系统的响应

MATLAB 环境下提供了 dlsim()命令，来求取离散时间系统的响应。该命令的基本调用格式如下：

$$[\boldsymbol{y},\boldsymbol{x}]=\mathrm{dlsim}(\boldsymbol{G},\boldsymbol{H},\boldsymbol{C},\boldsymbol{D},\boldsymbol{u},\boldsymbol{x}_0)$$

其中，$\boldsymbol{G}$，$\boldsymbol{H}$，$\boldsymbol{C}$ 和 $\boldsymbol{D}$ 分别为离散时间系统的系统矩阵、输入矩阵、输出矩阵和前馈矩阵；$\boldsymbol{u}$ 为输入序列；$\boldsymbol{x}_0$ 为初始状态；$\boldsymbol{x}$ 为状态响应序列；$\boldsymbol{y}$ 为输出响应序列。

例 6.6.2 已知线性离散定常系统的状态空间表达式为

$$\begin{cases}\boldsymbol{x}(k+1)=\begin{bmatrix}0 & 1\\ -0.1 & -0.5\end{bmatrix}\boldsymbol{x}(k)+\begin{bmatrix}0\\ 1\end{bmatrix}u(k)\\ y(k)=\begin{bmatrix}1 & 0\end{bmatrix}\boldsymbol{x}(k)\end{cases}$$

当初始状态序列为 $\boldsymbol{x}(0)=\begin{bmatrix}1\\0\end{bmatrix}$，输入为单位阶跃函数时，求系统的输出序列 $y(k)$，其中 $k=1,2,\cdots,5$。

解　MATLAB 中 M 程序片断如程序 6.6.3 所示。

```
G=[0,1;-0.1,-0.5];
H=[0;1];
C=[1,0];
D=0;
u=[1,1,1,1,1,1];
x0=[1;0];
[y,x]=dlsim(G,H,C,D,u,x0)
```

程序 6.6.3　例 6.6.2 程序片断

执行结果为：

```
y =
    1.0000
         0
    0.9000
    0.5500
    0.6350
    0.6275
x =
    1.0000         0
         0    0.9000
    0.9000    0.5500
    0.5500    0.6350
    0.6350    0.6275
    0.6275    0.6228
```

即输出序列 $y(1)=0$，$y(2)=0.9$，$y(3)=0.55$，$y(4)=0.635$，$y(5)=0.6275$。

6.6.3　用 MATLAB 进行离散时间系统的李雅普诺夫稳定性分析

MATLAB 环境下提供了 dlyap()命令，来求解离散时间系统的李雅普诺夫方程，得到矩阵 $\boldsymbol{P}$。该命令的基本调用格式如下：

$$\boldsymbol{P}=\mathrm{dlyap}(\boldsymbol{G},\boldsymbol{Q})$$

其中，$\boldsymbol{G}$ 为系统矩阵；$\boldsymbol{Q}$ 为任意给定的正定实对称矩阵，一般情况下，可取 $\boldsymbol{Q}=\boldsymbol{I}$；$\boldsymbol{P}$ 为方程 $\boldsymbol{G}\boldsymbol{P}\boldsymbol{G}^{\mathrm{T}}-\boldsymbol{P}=-\boldsymbol{Q}$ 的解。为求得式(6.4.1)中的解 $\boldsymbol{P}$，在实际使用中，将 dlyap()命令中的 $\boldsymbol{G}$ 用 $\boldsymbol{G}^{\mathrm{T}}$ 来取代，即

$$\boldsymbol{P}=\mathrm{dlyap}(\boldsymbol{G}^{\mathrm{T}},\boldsymbol{Q})$$

例 6.6.3　已知线性离散定常系统的状态方程为

$$x(k+1)=\begin{bmatrix}0 & 1\\ -0.5 & -1\end{bmatrix}x(k)$$

用李雅普诺夫第二法分析系统在平衡点 $x_e=0$ 处的稳定性。

解 MATLAB中M程序片断如程序6.6.4所示。

```
G=[0,1;-0.5,-1];
Q=[1,0;0,1];
P=dlyap(G',Q)        %求解李雅普诺夫方程,得到P
P1=det(P(1,1))
P2=det(P)
```

程序6.6.4 例6.6.3程序片断

执行结果为:

```
P =
    2.2000    1.6000
    1.6000    4.8000
P1 =
    2.2000
P2 =
    8.0000
```

由此可知,P 的各阶主子行列式均大于零,P 为正定矩阵,所以系统在平衡点 $x_e=0$ 处是渐近稳定的。

习 题

6.1 线性连续定常系统的状态方程为

$$\begin{bmatrix}\dot{x}_1\\ \dot{x}_2\end{bmatrix}=\begin{bmatrix}0 & 1\\ -4 & 0\end{bmatrix}\begin{bmatrix}x_1\\ x_2\end{bmatrix}+\begin{bmatrix}0\\ 1\end{bmatrix}u$$

假设采样周期为 T,试将该连续时间系统的状态方程进行离散化。

6.2 已知某线性离散定常系统的差分方程为

$$y((k+2)T)+0.5y((k+1)T)+0.1y(kT)=u(kT)$$

①试写出该离散系统的状态空间表达式。

②若 $u(kT)=1, y(0)=1, y(1)=0$,试用递推法求出

$$y(kT),\quad k=2,3,\cdots,10$$

6.3 给定线性离散定常系统的状态空间表达式如下

$$\begin{cases}x(k+1)=\begin{bmatrix}1 & 1\\ 0 & 2\end{bmatrix}x(k)+\begin{bmatrix}0\\ 2\end{bmatrix}u(k)\\ y(k)=\begin{bmatrix}1 & 0\end{bmatrix}x(k)\end{cases}$$

判断该系统状态是否完全能控。

6.4 给定线性离散定常系统的状态空间表达式如下

$$\begin{cases} \boldsymbol{x}(k+1) = \begin{bmatrix} -1 & 1 & 0 \\ 0 & -2 & 0 \\ 0 & 1 & -3 \end{bmatrix} \boldsymbol{x}(k) + \begin{bmatrix} 0 \\ 1 \\ 0 \end{bmatrix} u(k) \\ y(k) = \begin{bmatrix} 1 & 1 & 0 \end{bmatrix} \boldsymbol{x}(k) \end{cases}$$

判断该系统状态是否完全能观测。

6.5　给定线性离散定常系统的状态方程如下

$$\begin{cases} x_1(k+1) = x_1(k) + 4x_2(k) \\ x_2(k+1) = -3x_1(k) - 2x_2(k) - 3x_3(k) \\ x_3(k+1) = x_1(k) \end{cases}$$

试确定其平衡状态的稳定性。

6.6　用李雅普诺夫第二法分析下列线性离散定常系统的稳定性。

$$\boldsymbol{x}(k+1) = \begin{bmatrix} 0 & 1 \\ 0.5 & 0 \end{bmatrix} \boldsymbol{x}(k)$$

6.7　已知线性离散定常系统的状态空间表达式为

$$\boldsymbol{x}(k+1) = \begin{bmatrix} 0 & -2 \\ 1 & -3 \end{bmatrix} \boldsymbol{x}(k) + \begin{bmatrix} 0 \\ 1 \end{bmatrix} u(k)$$

设计状态反馈阵 $\boldsymbol{k}$，使闭环系统的极点为 -10 和 -15，并画出闭环系统的模拟结构图。

6.8　已知线性离散定常系统的状态空间表达式为

$$\begin{cases} \boldsymbol{x}(k+1) = \begin{bmatrix} 0 & 1 \\ -3 & 1 \end{bmatrix} \boldsymbol{x}(k) + \begin{bmatrix} 1 \\ 0 \end{bmatrix} u(k) \\ y(k) = \begin{bmatrix} 0 & 1 \end{bmatrix} \boldsymbol{x}(k) \end{cases}$$

设计全维状态观测器，观测器的期望特征值为 -15 和 -15，并画出系统的模拟结构图。

6.9　利用 MATLAB 方法重新求解习题 6.2。

6.10　利用 MATLAB 方法重新求解习题 6.5。

第 7 章　最优控制

7.1　最优控制概述

最优控制是现代控制理论的核心内容，其基本问题是在满足一定约束的条件下，根据控制系统的数学模型，寻找最优控制向量，使系统达到某种性能指标的最优。最优控制是一门工程背景很强的学科分支，其发展来源于对控制对象的要求，如最小时间控制、最少燃料控制和最佳调节器等。其研究的问题是从大量实际问题中提炼出来的，特别是与航空、航天、航海的制导、导航和控制等技术密不可分，如飞船的月球软着陆问题等。另外，其在经济系统和社会系统中也得到了广泛的应用。

最优化技术研究的是如何从一切可能方案中寻找最优方案。最优控制是控制理论中的最优化技术，为了寻找在某种性能指标要求下最好的控制向量。例如，对于一个温度控制系统而言，需要研究当出现干扰而产生偏差时，如何尽快消除偏差，使系统恢复到原有的平衡状态。

最优控制分为静态最优和动态最优。在静态最优控制问题中，待优化的目标函数是普通的多元函数，问题的解不随时间变化，通常又称为参数最优化问题。在动态最优控制问题中，所有参数都是时间的函数，其目标函数是一个泛函，经常以定积分的形式出现。动态最优控制要求找出控制作用的一个或一组函数，使性能指标在满足约束条件下为最优值。静态最优控制的最优解可通过古典微分法对普通函数求极值的方法完成；而动态最优控制的最优解可通过经典变分法、极大值原理以及动态规划法等求解。

7.1.1　最优控制理论的发展

1948 年，维纳发表《控制论》，引进了信息、反馈和控制等重要概念，奠定了控制论的基础。1954 年，著名科学家钱学森编著《工程控制论》，该书系统地揭示了控制论对自动化、航空、航天、电子通信等科学技术的意义和重大影响，对最优控制理论的形成和发展起到巨大的推动作用。从 1953 至 1957 年，美国学者贝尔曼提出了著名的“最优化原理”，把多阶段决策过程转化为一系列单阶段决策问题逐个求解，创立了解决多阶段决策过程最优化的一种数学方法——动态规划，并出版《动态规划》一书。1956～1958 年，苏联学者庞特里亚金创立“极大值原理”，并在 1958 年的爱丁堡国际数学会议上首次宣读。它是最优控制理论发展史上的一个里程碑，发展了经典变分原理，成为处理闭集约束变分问题的有效手段。庞特里亚金在《最优过程的数学理论》著作中已经把最优控制理论初步形成了一个完整的体系。

此外，不等式约束条件下的非线性最优必要条件（库恩-图克定理）以及卡尔曼的关于随机控制系统最优滤波器等也在最优控制理论的发展过程中起到重要的推动作用。

7.1.2　最优控制问题的数学模型

建立合理的数学模型是求解最优控制问题的第一步。最优控制问题的数学模型主要包含以下四个方面的内容。

1. 受控系统的数学模型

受控系统的数学模型即系统的状态方程，要求能反映动态系统在运动过程中所遵循的物理或化学规律。一般说来，动态系统可以用一组一阶常微分方程描述

$$\dot{\boldsymbol{x}}(t)=\boldsymbol{f}(\boldsymbol{x}(t),\boldsymbol{u}(t),t) \tag{7.1.1}$$

其中，t 是实数自变量；$\boldsymbol{x}(t)$表示 n 维状态向量；$\boldsymbol{u}(t)$是 r 维控制向量；$\boldsymbol{f}(\cdot)$是 n 维向量函数。根据函数 $\boldsymbol{f}(\cdot)$的不同取法，可以将受控系统的数学模型概括为定常非线性系统，线性时变系统以及线性定常系统等。

$$\dot{\boldsymbol{x}}(t)=\boldsymbol{f}(\boldsymbol{x}(t),\boldsymbol{u}(t)) \tag{7.1.2}$$

$$\dot{\boldsymbol{x}}(t)=\boldsymbol{A}(t)\boldsymbol{x}(t)+\boldsymbol{B}(t)\boldsymbol{u}(t) \tag{7.1.3}$$

$$\dot{\boldsymbol{x}}(t)=\boldsymbol{A}\boldsymbol{x}(t)+\boldsymbol{B}\boldsymbol{u}(t) \tag{7.1.4}$$

2. 边界条件

系统的边界条件即系统的初始状态和终端状态。为了确定动态系统在状态空间的运行轨线，需要给定系统的边界条件，即给初态 $\boldsymbol{x}(t_0)$和终态 $\boldsymbol{x}(t_f)$施加约束。一般说来，初始时刻和初始状态通常是已知的，终端时刻和终端状态可以限定，也可以自由。对终端的限定可以通过终端等式或不等式约束来实现。

3. 容许控制

受客观条件限制，在实际控制问题中的控制量需要满足一定的约束条件，由控制约束条件所规定的集合称为控制域 R_u。容许控制是指：定义在区间$[t_0,t_f]$、取值于控制域 R_u 的控制函数 $\boldsymbol{u}(t)$。

4. 性能指标

性能指标是衡量控制系统控制效果的一个量，对不同的问题有不同的表征，如：时间最短，燃料最少，成本最低等。对连续时间系统，性能指标可以归纳为以下三种类型。

(1)综合型(Bolza 型)性能指标

$$J(\boldsymbol{u}(\cdot))=\Phi(\boldsymbol{x}(t_f),t_f)+\int_{t_0}^{t_f}L(\boldsymbol{x}(t),\boldsymbol{u}(t),t)\mathrm{d}t \tag{7.1.5}$$

其中，L 和 Φ 均为标量函数，分别称为动态性能指标和终端性能指标。

(2)积分型(Lagrange 型)性能指标

不计终端性能指标，只强调系统的过程要求。

$$J(\boldsymbol{u}(\cdot))=\int_{t_0}^{t_f}L(\boldsymbol{x}(t),\boldsymbol{u}(t),t)\mathrm{d}t \tag{7.1.6}$$

(3)终端型(Mager 型)性能指标

忽略动态性能指标，式(7.1.5)成为

$$J(\boldsymbol{u}(\cdot))=\Phi(\boldsymbol{x}(t_f),t_f) \tag{7.1.7}$$

性能指标是一个泛函，其取值与状态转移过程中的整个控制向量和状态向量有关。

7.2 动态规划

动态规划由美国学者贝尔曼在 20 世纪 50 年代提出,是解决多级决策过程最优化的一种数学方法。所谓多级决策过程,是将一个整体的决策过程划分为不同的阶段。针对每一个阶段分别做出决策,基于分段决策构成的决策序列,使得整个过程达到总体性能最优。

7.2.1 动态规划的基本原理

首先给出如下最短路径问题,用以说明多级决策过程及动态规划的特点。

图 7.2.1 中,节点 S 和节点 F 分别代表初始节点和终止节点,$N_i(j)$ 表示 j 阶段的第 i 个节点($i=1,2;j=1,2,3$)。相邻两个节点之间的连接权重代表距离。最短路径问题是要确定一条最优路线,使得从初始节点 S 到终止节点 F 之间的距离最短。

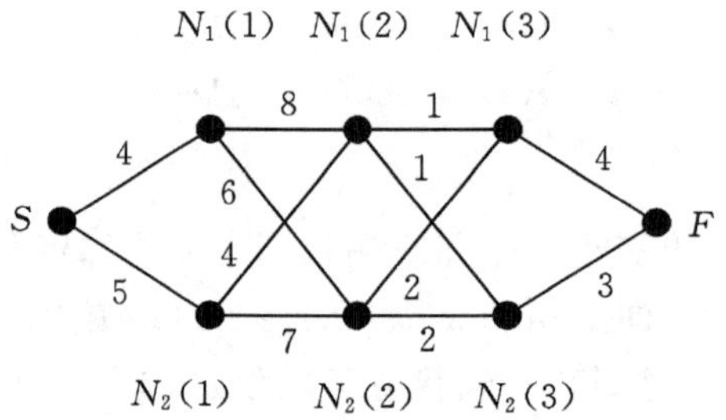

图 7.2.1 最短路径示意图

对此类最短路径问题,一般有两种求解方法。一是穷举法,要求列出从起点至终点所有可能路径,然后找出路径最短的一个。但是随着问题规模的增大,穷举算法的计算量过大。另外一种算法是动态规划法,从终点 F 开始,基于路径最短指标,逐段向前逆推至起点 S。这种方法将一个多阶段决策问题转化为多个单阶段决策问题,且计算量较小。

具体的分级决策过程如下:

令 $J[A]$ 为从节点 A 到终点 F 的最短距离,$d[A,B]$ 为任意两个节点之间的距离。

(1)对于节点 $N_i(3)$,$i=1,2$

$$J[N_1(3)]=d[N_1(3),F]=4,P[N_1(3)]=F$$

$$J[N_2(3)]=d[N_2(3),F]=3,P[N_2(3)]=F$$

将本级节点相应的最优上级节点记录于变量 $P[N_i(3)]$。

(2)对于节点 $N_i(2)$,$i=1,2$

$$J[N_1(2)]=\min\begin{Bmatrix}d[N_1(2),N_1(3)]+J[N_1(3)]\\d[N_1(2),N_2(3)]+J[N_2(3)]\end{Bmatrix}$$

$$=\min\begin{Bmatrix}1+4\\1+3\end{Bmatrix}=4,P[N_1(2)]=N_2(3)$$

$$J[N_2(2)]=\min\begin{Bmatrix}d[N_2(2),N_1(3)]+J[N_1(3)]\\d[N_2(2),N_2(3)]+J[N_2(3)]\end{Bmatrix}$$

$$= \min\begin{Bmatrix}2+4\\2+3\end{Bmatrix} = 5, P[N_2(2)] = N_2(3)$$

将本级节点相应的最优上级节点记录于变量 $P[N_i(2)]$。

(3)对于节点 $N_i(1), i=1,2$

$$J[N_1(1)] = \min\begin{Bmatrix}d[N_1(1),N_1(2)]+J[N_1(2)]\\d[N_1(1),N_2(2)]+J[N_2(2)]\end{Bmatrix}$$

$$= \min\begin{Bmatrix}8+4\\6+5\end{Bmatrix} = 11, P[N_1(1)] = N_2(2)$$

$$J[N_2(1)] = \min\begin{Bmatrix}d[N_2(1),N_1(2)]+J[N_1(2)]\\d[N_2(1),N_2(2)]+J[N_2(2)]\end{Bmatrix}$$

$$= \min\begin{Bmatrix}4+4\\7+5\end{Bmatrix} = 8, P[N_2(1)] = N_1(2)$$

将本级节点相应的最优上级节点记录于变量 $P[N_i(1)]$。

(4)对于初始节点 S

$$J[S] = \min\begin{Bmatrix}d[S,N_1(1)]+J[N_1(1)]\\d[S,N_2(1)]+J[N_2(1)]\end{Bmatrix} = \min\begin{Bmatrix}4+11\\5+8\end{Bmatrix} = 13, P[S] = N_2(1)$$

将本级节点相应的最优上级节点记录于变量 $P[S]$中。将各级节点至终点的最短距离标注于图 7.2.2 中。可见,从初始节点 S 到终止节点 F 之间的最短距离为 $J[S]=13$。最优路径为 $S, P[S], P[P[S]], \cdots$,直至终点 F,即 $\{S, N_2(1), N_1(2), N_2(3), F\}$。

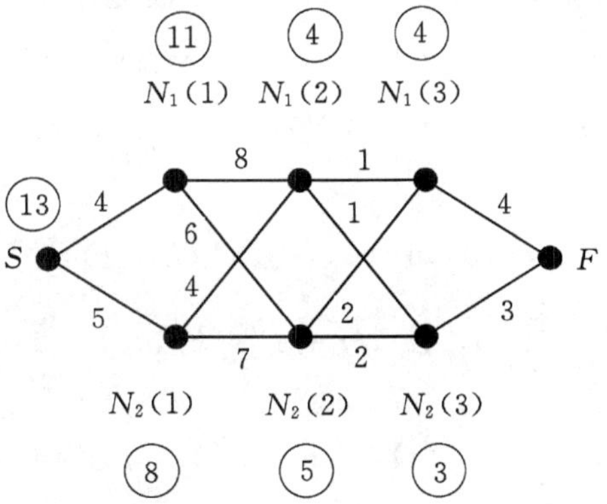

图 7.2.2　分级决策过程

与穷举法相比,用动态规划方法求解如上的最短路径问题计算量大大减少。对于 n 阶段的二取一决策问题,只需 $4n-6$ 次加法,而穷举法的加法次数为 $(n-1)2^{n-1}$ 次。

7.2.2　离散系统的动态规划

给定离散控制系统的状态方程为

$$\boldsymbol{x}(k+1) = \boldsymbol{f}(\boldsymbol{x}(k), \boldsymbol{u}(k), k) \tag{7.2.1}$$

给定端点约束条件为

$$\begin{aligned}\boldsymbol{x}(0) &= \boldsymbol{x}_0 \\ \boldsymbol{x}(N) &= \boldsymbol{x}_N\end{aligned} \tag{7.2.2}$$

要求寻求最优控制序列$\{\boldsymbol{u}^*(k)\}(k=0,1,2,\cdots,N-1)$，使系统从起点转移至终点时，如下目标函数取极小值

$$J[\boldsymbol{x}(0),\boldsymbol{u}(0),\boldsymbol{u}(1),\cdots,\boldsymbol{u}(N-1)] = \Phi(\boldsymbol{x}(N),N) + \sum_{i=0}^{N-1} L(\boldsymbol{x}(i),\boldsymbol{u}(i),i) \tag{7.2.3}$$

其中，L 和 Φ 均为标量函数，控制输入要求满足约束

$$\boldsymbol{u}(k) \in R_u \quad (k = 0,1,2,\cdots,N-1) \tag{7.2.4}$$

首先介绍嵌入原理和贝尔曼最优性原理。

嵌入原理：为了解决一个特定的最优控制问题，把原问题嵌入到一系列相似的但易于求解的问题中去。对于一个多级最优控制过程来说，就是把原来的多级最优控制问题转化成为一系列单级最优控制问题。

贝尔曼最优性原理：不论初始状态和初始决策如何，其余的后级决策对于由初始决策所形成的状态来说，必定也是一个最优策略。具体来说，对于一个 N 级决策过程，其初始状态为 $\boldsymbol{x}(0)$，其最优策略为$\{\boldsymbol{u}^*(0),\boldsymbol{u}^*(1),\cdots,\boldsymbol{u}^*(N-1)\}$。那么对于以第 k 级$(0\leqslant k\leqslant N-1)$状态 $\boldsymbol{x}(k)$为初态的任何一个 $N-k$ 级的子决策也必然是最优的。下面给出贝尔曼最优性原理的证明。

首先令 $\boldsymbol{u}_0^*$ 为始于状态 $\boldsymbol{x}(0)$ 使性能指标极小的最优控制序列 $\boldsymbol{u}_0^* = \{\boldsymbol{u}^*(0),\boldsymbol{u}^*(1),\cdots,\boldsymbol{u}^*(N-1)\}$，相应的最小代价为 $J^*[\boldsymbol{x}(0)]$。

对于开始状态为中间状态 $\boldsymbol{x}(k)(0\leqslant k\leqslant N-1)$的最优控制问题，假设另有一个决策序列 $\bar{\boldsymbol{u}}_k=\{\bar{\boldsymbol{u}}(k),\bar{\boldsymbol{u}}(k+1),\cdots,\bar{\boldsymbol{u}}(N-1)\}(\bar{\boldsymbol{u}}_k\neq\boldsymbol{u}_k^*=\{\boldsymbol{u}^*(k),\boldsymbol{u}^*(k+1),\cdots,\boldsymbol{u}^*(N-1)\})$是最优决策序列，其相应的代价为 $J[\boldsymbol{x}(k),\bar{\boldsymbol{u}}_k]=\Phi(\boldsymbol{x}(N),N)+\sum_{i=k}^{N-1}L(\boldsymbol{x}(i),\bar{\boldsymbol{u}}(i),i)$，即 $J[\boldsymbol{x}(k),\bar{\boldsymbol{u}}_k]< J[\boldsymbol{x}(k),\boldsymbol{u}_k^*]$。那么

$$\begin{aligned}&J[\boldsymbol{x}(0),\boldsymbol{u}^*(0),\boldsymbol{u}^*(1),\cdots,\boldsymbol{u}^*(k-1),\bar{\boldsymbol{u}}_k] \\ &= \sum_{i=0}^{k-1} L(\boldsymbol{x}(i),\boldsymbol{u}^*(i),i) + J[\boldsymbol{x}(k),\bar{\boldsymbol{u}}_k] \\ &< \sum_{i=0}^{k-1} L(\boldsymbol{x}(i),\boldsymbol{u}^*(i),i) + J[\boldsymbol{x}(k),\boldsymbol{u}_k^*] = J^*[\boldsymbol{x}(0)]\end{aligned} \tag{7.2.5}$$

该式表明存在另外一个决策序列$\{\boldsymbol{u}_0^*,\boldsymbol{u}_1^*,\cdots,\boldsymbol{u}_{k-1}^*,\bar{\boldsymbol{u}}_k\}\neq\boldsymbol{u}_0^*$ 使得总体性能指标最小，与 $J^*[\boldsymbol{x}(0)]$是最小代价矛盾，最优性原理得证。

动态规划的最优性原理得以成立的前提条件是所谓“无后效性”。每一级的输出状态都仅与该级的“决策”及该级的输入状态有关，而与其前面各级的“决策”及状态的转移规律无关。下面推导动态规划的基本递推方程。

记 $J^*[\boldsymbol{x}(k)]$为始于状态 $\boldsymbol{x}(k)$的最小代价。

$$J^*[\boldsymbol{x}(0)] = \min_{\boldsymbol{u}(0),\boldsymbol{u}(1),\cdots,\boldsymbol{u}(N-1)} \{\Phi(\boldsymbol{x}(N),N) + \sum_{i=0}^{N-1} L(\boldsymbol{x}(i),\boldsymbol{u}(i),i)\} \tag{7.2.6}$$

根据嵌入原理，把确定 $J^*[\boldsymbol{x}(0)]$的问题嵌入到始于 $\boldsymbol{x}(k)$的最小代价$J^*[\boldsymbol{x}(k)]$问题中去，从而将一个多级决策过程转化为若干单级决策问题。

$$
\begin{aligned}
&J^*[\boldsymbol{x}(0)] \\
&= \min_{\boldsymbol{u}(0),\boldsymbol{u}(1),\cdots,\boldsymbol{u}(N-1)} \{\Phi(\boldsymbol{x}(N),N) + \sum_{i=0}^{N-1} L(\boldsymbol{x}(i),\boldsymbol{u}(i),i)\} \\
&= \min_{\boldsymbol{u}(0)} \left\{ L(\boldsymbol{x}(0),\boldsymbol{u}(0),0) + \min_{\boldsymbol{u}(1),\boldsymbol{u}(2),\cdots,\boldsymbol{u}(N-1)} [\Phi(\boldsymbol{x}(N),N) + \sum_{i=1}^{N-1} L(\boldsymbol{x}(i),\boldsymbol{u}(i),i)] \right\}
\end{aligned}
\tag{7.2.7}
$$

根据贝尔曼最优性原理，上式最终等于

$$J^*[\boldsymbol{x}(0)] = \min_{\boldsymbol{u}(0)} \{L(\boldsymbol{x}(0),\boldsymbol{u}(0),0) + J^*[\boldsymbol{x}(1)]\} \tag{7.2.8}$$

对于任意级 k，同理有

$$J^*[\boldsymbol{x}(k)] = \min_{\boldsymbol{u}(k)} \{L(\boldsymbol{x}(k),\boldsymbol{u}(k),k) + J^*[\boldsymbol{x}(k+1)]\} \tag{7.2.9}$$

此即动态规划的基本递推方程或称贝尔曼泛函方程。它表明基于 $J^*[\boldsymbol{x}(k+1)]$，可以根据递推式较容易获得 $J^*[\boldsymbol{x}(k)]$。

不断向终点递推，可得

$$J^*[\boldsymbol{x}(N-1)] = \min_{\boldsymbol{u}(N-1)} \{\Phi(\boldsymbol{x}(N),N) + L(\boldsymbol{x}(N-1),\boldsymbol{u}(N-1),N-1)\} \tag{7.2.10}$$

对于任意的 $\boldsymbol{x}(N-1)$，$J^*[\boldsymbol{x}(N-1)]$为参数为 $\boldsymbol{u}(N-1)$的最小化问题，它已经是简单的单级优化问题。所以，为求解整个蕴含多级决策的最优控制问题式(7.2.6)，获得其最优决策序列 $\boldsymbol{u}_0^*$，我们可以首先求解式(7.2.10)，获得本阶段最优控制输入 $\boldsymbol{u}^*(N-1)$。然后，对于 $k=N-2,\cdots,1,0$，应用递推式(7.2.9)逐步逆向递推，可以获得最优控制序列 $\boldsymbol{u}^*(N-2),\cdots,\boldsymbol{u}^*(1),\boldsymbol{u}^*(0)$。

例 7.2.1 线性定常离散系统的状态方程为

$$x(k+1) = x(k) + u(k)$$

初始状态为 $x(0)=x_0$，性能指标为 $J=\frac{1}{2}cx^2(2)+\frac{1}{2}\sum_{k=0}^{N-1}u^2(k)$。寻求最优控制序列 $u(k)$，使性能指标 J 最小。(为简化问题规模，令 $N=2$)

解 用动态规划法来求解。

(1)从最后一级开始，即 $k=N-1$

$$J^*[x(1)] = \min_{u(1)}\left\{\frac{1}{2}u^2(1) + \frac{1}{2}cx^2(2)\right\} = \min_{u(1)}\left\{\frac{1}{2}u^2(1) + \frac{1}{2}c[x(1)+u(1)]^2\right\}$$

令

$$g_1(u(1)) = \frac{1}{2}u^2(1) + \frac{1}{2}c[x(1)+u(1)]^2$$

因为 $u(k)$不受限制，故 $u^*(1)$可以通过对上式求偏导获得

$$\frac{\partial g(u(1))}{\partial u(1)} = u(1) + cx(1) + cu(1) = 0$$

所以

$$u^*(1) = -\frac{cx(1)}{1+c}, \quad J^*[x(1)] = \frac{cx^2(1)}{2(1+c)}$$

$$x^*(2) = x(1) + u^*(1) = \frac{x(1)}{1+c}$$

(2)向前推一级，即 $k=0$

$$J^*[x(0)]=\min_{u(0)}\left\{\frac{1}{2}u^2(0)+J^*[x(1)]\right\}=\min_{u(0)}\left\{\frac{1}{2}u^2(0)+\frac{cx^2(1)}{2(1+c)}\right\}$$
$$=\min_{u(0)}\left\{\frac{1}{2}u^2(0)+\frac{c[x(0)+u(0)]^2}{2(1+c)}\right\}$$

令

$$g_0(u(0))=\frac{1}{2}u^2(0)+\frac{c[x(0)+u(0)]^2}{2(1+c)}$$

根据$\frac{\partial g_0(u(0))}{\partial u(0)}=0$,有

$$u^*(0)=-\frac{cx(0)}{1+2c},\ J^*[x(0)]=\frac{cx^2(0)}{2(1+2c)}$$

将$u^*(0)$及$u^*(1)$带入状态方程,可得

$$x^*(1)=\frac{1+c}{1+2c}x(0),\ x^*(2)=\frac{1}{1+2c}x(0)$$

从上面的过程可以看出,利用动态规划求解最优控制问题,需要进行双向搜索。首先进行逆向搜索,即根据第$k+1$级的最小代价$J^*[\boldsymbol{x}(k+1)]$,利用动态规划递推方程计算第k级的最小代价$J^*[\boldsymbol{x}(k)]$,从而获得最优决策$\boldsymbol{u}^*(k)$,一般说来它是系统状态$\boldsymbol{x}(k)$的函数。然后进行正向搜索,已知系统初态$\boldsymbol{x}(0)$,根据系统状态方程$\boldsymbol{x}(k+1)=\boldsymbol{f}(x(k),\boldsymbol{u}^*(k),k)$正向递推,求出最优决策序列和最优状态序列。

7.2.3 连续系统的动态规划

设受控系统状态方程为

$$\dot{\boldsymbol{x}}(t)=\boldsymbol{f}(\boldsymbol{x}(t),\boldsymbol{u}(t),t) \tag{7.2.11}$$

给定端点约束条件为

$$\boldsymbol{x}(t)\Big|_{t=t_0}=\boldsymbol{x}(t_0) \tag{7.2.12}$$

寻找最优控制$\boldsymbol{u}^*(t)$,使系统从已知初始状态$\boldsymbol{x}(t_0)$转移到终端某一状态$\boldsymbol{x}(t_f)$时,如下目标泛函取极小值。

$$J[\boldsymbol{x}(t_0),t_0]=\Phi(\boldsymbol{x}(t_f),t_f)+\int_{t_0}^{t_f}L(\boldsymbol{x}(t),\boldsymbol{u}(t),t)\mathrm{d}t \tag{7.2.13}$$

其中,$\boldsymbol{u}(t)$满足一定的约束$\boldsymbol{u}(t)\in R_u$。

连续系统的最优性原理:如果对于初始时刻t_0和初始状态$\boldsymbol{x}(t_0)$,$\boldsymbol{u}^*(t)$和$\boldsymbol{x}^*(t)$是系统的最优控制和最优状态轨线。那么,对于初始时刻$t_0+\Delta t\in[t_0,t_f]$和初始状态$\boldsymbol{x}(t_0+\Delta t)$,$\boldsymbol{u}^*(t)$和$\boldsymbol{x}^*(t)$($t\in[t_0+\Delta t,t_f]$)仍是所研究的系统在$t\in[t_0+\Delta t,t_f]$区间上的最优控制和最优状态轨线。

证明 假定$J[\boldsymbol{x}(t),t]$连续,并且对$\boldsymbol{x}(t)$和t有连续的一阶、二阶偏导数。

将$[t,t_f]$上的最优过程分为两段$[t,t+\Delta t]$以及$[t+\Delta t,t_f]$,则性能指标可以表示为

$$J[\boldsymbol{x}(t),t]=\Phi[\boldsymbol{x}(t_f),t_f]+\int_t^{t+\Delta t}\boldsymbol{L}(\boldsymbol{x}(\tau),\boldsymbol{u}(\tau),\tau)\mathrm{d}\tau+\int_{t+\Delta t}^{t_f}L(\boldsymbol{x}(\tau),\boldsymbol{u}(\tau),\tau)\mathrm{d}\tau \tag{7.2.14}$$

假定在$[t+\Delta t,t_f]$区间上的最优控制已经给出,令

$$J^*[\boldsymbol{x}(t+\Delta t),t+\Delta t]=\min_{\boldsymbol{u}[t+\Delta t,t_f]}\{\Phi[\boldsymbol{x}(t_f),t_f]+\int_{t+\Delta t}^{t_f}L[\boldsymbol{x}(\tau),\boldsymbol{u}(\tau),\tau]\mathrm{d}\tau\} \tag{7.2.15}$$

则有

$$J^*[\boldsymbol{x}(t),t]=\min_{\boldsymbol{u}[t,t+\Delta t]}\left\{\int_t^{t+\Delta t}L[\boldsymbol{x}(\tau),\boldsymbol{u}(\tau),\tau]\mathrm{d}\tau+\min_{\boldsymbol{u}[t+\Delta t,t_f]}\{\Phi[\boldsymbol{x}(t_f),t_f]+\int_{t+\Delta t}^{t_f}L[\boldsymbol{x}(\tau),\boldsymbol{u}(\tau),\tau]\mathrm{d}\tau\}\right\} \tag{7.2.16}$$

从而

$$J^*[\boldsymbol{x}(t),t]=\min_{\boldsymbol{u}[t,t+\Delta t]}\left\{\int_t^{t+\Delta t}L[\boldsymbol{x}(\tau),\boldsymbol{u}(\tau),\tau]\mathrm{d}\tau+J^*[\boldsymbol{x}(t+\Delta t,t+\Delta t]\right\} \tag{7.2.17}$$

此为连续函数的最优性原理的表达式。

假定 $J^*[\boldsymbol{x}(t),t]$具有连续的一、二阶偏导数，对于式(7.2.17)，应用积分中值定理，当 Δt 充分小时，右端第一项积分为

$$\int_t^{t+\Delta t}L[\boldsymbol{x}(\tau),\boldsymbol{u}(\tau),\tau]\mathrm{d}\tau\approx L[\boldsymbol{x}(t+\alpha\Delta t),\boldsymbol{u}(t+\alpha\Delta t),t+\alpha\Delta t]\Delta t \tag{7.2.18}$$

其中，α 是介于 0 和 1 之间的某一常数。

应用泰勒级数展开，式(7.2.17)右端第二项为

$$J^*[\boldsymbol{x}(t+\Delta t),t+\Delta t]\approx J^*[\boldsymbol{x}(t),t]+\left(\frac{\partial J^*[\boldsymbol{x}(t),t]}{\partial \boldsymbol{x}(t)}\right)^{\mathrm{T}}\frac{\mathrm{d}\boldsymbol{x}(t)}{\mathrm{d}t}\Delta t+\frac{\partial J^*[\boldsymbol{x}(t),t]}{\partial t}\Delta t \tag{7.2.19}$$

从而

$$\begin{aligned}J^*[\boldsymbol{x}(t),t]=\min_{\boldsymbol{u}(t,t+\Delta t)}\Big\{&\boldsymbol{L}(\boldsymbol{x}(t+\alpha\Delta t),\boldsymbol{u}(t+\alpha\Delta t),t+\alpha\Delta t)\Delta t\\&+J^*[\boldsymbol{x}(t),t]+\left(\frac{\partial J^*[\boldsymbol{x}(t),t]}{\partial \boldsymbol{x}(t)}\right)^{\mathrm{T}}\frac{\mathrm{d}\boldsymbol{x}(t)}{\mathrm{d}t}\Delta t+\frac{\partial J^*[\boldsymbol{x}(t),t]}{\partial t}\Delta t\Big\}\end{aligned} \tag{7.2.20}$$

令 $\Delta t\to 0$，对任意给定初态 $\boldsymbol{x}(t)$时，式(7.2.17)可改写为

$$-\frac{\partial J^*[\boldsymbol{x}(t),t]}{\partial t}=\min_{\boldsymbol{u}(t)}\{L(\boldsymbol{x}(t),\boldsymbol{u}(t),t)+\left(\frac{\partial J^*[\boldsymbol{x}(t),t]}{\partial \boldsymbol{x}(t)}\right)^{\mathrm{T}}\boldsymbol{f}(\boldsymbol{x}(t),\boldsymbol{u}(t),t)\} \tag{7.2.21}$$

上式是一个偏微分方程，称为哈密顿-雅可比-贝尔曼(HJB)方程，具有终端边界条件

$$J^*[\boldsymbol{x}(t_f),t_f]=\Phi(\boldsymbol{x}(t_f),t_f) \tag{7.2.22}$$

如果性能指标泛函中无末值项，则

$$J^*[\boldsymbol{x}(t_f),t_f]=0 \tag{7.2.23}$$

定义哈密顿函数

$$H(\boldsymbol{x}(t),\boldsymbol{u}(t),\boldsymbol{\lambda}(t),t)=L(\boldsymbol{x}(t),\boldsymbol{u}(t),t)+(\boldsymbol{\lambda}(t))^{\mathrm{T}}\boldsymbol{f}(\boldsymbol{x}(t),\boldsymbol{u}(t),t) \tag{7.2.24}$$

其中

$$\boldsymbol{\lambda}(t)=\frac{\partial J^*[\boldsymbol{x}(t),t]}{\partial \boldsymbol{x}(t)} \tag{7.2.25}$$

则 HJB 方程可简记为

$$-\frac{\partial J^*[x(t),t]}{\partial t}=\min_{\boldsymbol{u}(t)}\left\{H(\boldsymbol{x}(t),\boldsymbol{u}(t),\frac{\partial J^*[\boldsymbol{x}(t),t]}{\partial \boldsymbol{x}(t)},t)\right\}$$

$$= H^*\left(\boldsymbol{x}(t),\boldsymbol{u}^*(t),\frac{\partial J^*[\boldsymbol{x}(t),t]}{\partial \boldsymbol{x}(t)},t\right) \tag{7.2.26}$$

需要说明,HJB方程是求解最优控制问题的充分条件,不是必要条件。

下面总结用动态规划法求解连续系统最优控制问题的过程。

(1)计算哈密顿函数,求最优控制的隐式解

求满足

$$\min_{\boldsymbol{u}[t,t+\Delta t]}\left\{L(\boldsymbol{x}(t),\boldsymbol{u}(t),t)+\left(\frac{\partial J^*[\boldsymbol{x}(t),t]}{\partial \boldsymbol{x}(t)}\right)^{\mathrm{T}}\boldsymbol{f}(\boldsymbol{x}(t),\boldsymbol{u}(t),t)\right\} \tag{7.2.27}$$

的解 $\boldsymbol{u}^*(t)$。

在求解上述优化问题时,若 $\boldsymbol{u}(t)$ 不受限制,令

$$\frac{\partial H}{\partial \boldsymbol{u}}=0 \tag{7.2.28}$$

求得

$$\boldsymbol{u}^*(t)=\boldsymbol{u}^*\left(\boldsymbol{x}(t),\frac{\partial J^*}{\partial \boldsymbol{x}(t)},t\right) \tag{7.2.29}$$

如果 $\boldsymbol{u}(t)$ 受限,即 $\boldsymbol{u}(t)\in R_u$,只能用分析方法确定 $\boldsymbol{u}^*(t)$。

(2)求最优性能指标

将最优控制的隐式解 $\boldsymbol{u}^*(t)$ 带入HJB方程。结合终端边界条件,求解一阶偏微分方程,得出最优性能指标 $J^*[\boldsymbol{x}(t),t]$。

(3)求最优控制的显式解

基于最优性能指标 $J^*[\boldsymbol{x}(t),t]$,计算 $\frac{\partial J^*}{\partial \boldsymbol{x}(t)}$,带入隐式解 $\boldsymbol{u}^*(t)$,得到最优控制的显式解 $\boldsymbol{u}^*(t)=\boldsymbol{u}^*(\boldsymbol{x}(t),t)$。

(4)求最优状态曲线 $\boldsymbol{x}^*(t)$

将最优控制的显式解 $\boldsymbol{u}^*(t)=\boldsymbol{u}^*(\boldsymbol{x}(t),t)$ 带入状态方程式,并利用初始条件,得到最优状态曲线 $\boldsymbol{x}^*(t)$。

例 7.2.2　设系统状态方程为 $\dot{x}=-x+u, x(0)=1, |u(t)|\leqslant 1$,性能指标 $J=\int_0^\infty x^2(t)\mathrm{d}t$。试确定最优控制 u^* 使得性能指标 J 取极小值。

(1)求哈密顿函数

$$\begin{aligned} H &= L(x(t),u(t),t)+(\lambda(t))^{\mathrm{T}}f(x(t),u(t),t) \\ &= x^2(t)+\left(\frac{\partial J^*}{\partial x(t)}\right)(-x(t)+u(t)) \end{aligned}$$

$$\begin{aligned} &\min_{|u(t)|\leqslant 1}\left\{x^2(t)+\left(\frac{\partial J^*}{\partial x(t)}\right)(-x(t)+u(t))\right\} \\ =&\min_{|u(t)|\leqslant 1}\left\{x^2(t)-\left(\frac{\partial J^*}{\partial x(t)}\right)x(t)+\left(\frac{\partial J^*}{\partial x(t)}\right)u(t)\right\} \end{aligned}$$

通过分析可得

$$u^*(t)=-\operatorname{sign}\left(\frac{\partial J^*}{\partial x(t)}\right)$$

其中,sign为符号函数。

(2)将 $u^*(t)$代入 HJB 方程,有

$$x^2(t)-\frac{\partial J^*}{\partial x(t)}x(t)-\frac{\partial J^*}{\partial x(t)}\operatorname{sign}\frac{\partial J^*}{\partial x(t)}=0$$

即

$$x^2(t)-\frac{\partial J^*}{\partial x(t)}x(t)-\left|\frac{\partial J^*}{\partial x(t)}\right|=0$$

通过分析可以得出$\frac{\partial J^*}{\partial x(t)}$是正函数,则 HJB 方程可写成

$$x^2(t)-\frac{\partial J^*}{\partial x(t)}x(t)-\frac{\partial J^*}{\partial x(t)}=0$$

求解可得

$$J^*[x(t),t]=\frac{x^2(t)}{2}-x(t)+\ln(1+x(t))+c$$

其中,c 为积分常数,由边界条件确定。当 $t=\infty$,$x(\infty)=0$,其性能指标

$$J^*[x(\infty)]=0$$

所以 $c=0$,从而

$$J^*[x(t),t]=\frac{x^2(t)}{2}-x(t)+\ln(1+x(t))$$

(3)将 J^* 代入 $u^*(t)$的表达式中

$$u^*(t)=-\operatorname{sign}\left(\frac{x^2(t)}{1+x(t)}\right),\text{本例中 } u^*(t)=\begin{cases}-1 & x(t)>0\\ 0 & x(t)=0\end{cases}$$

(4)将 $u^*(t)$ 代入状态方程,可解得

$$x^*(t)=\begin{cases}2e^{-t}-1 & 0\leqslant t<\ln 2\\ 0 & t>\ln 2\end{cases}$$

由此得

$$u^*(t)=\begin{cases}-1 & 0\leqslant t<\ln 2\\ 0 & t>\ln 2\end{cases}$$

最优性能指标

$$J^*[x(0),0]=\ln 2-\frac{1}{2}=0.193$$

7.3　线性二次型最优控制问题

在科学研究和工程实践中,我们经常遇到以二次型为性能指标的线性系统的最优控制问题。这里所说的二次型指标是指取状态向量和控制向量的二次型函数的积分作为性能指标函数,简称 LQ(Linear Quadratic)问题。

7.3.1　二次型性能指标

给定如下状态空间模型

$$\begin{cases}\dot{\boldsymbol{x}}(t)=\boldsymbol{A}(t)\boldsymbol{x}(t)+\boldsymbol{B}(t)\boldsymbol{u}(t),\ \boldsymbol{x}(t_0)=\boldsymbol{x}_0\\ \boldsymbol{y}(t)=\boldsymbol{C}(t)\boldsymbol{x}(t)\end{cases}\tag{7.3.1}$$

其中，t 是实数自变量；$\boldsymbol{x}(t)$表示 n 维状态向量；$\boldsymbol{u}(t)$是 r 维控制向量；$\boldsymbol{y}(t)$为 m 维输出向量；$\boldsymbol{A}(t)$，$\boldsymbol{B}(t)$，$\boldsymbol{C}(t)$分别为 $n\times n$、$n\times r$ 以及 $m\times n$ 维的时变矩阵，在特殊情况下为常数矩阵。

令 $\boldsymbol{y}_r(t)$为理想输出，定义实际输出与理想输出之间的误差为

$$\boldsymbol{e}(t) = \boldsymbol{y}_r(t) - \boldsymbol{y}(t) \tag{7.3.2}$$

最优控制的目的是寻找一个控制规律，使得基于误差向量的某种度量极小化

$$J = \frac{1}{2}\boldsymbol{e}^{\mathrm{T}}(t_f)\boldsymbol{F}\boldsymbol{e}(t_f) + \frac{1}{2}\int_{t_0}^{t_f}[\boldsymbol{e}^{\mathrm{T}}(t)\boldsymbol{Q}(t)\boldsymbol{e}(t) + \boldsymbol{u}^{\mathrm{T}}(t)\boldsymbol{R}(t)\boldsymbol{u}(t)]\mathrm{d}(t) \tag{7.3.3}$$

其中，t_0 和 t_f 分别是控制系统的开始和终止时刻；$\boldsymbol{F}$ 是半正定对称常数矩阵；$\boldsymbol{Q}(t)$是半正定对称时变矩阵；$\boldsymbol{R}(t)$是正定对称时变矩阵。它们是衡量误差分量和控制分量的加权矩阵，可根据各分量的重要性及时变特性灵活选取。

分析该性能指标，它包含两个积分项和一个终端项。

对于积分项 $\frac{1}{2}\int_{t_0}^{t_f}\boldsymbol{e}^{\mathrm{T}}(t)\boldsymbol{Q}(t)\boldsymbol{e}(t)\mathrm{d}(t)$，反映了系统在控制过程中动态跟踪误差的累积和。其中矩阵 $\boldsymbol{Q}(t)$的作用是给误差的各个分量以不同的加权。

对于积分项 $\frac{1}{2}\int_{t_0}^{t_f}\boldsymbol{u}^{\mathrm{T}}(t)\boldsymbol{R}(t)\boldsymbol{u}(t)\mathrm{d}(t)$，由于 $\boldsymbol{R}(t) > 0$，而控制信号的大小往往正比于作用力或力矩，所以该积分项表示在整个控制过程中消耗的能量。

对于终端项$\frac{1}{2}\boldsymbol{e}^{\mathrm{T}}(t_f)\boldsymbol{F}\boldsymbol{e}(t_f)$，表示对系统终端跟踪误差的评价。

所以，二次型性能指标极小的物理含义是：使系统在整个控制过程中的动态跟踪误差与控制能量消耗，以及控制过程结束时的终端跟踪误差综合最优。

线性二次型问题的三种重要情形：

(1)状态调节器：$\boldsymbol{y}_r(t)=0$，$\boldsymbol{C}(t)=\boldsymbol{I}$，$\boldsymbol{e}(t)=-\boldsymbol{y}(t)=-\boldsymbol{x}(t)$

(2)输出调节器：$\boldsymbol{y}_r(t)=0$，$\boldsymbol{e}(t)=-\boldsymbol{y}(t)$

(3)输出跟踪器：$\boldsymbol{y}_r(t)\neq 0$，$\boldsymbol{e}(t)=\boldsymbol{y}_r(t)-\boldsymbol{y}(t)$

这里重点考虑第一类问题，即所谓的线性状态调节器(Linear Quadratic Regulator，LQR)。当受控系统状态受到干扰偏离原有平衡状态时，需要对系统施加一定的控制作用，使其恢复平衡状态。通常，我们将零状态看作平衡状态，而将初始状态视为扰动。当 $t_f<\infty$，称为有限时间状态调节器；当 $t_f=\infty$，称为无限时间状态调节器。

7.3.2 有限时间状态调节器

定理 7.3.1 设线性时变系统的状态方程为

$$\dot{\boldsymbol{x}}(t)=\boldsymbol{A}(t)\boldsymbol{x}(t)+\boldsymbol{B}(t)\boldsymbol{u}(t),\boldsymbol{x}(t_0)=\boldsymbol{x}_0 \tag{7.3.4}$$

其中，$\boldsymbol{x}(t)$表示 n 维状态向量；$\boldsymbol{u}(t)$是 r 维控制向量，且不受约束；$\boldsymbol{A}(t)$，$\boldsymbol{B}(t)$分别为 $n\times n$，$n\times r$ 维的时变矩阵，其各元在$[t_0,t_f]$上连续且有界，$t_f<\infty$。极小化性能指标式(7.3.3)的最优控制 $\boldsymbol{u}^*(t)$为

$$\boldsymbol{u}^*(t) = -\boldsymbol{R}^{-1}(t)\boldsymbol{B}^{\mathrm{T}}(t)\boldsymbol{P}(t)\boldsymbol{x}(t) \tag{7.3.5}$$

系统的最优性能指标为

$$J^* = \frac{1}{2}\boldsymbol{x}^{\mathrm{T}}(t_0)\boldsymbol{P}(t_0)\boldsymbol{x}(t_0) \tag{7.3.6}$$

其中，$\boldsymbol{P}(t)$为 $n\times n$ 维对称非负定矩阵，满足下列黎卡提(Riccati)矩阵微分方程

$$-\dot{\boldsymbol{P}}(t)=\boldsymbol{P}(t)\boldsymbol{A}(t)+\boldsymbol{A}^{\mathrm{T}}(t)\boldsymbol{P}(t)-\boldsymbol{P}(t)\boldsymbol{B}(t)\boldsymbol{R}^{-1}\boldsymbol{B}^{\mathrm{T}}(t)\boldsymbol{P}(t)+\boldsymbol{Q}(t) \tag{7.3.7}$$

并满足终端边界条件

$$\boldsymbol{P}(t_{\mathrm{f}})=\boldsymbol{F} \tag{7.3.8}$$

通过求解如下线性向量微分方程，可得到最优状态曲线 $\boldsymbol{x}^*(t)$

$$\dot{\boldsymbol{x}}(t)=[\boldsymbol{A}(t)-\boldsymbol{B}(t)\boldsymbol{R}^{-1}(t)\boldsymbol{B}^{\mathrm{T}}(t)\boldsymbol{P}(t)]\boldsymbol{x}(t),\ \boldsymbol{x}(t_0)=\boldsymbol{x}_0 \tag{7.3.9}$$

证明　首先构造哈密顿函数

$$H(\boldsymbol{x}(t),\boldsymbol{u}(t),\lambda(t),t)=L(\boldsymbol{x}(t),\boldsymbol{u}(t),t)+\left[\frac{\partial J^*[\boldsymbol{x}(t),t]}{\partial\boldsymbol{x}(t)}\right]^{\mathrm{T}}\boldsymbol{f}(\boldsymbol{x}(t),\boldsymbol{u}(t),t) \tag{7.3.10}$$

其中

$$L(\boldsymbol{x}(t),\boldsymbol{u}(t),t)=\frac{1}{2}\boldsymbol{x}^{\mathrm{T}}(t)\boldsymbol{Q}(t)\boldsymbol{x}(t)+\frac{1}{2}\boldsymbol{u}^{\mathrm{T}}(t)\boldsymbol{R}(t)\boldsymbol{u}(t) \tag{7.3.11}$$

$$\boldsymbol{f}(\boldsymbol{x}(t),\boldsymbol{u}(t),t)=\boldsymbol{A}(t)\boldsymbol{x}(t)+\boldsymbol{B}(t)\boldsymbol{u}(t) \tag{7.3.12}$$

根据连续动态规划法中的 HJB 方程

$$-\frac{\partial J^*[\boldsymbol{x}(t),t]}{\partial t}=\min_{\boldsymbol{u}(t)}\{H(\boldsymbol{x}(t),\boldsymbol{u}(t),\lambda(t),t)\} \tag{7.3.13}$$

将式(7.3.10)代入式(7.3.13)，有

$$\begin{aligned}&-\frac{\partial J^*[\boldsymbol{x}(t),t]}{\partial t}\\&=\min_{\boldsymbol{u}(t)}\left\{\frac{1}{2}\boldsymbol{x}^{\mathrm{T}}(t)\boldsymbol{Q}(t)\boldsymbol{x}(t)+\frac{1}{2}\boldsymbol{u}^{\mathrm{T}}(t)\boldsymbol{R}(t)\boldsymbol{u}(t)+\left[\frac{\partial J^*[\boldsymbol{x}(t),t]}{\partial\boldsymbol{x}(t)}\right]^{\mathrm{T}}[\boldsymbol{A}(t)\boldsymbol{x}(t)+\boldsymbol{B}(t)\boldsymbol{u}(t)]\right\}\end{aligned} \tag{7.3.14}$$

考虑到控制向量不受约束以及 $J^*[\boldsymbol{x}(t),t]$仅依赖于 $\boldsymbol{x}(t)$和 t，有

$$0=\boldsymbol{R}(t)\boldsymbol{u}^*(t)+\boldsymbol{B}^{\mathrm{T}}(t)\frac{\partial J^*[\boldsymbol{x}(t),t]}{\partial\boldsymbol{x}(t)} \tag{7.3.15}$$

即

$$\boldsymbol{u}^*(t)=-\boldsymbol{R}^{-1}(t)\boldsymbol{B}^{\mathrm{T}}(t)\frac{\partial J^*[\boldsymbol{x}(t),t]}{\partial\boldsymbol{x}(t)} \tag{7.3.16}$$

将式(7.3.16)带入式(7.3.14)，有

$$\begin{aligned}&-\frac{\partial J^*[\boldsymbol{x}(t),t]}{\partial t}\\&=\frac{1}{2}\boldsymbol{x}^{\mathrm{T}}(t)\boldsymbol{Q}(t)\boldsymbol{x}(t)+\frac{1}{2}\left[\frac{\partial J^*[\boldsymbol{x}(t),t]}{\partial\boldsymbol{x}(t)}\right]^{\mathrm{T}}\boldsymbol{B}(t)\boldsymbol{R}^{-1}(t)\boldsymbol{B}^{\mathrm{T}}(t)\frac{\partial J^*[\boldsymbol{x}(t),t]}{\partial\boldsymbol{x}(t)}+\\&\quad\left[\frac{\partial J^*[\boldsymbol{x}(t),t]}{\partial\boldsymbol{x}(t)}\right]^{\mathrm{T}}\boldsymbol{A}(t)\boldsymbol{x}(t)-\left[\frac{\partial J^*[\boldsymbol{x}(t),t]}{\partial\boldsymbol{x}(t)}\right]^{\mathrm{T}}\\&\quad\boldsymbol{B}(t)\boldsymbol{R}^{-1}(t)\boldsymbol{B}^{\mathrm{T}}(t)\frac{\partial J^*[\boldsymbol{x}(t),t]}{\partial\boldsymbol{x}(t)}\\&=\frac{1}{2}\boldsymbol{x}^{\mathrm{T}}(t)\boldsymbol{Q}(t)\boldsymbol{x}(t)-\frac{1}{2}\left[\frac{\partial J^*[\boldsymbol{x}(t),t]}{\partial\boldsymbol{x}(t)}\right]^{\mathrm{T}}\boldsymbol{B}(t)\boldsymbol{R}^{-1}(t)\boldsymbol{B}^{\mathrm{T}}(t)\frac{\partial J^*[\boldsymbol{x}(t),t]}{\partial\boldsymbol{x}(t)}+\\&\quad\boldsymbol{x}^{\mathrm{T}}(t)\boldsymbol{A}^{\mathrm{T}}(t)\frac{\partial J^*[\boldsymbol{x}(t),t]}{\partial\boldsymbol{x}(t)}\end{aligned} \tag{7.3.17}$$

由于性能指标函数是二次型的,所以可以假设其解为如下二次型形式

$$J^*[\boldsymbol{x}(t),t]=\frac{1}{2}\boldsymbol{x}^{\mathrm{T}}(t)\boldsymbol{P}(t)\boldsymbol{x}(t) \tag{7.3.18}$$

其中,$\boldsymbol{P}(t)$是$n\times n$对称矩阵。

利用矩阵和向量的微分公式,有

$$\frac{\partial J^*[\boldsymbol{x}(t),t]}{\partial \boldsymbol{x}(t)}=\boldsymbol{P}(t)\boldsymbol{x}(t) \tag{7.3.19}$$

$$\frac{\partial J^*[\boldsymbol{x}(t),t]}{\partial t}=\frac{1}{2}\boldsymbol{x}^{\mathrm{T}}(t)\dot{\boldsymbol{P}}(t)\boldsymbol{x}(t) \tag{7.3.20}$$

将式(7.3.19)和式(7.3.20)带入式(7.3.17),有

$$-\frac{1}{2}\boldsymbol{x}^{\mathrm{T}}(t)\dot{\boldsymbol{P}}(t)\boldsymbol{x}(t)=\frac{1}{2}\boldsymbol{x}^{\mathrm{T}}(t)\boldsymbol{Q}(t)\boldsymbol{x}(t)-\frac{1}{2}\boldsymbol{x}^{\mathrm{T}}(t)\boldsymbol{P}(t)\boldsymbol{B}(t)\boldsymbol{R}^{-1}(t)\boldsymbol{B}^{\mathrm{T}}(t)\boldsymbol{P}(t)\boldsymbol{x}(t)+\boldsymbol{x}^{\mathrm{T}}(t)\boldsymbol{A}^{\mathrm{T}}(t)\boldsymbol{P}(t)\boldsymbol{x}(t) \tag{7.3.21}$$

可得

$$\frac{1}{2}\boldsymbol{x}^{\mathrm{T}}(t)[\dot{\boldsymbol{P}}(t)+\boldsymbol{Q}(t)-\boldsymbol{P}(t)\boldsymbol{B}(t)\boldsymbol{R}^{-1}(t)\boldsymbol{B}^{\mathrm{T}}(t)\boldsymbol{P}(t)+2\boldsymbol{A}^{\mathrm{T}}(t)\boldsymbol{P}(t)]\boldsymbol{x}(t)=0 \tag{7.3.22}$$

因为

$$\boldsymbol{x}^{\mathrm{T}}(t)\boldsymbol{A}^{\mathrm{T}}(t)\boldsymbol{P}(t)\boldsymbol{x}(t)=\frac{1}{2}\boldsymbol{x}^{\mathrm{T}}(t)[\boldsymbol{A}^{\mathrm{T}}(t)\boldsymbol{P}(t)+\boldsymbol{P}(t)\boldsymbol{A}(t)]\boldsymbol{x}(t) \tag{7.3.23}$$

所以有

$$\frac{1}{2}\boldsymbol{x}^{\mathrm{T}}(t)[\dot{\boldsymbol{P}}(t)+\boldsymbol{Q}(t)-\boldsymbol{P}(t)\boldsymbol{B}(t)\boldsymbol{R}^{-1}(t)\boldsymbol{B}^{\mathrm{T}}(t)\boldsymbol{P}(t)+\boldsymbol{P}(t)\boldsymbol{A}(t)+\boldsymbol{A}^{\mathrm{T}}(t)\boldsymbol{P}(t)]\boldsymbol{x}(t)=0 \tag{7.3.24}$$

其中,矩阵$\boldsymbol{P}(t)$应满足如下黎卡提方程

$$\dot{\boldsymbol{P}}(t)+\boldsymbol{P}(t)\boldsymbol{A}(t)+\boldsymbol{A}^{\mathrm{T}}(t)\boldsymbol{P}(t)-\boldsymbol{P}(t)\boldsymbol{B}(t)\boldsymbol{R}^{-1}(t)\boldsymbol{B}^{\mathrm{T}}(t)\boldsymbol{P}(t)+\boldsymbol{Q}(t)=0 \tag{7.3.25}$$

为求解如上非线性矩阵微分方程,需要推导其边界条件:

当$t=t_{\mathrm{f}}$时,由式(7.3.3)所示的性能指标以及式(7.3.18),可得

$$J^*[\boldsymbol{x}(t_{\mathrm{f}}),t_{\mathrm{f}}]=\frac{1}{2}\boldsymbol{x}^{\mathrm{T}}(t_{\mathrm{f}})\boldsymbol{F}\boldsymbol{x}(t_{\mathrm{f}})=\frac{1}{2}\boldsymbol{x}^{\mathrm{T}}(t_{\mathrm{f}})\boldsymbol{P}(t_{\mathrm{f}})\boldsymbol{x}(t_{\mathrm{f}}) \tag{7.3.26}$$

可得终端边界条件为

$$\boldsymbol{P}(t_{\mathrm{f}})=\boldsymbol{F} \tag{7.3.27}$$

最优控制为

$$\boldsymbol{u}^*(t)=-\boldsymbol{R}^{-1}(t)\boldsymbol{B}^{\mathrm{T}}(t)\boldsymbol{P}(t)\boldsymbol{x}(t) \tag{7.3.28}$$

其中

$$\boldsymbol{K}(t)=-\boldsymbol{R}^{-1}(t)\boldsymbol{B}^{\mathrm{T}}(t)\boldsymbol{P}(t) \tag{7.3.29}$$

为最优反馈增益矩阵。

最优状态轨线由下式确定

$$\dot{\boldsymbol{x}}^*(t)=[\boldsymbol{A}(t)-\boldsymbol{B}(t)\boldsymbol{R}^{-1}(t)\boldsymbol{B}^{\mathrm{T}}(t)\boldsymbol{P}(t)]\boldsymbol{x}^*(t) \tag{7.3.30}$$

最优性能指标为

$$J^*=\frac{1}{2}\boldsymbol{x}^{\mathrm{T}}(t_0)\boldsymbol{P}(t_0)\boldsymbol{x}(t_0) \tag{7.3.31}$$

综上，有限时间状态调节器的设计步骤如下：

①根据系统要求和工程经验，设计加权矩阵 $\boldsymbol{F}$，$\boldsymbol{Q}(t)$ 以及 $\boldsymbol{R}(t)$；

②求解式(7.3.7)、式(7.3.8)所示的黎卡提矩阵微分方程，得出矩阵 $\boldsymbol{P}(t)$；

③基于式(7.3.5)求最优控制 $\boldsymbol{u}^*(t)$；

④由式(7.3.9)求最优状态轨线 $\boldsymbol{x}^*(t)$；

⑤由式(7.3.6)计算最优性能指标值 J^*。

例 7.3.1　设二阶系统的状态方程为

$$\begin{cases}\dot{x}_1(t) = x_2(t) \\ \dot{x}_2(t) = u(t)\end{cases}$$

二次型性能指标为

$$J = \frac{1}{2}[x_1^2(t_f) + 2x_2^2(t_f)] + \frac{1}{2}\int_0^{t_f}\left[2x_1^2 + 4x_2^2 + 2x_1x_2 + \frac{1}{2}u^2\right]\mathrm{d}(t)$$

试求使得性能指标达到极小值的最优控制。

解　首先将性能指标转化为二次性能指标的标准形式，对照式(7.3.1)以及式(7.3.3)，有

$$\boldsymbol{A} = \begin{bmatrix}0 & 1\\0 & 0\end{bmatrix},\ \boldsymbol{B} = \begin{bmatrix}0\\1\end{bmatrix},\ \boldsymbol{F} = \begin{bmatrix}1 & 0\\0 & 2\end{bmatrix},\ \boldsymbol{Q} = \begin{bmatrix}2 & 1\\1 & 4\end{bmatrix},\ \boldsymbol{R} = \frac{1}{2}$$

令

$$\boldsymbol{P}(t) = \begin{bmatrix}P_{11}(t) & P_{12}(t)\\P_{21}(t) & P_{22}(t)\end{bmatrix}$$

该矩阵满足黎卡提微分方程式

$$\begin{cases}\dot{P}_{11}(t) = 2P_{12}^2(t) - 2\\ \dot{P}_{12}(t) = -P_{11}(t) + 2P_{12}(t)P_{22}(t) - 1\\ \dot{P}_{22}(t) = -2P_{12}(t) + 2P_{22}^2(t) - 4\end{cases}$$

及边界条件

$$\boldsymbol{P}(t_f) = \begin{bmatrix}P_{11}(t_f) & P_{12}(t_f)\\P_{21}(t_f) & P_{22}(t_f)\end{bmatrix} = \boldsymbol{F}$$

由于微分方程本身的非线性，需要借助于计算机获得其数值解。最优控制为

$$\boldsymbol{u}^*(t) = -\boldsymbol{R}^{-1}\boldsymbol{B}^{\mathrm{T}}\boldsymbol{P}(t)\boldsymbol{x}(t) = -2P_{12}(t)x_1(t) - 2P_{22}(t)x_2(t)$$

例 7.3.2　在拦截或交会问题中，设 $x_1(t)$ 与 $x_2(t)$ 分别表示相对位移与速度，且有

$$\begin{cases}\dot{x}_1(t) = x_2(t)\\ \dot{x}_2(t) = u(t)\end{cases}$$

求反馈控制 $u^*(t)$，使

$$J = \frac{1}{2}Fx_2^2(t_f) + \frac{1}{2}\int_{t_0}^{t_f}u^2(t)\mathrm{d}t$$

取极小。

解　由题意得

$$\boldsymbol{A} = \begin{bmatrix}0 & 1\\0 & 0\end{bmatrix},\ \boldsymbol{B} = \begin{bmatrix}0\\1\end{bmatrix},\ \boldsymbol{Q} = 0,\ \boldsymbol{R} = 1$$

令

$$\boldsymbol{P}(t)=\begin{bmatrix}P_{11}(t) & P_{12}(t)\\ P_{21}(t) & P_{22}(t)\end{bmatrix}$$

该矩阵满足黎卡提矩阵微分方程

$$\begin{cases}\dot{P}_{11}(t)=P_{12}^2(t)\\ \dot{P}_{12}(t)=P_{12}(t)P_{22}(t)-P_{11}(t)\\ \dot{P}_{22}(t)=P_{22}^2(t)-2P_{12}(t)\end{cases}$$

及边界条件

$$\begin{cases}P_{11}(t_f)=0\\ P_{12}(t_f)=0\\ P_{22}(t_f)=F\end{cases}$$

解黎卡提方程得

$$P_{11}(t)=P_{12}(t)=0$$

$$P_{22}(t)=\frac{1}{t_f-t+\dfrac{1}{F}}$$

故有

$$u^*(t)=\frac{1}{t_f-t+\dfrac{1}{F}}x_2(t)$$

7.3.3 无限时间状态调节器

对于有限时间状态调节器,即使系统的状态方程和性能指标是定常的,其系统以及最优反馈增益总是时变的,这是由于黎卡提方程的解 $\boldsymbol{P}(t)$是时变的缘故。但是随着终止时刻趋于无穷,系统及性能指标中的各个矩阵均为常数矩阵,$\boldsymbol{P}(t)$趋于一常数。此时,最优反馈时变系统转化成为最优控制定常系统,这样的调节器称为无限时间状态调节器。若系统受扰偏离原平衡状态后,希望系统能最优地恢复到原平衡状态不产生稳态误差时,必须采用无限长时间状态调节器。

设完全能控的线性定常系统的状态方程为

$$\dot{\boldsymbol{x}}(t)=\boldsymbol{Ax}(t)+\boldsymbol{Bu}(t),\ \boldsymbol{x}(0)=\boldsymbol{x}_0 \tag{7.3.32}$$

二次型性能指标为

$$J=\frac{1}{2}\int_0^\infty[\boldsymbol{x}^{\mathrm{T}}(t)\boldsymbol{Qx}(t)+\boldsymbol{u}^{\mathrm{T}}(t)\boldsymbol{Ru}(t)]\mathrm{d}(t) \tag{7.3.33}$$

其中,$\boldsymbol{x}(t)$表示 n 维状态向量; $\boldsymbol{u}(t)$是 r 维控制向量,且不受约束;$\boldsymbol{A},\boldsymbol{B}$ 分别为$n\times n,n\times r$ 维常数矩阵;$\boldsymbol{Q}$ 是半正定常数对称矩阵且$(\boldsymbol{A},\boldsymbol{D})$可观测(其中,$\boldsymbol{DD}^{\frac{1}{2}}=\boldsymbol{Q}$);$\boldsymbol{R}$ 是正定常数对称矩阵。则使性能指标式(7.3.33)极小的最优控制 $\boldsymbol{u}^*(t)$存在且唯一,可以表示为

$$\boldsymbol{u}^*(t)=-\boldsymbol{R}^{-1}\boldsymbol{B}^{\mathrm{T}}\boldsymbol{Px}(t) \tag{7.3.34}$$

其中,$\boldsymbol{P}=\lim\limits_{t\to\infty}\boldsymbol{P}(t)$,是黎卡提矩阵代数方程

$$\boldsymbol{PA}+\boldsymbol{A}^{\mathrm{T}}\boldsymbol{P}-\boldsymbol{PBR}^{-1}\boldsymbol{B}^{\mathrm{T}}\boldsymbol{P}+\boldsymbol{Q}=0 \tag{7.3.35}$$

的解。事实上,它也是黎卡提矩阵微分方程的稳态解。

最优状态曲线 $\boldsymbol{x}^*(t)$是如下线性定常状态方程的解

$$\dot{\boldsymbol{x}}(t) = (\boldsymbol{A} - \boldsymbol{B}\boldsymbol{R}^{-1}\boldsymbol{B}^{\mathrm{T}}\boldsymbol{P})\boldsymbol{x}(t) \tag{7.3.36}$$

此时最优性能指标

$$J^* = \frac{1}{2}\boldsymbol{x}^{\mathrm{T}}(0)\boldsymbol{P}\boldsymbol{x}(0) \tag{7.3.37}$$

需要指出，对于无限时间状态调节器，要求系统完全能控。这是因为倘若系统不能控，则不能控的状态变量将导致系统性能指标趋于无穷。但是对于有限时间状态调节器而言，即使系统不完全能控，在有限时间区间内，性能指标函数的变化是有限的，有限长时间的最优控制仍然存在。

例 7.3.3 已知二阶系统的状态方程

$$\dot{\boldsymbol{x}}(t) = \begin{bmatrix} 0 & 1 \\ 0 & 0 \end{bmatrix}\boldsymbol{x}(t) + \begin{bmatrix} 0 \\ 1 \end{bmatrix}u(t),\ \boldsymbol{x}(t_0) = \boldsymbol{x}_0$$

二次型性能指标为

$$J = \frac{1}{2}\int_0^{\infty}\left[\boldsymbol{x}^{\mathrm{T}}(t)\begin{bmatrix} 1 & b \\ b & a \end{bmatrix}\boldsymbol{x}(t) + u^2(t)\right]\mathrm{d}(t)$$

其中，$a-b^2>0$。试求使得性能指标达到极小值的最优控制。

解 首先验证能控性

$$\mathrm{rank}[\boldsymbol{B} \quad \boldsymbol{AB}] = 2$$

所以，最优控制存在且唯一。根据式(7.3.34)，最优控制为

$$\boldsymbol{u}^*(t) = -\boldsymbol{R}^{-1}\boldsymbol{B}^{\mathrm{T}}\boldsymbol{P}\boldsymbol{x}(t)$$

令

$$\boldsymbol{P} = \begin{bmatrix} P_{11} & P_{12} \\ P_{21} & P_{22} \end{bmatrix}$$

有

$$u^*(t) = -P_{12}x_1(t) - P_{22}x_2(t)$$

其中，矩阵 $\boldsymbol{P}$ 满足黎卡提代数方程

$$\boldsymbol{PA} + \boldsymbol{A}^{\mathrm{T}}\boldsymbol{P} - \boldsymbol{PBR}^{-1}\boldsymbol{B}^{\mathrm{T}}\boldsymbol{P} + \boldsymbol{Q} = 0$$

求解上述代数方程，可得

$$\boldsymbol{P} = \begin{bmatrix} \sqrt{a+2} - b & 1 \\ 1 & \sqrt{a+2} \end{bmatrix}$$

所以最优控制为

$$u^*(t) = -x_1(t) - \sqrt{a+2}\,x_2(t)$$

例 7.3.4 设系统状态方程和初始条件为

$$\begin{cases} \dot{x}_1(t) = u(t), & x_1(0) = 0 \\ \dot{x}_2(t) = x_1(t), & x_2(0) = 1 \end{cases}$$

性能指标为

$$J = \int_0^{\infty}[x_2^2(t) + \frac{1}{4}u^2(t)]\mathrm{d}t$$

试求最优控制 $u^*(t)$和最优性能指标 J^*。

解 首先,将性能指标转化为二次性能指标的标准形式

$$J=\int_0^{\infty}[2x_2^2(t)+\frac{1}{2}u^2(t)]\mathrm{d}t=\frac{1}{2}\int_0^{\infty}\left\{[x_1\quad x_2]\begin{bmatrix}0&0\\0&2\end{bmatrix}\begin{bmatrix}x_1\\x_2\end{bmatrix}+\frac{1}{2}u^2(t)\right\}\mathrm{d}t$$

对照式(7.3.32)以及式(7.3.33),有

$$\boldsymbol{A}=\begin{bmatrix}0&0\\1&0\end{bmatrix},\ \boldsymbol{B}=\begin{bmatrix}1\\0\end{bmatrix},\ \boldsymbol{Q}=\begin{bmatrix}0&0\\0&2\end{bmatrix},\ \boldsymbol{R}=\frac{1}{2}$$

首先验证系统能控性,因为

$$\mathrm{rank}[\boldsymbol{B}\quad \boldsymbol{AB}]=\mathrm{rank}\begin{bmatrix}1&0\\0&1\end{bmatrix}=2$$

所以系统完全能控,故无限时间状态调节器的最优控制 $u^*(t)$存在且唯一。

令 $\boldsymbol{P}=\begin{bmatrix}P_{11}&P_{12}\\P_{21}&P_{22}\end{bmatrix}$,由黎卡提代数方程

$$\boldsymbol{PA}+\boldsymbol{A}^{\mathrm{T}}\boldsymbol{P}-\boldsymbol{PBR}^{-1}\boldsymbol{B}^{\mathrm{T}}\boldsymbol{P}+\boldsymbol{Q}=0$$

得到如下代数方程组

$$\begin{cases}2P_{12}-2P_{11}^2=0\\P_{22}-2P_{11}P_{12}=0\\-2P_{12}^2+2=0\end{cases}$$

求解得

$$\boldsymbol{P}=\begin{bmatrix}1&1\\1&2\end{bmatrix}>0$$

于是最优控制和最优指标分别为

$$u^*(t)=-\boldsymbol{R}^{-1}\boldsymbol{B}^{\mathrm{T}}\boldsymbol{Px}(t)=-2x_1(t)-2x_2(t)$$

$$J^*[\boldsymbol{x}(0)]=\frac{1}{2}\boldsymbol{x}^{\mathrm{T}}(0)\boldsymbol{Px}(0)=1$$

闭环系统的状态方程为

$$\dot{\boldsymbol{x}}(t)=(\boldsymbol{A}-\boldsymbol{BR}^{-1}\boldsymbol{B}^{\mathrm{T}}\boldsymbol{P})\boldsymbol{x}(t)=\begin{bmatrix}-2&-2\\1&0\end{bmatrix}\boldsymbol{x}(t)$$

7.4 用 MATLAB 求解最优控制

MATLAB 控制系统工具箱中提供了用于求解线性二次型最优控制问题的功能函数。针对线性定常连续系统,函数 lqr()和 lqry 分别用来求解无限时间状态调节器和无限时间输出调节器。调用格式如下:

$$[\boldsymbol{K},\boldsymbol{P},E]=\mathrm{lqr}(\boldsymbol{A},\boldsymbol{B},\boldsymbol{Q},\boldsymbol{R})$$

$$[\boldsymbol{K},\boldsymbol{P},E]=\mathrm{lqry}(\boldsymbol{A},\boldsymbol{B},\boldsymbol{C},\boldsymbol{D},\boldsymbol{Q},\boldsymbol{R})$$

其中,$\boldsymbol{K}$ 为最优状态反馈增益矩阵;$\boldsymbol{P}$ 为黎卡提矩阵代数方程的解;$\boldsymbol{E}$ 为矩阵 $\boldsymbol{A}-\boldsymbol{BK}$ 的特征值。

例 7.4.1 考虑如下线性定常连续系统的状态方程

$$\dot{\boldsymbol{x}}(t)=\begin{bmatrix}0 & 1 & 0\\ 0 & 0 & 1\\ -20 & -10 & -5\end{bmatrix}\boldsymbol{x}(t)+\begin{bmatrix}0\\0\\1\end{bmatrix}u(t),\ \boldsymbol{x}(0)=\begin{bmatrix}1\\0\\0\end{bmatrix}$$

待优化的最优控制性能指标为

$$J=\int_0^{\infty}[\boldsymbol{x}^{\mathrm{T}}(t)\boldsymbol{Q}(t)\boldsymbol{x}(t)+u^{\mathrm{T}}(t)R(t)u(t)]\mathrm{d}t$$

其中，$\boldsymbol{Q}(t)=\begin{bmatrix}1 & 0 & 0\\ 0 & 1 & 0\\ 0 & 0 & 1\end{bmatrix}$，$R(t)=1$。试设计最优状态反馈器使得性能指标最小，并给出相应的最优状态响应曲线。

解　MATLAB 中求解最优控制函数的程序片断为

```
A=[0 1 0; 0 0 1; -20 -10 -5];
B=[0; 0; 1];
Q=[1 0 0; 0 1 0; 0 0 1];
R=1;
[K, P, E]=lqr(A, B, Q, R)
```

程序 7.4.1　例 7.4.1 程序片段(求解最优控制函数)

可得，$\boldsymbol{K}=[0.0250\quad 0.4133\quad 0.1794]$

从而，系统的最优状态反馈器为

$$u^{*}(t)=-[0.0250\quad 0.4133\quad 0.1794]\boldsymbol{x}(t)$$

求解最优状态曲线的程序片段为

```
sys=ss(A-B*K,eye(3), eye(3),eye(3));
t=0:0.01:8;
x=initial(sys,[1;0;0],t);
x1=[1 0 0]*x';
x2=[0 1 0]*x';
x3=[0 0 1]*x';
```

程序 7.4.2　例 7.4.1 程序片段(求解最优状态曲线)

绘制最优状态曲线的程序片段为

```
subplot(2,2,1);plot(t,x1);grid
xlabel('t(sec)');ylabel('x1')
subplot(2,2,2);plot(t,x2);grid
xlabel('t(sec)');ylabel('x2')
subplot(2,2,3);plot(t,x3);grid
xlabel('t(sec)');ylabel('x3')
```

程序 7.4.3　例 7.4.1 程序片段(绘制最优状态曲线)

绘制出的最优状态曲线如图 7.4.1 所示。

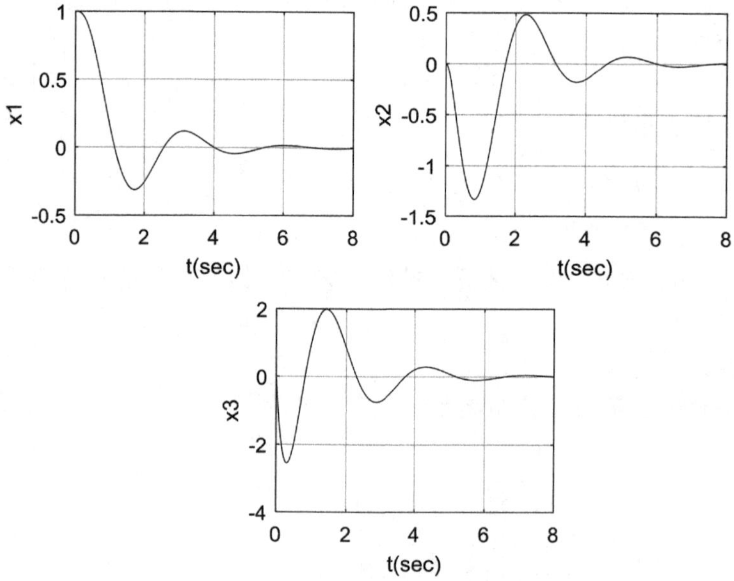

图 7.4.1 闭环系统最优状态曲线

习 题

7.1 已知系统状态空间表达式为

$$x(k+1)=fx(k)+eu(k)$$

求最优控制序列$\{u^*(k)\}$,使性能指标

$$J=\sum_{k=0}^{2}[x^2(k)+cu^2(k)]$$

最小,其中 f,e,c 均为常数。

7.2 设离散系统方程

$$x(k+1)=x(k)+u(k)$$

性能指标

$$J=\sum_{k=0}^{2}[u^2(k)+x^2(k)]$$

约束条件为

$$0\leqslant x(k)\leqslant 4,\ -1\leqslant u(k)\leqslant 1$$

试求最优决策 $u^*(k)$,其中 $k=0,1,2$。

7.3 设离散系统方程

$$x(k+1)=x(k)+u(k)$$

性能指标

$$J=\sum_{k=0}^{2}[x^3(k)+u(k)x(k)+u^2(k)x(k)]$$

其中,$u(k)$限取$+1$或-1,要求终端状态 $x(3)=2$。试求最优控制 $u^*(k)$和最优轨线 $x^*(k)$,

$k=0,1,2,3$。

7.4　已知系统的状态方程为

$$\dot{x}(t)=u(t),\ x(t_0)=1$$

$t_0=0,t_f=1$ 均已知。求反馈控制 $u^*(t)$,使

$$J=\frac{1}{2}x^2(t_f)+\frac{1}{2}\int_{t_0}^{t_f}u^2(t)\mathrm{d}t$$

取极小。

7.5　已知离散系统状态方程为

$$x(k+1)=x(k)+u(k)$$

初始状态为 $x(0)=1$,性能指标为 $J=x^2(3)+\sum_{k=0}^{2}[x^2(k)+u^2(k)]$,其中状态 $x(k)$ 和控制 $u(k)$ 均不受约束,寻求最优控制序列使性能指标最小。

7.6　设系统状态方程为

$$\begin{cases}\dot{x}_1(t)=x_2(t)\\ \dot{x}_2(t)=u(t)\end{cases}$$

初始条件为

$$x_1(0)=1,\ x_2(0)=0$$

性能指标为

$$J=\frac{1}{2}\int_0^{t_f}[x_1^2(t)+u^2(t)]\mathrm{d}t$$

式中,t_f 为某一给定值。试求最优控制 $u^*(t)$ 使 J 极小。

7.7　设系统状态方程

$$\begin{cases}\dot{x}_1(t)=x_2(t)\\ \dot{x}_2(t)=u(t)\end{cases}$$

性能指标

$$J=\frac{1}{2}\int_0^{\infty}(4x_1^2(t)+u^2(t))\mathrm{d}t$$

试利用调节器方法确定使得性能指标极小的最优控制 $u^*(t)$。

7.8　已知二阶系统的状态方程

$$\dot{\boldsymbol{x}}(t)=\begin{bmatrix}0 & 1\\ 0 & -1\end{bmatrix}\boldsymbol{x}(t)+\begin{bmatrix}0\\ 1\end{bmatrix}u(t),\ \boldsymbol{x}(0)=\begin{bmatrix}1\\ 0\end{bmatrix}$$

二次型性能指标为 $J=\int_0^{\infty}[\boldsymbol{x}^{\mathrm{T}}(t)\boldsymbol{Q}\boldsymbol{x}(t)+u^2(t)]\mathrm{d}(t)$,其中 $\boldsymbol{Q}=\begin{bmatrix}1 & 0\\ 0 & \mu\end{bmatrix}$,$\mu>0$。试求使得性能指标达到极小值的最优控制 $u^*(t)$,以及最优性能指标 J^*。

7.9　利用 MATLAB 重新求解 7.7。

第 8 章　最优估计与最优滤波

估计是指从测量得出的与状态 $\boldsymbol{x}(t)$ 有关的数据 $\boldsymbol{z}(t)=\boldsymbol{h}[\boldsymbol{x}(t)]+\boldsymbol{v}(t)$ 中解算出 $\boldsymbol{x}(t)$ 的方法或技术。其中，随机向量 $\boldsymbol{v}(t)$ 为测量误差，$\hat{\boldsymbol{x}}(t)$ 称为对 $\boldsymbol{x}(t)$ 的估计，$\boldsymbol{z}(t)$ 称为对 $\boldsymbol{x}(t)$ 的量测。

基于 $[t_0, t_1]$ 时间段内的量测数据对状态 $\boldsymbol{x}(t)$ 进行估计，则

当 $t=t_1$ 时，称 $\hat{\boldsymbol{x}}(t)$ 为对 $\boldsymbol{x}(t)$ 的滤波；

当 $t>t_1$ 时，称 $\hat{\boldsymbol{x}}(t)$ 为对 $\boldsymbol{x}(t)$ 的预测；

当 $t<t_1$ 时，称 $\hat{\boldsymbol{x}}(t)$ 为对 $\boldsymbol{x}(t)$ 的平滑。

最优估计和最优滤波是在某一指标函数达到极值时的估计和滤波结果。不同的优化指标导致不同的最优结果，在满足某些特定条件的情况下，不同的最优结果之间可以是等价的。

8.1　最优估计理论

在许多工程实际问题中，常常遇到有用信号被噪声污染的情况。一个需要解决的问题是：如何利用测量数据按照某种判别规则获得对有用信号的最优估计，这个过程相当于从被噪声污染的信号中提取有用信号。一般说来，估计可分为动态估计（状态估计）和静态估计（参数估计）。事实上，二者都源于一些最基本的估计方法，具有共同的本质。参数可以作为系统状态变量的一部分嵌入到状态估计中；相反，状态也可以视为特殊的参数，用参数估计方法来进行。

8.1.1　最优估计基本概念

设 $\boldsymbol{x}\in\mathbb{R}^n$ 是一个未知参数向量，量测 $\boldsymbol{z}$ 是一个 m 维的随机向量，$\{\boldsymbol{z}_1,\boldsymbol{z}_2,\cdots,\boldsymbol{z}_N\}$ 是 $\boldsymbol{z}$ 的一组容量为 N 的样本集合，称**统计量**

$$\hat{\boldsymbol{x}}^{(N)}=\boldsymbol{\varphi}(\boldsymbol{z}_1,\boldsymbol{z}_2,\cdots,\boldsymbol{z}_N) \tag{8.1.1}$$

为对 $\boldsymbol{x}$ 的一个估计量，其中 $\boldsymbol{\varphi}(\cdot)$ 称为**估计准则**。

利用样本对参数进行估计本质上是随机的。当样本值给定时所得到的参数估计值一般与真值并不相同，因而需要用某些准则进行评价。

定义 8.1.1　对于式(8.1.1)，所得估计量如果满足

$$E[\hat{\boldsymbol{x}}^{(N)}]=E[\boldsymbol{x}] \tag{8.1.2}$$

则称 $\hat{\boldsymbol{x}}^{(N)}$ 是对参数 $\boldsymbol{x}$ 的一个**无偏估计**；如果满足

$$\lim_{N\to\infty}E[\hat{\boldsymbol{x}}^{(N)}]=E[\boldsymbol{x}] \tag{8.1.3}$$

则称 $\hat{\boldsymbol{x}}^{(N)}$ 是对参数 $\boldsymbol{x}$ 的一个**渐近无偏估计**。

例 8.1.1　设 z 是任意随机变量，期望 $E[z]=m$，方差 $\mathrm{Var}[z]=\sigma^2$；而 $\boldsymbol{z}$ 的一组容量为 N 的样本是 $\{z_1,z_2,\cdots,z_N\}$，假定它们之间相互独立且同分布(Independent Identical Distributed, IID)，定义两个统计量分别为

$$\hat{m}_N = \frac{1}{N}\sum_{i=1}^{N} z_i\ ,\qquad \hat{\sigma}_N^2 = \frac{1}{N}\sum_{i=1}^{N} z_i^2 - \hat{m}_N^2$$

试证 $\hat{m}_N$ 和 $\hat{\sigma}_N^2$ 分别为对 m 和 $\hat{\sigma}^2$ 的无偏估计和渐进无偏估计。

证明　因为

$$E[\hat{m}_N] = \frac{1}{N}\sum_{i=1}^{N} E[z_i] = \frac{1}{N}(N \cdot m) = m$$

所以，$\hat{m}_N$ 是 m 的一个无偏估计；而

$$\begin{aligned} E[\hat{\sigma}_N^2] &= \frac{1}{N}\sum_{i=1}^{N} E[z_i^2] - E[\hat{m}_N^2] \\ &= E[z^2] - E[\hat{m}_N^2] \\ &= E[z^2] - E\left\{\left[\frac{1}{N}\sum_{i=1}^{N} z_i\right]^2\right\} \\ &= E[z^2] - \frac{1}{N^2}E\left[\sum_{i=1}^{N} z_i^2 + \sum_{i,j=1,i\neq j}^{N} z_i z_j\right] \\ &= E[z^2] - \frac{1}{N}E[z^2] - \frac{N-1}{N}m^2 = \frac{N-1}{N}\sigma^2 \end{aligned}$$

所以，$\hat{\sigma}_N^2$ 是对 σ^2 的一个渐近无偏估计。

8.1.2　极大后验估计

设 $\boldsymbol{x}$ 为随机向量，$\boldsymbol{z}$ 为对 $\boldsymbol{x}$ 的量测，称 $p(\boldsymbol{x}|\boldsymbol{z})$ 为 $\boldsymbol{x}$ 的后验概率密度函数，它是给定量测 $\boldsymbol{z}$ 条件下 $\boldsymbol{x}$ 的条件概率密度函数。极大后验估计是以待估参量 $\boldsymbol{x}$ 的后验概率密度最大作为估计准则的，即

$$\hat{\boldsymbol{x}}_{\mathrm{MAP}} = \arg\max_{\hat{\boldsymbol{x}}} p(\hat{\boldsymbol{x}} \mid \boldsymbol{z}) \tag{8.1.4}$$

其中，arg 意为使得优化指标函数取得极值时的参数值。

8.1.3　极大似然估计

极大似然估计是以观测值出现的概率最大作为估计准则，即

$$\hat{\boldsymbol{x}}_{\mathrm{ML}} = \arg\max_{\hat{\boldsymbol{x}}} p(\boldsymbol{z} \mid \hat{\boldsymbol{x}}) \tag{8.1.5}$$

与极大后验估计相比，极大似然估计有两个优点：

①确定似然函数比确定后验概率密度函数容易些。

②被估计量是随机的，也可以是非随机的，适用范围比极大后验估计要广。

但是，如果对待估计量有先验知识，则 $\hat{\boldsymbol{x}}_{\mathrm{ML}}$ 精度不如 $\hat{\boldsymbol{x}}_{\mathrm{MAP}}$。只有在不掌握待估计量任何先验知识时，二者具有相同的估计结果。

8.1.4　加权最小二乘估计

最小二乘估计是 C. F. Gauss 在 1795 年为测定行星轨道而提出的参数估计算法。这种估计方法的特点是简单，且不必知道与被估计量有关的任何统计信息。

假定量测信息 $\boldsymbol{z}$ 可以表示为参数 $\boldsymbol{x}$ 的线性函数，即

$$\boldsymbol{z} = \boldsymbol{H}\boldsymbol{x} + \boldsymbol{v} \tag{8.1.6}$$

其中,$\boldsymbol{H}\in\mathbb{R}^{(Nm)\times n}$;$\boldsymbol{v}\in\mathbb{R}^{Nm}$是一个零均值方差为 R 的随机向量;设加权阵 $\boldsymbol{W}\in\mathbb{R}^{(Nm)\times(Nm)}$,且有 $\boldsymbol{W}\geqslant 0$ 为对称非负定阵,则如下估计

$$\hat{\boldsymbol{x}}_{\mathrm{WLS}}=\arg\min_{\hat{x}}(\boldsymbol{z}-\boldsymbol{H}\hat{\boldsymbol{x}})^{\mathrm{T}}\boldsymbol{W}(\boldsymbol{z}-\boldsymbol{H}\hat{\boldsymbol{x}}) \tag{8.1.7}$$

称为**加权最小二乘**(Weighted Least Squares,WLS)**估计**;如果 $\boldsymbol{W}=\boldsymbol{I}$,则称为**最小二乘**(Least Squares,LS)**估计**。

定理 8.1.1 设 $\boldsymbol{H}^{\mathrm{T}}\boldsymbol{W}\boldsymbol{H}$ 可逆,则基于量测信息 $\boldsymbol{z}$ 和加权矩阵 $\boldsymbol{W}$ 对参数 $\boldsymbol{x}$ 的 WLS 估计为

$$\hat{\boldsymbol{x}}_{\mathrm{WLS}}=(\boldsymbol{H}^{\mathrm{T}}\boldsymbol{W}\boldsymbol{H})^{-1}\boldsymbol{H}^{\mathrm{T}}\boldsymbol{W}\boldsymbol{z} \tag{8.1.8}$$

估计误差协方差矩阵为

$$E[\tilde{\boldsymbol{x}}\tilde{\boldsymbol{x}}^{\mathrm{T}}]=(\boldsymbol{H}^{\mathrm{T}}\boldsymbol{W}\boldsymbol{H})^{-1}\boldsymbol{H}^{\mathrm{T}}\boldsymbol{W}\boldsymbol{R}\boldsymbol{W}\boldsymbol{H}(\boldsymbol{H}^{\mathrm{T}}\boldsymbol{W}\boldsymbol{H})^{-1} \tag{8.1.9}$$

其中,$\tilde{\boldsymbol{x}}$ 为估计误差。

证明 因为,$\min\limits_{\hat{x}}(\boldsymbol{z}-\boldsymbol{H}\hat{\boldsymbol{x}})^{\mathrm{T}}\boldsymbol{W}(\boldsymbol{z}-\boldsymbol{H}\hat{\boldsymbol{x}})=\min\limits_{\hat{x}}(\boldsymbol{z}^{\mathrm{T}}\boldsymbol{W}\boldsymbol{z}-2\boldsymbol{z}^{\mathrm{T}}\boldsymbol{W}\boldsymbol{H}\hat{\boldsymbol{x}}+\hat{\boldsymbol{x}}^{\mathrm{T}}\boldsymbol{H}^{\mathrm{T}}\boldsymbol{W}\boldsymbol{H}\hat{\boldsymbol{x}})$

而

$$\begin{aligned}&\frac{\partial}{\partial\hat{\boldsymbol{x}}}(\boldsymbol{z}^{\mathrm{T}}\boldsymbol{W}\boldsymbol{z}-2\boldsymbol{z}^{\mathrm{T}}\boldsymbol{W}\boldsymbol{H}\hat{\boldsymbol{x}}+\hat{\boldsymbol{x}}^{\mathrm{T}}\boldsymbol{H}^{\mathrm{T}}\boldsymbol{W}\boldsymbol{H}\hat{\boldsymbol{x}})\\&=\frac{\partial}{\partial\hat{\boldsymbol{x}}}(\boldsymbol{z}^{\mathrm{T}}\boldsymbol{W}\boldsymbol{z}-2\hat{\boldsymbol{x}}^{\mathrm{T}}\boldsymbol{H}^{\mathrm{T}}\boldsymbol{W}\boldsymbol{z}+\hat{\boldsymbol{x}}^{\mathrm{T}}\boldsymbol{H}^{\mathrm{T}}\boldsymbol{W}\boldsymbol{H}\hat{\boldsymbol{x}})\\&=-2\boldsymbol{H}^{\mathrm{T}}\boldsymbol{W}\boldsymbol{z}+2\boldsymbol{H}^{\mathrm{T}}\boldsymbol{W}\boldsymbol{H}\hat{\boldsymbol{x}}\\&=0\end{aligned} \tag{8.1.10}$$

所以

$$\hat{\boldsymbol{x}}_{\mathrm{WLS}}=(\boldsymbol{H}^{\mathrm{T}}\boldsymbol{W}\boldsymbol{H})^{-1}\boldsymbol{H}^{\mathrm{T}}\boldsymbol{W}\boldsymbol{z} \tag{8.1.11}$$

又因为估计误差

$$\begin{aligned}\tilde{\boldsymbol{x}}&=\boldsymbol{x}-\hat{\boldsymbol{x}}_{\mathrm{WLS}}\\&=(\boldsymbol{H}^{\mathrm{T}}\boldsymbol{W}\boldsymbol{H})^{-1}\boldsymbol{H}^{\mathrm{T}}\boldsymbol{W}\boldsymbol{H}\boldsymbol{x}-(\boldsymbol{H}^{\mathrm{T}}\boldsymbol{W}\boldsymbol{H})^{-1}\boldsymbol{H}^{\mathrm{T}}\boldsymbol{W}\boldsymbol{z}\\&=-(\boldsymbol{H}^{\mathrm{T}}\boldsymbol{W}\boldsymbol{H})^{-1}\boldsymbol{H}^{\mathrm{T}}\boldsymbol{W}\boldsymbol{v}\end{aligned} \tag{8.1.12}$$

所以有

$$\begin{aligned}E[\tilde{\boldsymbol{x}}\tilde{\boldsymbol{x}}^{\mathrm{T}}]&=E[((\boldsymbol{H}^{\mathrm{T}}\boldsymbol{W}\boldsymbol{H})^{-1}\boldsymbol{H}^{\mathrm{T}}\boldsymbol{W}\boldsymbol{v}))(\boldsymbol{H}^{\mathrm{T}}\boldsymbol{W}\boldsymbol{H})^{-1}\boldsymbol{H}^{\mathrm{T}}\boldsymbol{W}\boldsymbol{v})^{\mathrm{T}}]\\&=(\boldsymbol{H}^{\mathrm{T}}\boldsymbol{W}\boldsymbol{H})^{-1}\boldsymbol{H}^{\mathrm{T}}\boldsymbol{W}\boldsymbol{R}\boldsymbol{W}\boldsymbol{H}(\boldsymbol{H}^{\mathrm{T}}\boldsymbol{W}\boldsymbol{H})^{-1}\end{aligned} \tag{8.1.13}$$

需要指出,如果量测误差 $\boldsymbol{v}\in\mathbb{R}^{Nm}$是一个零均值的随机向量,则有

$$E[\tilde{\boldsymbol{x}}]=\boldsymbol{E}[(\boldsymbol{H}^{\mathrm{T}}\boldsymbol{W}\boldsymbol{H})^{-1}\boldsymbol{H}^{\mathrm{T}}\boldsymbol{W}\boldsymbol{v}]=0 \tag{8.1.14}$$

此时,加权最小二乘估计也是无偏估计。

当 $\boldsymbol{W}=\boldsymbol{I}$ 时,为一般的最小二乘估计。一般最小二乘估计精度不高的原因之一是不分优劣地使用了量测值。如果对不同量测值的质量有所了解,则可用加权的方法分别对待各量测量,精度质量高的权重取大些,精度质量低的权重取小些。如果 $\boldsymbol{W}=\boldsymbol{R}^{-1}$,则加权最小二乘估计又称为马尔科夫估计,此时估计误差的协方差阵最小,可表示为

$$E[\tilde{\boldsymbol{x}}\tilde{\boldsymbol{x}}^{\mathrm{T}}]=(\boldsymbol{H}^{\mathrm{T}}\boldsymbol{R}^{-1}\boldsymbol{H})^{-1} \tag{8.1.15}$$

它是加权最小二乘估计中的最优者。

需要指出:最小二乘法的最优指标只保证了量测的估计均方误差最小,而并未确保估计量的估计误差达到最佳,所以估计精度不高。

例 8.1.2 用一台仪器对未知确定性标量 x 作 n 次测量,测量值分别为 $z_1,z_2,\cdots,z_n$,测

量误差 $v_i(i=1,2,\cdots,n)$ 为均值为 0、方差为 r 的随机标量，求其最小二乘估计，并估计协方差阵。

解　令 $\boldsymbol{Z}=[z_1,z_2,\cdots,z_n]^{\mathrm{T}}$，$\boldsymbol{H}=[1,1,\cdots,1]^{\mathrm{T}}$，$\boldsymbol{V}=[v_1,v_2,\cdots,v_n]^{\mathrm{T}}$，$E[\boldsymbol{V}\boldsymbol{V}^{\mathrm{T}}]=r\boldsymbol{I}$，$\boldsymbol{W}=\boldsymbol{I}$，利用式(8.1.8)，有

$$\hat{x}=\frac{1}{n}[z_1+z_2+\cdots+z_n]$$

相应的协方差阵

$$E[\tilde{x}^2]=\frac{r}{n}$$

例 8.1.3　用两台仪器对未知确定性标量 x 各直接测量一次，量测分别为 z_1 和 z_2，两台仪器测量误差均值为 0，方差分别为 r 和 $4r$。求其最小二乘估计以及马尔科夫估计，并估计协方差阵。

解　由题意，得测量方程

$$\boldsymbol{z}=\boldsymbol{H}x+\boldsymbol{v}$$

其中，$\boldsymbol{z}=\begin{bmatrix}z_1\\z_2\end{bmatrix}$，$\boldsymbol{H}=\begin{bmatrix}1\\1\end{bmatrix}$，$\boldsymbol{R}=\begin{bmatrix}r & 0\\0 & 4r\end{bmatrix}$。

若采用一般最小二乘估计，$\boldsymbol{W}=\boldsymbol{I}$，利用式(8.1.8)，有

$$\hat{x}=\frac{1}{2}[z_1+z_2]$$

$$E[\tilde{x}^2]=\frac{1}{2}[1\quad 1]\boldsymbol{R}\begin{bmatrix}1\\1\end{bmatrix}\frac{1}{2}=\frac{5}{4}r>r$$

上式说明，使用精度差一倍的两台仪器同时测量，最小二乘估计效果不如单独采用一台仪器。

如果采用马尔科夫估计，取 $\boldsymbol{W}=\boldsymbol{R}^{-1}$，则有

$$\hat{x}=\frac{1}{5}[4z_1+z_2]$$

$$E[\tilde{x}^2]=\frac{4}{5}r<r$$

可见，应用马尔科夫估计，可以获得较仅用一台精度高的仪器更好的效果。所以，增加不同的测量值，并根据其精度区别利用，能有效提高估计精度。

8.1.5　最小均方误差估计

设 $\boldsymbol{x}$ 为随机向量，$\boldsymbol{z}$ 为对 $\boldsymbol{x}$ 的量测。显然，基于量测 $\boldsymbol{z}$ 对 $\boldsymbol{x}$ 的估计是 $\boldsymbol{z}$ 的函数。由于随机误差的存在，需要按统计意义的最优标准求取。最小均方误差估计(minimum mean square error，MMSE)是使下述指标达到最小的估计

$$J=E_{x,z}[(\boldsymbol{x}-\hat{\boldsymbol{x}})^{\mathrm{T}}(\boldsymbol{x}-\hat{\boldsymbol{x}})] \tag{8.1.16}$$

即

$$\hat{\boldsymbol{x}}_{\mathrm{MMSE}}=\arg\min_{\hat{x}}J=\arg\min_{\hat{x}}E_{x,z}[(\boldsymbol{x}-\hat{\boldsymbol{x}})^{\mathrm{T}}(\boldsymbol{x}-\hat{\boldsymbol{x}})] \tag{8.1.17}$$

定理 8.1.2　参数 $\boldsymbol{x}$ 的最小均方误差估计就是 $\boldsymbol{x}$ 的后验期望。

证明　最小均方误差估计性能指标为

$$J=E_{x,z}[(\boldsymbol{x}-\hat{\boldsymbol{x}})^{\mathrm{T}}(\boldsymbol{x}-\hat{\boldsymbol{x}})]=E_z\{E_{x|z}[(\boldsymbol{x}-\hat{\boldsymbol{x}})^{\mathrm{T}}(\boldsymbol{x}-\hat{\boldsymbol{x}})\mid \boldsymbol{z}]\} \tag{8.1.18}$$

极小化 J 等价于极小化 $E_{x|z}[(\boldsymbol{x}-\hat{\boldsymbol{x}})^{\mathrm{T}}(\boldsymbol{x}-\hat{\boldsymbol{x}})|\boldsymbol{z}]$,对其求偏导

$$\frac{\partial}{\partial \hat{\boldsymbol{x}}}\int_{-\infty}^{+\infty}(\boldsymbol{x}-\hat{\boldsymbol{x}})^{\mathrm{T}}(\boldsymbol{x}-\hat{\boldsymbol{x}})p(\boldsymbol{x}\mid \boldsymbol{z})\mathrm{d}\boldsymbol{x}=\int_{-\infty}^{+\infty}2(\boldsymbol{x}-\hat{\boldsymbol{x}})p(\boldsymbol{x}\mid \boldsymbol{z})\mathrm{d}\boldsymbol{x} \tag{8.1.19}$$

令 $\frac{\partial J}{\partial \hat{\boldsymbol{x}}}\Big|_{\hat{x}=\hat{x}_{\mathrm{MMSE}}}=0$,有

$$\hat{\boldsymbol{x}}_{\mathrm{MMSE}}\int_{-\infty}^{+\infty}p(\boldsymbol{x}\mid \boldsymbol{z})\mathrm{d}\boldsymbol{x}=\int_{-\infty}^{+\infty}\boldsymbol{x}p(\boldsymbol{x}\mid \boldsymbol{z})\mathrm{d}\boldsymbol{x}=E[\boldsymbol{x}\mid \boldsymbol{z}] \tag{8.1.20}$$

参数 $\boldsymbol{x}$ 的最小均方误差估计为

$$\hat{\boldsymbol{x}}_{\mathrm{MMSE}}=E[\boldsymbol{x}\mid \boldsymbol{z}] \tag{8.1.21}$$

定理 8.1.3 最小均方误差估计是 $\boldsymbol{x}$ 的无偏估计,即证

$$E[\hat{\boldsymbol{x}}_{\mathrm{MMSE}}]=E[\boldsymbol{x}] \tag{8.1.22}$$

证明 根据式(8.1.21),最小方差估计为 $\hat{\boldsymbol{x}}_{\mathrm{MMSE}}=E[\boldsymbol{x}|\boldsymbol{z}]$,其中求期望是对 $\boldsymbol{x}$ 进行的,因此 $\hat{\boldsymbol{x}}_{\mathrm{MMSE}}$ 是关于 $\boldsymbol{z}$ 的函数。对 $\hat{\boldsymbol{x}}_{\mathrm{MMSE}}$ 求期望实质上是对 $\boldsymbol{z}$ 进行的,所以有

$$E[\hat{\boldsymbol{x}}_{\mathrm{MMSE}}]=E_z[E[\boldsymbol{x}\mid \boldsymbol{z}]]=\int_{-\infty}^{\infty}[\int_{-\infty}^{\infty}\boldsymbol{x}p(\boldsymbol{x}/\boldsymbol{z})\mathrm{d}\boldsymbol{x}]p_z(\boldsymbol{z})\mathrm{d}\boldsymbol{z} \tag{8.1.23}$$

应用贝叶斯定理,得

$$\begin{aligned}E[\hat{\boldsymbol{x}}_{\mathrm{MMSE}}]&=\int_{-\infty}^{\infty}\int_{-\infty}^{\infty}\boldsymbol{x}p(\boldsymbol{x},\boldsymbol{z})\mathrm{d}\boldsymbol{z}\mathrm{d}\boldsymbol{x}=\int_{-\infty}^{\infty}\boldsymbol{x}\left[\int_{-\infty}^{\infty}p(\boldsymbol{x},\boldsymbol{z})\mathrm{d}\boldsymbol{z}\right]\mathrm{d}\boldsymbol{x}\\&=\int_{-\infty}^{\infty}\boldsymbol{x}p(\boldsymbol{x})\mathrm{d}\boldsymbol{x}=E[\boldsymbol{x}]\end{aligned} \tag{8.1.24}$$

下面定理说明:当参数 $\boldsymbol{x}$ 和样本 $\boldsymbol{z}$ 是联合高斯分布时,最小均方误差估计不必通过对条件概率的积分求取,只需知道参数 $\boldsymbol{x}$ 和样本 $\boldsymbol{z}$ 的一、二阶矩阵。

定理 8.1.4 若 n 维参数 $\boldsymbol{x}$ 和 m 维样本 $\boldsymbol{z}$ 均服从高斯分布,令 $\boldsymbol{y}=\begin{bmatrix}\boldsymbol{x}\\\boldsymbol{z}\end{bmatrix}$,其均值和协方差阵分别为

$$\bar{\boldsymbol{y}}=E\begin{bmatrix}\boldsymbol{x}\\\boldsymbol{z}\end{bmatrix}=\begin{bmatrix}\bar{\boldsymbol{x}}\\\bar{\boldsymbol{z}}\end{bmatrix},\boldsymbol{R}_y=\mathrm{Var}(\tilde{\boldsymbol{y}})=\begin{bmatrix}\boldsymbol{R}_{xx}&\boldsymbol{R}_{xz}\\\boldsymbol{R}_{zx}&\boldsymbol{R}_{zz}\end{bmatrix}$$

其中,$\boldsymbol{R}_{xz}=\mathrm{Cov}[\tilde{\boldsymbol{x}},\tilde{\boldsymbol{z}}]=E[\tilde{\boldsymbol{x}}\tilde{\boldsymbol{z}}^{\mathrm{T}}]$。

并假定 $\boldsymbol{R}_y$ 和 $\boldsymbol{R}_{zz}$ 非奇异;那么,给定 $\boldsymbol{z}$ 时 $\boldsymbol{x}$ 也是条件高斯的,最小均方误差估计为

$$\hat{\boldsymbol{x}}_{\mathrm{MMSE}}=E[\boldsymbol{x}\mid \boldsymbol{z}]=\bar{\boldsymbol{x}}+\boldsymbol{R}_{xz}\boldsymbol{R}_{zz}^{-1}(\boldsymbol{z}-\bar{\boldsymbol{z}}) \tag{8.1.25}$$

估计误差的协方差阵是

$$\boldsymbol{P}=\mathrm{Cov}(\tilde{\boldsymbol{x}})=E[\tilde{\boldsymbol{x}}\tilde{\boldsymbol{x}}^{\mathrm{T}}]=\boldsymbol{R}_{xx}-\boldsymbol{R}_{xz}\boldsymbol{R}_{zz}^{-1}\boldsymbol{R}_{zx} \tag{8.1.26}$$

证明 $\boldsymbol{y}$ 的概率密度函数为

$$\begin{aligned}p(\boldsymbol{y})&=p(\boldsymbol{x},\boldsymbol{z})\\&=\frac{1}{(2\pi)^{\frac{m+n}{2}}\,|\boldsymbol{R}_y|^{\frac{1}{2}}}\exp\{-\frac{1}{2}(\boldsymbol{y}-\bar{\boldsymbol{y}})^{\mathrm{T}}\boldsymbol{R}_y^{-1}(\boldsymbol{y}-\bar{\boldsymbol{y}})\}\\&=\frac{1}{(2\pi)^{\frac{m+n}{2}}\,|\boldsymbol{R}_y|^{\frac{1}{2}}}\exp\{-\frac{1}{2}(\boldsymbol{x}^{\mathrm{T}}-\bar{\boldsymbol{x}}^{\mathrm{T}}\ \boldsymbol{z}^{\mathrm{T}}-\bar{\boldsymbol{z}}^{\mathrm{T}})\boldsymbol{R}_y^{-1}(\boldsymbol{x}^{\mathrm{T}}-\bar{\boldsymbol{x}}^{\mathrm{T}}\ \boldsymbol{z}^{\mathrm{T}}-\bar{\boldsymbol{z}}^{\mathrm{T}})^{\mathrm{T}}\}\end{aligned} \tag{8.1.27}$$

$\boldsymbol{z}$ 的边缘分布密度为

$$p(z)=\frac{1}{(2\pi)^{\frac{m}{2}}\ |\boldsymbol{R}_{zz}|^{\frac{1}{2}}}\exp\{-\frac{1}{2}(z-\bar{z})^{\mathrm{T}}\boldsymbol{R}_{zz}^{-1}(z-\bar{z})\} \tag{8.1.28}$$

根据贝叶斯定理,条件概率密度为

$$p(x\mid z)=\frac{p(x,z)}{p(z)} \tag{8.1.29}$$

由于 $\boldsymbol{x}$ 满足正态分布,所以从 $p(\boldsymbol{x}|z)$ 中可获得 $\boldsymbol{x}$ 对于 z 的条件均值 $E[\boldsymbol{x}|z]$,也就求得 $\boldsymbol{x}$ 的最小均方误差估计。下面根据利用贝叶斯公式求解 $p(\boldsymbol{x}|z)$,其中 $\boldsymbol{R}_y^{-1}$ 和 $|\boldsymbol{R}_y|$ 的求解如下:

(1)$\boldsymbol{R}_y^{-1}$ 的求解

$$\begin{bmatrix}\boldsymbol{I} & -\boldsymbol{R}_{xz}\boldsymbol{R}_{zz}^{-1}\\ \boldsymbol{0} & \boldsymbol{I}\end{bmatrix}\begin{bmatrix}\boldsymbol{R}_{xx} & \boldsymbol{R}_{xz}\\ \boldsymbol{R}_{zx} & \boldsymbol{R}_{zz}\end{bmatrix}\begin{bmatrix}\boldsymbol{I} & \boldsymbol{0}\\ -\boldsymbol{R}_{zz}^{-1}\boldsymbol{R}_{xz}^{\mathrm{T}} & \boldsymbol{I}\end{bmatrix}=\begin{bmatrix}\boldsymbol{R}_{xx}-\boldsymbol{R}_{xz}\boldsymbol{R}_{zz}^{-1}\boldsymbol{R}_{zx} & \boldsymbol{0}\\ \boldsymbol{0} & \boldsymbol{R}_{zz}\end{bmatrix} \tag{8.1.30}$$

对上式两边分别求逆,再左乘$\begin{bmatrix}\boldsymbol{I} & \boldsymbol{0}\\ -\boldsymbol{R}_{zz}^{-1}\boldsymbol{R}_{xz}^{\mathrm{T}} & \boldsymbol{I}\end{bmatrix}$,右乘$\begin{bmatrix}\boldsymbol{I} & -\boldsymbol{R}_{xz}\boldsymbol{R}_{zz}^{-1}\\ \boldsymbol{0} & \boldsymbol{I}\end{bmatrix}$,得

$$\boldsymbol{R}_y^{-1}=\begin{bmatrix}\boldsymbol{I} & \boldsymbol{0}\\ -\boldsymbol{R}_{zz}^{-1}\boldsymbol{R}_{xz}^{\mathrm{T}} & \boldsymbol{I}\end{bmatrix}\begin{bmatrix}(\boldsymbol{R}_{xx}-\boldsymbol{R}_{xz}\boldsymbol{R}_{zz}^{-1}\boldsymbol{R}_{zx})^{-1} & \boldsymbol{0}\\ \boldsymbol{0} & \boldsymbol{R}_{zz}^{-1}\end{bmatrix}\begin{bmatrix}\boldsymbol{I} & -\boldsymbol{R}_{xz}\boldsymbol{R}_{zz}^{-1}\\ \boldsymbol{0} & \boldsymbol{I}\end{bmatrix} \tag{8.1.31}$$

(2)$|\boldsymbol{R}_y|$ 的求解。取式(8.1.30)的行列式,有

$$\begin{vmatrix}\boldsymbol{I} & -\boldsymbol{R}_{xz}\boldsymbol{R}_{zz}^{-1}\\ \boldsymbol{0} & \boldsymbol{I}\end{vmatrix}\cdot|\boldsymbol{R}_y|\cdot\begin{vmatrix}\boldsymbol{I} & \boldsymbol{0}\\ -\boldsymbol{R}_{zz}^{-1}\boldsymbol{R}_{xz}^{\mathrm{T}} & \boldsymbol{I}\end{vmatrix}=\begin{vmatrix}\boldsymbol{R}_{xx}-\boldsymbol{R}_{xz}\boldsymbol{R}_{zz}^{-1}\boldsymbol{R}_{zx} & \boldsymbol{0}\\ \boldsymbol{0} & \boldsymbol{R}_{zz}\end{vmatrix} \tag{8.1.32}$$

对各行列式作展开,得

$$|\boldsymbol{R}_y|=|\boldsymbol{R}_{xx}-\boldsymbol{R}_{xz}\boldsymbol{R}_{zz}^{-1}\boldsymbol{R}_{zx}|\cdot|\boldsymbol{R}_{zz}| \tag{8.1.33}$$

所以式(8.1.27)的指数部分为

$$\begin{aligned}E=&[\boldsymbol{x}^{\mathrm{T}}-\bar{\boldsymbol{x}}^{\mathrm{T}}\ z^{\mathrm{T}}-\bar{z}^{\mathrm{T}}]\boldsymbol{R}_y^{-1}[\boldsymbol{x}^{\mathrm{T}}-\bar{\boldsymbol{x}}^{\mathrm{T}}\ z^{\mathrm{T}}-\bar{z}^{\mathrm{T}}]^{\mathrm{T}}\\ =&[\boldsymbol{x}^{\mathrm{T}}-\bar{\boldsymbol{x}}^{\mathrm{T}}\ z^{\mathrm{T}}-\bar{z}^{\mathrm{T}}]\begin{bmatrix}\boldsymbol{I} & \boldsymbol{0}\\ -\boldsymbol{R}_{zz}^{-1}\boldsymbol{R}_{xz}^{\mathrm{T}} & \boldsymbol{I}\end{bmatrix}\begin{bmatrix}(\boldsymbol{R}_{xx}-\boldsymbol{R}_{xz}\boldsymbol{R}_{zz}^{-1}\boldsymbol{R}_{zx})^{-1} & \boldsymbol{0}\\ \boldsymbol{0} & \boldsymbol{R}_{zz}^{-1}\end{bmatrix}\times\\ &\begin{bmatrix}\boldsymbol{I} & -\boldsymbol{R}_{xz}\boldsymbol{R}_{zz}^{-1}\\ \boldsymbol{0} & \boldsymbol{I}\end{bmatrix}[\boldsymbol{x}^{\mathrm{T}}-\bar{\boldsymbol{x}}^{\mathrm{T}}\ z^{\mathrm{T}}-\bar{z}^{\mathrm{T}}]^{\mathrm{T}}\\ =&[\{(\boldsymbol{x}^{\mathrm{T}}-\bar{\boldsymbol{x}}^{\mathrm{T}})-(z^{\mathrm{T}}-\bar{z}^{\mathrm{T}})\boldsymbol{R}_{zz}^{-1}\boldsymbol{R}_{xz}^{\mathrm{T}}\}(\boldsymbol{R}_{xx}-\boldsymbol{R}_{xz}\boldsymbol{R}_{zz}^{-1}\boldsymbol{R}_{zx})^{-1}(z^{\mathrm{T}}-\bar{z}^{\mathrm{T}})\boldsymbol{R}_{zz}^{-1}]\times\\ &\begin{bmatrix}\boldsymbol{x}-\bar{\boldsymbol{x}}-\boldsymbol{R}_{xz}\boldsymbol{R}_{zz}^{-1}(z-\bar{z})\\ z-\bar{z}\end{bmatrix}\end{aligned} \tag{8.1.34}$$

令 $\hat{\boldsymbol{x}}=\bar{\boldsymbol{x}}+\boldsymbol{R}_{xz}\boldsymbol{R}_{zz}^{-1}(z-\bar{z})$,得

$$\begin{aligned}E=&[(\boldsymbol{x}-\hat{\boldsymbol{x}})^{\mathrm{T}}(\boldsymbol{R}_{xx}-\boldsymbol{R}_{xz}\boldsymbol{R}_{zx})^{-1}(z-\bar{z})^{\mathrm{T}}\boldsymbol{R}_{zz}^{-1}]\begin{bmatrix}\boldsymbol{x}-\hat{\boldsymbol{x}}\\ z-\bar{z}\end{bmatrix}\\ =&(\boldsymbol{x}-\hat{\boldsymbol{x}})^{\mathrm{T}}(\boldsymbol{R}_{xx}-\boldsymbol{R}_{xz}\boldsymbol{R}_{zx})^{-1}(\boldsymbol{x}-\hat{\boldsymbol{x}})+(z-\bar{z})^{\mathrm{T}}\boldsymbol{R}_{zz}^{-1}(z-\bar{z})\end{aligned} \tag{8.1.35}$$

所以

$$\begin{aligned}p(\boldsymbol{x},z)=&\frac{1}{(2\pi)^{\frac{m+n}{2}}\ |\boldsymbol{R}_{xx}-\boldsymbol{R}_{xz}\boldsymbol{R}_{zz}^{-1}\boldsymbol{R}_{zx}|^{\frac{1}{2}}\ |\boldsymbol{R}_{zz}|^{\frac{1}{2}}}\times\\ &\exp\left\{-\frac{1}{2}(\boldsymbol{x}-\hat{\boldsymbol{x}})^{\mathrm{T}}(\boldsymbol{R}_{xx}-\boldsymbol{R}_{xz}\boldsymbol{R}_{zz}^{-1}\boldsymbol{R}_{zx})^{-1}(\boldsymbol{x}-\hat{\boldsymbol{x}})\right\}\times\\ &\exp\left\{-\frac{1}{2}(z-\bar{z})^{\mathrm{T}}\boldsymbol{R}_{zz}^{-1}(z-\bar{z})\right\}\end{aligned} \tag{8.1.36}$$

综合式(8.1.28)、式(8.1.29)以及式(8.1.36)可得

$$p(\boldsymbol{x} \mid \boldsymbol{z}) = \frac{1}{(2\pi)^{\frac{n}{2}} \left| \boldsymbol{R}_{xx} - \boldsymbol{R}_{xz}\boldsymbol{R}_{zz}^{-1}\boldsymbol{R}_{zx} \right|^{\frac{1}{2}}} \exp\left\{-\frac{1}{2}(\boldsymbol{x}-\hat{\boldsymbol{x}})^{\mathrm{T}}(\boldsymbol{R}_{xx}-\boldsymbol{R}_{xz}\boldsymbol{R}_{zz}^{-1}\boldsymbol{R}_{zx})^{-1}(\boldsymbol{x}-\hat{\boldsymbol{x}})\right\} \tag{8.1.37}$$

可见,给定 $\boldsymbol{z}$ 时 $\boldsymbol{x}$ 是高斯的,均值为

$$E[\boldsymbol{x} \mid \boldsymbol{z}] = \bar{\boldsymbol{x}} + \boldsymbol{R}_{xz}\boldsymbol{R}_{zz}^{-1}(\boldsymbol{z}-\bar{\boldsymbol{z}}) \tag{8.1.38}$$

根据定理8.1.2,参数 $\boldsymbol{x}$ 的最小均方误差估计 $\hat{\boldsymbol{x}}_{\mathrm{MMSE}} = E(\boldsymbol{x}|\boldsymbol{z})$,其估计误差协方差阵为

$$\boldsymbol{P} = \boldsymbol{R}_{xx} - \boldsymbol{R}_{xz}\boldsymbol{R}_{zz}^{-1}\boldsymbol{R}_{zx} \tag{8.1.39}$$

8.1.6 线性最小均方误差估计

设 $\boldsymbol{a} \in \mathbb{R}^{n}$,$\boldsymbol{B} \in \mathbb{R}^{n\times(N m)}$,若对参数 $\boldsymbol{x}$ 的估计可表示为量测信息 $\boldsymbol{z}$ 的线性函数

$$\hat{\boldsymbol{x}} = \boldsymbol{a} + \boldsymbol{B}\boldsymbol{z} \tag{8.1.40}$$

则称为线性估计;进而如果估计误差的均方值达到最小($\min\limits_{\hat{x}} E\{[\boldsymbol{x}-\hat{\boldsymbol{x}}]^{\mathrm{T}}[\boldsymbol{x}-\hat{\boldsymbol{x}}]\}$),则称之为线性最小均方误差估计(LMMSE)。我们不加证明给出如下定理,用以描述当参数 $\boldsymbol{x}$ 和量测信息 $\boldsymbol{z}$ 是任意分布时的线性最小均方误差估计。

定理 8.1.5 设参数 $\boldsymbol{x}$ 和量测信息 $\boldsymbol{z}$ 是任意分布的,$\boldsymbol{z}$ 的协方差阵 $\boldsymbol{R}_{zz}$ 非奇异,则利用量测信息 $\boldsymbol{z}$ 对参数 $\boldsymbol{x}$ 的 LMMSE 估计唯一地表示为

$$\hat{\boldsymbol{x}}_{\mathrm{LMMSE}} = E^{*}[\boldsymbol{x} \mid \boldsymbol{z}] = \bar{\boldsymbol{x}} + \boldsymbol{R}_{xz}\boldsymbol{R}_{zz}^{-1}(\boldsymbol{z}-\bar{\boldsymbol{z}}) \tag{8.1.41}$$

此处 $E^{*}(\cdot \mid \cdot)$ 只是一个记号,不表示条件期望;而估计误差的协方差阵是

$$\boldsymbol{P} = \mathrm{Cov}[\tilde{\boldsymbol{x}}] = \boldsymbol{R}_{xx} - \boldsymbol{R}_{xz}\boldsymbol{R}_{zz}^{-1}\boldsymbol{R}_{zx} \tag{8.1.42}$$

性质 8.1.1 线性最小均方误差估计是 $\boldsymbol{x}$ 在 $\boldsymbol{z}$ 上的无偏估计。

证明 因为

$$E^{*}[\boldsymbol{x} \mid \boldsymbol{z}] = \bar{\boldsymbol{x}} + \boldsymbol{R}_{xz}\boldsymbol{R}_{zz}^{-1}(\boldsymbol{z}-\bar{\boldsymbol{z}}) \tag{8.1.43}$$

上式两端对 $\boldsymbol{z}$ 求均值,可得

$$E[E^{*}(\boldsymbol{x} \mid \boldsymbol{z})] = \bar{\boldsymbol{x}} \tag{8.1.44}$$

性质 8.1.2 线性最小均方误差估计具有线性性质,即若 $\boldsymbol{x}$ 的线性最小均方误差估计为 $E^{*}(\boldsymbol{x}|\boldsymbol{z})$,则 $\boldsymbol{F}\boldsymbol{x}+\boldsymbol{e}$ 的线性最小均方误差估计为

$$E^{*}[(\boldsymbol{F}\boldsymbol{x}+\boldsymbol{e}) \mid \boldsymbol{z}] = \boldsymbol{F}E^{*}[\boldsymbol{x} \mid \boldsymbol{z}] + \boldsymbol{e} \tag{8.1.45}$$

其中,$\boldsymbol{F}$ 为确定性矩阵,$\boldsymbol{e}$ 为确定性向量。

证明 令

$$\boldsymbol{G} = \boldsymbol{F}\boldsymbol{x} + \boldsymbol{e} \tag{8.1.46}$$

则有

$$\bar{\boldsymbol{G}} = \boldsymbol{F}\bar{\boldsymbol{x}} + \boldsymbol{e} \tag{8.1.47}$$

根据式(8.1.41),有

$$E^{*}[\boldsymbol{G} \mid \boldsymbol{z}] = \bar{\boldsymbol{G}} + \boldsymbol{R}_{Gz}\boldsymbol{R}_{zz}^{-1}(\boldsymbol{z}-\bar{\boldsymbol{z}}) \tag{8.1.48}$$

$$\boldsymbol{R}_{Gz} = E[(\boldsymbol{G}-\bar{\boldsymbol{G}})(\boldsymbol{z}-\bar{\boldsymbol{z}})^{\mathrm{T}}] = E[\boldsymbol{F}(\boldsymbol{x}-\bar{\boldsymbol{x}})(\boldsymbol{z}-\bar{\boldsymbol{z}})^{\mathrm{T}}] = \boldsymbol{F}\boldsymbol{R}_{xz} \tag{8.1.49}$$

将式(8.1.47)和式(8.1.49)代入式(8.1.48),得

$$
\begin{aligned}
E^*[(Fx+e)/z] &= \overline{G}+R_{Gz}R_{zz}^{-1}(z-\overline{z}) \\
&= F\overline{x}+e+FR_{xz}R_{zz}^{-1}(z-\overline{z}) \\
&= FE^*[x/z]+e
\end{aligned} \tag{8.1.50}
$$

性质 8.1.3　若 y 与 z 互不相关，则

$$
E^*[x \mid y,z] = E^*[x \mid y]+E^*[x \mid z]-E[x] \tag{8.1.51}
$$

证明　令 $h=\begin{bmatrix} y \\ z \end{bmatrix}$，则

$$
E^*[x \mid y,z] = E^*[x \mid h] = E[x]+R_{xh}R_{hh}^{-1}(h-E[h]) \tag{8.1.52}
$$

其中

$$
R_{xh} = E\left\{[x-\overline{x}] \quad \begin{bmatrix} y-\overline{y} \\ z-\overline{z} \end{bmatrix}^{\mathrm{T}}\right\} = [R_{xy} \quad R_{xz}] \tag{8.1.53}
$$

$$
R_{hh} = E\left\{\begin{bmatrix} y-\overline{y} \\ z-\overline{z} \end{bmatrix} \quad [(y-\overline{y})^{\mathrm{T}} \quad (z-\overline{z})^{\mathrm{T}}]\right\} \tag{8.1.54}
$$

由于 y 与 z 互不相关，所以

$$
R_{hh} = \begin{bmatrix} R_{yy} & 0 \\ 0 & R_{zz} \end{bmatrix} \tag{8.1.55}
$$

从而

$$
\begin{aligned}
E^*[x \mid y,z] &= E[x]+[R_{xy} \quad R_{xz}]\begin{bmatrix} R_{yy} & 0 \\ 0 & R_{zz} \end{bmatrix}^{-1}\begin{bmatrix} y-\overline{y} \\ z-\overline{z} \end{bmatrix} \\
&= E[x]+R_{xy}R_{yy}^{-1}(y-\overline{y})+E[x]+R_{xz}R_{zz}^{-1}(z-\overline{z})-E[x] \\
&= E^*[x \mid y]+E^*[x \mid z]-E[x]
\end{aligned} \tag{8.1.56}
$$

8.2　线性离散时间系统最优滤波方法

线性离散时间系统的运动一般用离散时间状态空间模型描述，它可以通过对连续时间线性系统的状态方程和观测方程离散化来得到。

8.2.1　卡尔曼滤波的发展和工程应用

卡尔曼滤波理论的创立是科学技术和社会发展到一定程度的必然结果。早在 1795 年，C. F. Gauss 在《天体运动理论》一书中，为测定行星运动轨道提出最小二乘法。但该方法最优指标是估计量测的均方误差最小，没有考虑到被估参数的统计特性。R. A. Fisher 于 1912 年提出极大似然估计方法。他从概率密度角度出发考虑估计问题，对估计理论做出了重要贡献，但这种方法没有使用先验信息。20 世纪 40 年代，N. Wiener 为解决火力控制系统的精确跟踪问题，提出一种频域设计方法——维纳滤波，该方法适用范围有限，要求信号是一维和平稳的。匈牙利数学家 R. E. Kalman 在 1960 年发表的论文"A New Approach to Linear Filtering and Prediction Problems"中其提出卡尔曼滤波器。它是一种时域滤波方法，采用状态空间方法描述系统，其算法采用递推机制，数据存储量小，不仅可以处理平稳随机过程，也可以处理多维和非平稳随机过程。阿波罗登月计划以及 C－5A 飞机导航系统是卡尔曼滤波器早期成功应用的实例。

卡尔曼最初提出的滤波基本理论只适用于线性系统,并且要求量测方程也是线性的。后人研究了其在非线性系统情况下的推广,提出了扩展卡尔曼滤波器(EKF)、unscented 卡尔曼滤波器(UKF)以及量测转换卡尔曼滤波器(CMKF)等,拓宽了卡尔曼滤波理论的适用范围。理想情况下的卡尔曼滤波是线性无偏最小均方误差估计。但在实际应用中经常会出现滤波发散和计算发散现象,为此发展了限定记忆、衰减记忆以及各种分解滤波方法。

迄今,卡尔曼滤波器在众多领域得到广泛应用,包括机器人导航、控制、传感器数据融合以及雷达跟踪系统以及导弹追踪等,近年来更被应用于计算机图像处理,例如人脸识别、图像分割、图像边缘检测等。卡尔曼滤波最成功的工程应用是设计运载体的高精度组合导航系统。如果采用集中式融合结构设计组合导航系统,则需要把各个传感器的测量信息送到中心站集中处理,这种集中式处理方式存在计算负担重、容错性差、通信负担重等缺点。虽然随着计算机技术的飞速发展,计算负担重的困难将越来越降为次要矛盾,但对容错性和估计精度的要求却越来越高。这些因素推动了分散卡尔曼滤波器的不断发展。N. A. Calson 等(1988)提出的联邦滤波器(federated filter)只对子滤波器的估计信息进行合成,子滤波器是平行结构形式,各子滤波器算法采用卡尔曼滤波算法,处理自己传感器的测量信息。联邦滤波方法由于计算量小、实现简单、信息分配方式灵活、具有良好的容错结构,受到许多研究者的关注。美国空军已将联邦滤波器列为新一代导航系统通用的滤波器。

8.2.2 线性离散时间系统卡尔曼滤波

卡尔曼滤波是一种递推最小均方误差估计,用卡尔曼滤波器进行最优估计需建立较准确的系统模型和观测模型。在每个递推周期中,卡尔曼滤波器需要完成对被估计量的时间更新和量测更新两个过程。时间更新方程旨在实现对系统状态的先验估计,测量更新方程用于组合先验估计和量测值以获得后验估计。

对于如下离散时间状态空间模型

$$\boldsymbol{x}_{k+1} = \boldsymbol{F}_k\boldsymbol{x}_k + \boldsymbol{\Gamma}_k\boldsymbol{w}_k \tag{8.2.1}$$

$$\boldsymbol{z}_k = \boldsymbol{H}_k\boldsymbol{x}_k + \boldsymbol{v}_k \tag{8.2.2}$$

其中,$k\in\mathbb{N}$是时间指标;$\boldsymbol{x}_k\in\mathbb{R}^n$ 是 k 时刻的系统状态向量;$\boldsymbol{F}_k$ 是系统状态转移矩阵;$\boldsymbol{w}_k$ 是过程演化噪声;$\boldsymbol{\Gamma}_k$ 是噪声矩阵;$\boldsymbol{z}_k\in\mathbb{R}^m$ 是 k 时刻对系统状态的量测向量,假定直到 k 时刻所有的量测信息是 $\boldsymbol{Z}^k=\{\boldsymbol{z}_1,\boldsymbol{z}_2,\cdots,\boldsymbol{z}_k\}$;$\boldsymbol{H}_k$ 是量测矩阵,而$\boldsymbol{v}_k$ 是量测噪声。

定理 8.2.1 对于由式(8.2.1)和式(8.2.2)所描述的系统,假定 $\boldsymbol{w}_k\sim\mathcal{N}(0,\boldsymbol{Q}_k)$是一个独立过程(即:$E[\boldsymbol{w}_k\boldsymbol{w}_l^{\mathrm{T}}]=\boldsymbol{Q}_k\delta_{kl}$),$\boldsymbol{v}_k\sim\mathcal{N}(0,\boldsymbol{R}_k)$也是一个独立过程;它们之间相互独立,而且二者还与初始状态 $\boldsymbol{x}_0\sim\mathcal{N}(\bar{\boldsymbol{x}}_0,\boldsymbol{P}_0)$也独立,那么最小均方误差估计可通过如下卡尔曼递推滤波公式获得。

①初始条件:

$$\hat{\boldsymbol{x}}_{0|0} = \bar{\boldsymbol{x}}_0\ ,\quad \tilde{\boldsymbol{x}}_{0|0} = \boldsymbol{x}_0 - \hat{x}_{0|0}\ ,\quad \mathrm{Cov}[\tilde{\boldsymbol{x}}_{0|0}] = \boldsymbol{P}_0 \tag{8.2.3}$$

②一步提前预测值和预测误差的协方差阵分别是

$$\hat{\boldsymbol{x}}_{k|k-1} = E[\boldsymbol{x}_k \mid \boldsymbol{Z}^{k-1}] = \boldsymbol{F}_{k-1}\hat{\boldsymbol{x}}_{k-1|k-1} \tag{8.2.4}$$

$$\boldsymbol{P}_{k|k-1} = \mathrm{Cov}[\tilde{\boldsymbol{x}}_{k|k-1}] = \boldsymbol{F}_{k-1}\boldsymbol{P}_{k-1|k-1}\boldsymbol{F}_{k-1}^{\mathrm{T}} + \boldsymbol{\Gamma}_{k-1}\boldsymbol{Q}_{k-1}\boldsymbol{\Gamma}_{k-1}^{\mathrm{T}} \tag{8.2.5}$$

其中,$\tilde{\boldsymbol{x}}_{k|k-1}=\boldsymbol{x}_k-\hat{\boldsymbol{x}}_{k|k-1}$是一步预测误差。

③获取新的量测$\boldsymbol{z}_k$ 后,滤波更新值和相应的滤波误差的协方差阵分别是

$$\hat{\boldsymbol{x}}_{k|k} = E[\boldsymbol{x}_k \mid \boldsymbol{Z}^k] = \hat{\boldsymbol{x}}_{k|k-1} + \boldsymbol{K}_k(\boldsymbol{z}_k - \boldsymbol{H}_k\hat{\boldsymbol{x}}_{k|k-1}) \tag{8.2.6}$$

$$\boldsymbol{P}_{k|k} = \mathrm{Cov}[\tilde{\boldsymbol{x}}_{k|k}] = \boldsymbol{P}_{k|k-1} - \boldsymbol{P}_{k|k-1}\boldsymbol{H}_k^{\mathrm{T}}(\boldsymbol{H}_k\boldsymbol{P}_{k|k-1}\boldsymbol{H}_k^{\mathrm{T}} + \boldsymbol{R}_k)^{-1}\boldsymbol{H}_k\boldsymbol{P}_{k|k-1} \tag{8.2.7}$$

其中，$\tilde{\boldsymbol{x}}_{k|k} = \boldsymbol{x}_k - \hat{\boldsymbol{x}}_{k|k}$是滤波误差；而 k 时刻的卡尔曼增益阵为

$$\boldsymbol{K}_k = \boldsymbol{P}_{k|k-1}\boldsymbol{H}_k^{\mathrm{T}}(\boldsymbol{H}_k\boldsymbol{P}_{k|k-1}\boldsymbol{H}_k^{\mathrm{T}} + \boldsymbol{R}_k)^{-1} \tag{8.2.8}$$

8.2.3　正交性原理

为推导卡尔曼滤波基本递推公式，首先给出如下定义。

定义 8.2.1　如果存在某矩阵 $\boldsymbol{A}_1$ 和某向量 $\boldsymbol{b}_1$，对任意矩阵 $\boldsymbol{A}$ 和向量 $\boldsymbol{b}$ 都能使下式成立

$$E\{[\boldsymbol{x} - (\boldsymbol{A}_1\boldsymbol{z} + \boldsymbol{b}_1)](\boldsymbol{Az} + \boldsymbol{b})^{\mathrm{T}}\} = 0 \tag{8.2.9}$$

则称 $\boldsymbol{A}_1\boldsymbol{z}+\boldsymbol{b}_1$ 为 $\boldsymbol{x}$ 在 $\boldsymbol{z}$ 上的正交投影。

式(8.2.9)可改写成如下形式：

$$\begin{aligned} &E\{[\boldsymbol{x} - (\boldsymbol{A}_1\boldsymbol{z} + \boldsymbol{b}_1)](\boldsymbol{Az} + \boldsymbol{b})^{\mathrm{T}}\} \\ &= E\{[\boldsymbol{x} - (\boldsymbol{A}_1\boldsymbol{z} + \boldsymbol{b}_1)]\boldsymbol{z}^{\mathrm{T}}\}\boldsymbol{A}^{\mathrm{T}} + E[\boldsymbol{x} - (\boldsymbol{A}_1\boldsymbol{z} + \boldsymbol{b}_1)]\boldsymbol{b}^{\mathrm{T}} = 0 \end{aligned} \tag{8.2.10}$$

由于矩阵 $\boldsymbol{A}$ 和向量 $\boldsymbol{b}$ 任意，若使式(8.2.9)恒成立，要求

$$E\{[\boldsymbol{x} - (\boldsymbol{A}_1\boldsymbol{z} + \boldsymbol{b}_1)]\boldsymbol{z}^{\mathrm{T}}\} = 0 \tag{8.2.11}$$

$$E[\boldsymbol{x} - (\boldsymbol{A}_1\boldsymbol{z} + \boldsymbol{b}_1)] = 0 \tag{8.2.12}$$

定理 8.2.2　$\boldsymbol{x}$ 在 $\boldsymbol{z}$ 上的正交投影即为 $\boldsymbol{x}$ 在 $\boldsymbol{z}$ 上的线性最小均方误差估计，反之亦然，即 $E^*[\boldsymbol{x}|\boldsymbol{z}] = \boldsymbol{A}_1\boldsymbol{z}+\boldsymbol{b}_1$。

证明　充分性：因为 $E^*(\boldsymbol{x}|\boldsymbol{z})$是 $\boldsymbol{x}$ 在 $\boldsymbol{z}$ 上的线性最小均方误差估计，所以

$$\begin{aligned} E\{[\boldsymbol{x} - E^*(\boldsymbol{x} \mid \boldsymbol{z})]\boldsymbol{z}^{\mathrm{T}}\} &= E\{[\boldsymbol{x} - \overline{\boldsymbol{x}} - \boldsymbol{R}_{xz}\boldsymbol{R}_{zz}^{-1}(\boldsymbol{z} - \overline{\boldsymbol{z}})]\boldsymbol{z}^{\mathrm{T}}\} \\ &= E[\boldsymbol{xz}^{\mathrm{T}}] - \overline{\boldsymbol{x}}\overline{\boldsymbol{z}}^{\mathrm{T}} - \boldsymbol{R}_{xz}\boldsymbol{R}_{zz}^{-1}E[\boldsymbol{zz}^{\mathrm{T}}] + \boldsymbol{R}_{xz}\boldsymbol{R}_{zz}^{-1}\overline{\boldsymbol{z}}\overline{\boldsymbol{z}}^{\mathrm{T}} \\ &= \boldsymbol{R}_{xz} + \overline{\boldsymbol{x}}\overline{\boldsymbol{z}}^{\mathrm{T}} - \overline{\boldsymbol{x}}\overline{\boldsymbol{z}}^{\mathrm{T}} - \boldsymbol{R}_{xz}\boldsymbol{R}_{zz}^{-1}(\boldsymbol{R}_{zz} + \overline{\boldsymbol{z}}\overline{\boldsymbol{z}}^{\mathrm{T}}) + \boldsymbol{R}_{xz}\boldsymbol{R}_{zz}^{-1}\overline{\boldsymbol{z}}\overline{\boldsymbol{z}}^{\mathrm{T}} \\ &= 0 \end{aligned} \tag{8.2.13}$$

由于线性最小均方误差估计是无偏估计，有

$$E[\boldsymbol{x} - \boldsymbol{E}^*(\boldsymbol{x} \mid \boldsymbol{z})] = 0 \tag{8.2.14}$$

综合式(8.2.13)和式(8.2.14)，$E^*[\boldsymbol{x}|\boldsymbol{z}]$是 $\boldsymbol{x}$ 在 $\boldsymbol{z}$ 上的正交投影。

必要性：若 $\boldsymbol{A}_1\boldsymbol{z}+\boldsymbol{b}_1$ 为 $\boldsymbol{x}$ 在 $\boldsymbol{z}$ 上的正交投影，所以有

$$E\{[\boldsymbol{x} - (\boldsymbol{A}_1\boldsymbol{z} + \boldsymbol{b}_1)]\boldsymbol{z}^{\mathrm{T}}\} = 0 \tag{8.2.15}$$

$$E[\boldsymbol{x} - (\boldsymbol{A}_1\boldsymbol{z} + \boldsymbol{b}_1)] = 0 \tag{8.2.16}$$

由充分性证明可知，$E^*[\boldsymbol{x}|\boldsymbol{z}] = \boldsymbol{A}_0\boldsymbol{z}+\boldsymbol{b}_0$ 是 $\boldsymbol{x}$ 在 $\boldsymbol{z}$ 上的正交投影，有

$$E\{[\boldsymbol{x} - (\boldsymbol{A}_0\boldsymbol{z} + \boldsymbol{b}_0)]\boldsymbol{z}^{\mathrm{T}}\} = 0 \tag{8.2.17}$$

$$E[\boldsymbol{x} - (\boldsymbol{A}_0\boldsymbol{z} + \boldsymbol{b}_0)] = 0 \tag{8.2.18}$$

我们想要证明

$$\begin{aligned} \boldsymbol{A}_1 &= \boldsymbol{A}_0 \\ \boldsymbol{b}_1 &= \boldsymbol{b}_0 \end{aligned} \tag{8.2.19}$$

分别将式(8.2.15)和式(8.2.17)以及式(8.2.16)和式(8.2.18)相减，有

$$(\boldsymbol{A}_1 - \boldsymbol{A}_0)E[\boldsymbol{zz}^{\mathrm{T}}] + (\boldsymbol{b}_1 - \boldsymbol{b}_0)E[\boldsymbol{z}^{\mathrm{T}}] = 0 \tag{8.2.20}$$

$$(\boldsymbol{A}_1 - \boldsymbol{A}_0)\overline{\boldsymbol{z}} + \boldsymbol{b}_1 - \boldsymbol{b}_0 = 0 \tag{8.2.21}$$

因为

$$E[\boldsymbol{zz}^{\mathrm{T}}] = \boldsymbol{R}_{zz} + \overline{\boldsymbol{z}}\overline{\boldsymbol{z}}^{\mathrm{T}} \tag{8.2.22}$$

综合式(8.2.20)~式(8.2.22),有

$$(\boldsymbol{A}_1-\boldsymbol{A}_0)\boldsymbol{R}_{zz}=0 \tag{8.2.23}$$

在估计过程中,为了充分利用量测信息,假设量测各个分量独立,即有

$$\boldsymbol{R}_{zz}=\mathrm{diag}[\sigma_1^2,\sigma_2^2,\cdots,\sigma_m^2] \tag{8.2.24}$$

即 $\boldsymbol{R}_{zz}$ 可逆,所以

$$\boldsymbol{A}_1=\boldsymbol{A}_0 \tag{8.2.25}$$

继而

$$\boldsymbol{b}_1=\boldsymbol{b}_0 \tag{8.2.26}$$

定理得证。

定理 8.2.3 (更新信息定理) 设 $\boldsymbol{x}_k$ 为随机向量,$\boldsymbol{z}_k$ 为第 k 次量测,$\boldsymbol{Z}^{k-1}$ 和 $\boldsymbol{Z}^k$ 分别为前 $k-1$ 次量测和前 k 次量测,则

$$E^*[\boldsymbol{x}_k\mid\boldsymbol{Z}^k]=E^*[\boldsymbol{x}_k\mid\boldsymbol{Z}^{k-1}]+E[\tilde{\boldsymbol{x}}_{k|k-1}\tilde{\boldsymbol{z}}_{k|k-1}^{\mathrm{T}}]\cdot\{E[\tilde{\boldsymbol{z}}_{k|k-1}\tilde{\boldsymbol{z}}_{k|k-1}^{\mathrm{T}}]\}^{-1}\tilde{\boldsymbol{z}}_{k|k-1} \tag{8.2.27}$$

即

$$\hat{\boldsymbol{x}}_{k|k}=\hat{\boldsymbol{x}}_{k|k-1}+E[\tilde{\boldsymbol{x}}_{k|k-1}\tilde{\boldsymbol{z}}_{k|k-1}^{\mathrm{T}}]\cdot\{E[\tilde{\boldsymbol{z}}_{k|k-1}\tilde{\boldsymbol{z}}_{k|k-1}^{\mathrm{T}}]\}^{-1}\tilde{\boldsymbol{z}}_{k|k-1} \tag{8.2.28}$$

其中

$$\tilde{\boldsymbol{x}}_{k|k-1}=\boldsymbol{x}_k-E^*[\boldsymbol{x}_k\mid\boldsymbol{Z}^{k-1}] \tag{8.2.29}$$

$$\tilde{\boldsymbol{z}}_{k|k-1}=\boldsymbol{z}_k-E^*[\boldsymbol{z}_k\mid\boldsymbol{Z}^{k-1}] \tag{8.2.30}$$

$\tilde{\boldsymbol{z}}_{k/k-1}$ 被称为新息,它是卡尔曼滤波中重要的信息源。

证明

$$\hat{\boldsymbol{x}}_{k|k}=E^*[\boldsymbol{x}_k\mid\boldsymbol{Z}^k]=E^*[\boldsymbol{x}_k\mid\boldsymbol{Z}^{k-1},\boldsymbol{z}_k] \tag{8.2.31}$$

其中

$$\boldsymbol{z}_k=\boldsymbol{z}_k-\hat{\boldsymbol{z}}_{k|k-1}+\hat{\boldsymbol{z}}_{k|k-1}=\tilde{\boldsymbol{z}}_{k|k-1}+\hat{\boldsymbol{z}}_{k|k-1} \tag{8.2.32}$$

$$\hat{\boldsymbol{z}}_{k/k-1}=E^*[\boldsymbol{z}_k\mid\boldsymbol{Z}^{k-1}] \tag{8.2.33}$$

可见,$\hat{\boldsymbol{z}}_{k|k-1}$ 是关于 $\boldsymbol{Z}^{k-1}$ 的线性函数。由式(8.2.32)和式(8.2.33)可推知,$\boldsymbol{z}_k$ 可由 $\boldsymbol{Z}^{k-1}$ 和 $\tilde{\boldsymbol{z}}_{k|k-1}$ 线性表示,所以 $\hat{\boldsymbol{x}}_{k|k}$ 可由 $\boldsymbol{Z}^{k-1}$ 和 $\tilde{\boldsymbol{z}}_{k|k-1}$ 线性表示

$$\hat{\boldsymbol{x}}_{k|k}=E^*[\boldsymbol{x}_k\mid\boldsymbol{Z}^{k-1},\tilde{\boldsymbol{z}}_{k|k-1}] \tag{8.2.34}$$

又由于

$$\tilde{\boldsymbol{z}}_{k|k-1}=\boldsymbol{z}_k-\hat{\boldsymbol{z}}_{k|k-1}=\boldsymbol{z}_k-E^*[\boldsymbol{z}_k\mid\boldsymbol{Z}^{k-1}] \tag{8.2.35}$$

所以,由定理 8.2.2 知 $\tilde{\boldsymbol{z}}_{k|k-1}$ 与 $\boldsymbol{Z}^{k-1}$ 正交,即

$$E[\tilde{\boldsymbol{z}}_{k|k-1}(\boldsymbol{Z}^{k-1})^{\mathrm{T}}]=0 \tag{8.2.36}$$

且

$$E[\tilde{\boldsymbol{z}}_{k|k-1}]=0 \tag{8.2.37}$$

根据线性最小均方误差估计性质 8.1.3,有

$$\begin{aligned}\hat{\boldsymbol{x}}_{k|k}&=E^*[\boldsymbol{x}_k\mid\boldsymbol{Z}^{k-1},\tilde{\boldsymbol{z}}_{k|k-1}]=E^*[\boldsymbol{x}_k\mid\boldsymbol{Z}^{k-1}]+E^*[\boldsymbol{x}_k\mid\tilde{\boldsymbol{z}}_{k|k-1}]-E[\boldsymbol{x}_k]\\&=\hat{\boldsymbol{x}}_{k|k-1}+E[\boldsymbol{x}_k]+E\{(\boldsymbol{x}_k-E[\boldsymbol{x}_k])\tilde{\boldsymbol{z}}_{k|k-1}^{\mathrm{T}}\}\cdot\{E[\tilde{\boldsymbol{z}}_{k|k-1}\tilde{\boldsymbol{z}}_{k|k-1}^{\mathrm{T}}]\}^{-1}\tilde{\boldsymbol{z}}_{k|k-1}-E[\boldsymbol{x}_k]\\&=\hat{\boldsymbol{x}}_{k|k-1}+\{E[\boldsymbol{x}_k\tilde{\boldsymbol{z}}_{k|k-1}^{\mathrm{T}}]-E[\boldsymbol{x}_k]E[\tilde{\boldsymbol{z}}_{k|k-1}^{\mathrm{T}}]\}\cdot\{E[\tilde{\boldsymbol{z}}_{k|k-1}\tilde{\boldsymbol{z}}_{k|k-1}^{\mathrm{T}}]\}^{-1}\tilde{\boldsymbol{z}}_{k|k-1}\\&=\hat{\boldsymbol{x}}_{k|k-1}+E[(\hat{\boldsymbol{x}}_{k|k-1}+\tilde{\boldsymbol{x}}_{k|k-1})\tilde{\boldsymbol{z}}_{k|k-1}^{\mathrm{T}}]\cdot\{E[\tilde{\boldsymbol{z}}_{k|k-1}\tilde{\boldsymbol{z}}_{k|k-1}^{\mathrm{T}}]\}^{-1}\tilde{\boldsymbol{z}}_{k|k-1}\end{aligned} \tag{8.2.38}$$

注意到 $\hat{\boldsymbol{x}}_{k|k-1}$ 是确定性向量,所以

$$\hat{\boldsymbol{x}}_{k|k}=\hat{\boldsymbol{x}}_{k|k-1}+\{\hat{\boldsymbol{x}}_{k|k-1}E[\tilde{\boldsymbol{z}}_{k|k-1}^{\mathrm{T}}]+E[\tilde{\boldsymbol{x}}_{k|k-1}\tilde{\boldsymbol{z}}_{k|k-1}^{\mathrm{T}}]\}\cdot\{E[\tilde{\boldsymbol{z}}_{k|k-1}\tilde{\boldsymbol{z}}_{k|k-1}^{\mathrm{T}}]\}^{-1}\tilde{\boldsymbol{z}}_{k|k-1}$$

$$= \hat{\boldsymbol{x}}_{k|k-1} + E[\tilde{\boldsymbol{x}}_{k|k-1}\tilde{\boldsymbol{z}}_{k|k-1}^{\mathrm{T}}]\{E[\tilde{\boldsymbol{z}}_{k|k-1}\tilde{\boldsymbol{z}}_{k|k-1}^{\mathrm{T}}]\}^{-1}\tilde{\boldsymbol{z}}_{k|k-1} \tag{8.2.39}$$

基于更新信息定理推导卡尔曼滤波算法的递推公式：

首先计算一步状态预报误差与量测预报误差

$$\tilde{\boldsymbol{x}}_{k|k-1} = \boldsymbol{x} - \hat{\boldsymbol{x}}_{k|k-1} = \boldsymbol{F}_{k-1}\tilde{\boldsymbol{x}}_{k-1|k-1} + \boldsymbol{\Gamma}_{k-1}\boldsymbol{w}_{k-1} \tag{8.2.40}$$

$$\tilde{\boldsymbol{z}}_{k|k-1} = \boldsymbol{z}_k - \boldsymbol{H}_k\hat{\boldsymbol{x}}_{k|k-1} = \boldsymbol{H}_k\tilde{\boldsymbol{x}}_{k|k-1} + \boldsymbol{v}_k \tag{8.2.41}$$

由于 $\boldsymbol{k}$ 时刻的量测噪声 $\boldsymbol{v}_k$ 不影响 $k-1$ 时刻前的估计，所以有

$$\begin{aligned} E[\tilde{\boldsymbol{x}}_{k|k-1}\tilde{\boldsymbol{z}}_{k|k-1}^{\mathrm{T}}] &= E[\tilde{\boldsymbol{x}}_{k|k-1}(\boldsymbol{H}_k\tilde{\boldsymbol{x}}_{k|k-1} + \boldsymbol{v}_k)^{\mathrm{T}}] \\ &= E[\tilde{\boldsymbol{x}}_{k|k-1}\tilde{\boldsymbol{x}}_{k|k-1}^{\mathrm{T}}]\boldsymbol{H}_k^{\mathrm{T}} + E[\tilde{\boldsymbol{x}}_{k|k-1}]E[\boldsymbol{v}_k^{\mathrm{T}}] \\ &= \boldsymbol{P}_{k|k-1}\boldsymbol{H}_k^{\mathrm{T}} \end{aligned} \tag{8.2.42}$$

$$\begin{aligned} E[\tilde{\boldsymbol{z}}_{k|k-1}\tilde{\boldsymbol{z}}_{k|k-1}^{\mathrm{T}}] &= E[(\boldsymbol{H}_k\tilde{\boldsymbol{x}}_{k|k-1} + \boldsymbol{v}_k)(\boldsymbol{H}_k\tilde{\boldsymbol{x}}_{k|k-1} + \boldsymbol{v}_k)^{\mathrm{T}}] \\ &= \boldsymbol{H}_k\boldsymbol{P}_{k|k-1}\boldsymbol{H}_k^{\mathrm{T}} + \boldsymbol{R}_k \end{aligned} \tag{8.2.43}$$

将上述关系式代入式(8.2.27)，得

$$\hat{\boldsymbol{x}}_{k|k} = \hat{\boldsymbol{x}}_{k|k-1} + \boldsymbol{K}_k(\boldsymbol{z}_k - \boldsymbol{H}_k\hat{\boldsymbol{x}}_{k|k-1}) \tag{8.2.44}$$

其中，$\boldsymbol{K}_k$ 为卡尔曼增益矩阵

$$\boldsymbol{K}_k = \boldsymbol{P}_{k|k-1}\boldsymbol{H}_k^{\mathrm{T}}(\boldsymbol{H}_k\boldsymbol{P}_{k|k-1}\boldsymbol{H}_k^{\mathrm{T}} + \boldsymbol{R}_k)^{-1} \tag{8.2.45}$$

滤波误差协方差阵的推导：根据一步状态预报式(8.2.40)，可推出一步状态预报协方差阵

$$\begin{aligned} \boldsymbol{P}_{k|k-1} &= \mathrm{Cov}[\tilde{\boldsymbol{x}}_{k|k-1}] \\ &= E\{[\boldsymbol{F}_{k-1}(\boldsymbol{x}_{k-1} - \hat{\boldsymbol{x}}_{k-1|k-1}) + \boldsymbol{\Gamma}_{k-1}\boldsymbol{w}_{k-1}][\boldsymbol{F}_{k-1}(\boldsymbol{x}_{k-1} - \hat{\boldsymbol{x}}_{k-1|k-1}) + \boldsymbol{\Gamma}_{k-1}\boldsymbol{w}_{k-1}]^{\mathrm{T}}\} \\ &= \boldsymbol{F}_{k-1}\boldsymbol{P}_{k-1|k-1}\boldsymbol{F}_{k-1}^{\mathrm{T}} + \boldsymbol{\Gamma}_{k-1}\boldsymbol{Q}_{k-1}\boldsymbol{\Gamma}_{k-1}^{\mathrm{T}} \end{aligned} \tag{8.2.46}$$

状态估计误差

$$\begin{aligned} \tilde{\boldsymbol{x}}_{k|k} &= \boldsymbol{x}_k - \hat{\boldsymbol{x}}_{k|k} = \boldsymbol{x}_k - \hat{\boldsymbol{x}}_{k|k-1} - \boldsymbol{K}_k(\boldsymbol{z}_k - \boldsymbol{H}_k\hat{\boldsymbol{x}}_{k|k-1}) \\ &= \tilde{\boldsymbol{x}}_{k|k-1} - \boldsymbol{K}_k(\boldsymbol{H}_k\boldsymbol{x}_k + \boldsymbol{v}_k - \boldsymbol{H}_k\hat{\boldsymbol{x}}_{k|k-1}) \\ &= \tilde{\boldsymbol{x}}_{k|k-1} - \boldsymbol{K}_k(\boldsymbol{H}_k\tilde{\boldsymbol{x}}_{k|k-1} + \boldsymbol{v}_k) \\ &= [\boldsymbol{I} - \boldsymbol{K}_k\boldsymbol{H}_k]\tilde{\boldsymbol{x}}_{k|k-1} - \boldsymbol{K}_k\boldsymbol{v}_k \end{aligned} \tag{8.2.47}$$

从而

$$\begin{aligned} \boldsymbol{P}_k &= \mathrm{Cov}[\tilde{\boldsymbol{x}}_{k|k}] = E[\tilde{\boldsymbol{x}}_{k|k}\tilde{\boldsymbol{x}}_{k|k}^{\mathrm{T}}] \\ &= E\{[\boldsymbol{I} - \boldsymbol{K}_k\boldsymbol{H}_k]\tilde{\boldsymbol{x}}_{k|k-1} - \boldsymbol{K}_k\boldsymbol{v}_k\}\{[\boldsymbol{I} - \boldsymbol{K}_k\boldsymbol{H}_k]\tilde{\boldsymbol{x}}_{k|k-1} - \boldsymbol{K}_k\boldsymbol{v}_k\}^{\mathrm{T}} \\ &= [\boldsymbol{I} - \boldsymbol{K}_k\boldsymbol{H}_k]\boldsymbol{P}_{k|k-1}[\boldsymbol{I} - \boldsymbol{K}_k\boldsymbol{H}_k]^{\mathrm{T}} + \boldsymbol{K}_k\boldsymbol{R}_k\boldsymbol{K}_k^{\mathrm{T}} \\ &= [\boldsymbol{I} - \boldsymbol{K}_k\boldsymbol{H}_k]\boldsymbol{P}_{k|k-1} - [\boldsymbol{I} - \boldsymbol{K}_k\boldsymbol{H}_k]\boldsymbol{P}_{k|k-1}\boldsymbol{H}_k^{\mathrm{T}}\boldsymbol{K}_k^{\mathrm{T}} + \boldsymbol{K}_k\boldsymbol{R}_k\boldsymbol{K}_k^{\mathrm{T}} \\ &= [\boldsymbol{I} - \boldsymbol{K}_k\boldsymbol{H}_k]\boldsymbol{P}_{k|k-1} - \boldsymbol{P}_{k|k-1}\boldsymbol{H}_k^{\mathrm{T}}\boldsymbol{K}_k^{\mathrm{T}} + \boldsymbol{K}_k\boldsymbol{H}_k\boldsymbol{P}_{k|k-1}\boldsymbol{H}_k^{\mathrm{T}}\boldsymbol{K}_k^{\mathrm{T}} + \boldsymbol{K}_k\boldsymbol{R}_k\boldsymbol{K}_k^{\mathrm{T}} \\ &= [\boldsymbol{I} - \boldsymbol{K}_k\boldsymbol{H}_k]\boldsymbol{P}_{k|k-1} - \boldsymbol{P}_{k|k-1}\boldsymbol{H}_k^{\mathrm{T}}\boldsymbol{K}_k^{\mathrm{T}} + \boldsymbol{K}_k(\boldsymbol{H}_k\boldsymbol{P}_{k|k-1}\boldsymbol{H}_k^{\mathrm{T}} + \boldsymbol{R}_k)\boldsymbol{K}_k^{\mathrm{T}} \end{aligned} \tag{8.2.48}$$

因为

$$\begin{aligned} &\boldsymbol{K}_k(\boldsymbol{H}_k\boldsymbol{P}_{k|k-1}\boldsymbol{H}_k^{\mathrm{T}} + \boldsymbol{R}_k) \\ &= \boldsymbol{P}_{k|k-1}\boldsymbol{H}_k^{\mathrm{T}}(\boldsymbol{H}_k\boldsymbol{P}_{k|k-1}\boldsymbol{H}_k^{\mathrm{T}} + \boldsymbol{R}_k)^{-1}(\boldsymbol{H}_k\boldsymbol{P}_{k|k-1}\boldsymbol{H}_k^{\mathrm{T}} + \boldsymbol{R}_k) \\ &= \boldsymbol{P}_{k|k-1}\boldsymbol{H}_k^{\mathrm{T}} \end{aligned} \tag{8.2.49}$$

可得

$$\boldsymbol{P}_k = [\boldsymbol{I} - \boldsymbol{K}_k\boldsymbol{H}_k]\boldsymbol{P}_{k|k-1} \tag{8.2.50}$$

另外，协方差矩阵也可用下面等价形式进行计算

$$P_k = P_{k|k-1} - P_{k|k-1}H_k^T\ (H_kP_{k|k-1}H_k^T + R_k)^{-1}H_kP_{k|k-1} \tag{8.2.51}$$

8.3 卡尔曼滤波中的技术处理

8.3.1 信息滤波器

所谓信息滤波器,就是在预报和更新两个环节上都递推地计算协方差阵的逆阵。协方差阵的逆阵也被称作信息矩阵。

对于由式(8.2.1)和式(8.2.2)所描述的系统,假定状态转移矩阵 F_k 可逆,所有协方差阵可逆,则协方差阵和卡尔曼增益阵可按信息滤波器方法计算如下:

①一步预报信息矩阵的计算。

$$P_{k|k-1}^{-1} = (F_{k-1}P_{k-1|k-1}F_{k-1}^T + \Gamma_{k-1}Q_{k-1}\Gamma_{k-1}^T)^{-1} \tag{8.3.1}$$

若令

$$A_{k-1}^{-1} = F_{k-1}P_{k-1|k-1}F_{k-1}^T \tag{8.3.2}$$

由矩阵求逆引理

$$(A + BCD)^{-1} = A^{-1} - A^{-1}B\ (DA^{-1}B + C^{-1})^{-1}DA^{-1} \tag{8.3.3}$$

则有

$$P_{k|k-1}^{-1} = A_{k-1} - A_{k-1}\Gamma_{k-1}\ (\Gamma_{k-1}^TA_{k-1}\Gamma_{k-1} + Q_{k-1}^{-1})^{-1}\Gamma_{k-1}^TA_{k-1} \tag{8.3.4}$$

②卡尔曼增益阵的计算。因为

$$\begin{aligned} K_k &= P_{k|k-1}H_k^T[(H_kP_{k|k-1}H_k^T + R_k)^{-1} + R_k^{-1} - R_k^{-1}] \\ &= P_{k|k-1}H_k^TR_k^{-1} + P_{k|k-1}H_k^T(H_kP_{k|k-1}H_k^T + R_k)^{-1}[I - (H_kP_{k|k-1}H_k^T + R_k)R_k^{-1}] \\ &= [P_{k|k-1} - P_{k|k-1}H_k^T(H_kP_{k|k-1}H_k^T + R_k)^{-1}H_kP_{k|k-1}]H_k^TR_k^{-1} \end{aligned} \tag{8.3.5}$$

再次应用矩阵求逆引理,上式可以写成

$$K_k = (P_{k|k-1}^{-1} + H_k^TR_k^{-1}H_k)^{-1}H_k^TR_k^{-1} \tag{8.3.6}$$

事实上,上式等价于另一种替换形式

$$K_k = P_{k|k}H_k^TR_k^{-1} \tag{8.3.7}$$

③滤波信息矩阵的计算。因为

$$P_{k|k} = P_{k|k-1} - P_{k|k-1}H_k^T\ (H_kP_{k|k-1}H_k^T + R_k)^{-1}H_kP_{k|k-1} \tag{8.3.8}$$

由矩阵求逆引理,则有

$$P_{k|k} = (P_{k|k-1}^{-1} + H_k^TR_k^{-1}H_k)^{-1} \tag{8.3.9}$$

所以

$$P_{k|k}^{-1} = P_{k|k-1}^{-1} + H_k^TR_k^{-1}H_k \tag{8.3.10}$$

一般情况下,当系统状态维数 n 远远大于量测向量维数 m 时,采用标准卡尔曼滤波器,因为其中的求逆矩阵是 $m\times m$ 的;当采用信息滤波器时,求逆运算矩阵是 $n\times n$ 的。所以,当量测向量维数远大于状态维数时,采用信息滤波器就可以大大减小计算量。

8.3.2 衰减记忆与限定记忆滤波

在卡尔曼滤波计算中,常会出现这样一种现象:当量测数目不断增加时,按滤波方程计算出的估计误差协方差阵趋于零或某一稳定值，但实际的估计误差却越来越大，使滤波器逐渐失去估计作用，这种现象称为滤波器的发散。其中的主要原因是：

①描述系统动力学特性的数学模型或噪声的统计模型不准确，不能真实地反映物理过程。这种由于模型过于粗糙或失真引起的发散称为**滤波发散**。

②卡尔曼滤波是递推过程，随着步数增加，舍入误差不断积累，使增益阵失去合适的加权作用引起的发散称为**计算发散**。

衰减记忆滤波以及限定记忆滤波方法通过限制对陈旧量测值的应用，来达到抑制滤波发散的目的，它们都是次优滤波算法。

1. 衰减记忆滤波

当系统模型不准确时，新量测值对估计值的修正作用下降，陈旧量测值的修正作用相对上升是引发滤波发散的一个重要因素。衰减记忆滤波方法通过逐渐减小陈旧量测值的权重，相应地增大新量测值的权重来达到抑制滤波发散的目的。

设系统的状态模型与量测模型方程分别为

$$\boldsymbol{x}_k = \boldsymbol{F}_{k-1}\boldsymbol{x}_{k-1} + \boldsymbol{w}_{k-1} \tag{8.3.11}$$

$$\boldsymbol{z}_k = \boldsymbol{H}_k\boldsymbol{x}_k + \boldsymbol{v}_k \tag{8.3.12}$$

其中，过程噪声 $\boldsymbol{w}_k$ 和量测噪声 $\boldsymbol{v}_k$ 都是零均值白噪声，协方差阵分别为 $\boldsymbol{Q}_k$ 和 $\boldsymbol{R}_k$。初始状态 $\tilde{\boldsymbol{x}}_{0|0}=\tilde{\boldsymbol{x}}_0$，$\tilde{\boldsymbol{x}}_{0|0}=\boldsymbol{x}_0-\tilde{\boldsymbol{x}}_{0|0}$，$\mathrm{Cov}[\tilde{\boldsymbol{x}}_{0|0}]=\boldsymbol{P}_0$。并假定初始状态、过程噪声以及量测噪声三者之间互不相关。

量测 $\boldsymbol{z}_k$ 和 $\hat{\boldsymbol{x}}_0$ 中的信息质量可用矩阵 $\boldsymbol{R}_k^{-1}$ 和 $\boldsymbol{P}_0^{-1}$ 定量描述。在计算 N 时刻的状态估计 $\hat{\boldsymbol{x}}_{N|N}$ 时，要减小 $\boldsymbol{z}_i(i<N)$ 及 $\hat{\boldsymbol{x}}_0$ 对 $\hat{\boldsymbol{x}}_{N|N}$ 的影响，可通过增大 $\boldsymbol{R}_i$ 及 $\boldsymbol{P}_0$ 的值来实现。因此，可先修改噪声的统计模型

$$\boldsymbol{x}_k^N = \boldsymbol{F}_{k-1}\boldsymbol{x}_{k-1}^N + \boldsymbol{w}_{k-1}^N \tag{8.3.13}$$

$$\boldsymbol{z}_k = \boldsymbol{H}_k\boldsymbol{x}_k^N + \boldsymbol{v}_k^N(k \leqslant N) \tag{8.3.14}$$

其中，量测噪声 $\boldsymbol{v}_k^N$ 的统计特性取为

$$E[\boldsymbol{v}_k^N] = 0 \tag{8.3.15}$$

$$E[\boldsymbol{v}_k^N(\boldsymbol{v}_k^N)^{\mathrm{T}}] = \boldsymbol{R}_k^N = \boldsymbol{R}_k s^{N-k}(s>1) \tag{8.3.16}$$

初始状态 $\boldsymbol{x}_0^N$ 的统计特性取为

$$E[\boldsymbol{x}_0^N] = \bar{\boldsymbol{x}}_0 \tag{8.3.17}$$

$$\mathrm{Cov}[\tilde{\boldsymbol{x}}_{0|0}^N] = \boldsymbol{P}_0^N = \boldsymbol{P}_0 s^N \tag{8.3.18}$$

为简化滤波方程，过程噪声 $\boldsymbol{w}_{k-1}^N$ 的统计特性可取为

$$E[\boldsymbol{w}_{k-1}^N] = 0 \tag{8.3.19}$$

$$E[\boldsymbol{w}_{k-1}^N(\boldsymbol{w}_{k-1}^N)^{\mathrm{T}}] = \boldsymbol{Q}_{k-1}^N = \boldsymbol{Q}_{k-1}s^{N-k} \tag{8.3.20}$$

并且初始状态、过程噪声以及量测噪声三者之间互不相关。于是 $\boldsymbol{x}_k^N(k\leqslant N)$ 的滤波方程为

$$\hat{\boldsymbol{x}}_{k|k}^N = \boldsymbol{F}_{k-1}\hat{\boldsymbol{x}}_{k-1|k-1}^N + \boldsymbol{K}_k^N[\boldsymbol{z}_k - \boldsymbol{H}_k\boldsymbol{F}_{k-1}\hat{\boldsymbol{x}}_{k-1|k-1}^N] \tag{8.3.21}$$

$$\boldsymbol{K}_k^N = \boldsymbol{P}_{k|k-1}^N\boldsymbol{H}_k^{\mathrm{T}}[\boldsymbol{H}_k\boldsymbol{P}_{k|k-1}^N\boldsymbol{H}_k^{\mathrm{T}} + \boldsymbol{R}_k^N]^{-1} \tag{8.3.22}$$

$$\boldsymbol{P}_{k/k-1}^N = \boldsymbol{F}_{k-1}\boldsymbol{P}_{k-1}^N\boldsymbol{F}_{k-1}^{\mathrm{T}} + \boldsymbol{Q}_{k-1}^N \tag{8.3.23}$$

$$\boldsymbol{P}_k^N = (\boldsymbol{I} - \boldsymbol{K}_k^N\boldsymbol{H}_k)\boldsymbol{P}_{k|k-1}^N \tag{8.3.24}$$

引入记号

$$\begin{cases}\boldsymbol{P}_{k|k-1}^{*} = \boldsymbol{P}_{k|k-1}^{N} s^{-(N-k)} \\ \boldsymbol{P}_{k}^{*} = \boldsymbol{P}_{k}^{N} s^{-(N-k)} \\ \boldsymbol{K}_{k}^{*} = \boldsymbol{K}_{k}^{N} \\ \hat{\boldsymbol{x}}_{k-1|k-1}^{*} = \hat{\boldsymbol{x}}_{k-1|k-1}^{N} \\ \hat{\boldsymbol{x}}_{k|k}^{*} = \hat{\boldsymbol{x}}_{k|k}^{N}\end{cases} \tag{8.3.25}$$

对应于系统(8.3.13)和(8.3.14)的衰减记忆滤波方程为

$$\hat{\boldsymbol{x}}_{k|k}^{*} = \boldsymbol{F}_{k-1}\hat{\boldsymbol{x}}_{k-1|k-1}^{*} + \boldsymbol{K}_{k}^{*}[\boldsymbol{z}_{k} - \boldsymbol{H}_{k}\boldsymbol{F}_{k-1}\hat{\boldsymbol{x}}_{k-1|k-1}^{*}] \tag{8.3.26}$$

$$\boldsymbol{K}_{k}^{*} = \boldsymbol{P}_{k|k-1}^{*}\boldsymbol{H}_{k}^{\mathrm{T}}[\boldsymbol{H}_{k}\boldsymbol{P}_{k|k-1}^{*}\boldsymbol{H}_{k}^{\mathrm{T}} + \boldsymbol{R}_{k}]^{-1} \tag{8.3.27}$$

$$\boldsymbol{P}_{k|k-1}^{*} = \boldsymbol{F}_{k-1}[\boldsymbol{P}_{k-1}^{*}s]\boldsymbol{F}_{k-1}^{\mathrm{T}} + \boldsymbol{Q}_{k-1} \tag{8.3.28}$$

$$\boldsymbol{P}_{k}^{*} = (\boldsymbol{I} - \boldsymbol{K}_{k}^{*}\boldsymbol{H}_{k})\boldsymbol{P}_{k|k-1}^{*} \tag{8.3.29}$$

滤波初值为

$$\hat{\boldsymbol{x}}_{0}^{*} = \overline{\boldsymbol{x}}_{0}, \boldsymbol{P}_{0}^{*} = \boldsymbol{P}_{0}^{N}s^{-N} = \boldsymbol{P}_{0} \tag{8.3.30}$$

比较卡尔曼基本滤波方程,不同的地方仅在式(8.3.28)多了一个标量因子 s。由于 $s>1$,可见 $\boldsymbol{P}_{k|k-1}^{*}$ 总比 $\boldsymbol{P}_{k|k-1}$ 大,继而 $\boldsymbol{K}_{k}^{*}>\boldsymbol{K}_{k}$。这意味着这种衰减滤波算法对新量测值的利用权重更大。又因为

$$\hat{\boldsymbol{x}}_{k|k}^{*} = (\boldsymbol{I} - \boldsymbol{K}_{k}^{*}\boldsymbol{H}_{k})\boldsymbol{F}_{k-1}\hat{\boldsymbol{x}}_{k-1|k-1}^{*} + \boldsymbol{K}_{k}^{*}\boldsymbol{z}_{k} = (\boldsymbol{I} - \boldsymbol{K}_{k}^{*}\boldsymbol{H}_{k})\hat{\boldsymbol{x}}_{k|k-1}^{*} + \boldsymbol{K}_{k}^{*}\boldsymbol{z}_{k} \tag{8.3.31}$$

所以,$\boldsymbol{K}_{k}^{*}>\boldsymbol{K}_{k}$ 也意味着衰减滤波算法降低了陈旧量测值对估计值的影响。

2. 限定记忆滤波

抑制滤波发散的另一种途径是限定记忆滤波。由于 $\hat{\boldsymbol{x}}_{k|k}=E^{*}[\boldsymbol{x}_{k}|\boldsymbol{Z}^{k}]$,可见卡尔曼滤波对量测数据的记忆是无限保存的。采用限定记忆法计算 $\hat{\boldsymbol{x}}_{k|k}$ 时,只使用距 k 时刻最近的 N 个量测值 $\boldsymbol{z}_{k-N+1},\boldsymbol{z}_{k-N+2},\cdots,\boldsymbol{z}_{k}$,而完全截断 $k-N+1$ 时刻以前的陈旧量测对滤波值的影响。

由于推导过程复杂,这里简要说明这种滤波方法的构成思路。

使用卡尔曼滤波基本方程求取 $\hat{\boldsymbol{x}}_{k|k}$ 时,需使用前 k 个量测值 $\boldsymbol{Z}^{k}=\{\boldsymbol{z}_{1},\boldsymbol{z}_{2},\cdots,\boldsymbol{z}_{k}\}$,先利用前 $k-1$ 个量测求取一步状态预报 $\hat{\boldsymbol{x}}_{k|k-1}$,再综合 k 时刻的测量信息 $\boldsymbol{z}_{k}$ 获得 $\hat{\boldsymbol{x}}_{k|k}$,从而建立起 $\hat{\boldsymbol{x}}_{k|k}$ 与 $\hat{\boldsymbol{x}}_{k|k-1}$ 间的线性关系。

类似地,可以给出限定记忆滤波方程的推导思路如下:为求得 $\boldsymbol{x}_{k}$ 的限定记忆滤波值,对 $\boldsymbol{x}_{k}$ 及其过去值进行了 k 次量测,量测值为 $\boldsymbol{z}_{1},\boldsymbol{z}_{2},\cdots,\boldsymbol{z}_{d},\cdots,\boldsymbol{z}_{k-1},\boldsymbol{z}_{k}$。设 $\boldsymbol{z}_{d}$ 至 $\boldsymbol{z}_{k}$ 共有 $N+1$ 个量测值,记

$$\overline{\boldsymbol{Z}}_{d,k}^{N+1} = \begin{bmatrix}\boldsymbol{z}_{d} \\ \boldsymbol{z}_{d+1} \\ \vdots \\ \boldsymbol{z}_{k-1} \\ \boldsymbol{z}_{k}\end{bmatrix}, \overline{\boldsymbol{Z}}_{d,k-1}^{N} = \begin{bmatrix}\boldsymbol{z}_{d} \\ \boldsymbol{z}_{d+1} \\ \vdots \\ \boldsymbol{z}_{k-1}\end{bmatrix}, \overline{\boldsymbol{Z}}_{d+1,k}^{N} = \begin{bmatrix}\boldsymbol{z}_{d+1} \\ \vdots \\ \boldsymbol{z}_{k-1} \\ \boldsymbol{z}_{k}\end{bmatrix}$$

$$\hat{\boldsymbol{x}}_{k}^{N+1} = E^{*}[\boldsymbol{x}_{k} \mid \overline{\boldsymbol{Z}}_{d,k}^{N+1}] \tag{8.3.32}$$

$$\hat{\boldsymbol{x}}_{k|k-1}^{N} = E^{*}[\boldsymbol{x}_{k} \mid \overline{\boldsymbol{Z}}_{d,k-1}^{N}] \tag{8.3.33}$$

$$\hat{\boldsymbol{x}}_{k}^{N} = E^{*}[\boldsymbol{x}_{k} \mid \overline{\boldsymbol{Z}}_{d+1,k}^{N}] \tag{8.3.34}$$

首先建立起 $\hat{\boldsymbol{x}}_{k}^{N+1}$ 与 $\hat{\boldsymbol{x}}_{k|k-1}^{N}$ 间的线性关系式,以及 $\hat{\boldsymbol{x}}_{k}^{N+1}$ 与 $\hat{\boldsymbol{x}}_{k}^{N}$ 间的线性关系式,再根据这两式确定 $\hat{\boldsymbol{x}}_{k}^{N}$ 与 $\hat{\boldsymbol{x}}_{k|k-1}^{N}$ 间的线性关系式,从而获得 x_{k} 的限定记忆滤波方程。

8.3.3　协方差平方根滤波

上节提到，由于计算过程中舍入误差的累积，会导致计算发散。事实上，这种发散的主要原因是滤波计算中的舍入误差积累使协方差阵 $\boldsymbol{P}_k$ 和 $\boldsymbol{P}_{k|k-1}$ 逐渐失去非负定性。尤其当量测向量中某一个或某几个分量很准确，而数值计算的有效位数却相对少时较易发生。$\boldsymbol{P}_k$ 和 $\boldsymbol{P}_{k|k-1}$ 非负定性的缺失会导致增益阵 $\boldsymbol{K}_k$ 失真，从而丧失对新信息和量测信息的合理加权，并最终导致发散。

协方差平方根滤波是指：在卡尔曼滤波的每次递推过程中不去计算 $\boldsymbol{P}_k$ 和 $\boldsymbol{P}_{k|k-1}$，而是计算它们的平方根。根据矩阵理论，对于对称正定阵，存在非奇异下三角阵 $\boldsymbol{L}$，满足 $\boldsymbol{A}=\boldsymbol{L}\boldsymbol{L}^{\mathrm{T}}$，称 $\boldsymbol{L}$ 为 A 的平方根。任意非零矩阵 $\boldsymbol{L}$ 与其转置阵 $\boldsymbol{L}^{\mathrm{T}}$ 的乘积 $\boldsymbol{L}\boldsymbol{L}^{\mathrm{T}}$ 一定是非负定的。这样，如果在每次递推过程中只计算 $\boldsymbol{P}_k$ 和 $\boldsymbol{P}_{k|k-1}$ 的平方根 $\boldsymbol{\Delta}_k$ 和 $\boldsymbol{\Delta}_{k|k-1}$，由于 $\boldsymbol{\Delta}_k$ 和 $\boldsymbol{\Delta}_{k|k-1}$ 都是非零矩阵，那么协方差矩阵 $\boldsymbol{P}_k$ 和 $\boldsymbol{P}_{k|k-1}$ 一定是非负定的。

考虑式(8.3.11)和式(8.3.12)描述的状态空间模型，记

$$\boldsymbol{P}_k = \boldsymbol{\Delta}_k\boldsymbol{\Delta}_k^{\mathrm{T}} \tag{8.3.35}$$

$$\boldsymbol{P}_{k|k-1} = \boldsymbol{\Delta}_{k|k-1}\boldsymbol{\Delta}_{k|k-1}^{\mathrm{T}} \tag{8.3.36}$$

式中，$\boldsymbol{\Delta}_k$ 和 $\boldsymbol{\Delta}_{k|k-1}$ 都是下三角矩阵。

1. 平方根滤波的量测更新

(1)量测为标量　此时量测噪声方差阵为 $E[v_k^2]=R_k$。根据式(8.2.51)，并将 $\boldsymbol{P}_k$ 和 $\boldsymbol{P}_{k/k-1}$ 分别用平方根形式表示，则有

$$\begin{aligned}\boldsymbol{\Delta}_k\boldsymbol{\Delta}_k^{\mathrm{T}} &= \boldsymbol{\Delta}_{k|k-1}\boldsymbol{\Delta}_{k|k-1}^{\mathrm{T}} - \boldsymbol{\Delta}_{k|k-1}\boldsymbol{\Delta}_{k|k-1}^{\mathrm{T}}\boldsymbol{H}_k^{\mathrm{T}}(\boldsymbol{H}_k\boldsymbol{\Delta}_{k|k-1}\boldsymbol{\Delta}_{k|k-1}^{\mathrm{T}}\boldsymbol{H}_k^{\mathrm{T}}+R_k)^{-1}\boldsymbol{H}_k\boldsymbol{\Delta}_{k|k-1}\boldsymbol{\Delta}_{k|k-1}^{\mathrm{T}}\\ &= \boldsymbol{\Delta}_{k|k-1}[\boldsymbol{I}-\boldsymbol{\Delta}_{k|k-1}^{\mathrm{T}}\boldsymbol{H}_k^{\mathrm{T}}(\boldsymbol{H}_k\boldsymbol{\Delta}_{k|k-1}\boldsymbol{\Delta}_{k|k-1}^{\mathrm{T}}\boldsymbol{H}_k^{\mathrm{T}}+R_k)^{-1}\boldsymbol{H}_k\boldsymbol{\Delta}_{k|k-1}]\boldsymbol{\Delta}_{k|k-1}^{\mathrm{T}}\end{aligned} \tag{8.3.37}$$

令

$$\boldsymbol{a}_k = \boldsymbol{\Delta}_{k|k-1}^{\mathrm{T}}\boldsymbol{H}_k^{\mathrm{T}} \tag{8.3.38}$$

$$b_k = (\boldsymbol{H}_k\boldsymbol{\Delta}_{k|k-1}\boldsymbol{\Delta}_{k|k-1}^{\mathrm{T}}\boldsymbol{H}_k^{\mathrm{T}}+R_k)^{-1} \tag{8.3.39}$$

则

$$\boldsymbol{\Delta}_k\boldsymbol{\Delta}_k^{\mathrm{T}} = \boldsymbol{\Delta}_{k|k-1}[\boldsymbol{I}-b_k\boldsymbol{a}_k\boldsymbol{a}_k^{\mathrm{T}}]\boldsymbol{\Delta}_{k|k-1}^{\mathrm{T}} \tag{8.3.40}$$

令

$$\boldsymbol{I}-b_k\boldsymbol{a}_k\boldsymbol{a}_k^{\mathrm{T}} = [\boldsymbol{I}-b_k\gamma_k\boldsymbol{a}_k\boldsymbol{a}_k^{\mathrm{T}}][\boldsymbol{I}-b_k\gamma_k\boldsymbol{a}_k\boldsymbol{a}_k^{\mathrm{T}}]^{\mathrm{T}} \tag{8.3.41}$$

式中，γ_k 为待定的标量。展开上式的右侧，得

$$\boldsymbol{I}-b_k\boldsymbol{a}_k\boldsymbol{a}_k^{\mathrm{T}} = \boldsymbol{I}-b_k(2\gamma_k-b_k\gamma_k^2\boldsymbol{a}_k^{\mathrm{T}}\boldsymbol{a}_k)\boldsymbol{a}_k\boldsymbol{a}_k^{\mathrm{T}} \tag{8.3.42}$$

比较上式左右各项，得

$$2\gamma_k-b_k\gamma_k^2\boldsymbol{a}_k^{\mathrm{T}}\boldsymbol{a}_k = 1 \tag{8.3.43}$$

上式可写成

$$2\gamma_k-b_k\gamma_k^2\left(\frac{1}{b_k}-R_k\right)=1 \tag{8.3.44}$$

解得

$$\gamma_k = \frac{1}{1\pm\sqrt{b_kR_k}} \tag{8.3.45}$$

这样式(8.3.40)可写成

$$\boldsymbol{\Delta}_k\boldsymbol{\Delta}_k^{\mathrm{T}} = \boldsymbol{\Delta}_{k|k-1}[\boldsymbol{I} - b_k\gamma_k\boldsymbol{a}_k\boldsymbol{a}_k^{\mathrm{T}}][\boldsymbol{I} - b_k\gamma_k\boldsymbol{a}_k\boldsymbol{a}_k^{\mathrm{T}}]^{\mathrm{T}}\boldsymbol{\Delta}_{k|k-1}^{\mathrm{T}} \tag{8.3.46}$$

因此有

$$\boldsymbol{\Delta}_k = \boldsymbol{\Delta}_{k|k-1}[\boldsymbol{I} - b_k\gamma_k\boldsymbol{a}_k\boldsymbol{a}_k^{\mathrm{T}}] \tag{8.3.47}$$

卡尔曼增益可表示为

$$\begin{aligned}\boldsymbol{K}_k &= \boldsymbol{P}_{k|k-1}\boldsymbol{H}_k^{\mathrm{T}}(\boldsymbol{H}_k\boldsymbol{P}_{k|k-1}\boldsymbol{H}_k^{\mathrm{T}} + R_k)^{-1} \\ &= \boldsymbol{\Delta}_{k|k-1}\boldsymbol{\Delta}_{k|k-1}^{\mathrm{T}}\boldsymbol{H}_k^{\mathrm{T}}(\boldsymbol{H}_k\boldsymbol{\Delta}_{k|k-1}\boldsymbol{\Delta}_{k|k-1}^{\mathrm{T}}\boldsymbol{H}_k^{\mathrm{T}} + R_k)^{-1} \\ &= b_k\boldsymbol{\Delta}_{k|k-1}\boldsymbol{a}_k\end{aligned} \tag{8.3.48}$$

所以式(8.3.47)又可写成

$$\boldsymbol{\Delta}_k = \boldsymbol{\Delta}_{k|k-1} - \gamma_k\boldsymbol{K}_k\boldsymbol{a}_k^{\mathrm{T}} \tag{8.3.49}$$

综上所述,平方根滤波的量测更新方程为

$$\boldsymbol{a}_k = \boldsymbol{\Delta}_{k|k-1}^{\mathrm{T}}\boldsymbol{H}_k^{\mathrm{T}} \tag{8.3.50}$$

$$b_k = (\boldsymbol{a}_k\boldsymbol{a}_k^{\mathrm{T}} + R_k)^{-1} \tag{8.3.51}$$

$$\gamma_k = (1 + \sqrt{b_kR_k})^{-1} \tag{8.3.52}$$

$$\boldsymbol{K}_k = b_k\boldsymbol{\Delta}_{k|k-1}\boldsymbol{a}_k \tag{8.3.53}$$

$$\hat{\boldsymbol{x}}_{k|k} = \hat{\boldsymbol{x}}_{k|k-1} + \boldsymbol{K}_k(\boldsymbol{z}_k - \boldsymbol{H}_k\hat{\boldsymbol{x}}_{k|k-1}) \tag{8.3.54}$$

$$\boldsymbol{\Delta}_k = \boldsymbol{\Delta}_{k|k-1} - \gamma_k\boldsymbol{K}_k\boldsymbol{a}_k^{\mathrm{T}} \tag{8.3.55}$$

(2)量测为 m 维向量

此时量测噪声协方差阵为对角阵 $\boldsymbol{R}_k = \mathrm{diag}[R_k^1 \quad R_k^2 \quad \cdots \quad R_k^m]$,平方根滤波的量测更新可采用序贯处理来实现。

设根据 $k-1$ 时刻的序贯处理结果已获得 $\hat{\boldsymbol{x}}_{k|k-1}$ 和 $\boldsymbol{\Delta}_{k|k-1}$,则 k 时刻的量测更新序贯处理可按下述步骤进行:

取

$$\begin{cases}\hat{\boldsymbol{x}}_k^0 = \hat{\boldsymbol{x}}_{k|k-1} \\ \boldsymbol{\Delta}_k^0 = \boldsymbol{\Delta}_{k|k-1}\end{cases} \tag{8.3.56}$$

对于 $j=1,2,\cdots,m$,迭代计算下述方程

$$\begin{cases}\boldsymbol{a}_k^j = (\boldsymbol{H}_k^j\boldsymbol{\Delta}_k^{j-1})^{\mathrm{T}} \\ \boldsymbol{b}_k^j = [(\boldsymbol{a}_k^j)^{\mathrm{T}}\boldsymbol{a}_k^j + R_k^j]^{-1} \\ \gamma_k^j = (1 + \sqrt{b_k^jR_k^j})^{-1} \\ \boldsymbol{K}_k^j = b_k^j\boldsymbol{\Delta}_k^{j-1}\boldsymbol{a}_k^j \\ \hat{\boldsymbol{x}}_k^j = \hat{\boldsymbol{x}}_k^{j-1} + \boldsymbol{K}_k^j(z_k^j - \boldsymbol{H}_k^j\hat{\boldsymbol{x}}_k^{j-1}) \\ \boldsymbol{\Delta}_k^j = \boldsymbol{\Delta}_k^{j-1} - \gamma_k^j\boldsymbol{K}_k^j(\boldsymbol{a}_k^j)^{\mathrm{T}}\end{cases} \tag{8.3.57}$$

当 $j=m$ 时,即获得 k 时刻的量测更新结果

$$\begin{cases}\hat{\boldsymbol{x}}_{k|k} = \hat{\boldsymbol{x}}_k^m \\ \boldsymbol{\Delta}_k = \boldsymbol{\Delta}_k^m\end{cases} \tag{8.3.58}$$

2. 平方根滤波的时间更新

卡尔曼滤波的时间更新方程为

$$\hat{\boldsymbol{x}}_{k|k-1} = \boldsymbol{F}_{k-1}\hat{\boldsymbol{x}}_{k-1|k-1} \tag{8.3.59}$$

$$\boldsymbol{P}_{k|k-1} = \boldsymbol{F}_{k-1}\boldsymbol{P}_{k-1}\boldsymbol{F}_{k-1}^{\mathrm{T}} + \boldsymbol{\Gamma}_{k-1}\boldsymbol{Q}_{k-1}\boldsymbol{\Gamma}_{k-1}^{\mathrm{T}} \tag{8.3.60}$$

为求取 $\boldsymbol{P}_{k|k-1}$ 的平方根 $\boldsymbol{\Delta}_{k|k-1}$，最常用的方法是直接对 $\boldsymbol{P}_{k|k-1}$ 进行乔列斯基分解。这种方法特点是计算速度较快，且数值精度与标准卡尔曼滤波的时间更新算法的精度基本相当。

例 8.3.1　设定常系统的各参数阵为

$$\boldsymbol{F} = \begin{bmatrix} 1 & 0 \\ 0 & 1 \end{bmatrix},\ \boldsymbol{H} = \begin{bmatrix} 1 & 0 \end{bmatrix},\ \boldsymbol{Q} = 0$$

量测为标量，$R=\varepsilon^2(\varepsilon \ll 1)$。试分别按标准滤波方程和平方根滤波方程求出滤波结果，并予以比较，一步状态预报协方差阵 $\boldsymbol{P}_{k|k-1}=\begin{bmatrix} 1 & 0 \\ 0 & 1 \end{bmatrix}$。

解　按标准滤波方程：

$$\boldsymbol{K}_k = \begin{bmatrix} 1 & 0 \\ 0 & 1 \end{bmatrix}\begin{bmatrix} 1 \\ 0 \end{bmatrix}\left(\begin{bmatrix} 1 & 0 \end{bmatrix}\begin{bmatrix} 1 & 0 \\ 0 & 1 \end{bmatrix}\begin{bmatrix} 1 \\ 0 \end{bmatrix} + \varepsilon^2\right)^{-1} = \begin{bmatrix} 1 \\ 0 \end{bmatrix}(1+\varepsilon^2)^{-1} \approx \begin{bmatrix} 1 \\ 0 \end{bmatrix}$$

$$\boldsymbol{P}_k = \left(I - \begin{bmatrix} 1 \\ 0 \end{bmatrix}\begin{bmatrix} 1 & 0 \end{bmatrix}\right)\begin{bmatrix} 1 & 0 \\ 0 & 1 \end{bmatrix} = \begin{bmatrix} 0 & 0 \\ 0 & 1 \end{bmatrix}$$

$$\boldsymbol{P}_{k+1|k} = \begin{bmatrix} 0 & 0 \\ 0 & 1 \end{bmatrix}$$

$$\boldsymbol{K}_{k+1} = \begin{bmatrix} 0 & 0 \\ 0 & 1 \end{bmatrix}\begin{bmatrix} 1 \\ 0 \end{bmatrix}\left(\begin{bmatrix} 1 & 0 \end{bmatrix}\begin{bmatrix} 0 & 0 \\ 0 & 1 \end{bmatrix}\begin{bmatrix} 1 \\ 0 \end{bmatrix} + \varepsilon^2\right)^{-1} = \begin{bmatrix} 0 \\ 0 \end{bmatrix}$$

$$\boldsymbol{P}_{k+1} = \begin{bmatrix} 0 & 0 \\ 0 & 1 \end{bmatrix}$$

按平方根滤波：

根据 $\boldsymbol{P}_{k/k-1}$ 分解得

$$\boldsymbol{\Delta}_{k|k-1} = \begin{bmatrix} 1 & 0 \\ 0 & 1 \end{bmatrix}$$

根据式(8.3.50)～式(8.3.53)以及式(8.3.55)，有

$$\boldsymbol{a}_k = \boldsymbol{\Delta}_{k|k-1}^{\mathrm{T}}\boldsymbol{H}_k^{\mathrm{T}} = \begin{bmatrix} 1 & 0 \\ 0 & 1 \end{bmatrix}\begin{bmatrix} 1 \\ 0 \end{bmatrix} = \begin{bmatrix} 1 \\ 0 \end{bmatrix}$$

$$b_k = (\boldsymbol{a}_k^{\mathrm{T}}\boldsymbol{a}_k + R)^{-1} = \left(\begin{bmatrix} 1 & 0 \end{bmatrix}\begin{bmatrix} 1 \\ 0 \end{bmatrix} + \varepsilon^2\right)^{-1} = (1+\varepsilon^2)^{-1} \approx 1$$

$$\gamma_k = \frac{1}{1+\sqrt{b_k R}} = \frac{1}{1+\varepsilon} \approx 1-\varepsilon$$

$$\boldsymbol{K}_k = b_k\boldsymbol{\Delta}_{k|k-1}\boldsymbol{a}_k = 1 \times \begin{bmatrix} 1 & 0 \\ 0 & 1 \end{bmatrix}\begin{bmatrix} 1 \\ 0 \end{bmatrix} = \begin{bmatrix} 1 \\ 0 \end{bmatrix}$$

$$\boldsymbol{\Delta}_k = \boldsymbol{\Delta}_{k|k-1} - \gamma_k\boldsymbol{K}_k\boldsymbol{a}_k^{\mathrm{T}} = \begin{bmatrix} 1 & 0 \\ 0 & 1 \end{bmatrix} - (1-\varepsilon)\begin{bmatrix} 1 \\ 0 \end{bmatrix}\begin{bmatrix} 1 & 0 \end{bmatrix} = \begin{bmatrix} \varepsilon & 0 \\ 0 & 1 \end{bmatrix}$$

$$\boldsymbol{P}_k = \boldsymbol{\Delta}_k\boldsymbol{\Delta}_k^{\mathrm{T}} = \begin{bmatrix} \varepsilon & 0 \\ 0 & 1 \end{bmatrix}\begin{bmatrix} \varepsilon & 0 \\ 0 & 1 \end{bmatrix} = \begin{bmatrix} \varepsilon^2 & 0 \\ 0 & 1 \end{bmatrix}$$

$$\boldsymbol{\Delta}_{k+1|k} = \boldsymbol{F}\boldsymbol{\Delta}_k = \begin{bmatrix} 1 & 0 \\ 0 & 1 \end{bmatrix}\begin{bmatrix} \varepsilon & 0 \\ 0 & 1 \end{bmatrix} = \begin{bmatrix} \varepsilon & 0 \\ 0 & 1 \end{bmatrix}$$

$$\boldsymbol{a}_{k+1}=\boldsymbol{\Delta}_{k+1|k}^{\mathrm{T}}\boldsymbol{H}_{k+1}^{\mathrm{T}}=\begin{bmatrix}\varepsilon & 0\\ 0 & 1\end{bmatrix}\begin{bmatrix}1\\ 0\end{bmatrix}=\begin{bmatrix}\varepsilon\\ 0\end{bmatrix}$$

$$b_{k+1}=(\boldsymbol{a}_{k+1}^{\mathrm{T}}\boldsymbol{a}_{k+1}+R)^{-1}=\left(\begin{bmatrix}\varepsilon & 0\end{bmatrix}\begin{bmatrix}\varepsilon\\ 0\end{bmatrix}+\varepsilon^2\right)^{-1}=\frac{1}{2\varepsilon^2}$$

$$\boldsymbol{K}_{k+1}=b_{k+1}\boldsymbol{\Delta}_{k+1|k}\boldsymbol{a}_{k+1}=\frac{1}{2\varepsilon^2}\begin{bmatrix}\varepsilon & 0\\ 0 & 1\end{bmatrix}\begin{bmatrix}\varepsilon\\ 0\end{bmatrix}=\begin{bmatrix}\frac{1}{2}\\ 0\end{bmatrix}$$

$$\gamma_{k+1}=\frac{1}{1+\sqrt{b_{k+1}R}}=\frac{1}{1+\sqrt{\frac{\varepsilon^2}{2\varepsilon^2}}}=2-\sqrt{2}$$

$$\boldsymbol{\Delta}_{k+1}=\boldsymbol{\Delta}_{k+1|k}-\gamma_{k+1}\boldsymbol{K}_{k+1}\boldsymbol{a}_{k+1}^{\mathrm{T}}=\begin{bmatrix}\varepsilon & 0\\ 0 & 1\end{bmatrix}-(2-\sqrt{2})\begin{bmatrix}\frac{1}{2}\\ 0\end{bmatrix}\begin{bmatrix}\varepsilon & 0\end{bmatrix}$$

$$=\begin{bmatrix}\varepsilon-(1-\frac{\sqrt{2}}{2})\varepsilon & 0\\ 0 & 1\end{bmatrix}=\begin{bmatrix}\frac{\sqrt{2}}{2}\varepsilon & 0\\ 0 & 1\end{bmatrix}$$

$$\boldsymbol{P}_{k+1}=\boldsymbol{\Delta}_{k+1}\boldsymbol{\Delta}_{k+1}^{\mathrm{T}}=\begin{bmatrix}\frac{\varepsilon^2}{2} & 0\\ 0 & 1\end{bmatrix}$$

可以看出,平方根滤波中 $\boldsymbol{K}_{k+1}=\begin{bmatrix}\frac{1}{2}\\ 0\end{bmatrix}$,而在标准卡尔曼滤波中 $\boldsymbol{K}_{k+1}=\begin{bmatrix}0\\ 0\end{bmatrix}$,即此时量测值已经失去其加权作用。

8.3.4 常值增益卡尔曼滤波

在卡尔曼递推滤波算法中,最主要的计算量来自于对卡尔曼增益矩阵的计算。所以,为了降低卡尔曼滤波算法的计算负荷,可以通过简化卡尔曼增益矩阵的计算来实现。如果卡尔曼增益矩阵具有稳态值 $\boldsymbol{K}_\infty$,则可形成常值增益次优滤波。对于式(8.2.1)和式(8.2.2)所示的状态空间模型,如果系数矩阵是定常矩阵,关于常值增益次优滤波,有如下结论:

定理 8.3.1 如果所研究的系统完全能控和完全能观,则存在常值增益滤波器

$$\hat{\boldsymbol{x}}_{k+1|k+1}^{*}=\overline{\boldsymbol{F}}\hat{\boldsymbol{x}}_{k|k}^{*}+\boldsymbol{K}_\infty\boldsymbol{z}_{k+1} \tag{8.3.61}$$

$$\boldsymbol{P}_{k+1|k+1}^{*}=\overline{\boldsymbol{F}}\boldsymbol{P}_{k|k}^{*}\overline{\boldsymbol{F}}^{\mathrm{T}}+\overline{\boldsymbol{Q}} \tag{8.3.62}$$

$$\hat{\boldsymbol{x}}_{0|0}^{*}=\overline{\boldsymbol{x}}_0,\ \boldsymbol{P}_{0|0}^{*}=\boldsymbol{P}_0 \tag{8.3.63}$$

该滤波器在滤波初始阶段是次优的,而在稳态则是最优的。其中

$$\overline{\boldsymbol{F}}=(\boldsymbol{I}-\boldsymbol{K}_\infty\boldsymbol{H})\boldsymbol{F} \tag{8.3.64}$$

$$\overline{\boldsymbol{Q}}=(\boldsymbol{I}-\boldsymbol{K}_\infty H)\boldsymbol{\Gamma}\boldsymbol{Q}\boldsymbol{\Gamma}^{\mathrm{T}}(\boldsymbol{I}-\boldsymbol{K}_\infty\boldsymbol{H})^{\mathrm{T}}+\boldsymbol{K}_\infty\boldsymbol{R}\boldsymbol{K}_\infty^{\mathrm{T}} \tag{8.3.65}$$

稳态增益

$$\boldsymbol{K}_\infty=\lim_{k\to\infty}\boldsymbol{K}(k)=\overline{\boldsymbol{P}}\boldsymbol{H}^{\mathrm{T}}(\boldsymbol{H}\overline{\boldsymbol{P}}\boldsymbol{H}^{\mathrm{T}}+\boldsymbol{R})^{-1} \tag{8.3.66}$$

滤波误差协方差阵

$$\boldsymbol{P}_\infty=\lim_{k\to\infty}\boldsymbol{P}_{k|k}=(\boldsymbol{I}-\boldsymbol{K}_\infty\boldsymbol{H})\overline{\boldsymbol{P}} \tag{8.3.67}$$

$$\overline{\boldsymbol{P}} = \lim_{k\to\infty}\boldsymbol{P}_{k|k-1} = \boldsymbol{F}\boldsymbol{P}_{\infty}\boldsymbol{F}^{\mathrm{T}} + \boldsymbol{\Gamma}\boldsymbol{Q}\boldsymbol{\Gamma}^{\mathrm{T}} \tag{8.3.68}$$

本节介绍的一些卡尔曼滤波中的技术处理手段，主要目的在两个方面：抑制滤波发散与降低计算量。在实际工程应用中，可以根据具体情况进行相应的研究。例如，对高阶系统采用强制解耦、状态变量分组以及序贯滤波等方法。

8.4　有色噪声情况下线性系统的滤波

8.4.1　有色过程噪声下的滤波

1. 过程噪声为有色噪声的卡尔曼滤波器

考虑系统

$$\boldsymbol{x}_{k+1} = \boldsymbol{F}_k\boldsymbol{x}_k + \boldsymbol{\Gamma}_k\boldsymbol{w}_k \tag{8.4.1}$$

$$\boldsymbol{z}_k = \boldsymbol{H}_k\boldsymbol{x}_k + \boldsymbol{v}_k \tag{8.4.2}$$

假定过程噪声 $\boldsymbol{w}_k$ 是一个有色噪声过程，$\boldsymbol{v}_k$ 仍是一个零均值的独立过程；它们之间相互独立，而且二者还与初始状态 $\boldsymbol{x}_0$ 也独立。根据谱分解定理，可以描述为

$$\boldsymbol{w}_{k+1} = \boldsymbol{\Lambda}_k\boldsymbol{w}_k + \xi_k \tag{8.4.3}$$

其中，ξ_k 是零均值的独立过程。这样，可以用增广状态变量维数的方法来解决，令

$$\boldsymbol{X}_k \triangleq \begin{bmatrix}\boldsymbol{x}_k\\ \boldsymbol{w}_k\end{bmatrix} \tag{8.4.4}$$

是增扩的状态变量，则有

$$\boldsymbol{X}_{k+1} = \begin{bmatrix}\boldsymbol{x}_{k+1}\\ \boldsymbol{w}_{k+1}\end{bmatrix} = \begin{bmatrix}\boldsymbol{F}_k & \boldsymbol{\Gamma}_k\\ 0 & \boldsymbol{\Lambda}_k\end{bmatrix}\begin{bmatrix}\boldsymbol{x}_k\\ \boldsymbol{w}_k\end{bmatrix} + \begin{bmatrix}0\\ \xi_k\end{bmatrix} = \widehat{\boldsymbol{F}}_k\boldsymbol{X}_k + \widehat{\boldsymbol{w}}_k \tag{8.4.5}$$

$$\boldsymbol{z}_k = [\boldsymbol{H}_k \quad 0]\begin{bmatrix}\boldsymbol{x}_k\\ \boldsymbol{w}_k\end{bmatrix} + \boldsymbol{v}_k = \widehat{\boldsymbol{H}}_k\boldsymbol{X}_k + \boldsymbol{v}_k \tag{8.4.6}$$

此时仍然可以利用基本卡尔曼滤波器进行状态估计。

8.4.2　有色量测噪声下的滤波

如果量测噪声为

$$\boldsymbol{v}_k = \boldsymbol{\Phi}_{k-1}\boldsymbol{v}_{k-1} + \boldsymbol{\zeta}_{k-1} \tag{8.4.7}$$

其中，$\boldsymbol{\Phi}_{k-1}$是矩阵，$\boldsymbol{\zeta}_k$ 是白噪声过程。

重构量测方程，有

$$\begin{aligned}\boldsymbol{z}_{k-1}^{*} &= \boldsymbol{z}_k - \boldsymbol{\Phi}_{k-1}\boldsymbol{z}_{k-1}\\ &= \boldsymbol{H}_k(\boldsymbol{F}_{k-1}\boldsymbol{x}_{k-1} + \boldsymbol{\Gamma}_{k-1}\boldsymbol{w}_{k-1}) + \boldsymbol{\Phi}_{k-1}\boldsymbol{v}_{k-1} + \boldsymbol{\zeta}_{k-1} - \boldsymbol{\Phi}_{k-1}(\boldsymbol{H}_{k-1}\boldsymbol{x}_{k-1} + \boldsymbol{v}_{k-1})\\ &= (\boldsymbol{H}_k\boldsymbol{F}_{k-1} - \boldsymbol{\Phi}_{k-1}\boldsymbol{H}_{k-1})\boldsymbol{x}_{k-1} + \boldsymbol{H}_k\boldsymbol{\Gamma}_{k-1}\boldsymbol{w}_{k-1} + \boldsymbol{\zeta}_{k-1}\\ &= \boldsymbol{H}_{k-1}^{*}\boldsymbol{x}_{k-1} + \boldsymbol{v}_{k-1}^{*}\end{aligned} \tag{8.4.8}$$

此时，$\boldsymbol{v}_{k-1}^{*}$为白噪声。变换后系统的一步最优预测是原系统的最优滤波。

不过此时新的量测噪声 $\boldsymbol{v}_{k-1}^{*}$与过程噪声 $\boldsymbol{w}_{k-1}$相关，还需再做一次变换如下：

$$\boldsymbol{x}_{k+1} = \boldsymbol{F}_k\boldsymbol{x}_k + \boldsymbol{\Gamma}_k\boldsymbol{w}_k + \boldsymbol{J}_k(\boldsymbol{z}_k^{*} - \boldsymbol{H}_k^{*}\boldsymbol{x}_k - \boldsymbol{v}_k^{*})$$

$$
\begin{aligned}
&= (\boldsymbol{F}_k - \boldsymbol{J}_k\boldsymbol{H}_k^*)\boldsymbol{x}_k + \boldsymbol{J}_k\boldsymbol{z}_k^* + (\boldsymbol{\Gamma}_k\boldsymbol{w}_k - \boldsymbol{J}_k\boldsymbol{v}_k^*) \\
&= \boldsymbol{F}_k^*\boldsymbol{x}_k + \boldsymbol{u}_k^* + \boldsymbol{w}_k^* \qquad (8.4.9)
\end{aligned}
$$

然后求解 $\boldsymbol{J}_k$ 使 $E[\boldsymbol{w}_k^* (\boldsymbol{v}_k^*)^{\mathrm{T}}]=0$，$\boldsymbol{u}_k^*$ 可看做控制项，则该系统仍可用卡尔曼滤波器进行计算。

8.4.3 过程噪声和量测噪声相关下的滤波

仍假定过程噪声和量测噪声分别是独立过程，但二者相关，其协方差阵为

$$
\mathrm{Cov}[\boldsymbol{w}_{k-1}, \boldsymbol{v}_k] = \begin{bmatrix} \boldsymbol{Q}_{k-1} & \boldsymbol{W}_{k,k-1} \\ \boldsymbol{W}_{k,k-1}^{\mathrm{T}} & \boldsymbol{R}_k \end{bmatrix} \qquad (8.4.10)
$$

只需要将滤波方差矩阵和卡尔曼增益分别改为

$$
\boldsymbol{P}_{k|k} = \mathrm{Cov}[\tilde{\boldsymbol{x}}_{k|k}] = \boldsymbol{P}_{k|k-1} - \boldsymbol{L}_{k,k-1}\boldsymbol{S}_k^{-1}\boldsymbol{L}_{k,k-1}^{\mathrm{T}} \qquad (8.4.11)
$$

$$
\boldsymbol{K}_k = \boldsymbol{L}_{k,k-1}\boldsymbol{S}_k^{-1} \qquad (8.4.12)
$$

其中

$$
\boldsymbol{L}_{k,k-1} \triangleq \boldsymbol{P}_{k|k-1}\boldsymbol{H}_k^{\mathrm{T}} + \boldsymbol{\Gamma}_{k-1}\boldsymbol{W}_{k,k-1} \qquad (8.4.13)
$$

$$
\boldsymbol{S}_{k,k-1} \triangleq \boldsymbol{H}_k\boldsymbol{P}_{k|k-1}\boldsymbol{H}_k^{\mathrm{T}} + \boldsymbol{H}_k\boldsymbol{\Gamma}_{k-1}\boldsymbol{W}_{k,k-1} + \boldsymbol{W}_{k,k-1}^{\mathrm{T}}\boldsymbol{\Gamma}_{k-1}^{\mathrm{T}}\boldsymbol{H}_k^{\mathrm{T}} + \boldsymbol{R}_k \qquad (8.4.14)
$$

这是因为 $\hat{\boldsymbol{z}}_{k|k-1}=\boldsymbol{H}_k\boldsymbol{F}_{k-1}\hat{\boldsymbol{x}}_{k-1|k-1}$，$\tilde{\boldsymbol{z}}_{k|k-1}=\boldsymbol{z}_k-\hat{\boldsymbol{z}}_{k|k-1}=\boldsymbol{H}_k\boldsymbol{x}_k+\boldsymbol{v}_k-\boldsymbol{H}_k\hat{\boldsymbol{x}}_{k|k-1}$。从而有

$$
\begin{aligned}
\boldsymbol{R}_{\tilde{x}_{k|k-1}\tilde{z}_{k|k-1}} &= \mathrm{Cov}[\tilde{\boldsymbol{x}}_{k|k-1}, \tilde{\boldsymbol{z}}_{k|k-1}] \\
&= E[\tilde{\boldsymbol{x}}_{k|k-1}(\boldsymbol{H}_k\tilde{\boldsymbol{x}}_{k|k-1} + \boldsymbol{v}_k)^{\mathrm{T}}] \\
&= \boldsymbol{P}_{k|k-1}\boldsymbol{H}_k^{\mathrm{T}} + E[\tilde{\boldsymbol{x}}_{k|k-1}\boldsymbol{v}_k^{\mathrm{T}}] \\
&= \boldsymbol{P}_{k|k-1}\boldsymbol{H}_k^{\mathrm{T}} + E[(\boldsymbol{F}_{k-1}\tilde{\boldsymbol{x}}_{k-1|k-1} + \boldsymbol{\Gamma}_{k-1}\boldsymbol{w}_{k-1})\boldsymbol{v}_k^{\mathrm{T}}] \\
&= \boldsymbol{P}_{k|k-1}\boldsymbol{H}_k^{\mathrm{T}} + \boldsymbol{\Gamma}_{k-1}E[\boldsymbol{w}_{k-1}\boldsymbol{v}_k^{\mathrm{T}}] = \boldsymbol{P}_{k|k-1}\boldsymbol{H}_k^{\mathrm{T}} + \boldsymbol{\Gamma}_{k-1}\boldsymbol{W}_{k,k-1} \\
&\triangleq \boldsymbol{L}_{k,k-1} \qquad (8.4.15)
\end{aligned}
$$

$$
\begin{aligned}
&\boldsymbol{R}_{\tilde{z}_{k|k-1},\tilde{z}_{k|k-1}} \\
&= \mathrm{Cov}[\tilde{\boldsymbol{z}}_{k|k-1}] \\
&= E[(\boldsymbol{H}_k\tilde{\boldsymbol{x}}_{k|k-1} + \boldsymbol{v}_k)(\boldsymbol{H}_k\tilde{\boldsymbol{x}}_{k|k-1} + \boldsymbol{v}_k)^{\mathrm{T}}] \\
&= \boldsymbol{H}_k\boldsymbol{P}_{k|k-1}\boldsymbol{H}_k^{\mathrm{T}} + \boldsymbol{H}_k\boldsymbol{\Gamma}_{k-1}\boldsymbol{W}_{k,k-1} + \boldsymbol{W}_{k,k-1}^{\mathrm{T}}\boldsymbol{\Gamma}_{k-1}^{\mathrm{T}}\boldsymbol{H}_k^{\mathrm{T}} + \boldsymbol{R}_k \triangleq \boldsymbol{S}_{k,k-1} \qquad (8.4.16)
\end{aligned}
$$

8.5 卡尔曼滤波在信息融合中的应用

信息融合是一项集成多源互补信息，并对其综合优化处理，从而完成特定的决策和估计任务的智能信息处理技术。估计融合是信息融合领域的一个重要分支，它是传统估计理论与信息融合理论的有机结合，研究在估计未知量的过程中，如何最佳利用多个数据源提供的量测信息。卡尔曼滤波作为一种递推最小均方误差估计算法，在估计融合系统中发挥着重要的作用。

一般说来，估计融合算法与融合系统结构密切相关。融合结构大致可以分成三大类：集中式、分布式和混合式。在集中式融合结构下，融合中心可以得到所有传感器传送来的原始数据，数据量最大、最完整，所以往往可以提供最优的融合性能，可作为各种分布式和混合式融合算法性能比较的参照。下面介绍一种基于量测扩维的集中式估计融合算法实现策略。

在多传感器目标跟踪系统中，目标运动方程一般可以表示为

$$\boldsymbol{x}_{k+1} = \boldsymbol{F}_k \boldsymbol{x}_k + \boldsymbol{\Gamma}_k \boldsymbol{w}_k \tag{8.5.1}$$

其中，$\boldsymbol{x}_k \in \mathbb{R}^n$ 是 k 时刻的目标运动状态向量；$\boldsymbol{F}_k \in \mathbb{R}^{n\times n}$ 是系统的状态转移矩阵；$\boldsymbol{\Gamma}_k \in \mathbb{R}^{n\times r}$ 是过程噪声分布矩阵。假设 $\boldsymbol{w}_k \in \mathbb{R}^r$ 是均值为零的白噪声序列，目标运动初始状态 $\boldsymbol{x}_0$ 是均值为 $\bar{\boldsymbol{x}}_0$，协方差阵为 $\boldsymbol{P}_0$ 的随机向量，且

$$\mathrm{Cov}[\boldsymbol{w}_k, \boldsymbol{w}_j] = \boldsymbol{Q}_k \boldsymbol{\delta}_{kj}, \boldsymbol{Q}_k > 0$$

$$\mathrm{Cov}[\boldsymbol{x}_0, \boldsymbol{w}_k] = 0$$

其中，δ_{kj} 是 Kronecker Delta 函数，即

$$\delta_{kj} = \begin{cases} 1 & k = j \\ 0 & k \neq j \end{cases}$$

假设有 N 个传感器对同一运动目标独立地进行量测，相应的量测方程为

$$\boldsymbol{z}_k^{(i)} = \boldsymbol{H}_k^{(i)} \boldsymbol{x}_k + \boldsymbol{v}_k^{(i)} (i = 1, 2, \cdots, N) \tag{8.5.2}$$

其中，$\boldsymbol{z}_k^{(i)} \in \mathbb{R}^m$ 是第 i 个传感器在 k 时刻的量测值；$\boldsymbol{H}_k^{(i)} \in \mathbb{R}^{m\times n}$ 是第 i 个传感器在 k 时刻的量测矩阵；$\boldsymbol{v}_k^{(i)} \in \mathbb{R}^m$ 是第 i 个传感器在 k 时刻的量测噪声，假定为均值为零的白噪声序列，且

$$\mathrm{Cov}[\boldsymbol{v}_k^{(i)}, \boldsymbol{v}_l^{(i)}] = \boldsymbol{R}_k^{(i)} \delta_{kl}, \boldsymbol{R}_k^{(i)} > 0$$

$$\mathrm{Cov}[\boldsymbol{w}_j, \boldsymbol{v}_k^{(i)}] = 0, \mathrm{Cov}[\boldsymbol{x}_0, \boldsymbol{v}_k^{(i)}] = 0$$

另外，假设各传感器在同一时刻的量测噪声不相关，各传感器在不同时刻的量测噪声也不相关，即 $\mathrm{Cov}[\boldsymbol{v}_k^{(i)}, \boldsymbol{v}_l^{(j)}]=0$。令

$$\boldsymbol{z}_{k+1} = [(\boldsymbol{z}_{k+1}^{(1)})^{\mathrm{T}} \quad (\boldsymbol{z}_{k+1}^{(2)})^{\mathrm{T}} \quad \cdots \quad (\boldsymbol{z}_{k+1}^{(N)})^{\mathrm{T}}]^{\mathrm{T}}$$

$$\boldsymbol{H}_{k+1} = [(\boldsymbol{H}_{k+1}^{(1)})^{\mathrm{T}} \quad (\boldsymbol{H}_{k+1}^{(2)})^{\mathrm{T}} \quad \cdots \quad (\boldsymbol{H}_{k+1}^{(N)})^{\mathrm{T}}]^{\mathrm{T}}$$

$$\boldsymbol{v}_{k+1} = [(\boldsymbol{v}_{k+1}^{(1)})^{\mathrm{T}} \quad (\boldsymbol{v}_{k+1}^{(2)})^{\mathrm{T}} \quad \cdots \quad (\boldsymbol{v}_{k+1}^{(N)})^{\mathrm{T}}]^{\mathrm{T}}$$

则融合中心相应于接收到的所有传感器量测的伪(广义)量测方程可以表示为

$$\boldsymbol{z}_{k+1} = \boldsymbol{H}_{k+1} \boldsymbol{x}_{k+1} + \boldsymbol{v}_{k+1} \tag{8.5.3}$$

由已知条件可知

$$E[\boldsymbol{v}_{k+1}] = 0$$

$$\boldsymbol{R}_{k+1} = \mathrm{Cov}[\boldsymbol{v}_{k+1}] = \mathrm{diag}[\boldsymbol{R}_{k+1}^{(1)}, \boldsymbol{R}_{k+1}^{(2)}, \cdots, \boldsymbol{R}_{k+1}^{(N)}]$$

$$\mathrm{Cov}[\boldsymbol{x}_0, \boldsymbol{v}_k] = 0$$

$$\mathrm{Cov}[\boldsymbol{w}_j, \boldsymbol{v}_k] = 0$$

基于目标运动的状态方程式(8.5.1)，以及重构的传感器量测方程式(8.5.3)，融合中心的集中式融合过程可根据信息滤波器形式的卡尔曼滤波器进行，因为此时系统状态维数小于量测维数。

8.6　用 MATLAB 求解最优估计问题

MATLAB 提供了基于最小二乘法的多项式拟合和一般的非线性曲线拟合函数。其调用格式如下：

p=polyfit(x,y,n)

p=lsqcurvefit(fun,$x0$,x,y)

在函数 polyfit 的输入参数中，x，y 是输入和输出数据，n 是拟合多项式的阶次；返回值 p 是拟合的多项式的系数。在函数 lsqcurvefit 的输入参数中，fun 是拟合函数形式，$x0$ 是非线

性优化算法初值，x，y 是输入和输出数据；返回值 p 是拟合出的非线性函数的参数。

例 8.6.1 考虑如下基于线性模型测量 $y_i = ax_i + b$ 获得的一个数表

x_i	1	2	3	4	5	6
y_i	4	6.2	9.3	12	14.7	19

要求基于最小二乘法对线性模型参数 a 和 b 进行估计。

解 MATLAB 中求解线性模型参数 a 和 b 的程序片断为

```
x=[1 2 3 4 5 6];
y=[4 6.2 9.3 12 14.7 19];
p=polyfit(x,y,1)
z=p(1)*x+p(2);
plot(x,y,'ko',x,z,'k*')
legend('原始数据','拟合数据')
```

程序 8.6.1 例 8.6.1 程序片段

程序运行可得线性模型参数的最优估计

$[\hat{a}, \hat{b}] = [2.9486 \quad 0.5467]$

图 8.6.1 绘制了原始观测数据以及基于最优参数估计 $[\hat{a}, \hat{b}]$ 获得的数据。

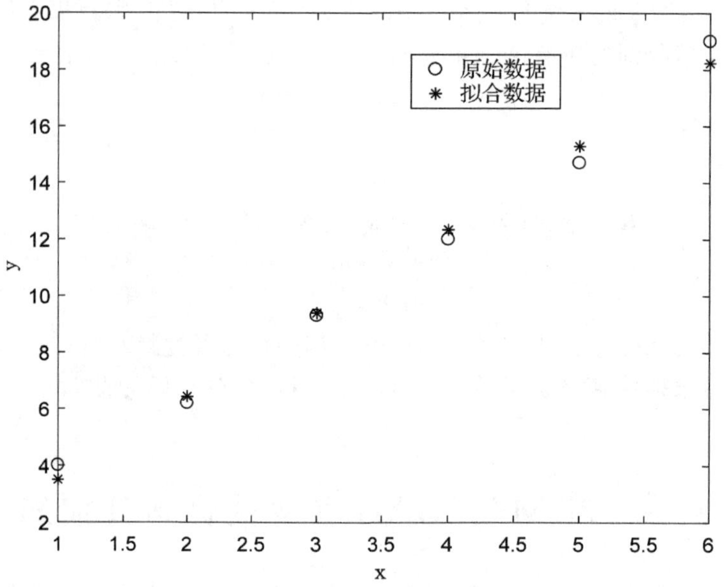

图 8.6.1 线性拟合示例

例 8.6.2 考虑基于指数衰减模型 $y_i = a\exp(x_i \cdot b)$ 获得的一个数表($a=2, b=-0.1$)

x_i	1	2	14	7	9	15	20	32	54
y_i	1.9	1.5	0.52	1.3	0.9	0.55	0.32	0.078	0.02

要求基于最小二乘法对指数衰减模型参数 a 和 b 进行估计。

解　MATLAB 中基于最小二乘法，求解指数衰减模型参数 a 和 b 的程序片断为

```
xdata=[1 2 14 7 9 15 20 32 54];
a=2;b=-0.1;%模型参数
ydata=a * exp(b * xdata);%原始数据
ydata_noise=[1.9 1.5 0.52 1.3 0.9 0.55 0.32 0.078 0.02];%噪声数据
fun=@(x,xdata)x(1) * exp(x(2) * xdata);%指数衰减模型
x0 = [100,-1];%初始点
x = lsqcurvefit(fun,x0,xdata,ydata_noise)
plot(xdata,ydata,'ko',xdata,fun(x,xdata),'k *')
legend('原始数据','拟合数据')
xlabel('x');
ylabel('y');
```

程序 8.6.2　例 8.6.2 程序片段

程序运行可得线性模型参数的最优估计

$[\hat{a},\hat{b}]=[\ 1.9892 \quad -0.0862]$

图 8.6.2 绘制了原始观测数据以及基于最优参数估计 $[\hat{a},\hat{b}]$ 获得的数据。

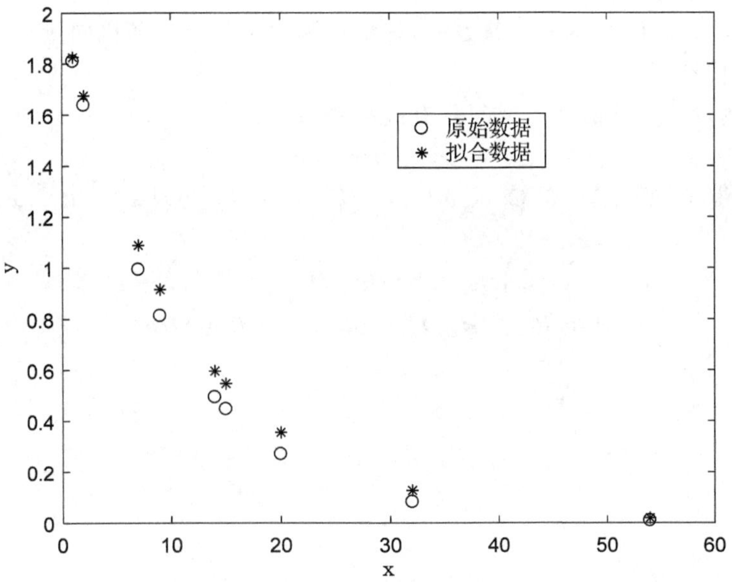

图 8.6.2　曲线拟合示例

习 题

8.1 设 x 是服从正态分布的随机变量,均值为 m,方差为 σ^2。其中 σ^2 已知,m 未知。对 x 作 n 次独立量测,得量测值 $\boldsymbol{x}=[x_1,x_2\cdots,x_n]^{\mathrm{T}}$,求 m 的极大似然估计 $\hat{m}_{\mathrm{ML}}$。

8.2 试证明,若 $\boldsymbol{R}_k,\boldsymbol{Q}_k$ 和 $\boldsymbol{P}_0$ 都扩大 α 倍,则卡尔曼滤波基本方程中的增益阵 $\boldsymbol{K}_k$ 不变。

8.3 设系统和量测方程分别为

$$x_{k+1}=x_k+w_k$$
$$z_k=x_k+v_k$$

x_k 和 z_k 都是标量,$\{w_k\}$ 和 $\{v_k\}$ 都是零均值的白噪声序列,且有

$$\mathrm{Cov}[w_k,w_j]=\delta_{kj}$$
$$\mathrm{Cov}[v_k,v_j]=\delta_{kj}$$

w_k,v_k 和 x_0 三者互不相关,$\bar{x}_0=0$,量测序列为

$$\{z_i\}=\{1,-2,4,3,-1,1,1\}$$

试按下述 3 种情况计算 $\hat{x}_{k+1|k}$ 和 $P_{k+1|k}$:

(1)$P_0=\infty$;(2)$P_0=1$;(3)$P_0=0$。

8.4 设系统方程和量测方程为

$$\boldsymbol{x}_k=\boldsymbol{\Phi}_{k,k-1}\boldsymbol{x}_{k-1}$$
$$\boldsymbol{z}_k=\boldsymbol{H}_k\boldsymbol{x}_k+\boldsymbol{v}_k$$

其中,$\boldsymbol{z}_k$ 为 m 维向量,$\boldsymbol{v}_k$ 为零均值的白噪声序列,协方差阵 $\boldsymbol{R}_k$ 为对角阵。试列写出 $k-1$ 至 k 步的序贯处理平方根滤波方程。

8.5 对于式(8.1.6)所示的测量方程,如果量测噪声是高斯随机向量,证明最小二乘估计等价于极大似然估计。

8.6 若量测量 $\boldsymbol{z}$ 与被估计量 $\boldsymbol{x}$ 间具有线性关系

$$\boldsymbol{z}=\boldsymbol{H}\boldsymbol{x}+\boldsymbol{v}$$

其中,$\boldsymbol{v}$ 为量测噪声,$E[\boldsymbol{v}]=0$,$\mathrm{Cov}[\boldsymbol{v}]=\boldsymbol{C}_v$,$E[\boldsymbol{x}]=\bar{\boldsymbol{x}}$,$\mathrm{Cov}[\boldsymbol{x}]=\boldsymbol{R}_{xx}$,$\boldsymbol{x}$ 和 $\boldsymbol{v}$ 互不相关。证明:

$$\hat{\boldsymbol{x}}_{\mathrm{LMMSE}}=\bar{\boldsymbol{x}}+\boldsymbol{R}_{xx}\boldsymbol{H}^{\mathrm{T}}(\boldsymbol{H}\boldsymbol{R}_{xx}\boldsymbol{H}^{\mathrm{T}}+\boldsymbol{C}_v)^{-1}(\boldsymbol{z}-\boldsymbol{H}\bar{\boldsymbol{x}})$$
$$\boldsymbol{P}=\boldsymbol{R}_{xx}-\boldsymbol{R}_{xx}\boldsymbol{H}^{\mathrm{T}}(\boldsymbol{H}\boldsymbol{R}_{xx}\boldsymbol{H}^{\mathrm{T}}+\boldsymbol{C}_v)^{-1}\boldsymbol{H}\boldsymbol{R}_{xx}$$

附录　习题参考答案

第 1 章

1.1　设流经电感 L_1 和 L_2 的电流分别为 i_{L1} 和 i_{L2}，选择 i_{L1} 和 i_{L2} 为状态变量，即 $x_1=i_{L1}$，$x_2=i_{L2}$，则状态空间表达式为(答案不唯一)

$$\begin{bmatrix}\dot{x}_1\\ \dot{x}_2\end{bmatrix}=\begin{bmatrix}-\dfrac{R_1}{L_1} & \dfrac{R_1}{L_1}\\ \dfrac{R_1}{L_2} & -\dfrac{R_1+R_2}{L_2}\end{bmatrix}\begin{bmatrix}x_1\\ x_2\end{bmatrix}+\begin{bmatrix}\dfrac{1}{L_1} & -\dfrac{1}{L_1}\\ 0 & \dfrac{1}{L_2}\end{bmatrix}\begin{bmatrix}u_1\\ u_2\end{bmatrix}$$

$$u_A=\begin{bmatrix}R_1 & -R_1\end{bmatrix}\begin{bmatrix}x_1\\ x_2\end{bmatrix}+\begin{bmatrix}0 & 1\end{bmatrix}\begin{bmatrix}u_1\\ u_2\end{bmatrix}$$

1.2　设质量块 M_1 和 M 的位移分别为 y_1 和 y_2，质量块 M_1 和 M 的速度分别为 v_1 和 v_2，则选择 y_1，v_1 和 v_2 为状态变量，即 $x_1=y_1$，$x_2=v_1=\dot{y}_1$，$x_3=v_2=\dot{y}_2$，则状态空间表达式为(答案不唯一)

$$\begin{bmatrix}\dot{x}_1\\ \dot{x}_2\\ \dot{x}_3\end{bmatrix}=\begin{bmatrix}0 & 1 & 0\\ -\dfrac{K_1}{M_1} & -\dfrac{B_1}{M_1} & \dfrac{B_1}{M_1}\\ 0 & \dfrac{B_1}{M} & -\dfrac{B_1+B_2}{M}\end{bmatrix}\begin{bmatrix}x_1\\ x_2\\ x_3\end{bmatrix}+\begin{bmatrix}0\\ 0\\ \dfrac{1}{M}\end{bmatrix}f$$

$$y=\begin{bmatrix}1 & 0 & 0\end{bmatrix}\begin{bmatrix}x_1\\ x_2\\ x_3\end{bmatrix}$$

1.3　① $\begin{cases}\dot{\boldsymbol{x}}=\begin{bmatrix}0 & 1 & 0\\ 0 & 0 & 1\\ 2 & -4 & 3\end{bmatrix}\boldsymbol{x}+\begin{bmatrix}0\\ 0\\ 1\end{bmatrix}u\\ y=\begin{bmatrix}1 & 0 & 0\end{bmatrix}\boldsymbol{x}\end{cases}$　(答案不唯一)

② $\begin{cases}\dot{\boldsymbol{x}}=\begin{bmatrix}0 & 1 & 0\\ 0 & 0 & 1\\ 0 & 1.5 & 0\end{bmatrix}\boldsymbol{x}+\begin{bmatrix}0\\ 0\\ 1\end{bmatrix}u\\ y=\begin{bmatrix}0 & -1 & 0.5\end{bmatrix}\boldsymbol{x}\end{cases}$　(答案不唯一)

1.4　$\begin{cases}\dot{\boldsymbol{x}}=\begin{bmatrix}0 & 1 & 0\\ 0 & 0 & 1\\ 10 & 4 & -5\end{bmatrix}\boldsymbol{x}+\begin{bmatrix}0\\ 0\\ 1\end{bmatrix}u\\ y=\begin{bmatrix}10 & 0 & 0\end{bmatrix}\boldsymbol{x}\end{cases}$　(答案不唯一)

1.5 $G(s)=\dfrac{s+3}{s^3+6s^2+11s+6}$

1.6 ① $G(s)=\dfrac{1}{s^3+6s^2+11s+6}\begin{bmatrix}2s^2+9s+10 & 2s^2+9s+10\\ s^2+7s+12 & 3s^2+15s+18\end{bmatrix}$

② $G(s)=\dfrac{1}{s^3-4s^2+5s-2}\begin{bmatrix}s^3-4s^2+5s-1 & -s+4\\ -s^2 & -s^3+4s^2-10s+4\end{bmatrix}$

1.7 $\dot{\bar{\boldsymbol{x}}}=\begin{bmatrix}-1 & 0 & 0\\ 0 & -2 & 0\\ 0 & 0 & -3\end{bmatrix}\bar{\boldsymbol{x}}+\begin{bmatrix}18.5 & 27\\ -15 & -20\\ 13.5 & 16\end{bmatrix}\boldsymbol{u}$ (答案不唯一)

1.8 $\dot{\tilde{x}}=\begin{bmatrix}1 & 1 & 0\\ 0 & 1 & 1\\ 0 & 0 & 1\end{bmatrix}\tilde{x}+\begin{bmatrix}0\\ -1\\ -1\end{bmatrix}u$ (答案不唯一)

1.9 $\dot{\tilde{x}}=\begin{bmatrix}-5 & 1 & 0\\ 0 & -5 & 0\\ 0 & 0 & -1\end{bmatrix}\tilde{x}+\begin{bmatrix}3/16\\ -1/4\\ 1/16\end{bmatrix}u$ (答案不唯一)

1.10 $a=3, b=4, d=1$

1.11 略

1.12 略

1.13 略

第2章

2.1 ① $e^{\boldsymbol{A}t}=\begin{bmatrix}0.5e^{2t}+0.5 & -0.5e^{2t}+0.5 & 0\\ -0.5e^{2t}+0.5 & 0.5e^{2t}+0.5 & 0\\ 0 & 0 & e^{t}\end{bmatrix}$

② $e^{\boldsymbol{A}t}=\begin{bmatrix}1 & 0.5e^{t}-0.5e^{-t} & 0.5e^{t}+0.5e^{-t}-1\\ 0 & 0.5e^{t}+0.5e^{-t} & 0.5e^{t}-0.5e^{-t}\\ 0 & 0.5e^{t}-0.5e^{-t} & 0.5e^{t}+0.5e^{-t}\end{bmatrix}$

③ $e^{\boldsymbol{A}t}=\begin{bmatrix}\frac{4}{7}e^{-2t}+\frac{3}{7}e^{5t} & -\frac{4}{7}e^{-2t}+\frac{4}{7}e^{5t}\\ -\frac{3}{7}e^{-2t}+\frac{3}{7}e^{5t} & \frac{3}{7}e^{-2t}+\frac{4}{7}e^{5t}\end{bmatrix}$

2.2 $e^{\boldsymbol{A}t}=\begin{bmatrix}3e^{-2t}-2e^{-3t} & e^{-2t}-e^{-3t}\\ -6e^{-2t}+6e^{-3t} & -2e^{-2t}+3e^{-3t}\end{bmatrix}$

2.3 ① $\boldsymbol{A}=\begin{bmatrix}-1 & 0 & 0\\ 0 & -4 & 4\\ 0 & -1 & -4\end{bmatrix}$

② $\boldsymbol{A}=\begin{bmatrix}0 & 1\\ -2 & -3\end{bmatrix}$

2.4 $\boldsymbol{A}^7-\boldsymbol{A}^3+2\boldsymbol{I}=2\boldsymbol{I}$

2.5　$A^{200}=\begin{bmatrix}1 & 400\\0 & 1\end{bmatrix}$

2.6　(1) $\boldsymbol{\Phi}(t,0)=\begin{bmatrix}1+\frac{t^2}{2}+\frac{1}{2!}\left(\frac{t^2}{2}\right)^2+\frac{1}{3!}\left(\frac{t^2}{2}\right)^3+\cdots & 0\\ 0 & 1\end{bmatrix}$

(2) $\boldsymbol{\Phi}(t,0)=\begin{bmatrix}1-\frac{1}{2!}(1-e^{-t})^2+\frac{1}{4!}(1-e^{-t})^4-\cdots & (1-e^{-t})-\frac{1}{3!}(1-e^{-t})^3+\cdots\\ -(1-e^{-t})+\frac{1}{3!}(1-e^{-t})^3-\cdots & 1-\frac{1}{2!}(1-e^{-t})^2+\frac{1}{4!}(1-e^{-t})^4-\cdots\end{bmatrix}$

2.7　$\boldsymbol{\Phi}(t)=\begin{bmatrix}-e^{-2t}+2e^{-t} & -2e^{-2t}+2e^{-t}\\ 0 & e^{-2t}\end{bmatrix}$，　$\boldsymbol{A}=\begin{bmatrix}0 & 2\\0 & -2\end{bmatrix}$

2.8　$\boldsymbol{x}(t)=\begin{bmatrix}4e^{-t}-2.5e^{-2t}+0.5\\ -4e^{-t}+5e^{-2t}\end{bmatrix}$

2.9　略

第3章

3.1　①系统状态不完全能控

②系统状态完全能控

③系统状态不完全能控

④系统状态不完全能控

3.2　①系统状态完全能观测

②系统状态不完全能观测

3.3　系统状态完全能控且能观测

3.4　$c_1=1,c_2=2,c_3=1$

3.5　①$a=2,a=4$ 或 $a=6$

②当 $a=2,a=4$ 或 $a=6$ 时，以下系统状态不完全能控（答案不唯一）

$$\begin{cases}\dot{\boldsymbol{x}}=\begin{bmatrix}0 & 0 & -6\\1 & 0 & -11\\0 & 1 & -6\end{bmatrix}\boldsymbol{x}+\begin{bmatrix}a\\2\\0\end{bmatrix}u\\ y=\begin{bmatrix}0 & 0 & 1\end{bmatrix}\boldsymbol{x}\end{cases}$$

③当 $a=2,a=4$ 或 $a=6$ 时，以下系统状态不完全能观测（答案不唯一）

$$\begin{cases}\dot{\boldsymbol{x}}=\begin{bmatrix}0 & 1 & 0\\0 & 0 & 1\\-6 & -11 & -6\end{bmatrix}\boldsymbol{x}+\begin{bmatrix}0\\0\\1\end{bmatrix}u\\ y=\begin{bmatrix}a & 2 & 0\end{bmatrix}\boldsymbol{x}\end{cases}$$

3.6　a,b 和 c 不同时为零，且 $b\neq 2a$

3.7　①不能

②不能

3.8 第二能控标准型为
$$\begin{cases}\dot{\boldsymbol{x}}=\begin{bmatrix}0 & 1\\ -10 & 5\end{bmatrix}\boldsymbol{x}+\begin{bmatrix}0\\1\end{bmatrix}u\\ y=\begin{bmatrix}-6 & 1\end{bmatrix}\boldsymbol{x}\end{cases}$$

第二能观标准型为
$$\begin{cases}\dot{\boldsymbol{x}}=\begin{bmatrix}0 & -10\\ 1 & 5\end{bmatrix}\boldsymbol{x}+\begin{bmatrix}-6\\1\end{bmatrix}u\\ y=\begin{bmatrix}0 & 1\end{bmatrix}\boldsymbol{x}\end{cases}$$

3.9 第二能控标准型为
$$\begin{cases}\dot{\boldsymbol{x}}=\begin{bmatrix}0 & 1 & 0\\ 0 & 0 & 1\\ -6 & -11 & -6\end{bmatrix}\boldsymbol{x}+\begin{bmatrix}0\\0\\1\end{bmatrix}u\\ y=\begin{bmatrix}5 & 1 & 1\end{bmatrix}\boldsymbol{x}\end{cases}$$

第二能观标准型为
$$\begin{cases}\dot{\boldsymbol{x}}=\begin{bmatrix}0 & 0 & -6\\ 1 & 0 & -11\\ 0 & 1 & -6\end{bmatrix}\boldsymbol{x}+\begin{bmatrix}5\\1\\1\end{bmatrix}u\\ y=\begin{bmatrix}0 & 0 & 1\end{bmatrix}\boldsymbol{x}\end{cases}$$

3.10 ①系统状态不完全能控

② $$\begin{cases}\dot{\boldsymbol{x}}=\begin{bmatrix}0 & -2 & 1\\ 1 & 0 & 0.5\\ 0 & 0 & 2\end{bmatrix}\boldsymbol{x}+\begin{bmatrix}1\\0\\0\end{bmatrix}u\\ y=\begin{bmatrix}0 & 0 & 1\end{bmatrix}\boldsymbol{x}\end{cases}$$ (答案不唯一)

3.11 ①系统状态不完全能观测

② $$\begin{cases}\dot{\boldsymbol{x}}=\begin{bmatrix}0 & 1 & 0\\ 1 & 0 & 0\\ 1 & 0 & 3\end{bmatrix}\boldsymbol{x}+\begin{bmatrix}1\\1\\1\end{bmatrix}u\\ y=\begin{bmatrix}1 & 0 & 0\end{bmatrix}\boldsymbol{x}\end{cases}$$ (答案不唯一)

3.12 $$\begin{cases}\begin{bmatrix}\dot{x}_{co}\\ \dot{x}_{c\bar{o}}\\ \dot{x}_{\bar{c}}\end{bmatrix}=\begin{bmatrix}-1 & 0 & 3\\ 1 & -1 & -2\\ 0 & 0 & -2\end{bmatrix}\begin{bmatrix}x_{co}\\ x_{c\bar{o}}\\ x_{\bar{c}}\end{bmatrix}+\begin{bmatrix}1\\0\\0\end{bmatrix}u\\ y=\begin{bmatrix}1 & 0 & 1\end{bmatrix}\begin{bmatrix}x_{co}\\ x_{c\bar{o}}\\ x_{\bar{c}}\end{bmatrix}\end{cases}$$ (答案不唯一)

3.13 $\boldsymbol{A}_m=\begin{bmatrix}0 & 0 & 1\\ -1.5 & -2 & -0.5\\ -3 & 0 & -4\end{bmatrix}$, $\boldsymbol{B}_m=\begin{bmatrix}1 & 1\\ -1 & -1\\ -1 & -3\end{bmatrix}$, $\boldsymbol{C}_m=\begin{bmatrix}1 & 0 & 0\\ 0 & 1 & 0\end{bmatrix}$(答案不唯一)

3.14 略

第4章

4.1 ①系统是BIBO外部稳定的

②系统不是内部稳定的

4.2 ①$V(\boldsymbol{x})$是正定的

②$V(\boldsymbol{x})$是不定的

4.3 $V(\boldsymbol{x})$是系统的一个李雅普诺夫函数

4.4 ① 平衡状态$\boldsymbol{x}_e=0$是渐近稳定的

② 平衡状态$\boldsymbol{x}_e=0$是渐近稳定的

4.5 $k>-1$且$k\neq 0$

4.6 $k>0$

4.7 平衡状态$\boldsymbol{x}_e=0$是渐近稳定的

4.8 略

4.9 略

第5章

5.1 状态反馈阵 $\boldsymbol{k}=[-23 \quad 50 \quad 9]$

5.2 状态反馈阵 $\boldsymbol{k}=[80 \quad 8]$

5.3 能，状态反馈阵 $\boldsymbol{k}=[18 \quad 21 \quad 5]$

5.4 状态反馈阵 $\boldsymbol{k}=[15.4 \quad 4.5 \quad 0.8]$

5.5 略。提示：

①根据能控性判别矩阵进行证明

②先证明系统 $\dot{\boldsymbol{x}}=(2\boldsymbol{A}-\boldsymbol{I})\boldsymbol{x}+\boldsymbol{B}u$ 状态完全能控，然后利用状态反馈不改变系统的状态能控性的性质

5.6 ①略

②状态反馈阵 $\boldsymbol{k}=[k_1 \quad k_2]$，当满足 $k_2=2k_1+1$ 时，系统是状态不完全能观测的

5.7 观测器的增益矩阵 $\boldsymbol{g}=\begin{bmatrix}1.5\\-1\end{bmatrix}$

5.8 观测器的增益矩阵 $\boldsymbol{g}=\begin{bmatrix}5\\4\\3\end{bmatrix}$

5.9 观测器方程为

$$\begin{aligned}\dot{\boldsymbol{w}}&=(\tilde{\boldsymbol{A}}_{11}-\boldsymbol{h}\tilde{\boldsymbol{A}}_{21})w+[(\tilde{\boldsymbol{A}}_{11}-\boldsymbol{h}\tilde{\boldsymbol{A}}_{21})\boldsymbol{h}+(\tilde{\boldsymbol{A}}_{12}-\boldsymbol{h}\tilde{\boldsymbol{A}}_{22})]\tilde{y}+(\tilde{\boldsymbol{b}}_1-\boldsymbol{h}\tilde{\boldsymbol{b}}_2)u\\&=\begin{bmatrix}-2 & -3\\0 & -3\end{bmatrix}\boldsymbol{w}+\begin{bmatrix}5\\2\end{bmatrix}\tilde{y}+\begin{bmatrix}3\\2\end{bmatrix}u\end{aligned}$$

系统的估计状态为

$$\hat{\boldsymbol{x}}=\boldsymbol{T}\hat{\bar{\boldsymbol{x}}}=\begin{bmatrix}-w_2+2\tilde{y}\\w_2-\tilde{y}\\w_1-\tilde{y}\end{bmatrix}$$

降维观测器的结构图为

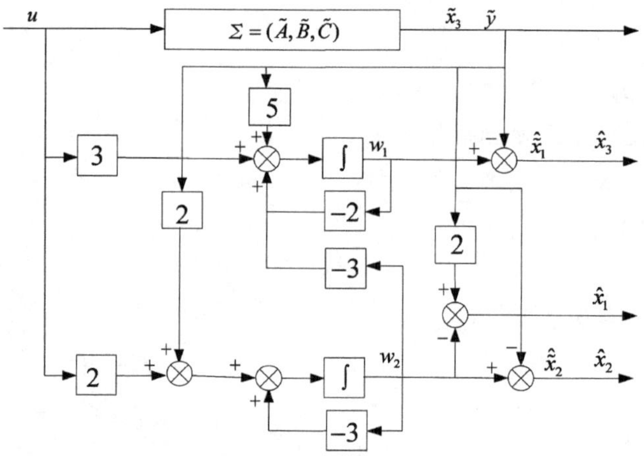

5.10 根据分离特性进行设计，状态反馈阵为 $\boldsymbol{k}=[1.00\quad 0.09]$，观测器的增益矩阵为 $\boldsymbol{g}=\begin{bmatrix}55\\625\end{bmatrix}$

用状态观测器实现状态反馈后，整个闭环系统的结构图为

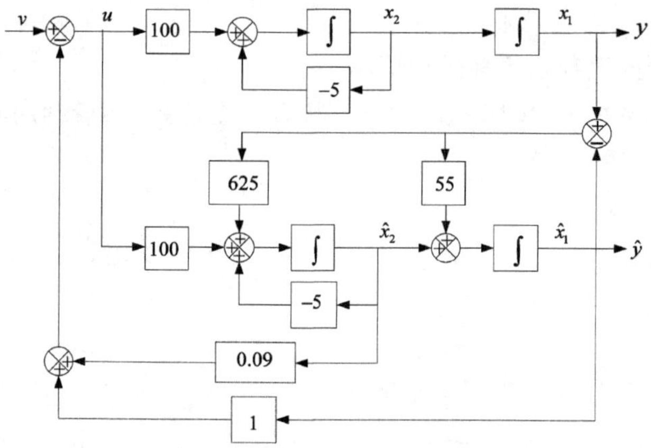

5.11 ①该系统不是渐近稳定的

②加入状态反馈能使系统镇定

5.12 略

5.13 略

5.14 略

第 6 章

6.1 离散化系统的系统矩阵和输入矩阵为

$$\boldsymbol{G}(T)=\begin{bmatrix}\cos 2T & 0.5\sin 2T\\ -2\sin 2T & \cos 2T\end{bmatrix}$$

$$\boldsymbol{H}(T)=\begin{bmatrix}0.25(1-\cos 2T)\\ 0.5\sin 2T\end{bmatrix}$$

6.2　$y(2)=0.9, y(3)=0.55, y(4)=0.635, y(5)=0.6275, y(6)=0.6228,$
$y(7)=0.6259, y(8)=0.6248, y(9)=0.625, y(10)=0.625$

6.3　系统是状态完全能控的

6.4　系统是状态不完全能观测的

6.5　平衡状态$\boldsymbol{x}_e=0$是不稳定的

6.6　平衡状态$\boldsymbol{x}_e=0$是渐近稳定的

6.7　状态反馈阵$\boldsymbol{k}=[-74 \quad 22]$

状态反馈闭环系统的结构图为

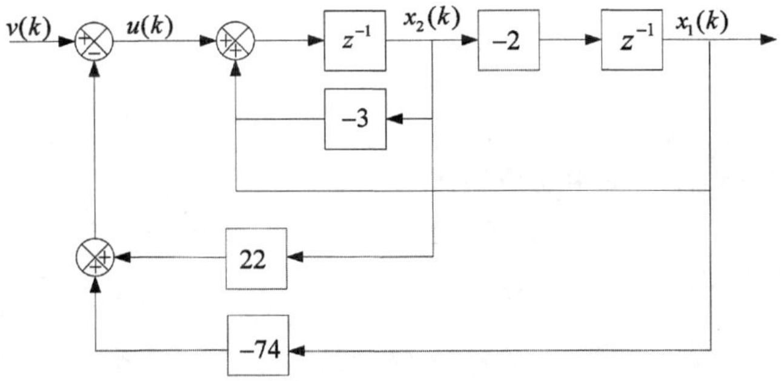

6.8　观测器的增益矩阵$\boldsymbol{k}_e=\begin{bmatrix}-74\\31\end{bmatrix}$

观测器的结构图为

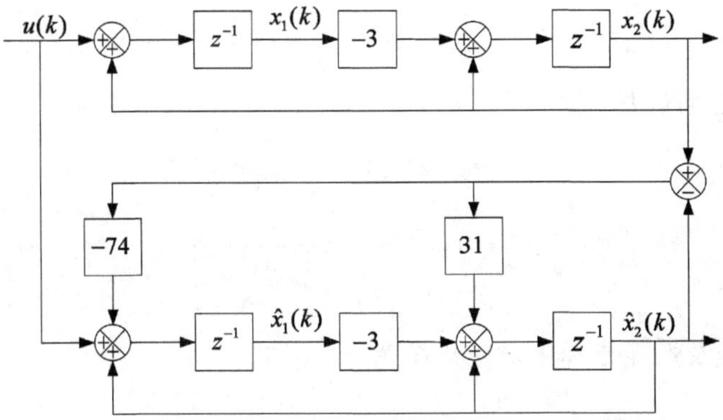

6.9　略

6.10　略

第7章

7.1　用动态规划算法求解

$$k=0, u^*(0)=-\frac{cef+e^3f+cef^3}{c^2+2ce^2+e^4+ce^2f^2}x(0)$$

$$k=1, u^*(1)=-\frac{ef}{c+e^2}x(1)$$

$k=2, u^*(2)=0$

7.2 用动态规划算法求解

$$k=0, u^*(0)=\begin{cases} -\dfrac{3}{5}x(0) & 0\leqslant x(0)\leqslant \dfrac{5}{3} \\ -1 & \dfrac{5}{3}<x(0)\leqslant 4 \end{cases}$$

$$k=1, \begin{cases} u^*(1)=-0.5x(1), 0\leqslant x(1)\leqslant 2 \\ u^*(1)=-1, 2<x(1)\leqslant 4 \end{cases}$$

$k=2,\quad u^*(2)=0$

7.3 $u^*(0)=-1,\ u^*(1)=-1, u^*(2)=-1$

$x^*(0)=5, x^*(1)=4, x^*(2)=3, x^*(3)=2$

7.4 状态方程及性能指标中对应矩阵为

$$A=0, B=1, F=1, Q=0, R=1$$

求解黎卡提矩阵微分方程得

$$P(t)=\frac{1}{2-t}$$

最优控制为

$$u^*(t)=-R^{-1}B^{\mathrm{T}}P(t)x(t)=\frac{1}{t-2}x(t)$$

最优性能指标为

$$J^*=\frac{1}{2}x^{\mathrm{T}}(t_0)P(t_0)x(t_0)=\frac{1}{4}$$

7.5 用动态规划算法求解

$$k=0, u^*(0)=-\frac{8}{13}x(0)$$

$$k=1, u^*(1)=-\frac{3}{5}x(1)$$

$$k=2,\quad u^*(2)=-0.5x(2)$$

7.6 状态方程及性能指标中对应矩阵为

$$\boldsymbol{A}=\begin{bmatrix}0 & 1\\ 0 & 0\end{bmatrix},\ \boldsymbol{B}=\begin{bmatrix}0\\ 1\end{bmatrix},\ \boldsymbol{Q}=\begin{bmatrix}1 & 0\\ 0 & 0\end{bmatrix},\ R=1$$

令 $\boldsymbol{P}(t)=\begin{bmatrix}P_{11}(t) & P_{12}(t)\\ P_{21}(t) & P_{22}(t)\end{bmatrix}$

该矩阵满足黎卡提微分方程式

$$-\dot{\boldsymbol{P}}(t)=\boldsymbol{P}(t)\boldsymbol{A}(t)+\boldsymbol{A}^{\mathrm{T}}(t)\boldsymbol{P}(t)-\boldsymbol{P}(t)\boldsymbol{B}(t)R^{-1}\boldsymbol{B}^{\mathrm{T}}(t)\boldsymbol{P}(t)+\boldsymbol{Q}(t)$$

$$\dot{P}_{11}(t)=P^2{}_{12}(t)-1$$

$$\dot{P}_{12}(t)=P_{12}(t)P_{22}(t)-P_{11}(t)$$

$$\dot{P}_{22}(t)=P^2{}_{22}(t)-2P_{12}(t)$$

由于微分方程是非线性的，需要用计算机获得数值解

最优控制为

$$u^*(t)=-R^{-1}\boldsymbol{B}^{\mathrm{T}}\boldsymbol{P}(t)\boldsymbol{x}(t)=-P_{12}(t)x_1(t)-P_{22}(t)x_2(t)$$

7.7　状态方程及性能指标中对应矩阵为

$$\boldsymbol{A}=\begin{bmatrix}0 & 1\\0 & 0\end{bmatrix},\ \boldsymbol{B}=\begin{bmatrix}0\\1\end{bmatrix},\ \boldsymbol{Q}=\begin{bmatrix}4 & 0\\0 & 0\end{bmatrix},\ R=1$$

最优控制为 $u^*(t)=-R^{-1}\boldsymbol{B}^{\mathrm{T}}\boldsymbol{P}\boldsymbol{x}(t)=-2x_1(t)-2x_2(t)$

7.8　状态方程及性能指标中对应矩阵为

$$\boldsymbol{A}=\begin{bmatrix}0 & 1\\0 & -1\end{bmatrix},\ \boldsymbol{B}=\begin{bmatrix}0\\1\end{bmatrix},\ \boldsymbol{Q}=\begin{bmatrix}2 & 0\\0 & 2\mu\end{bmatrix},\ R=2$$

最优控制和最优指标分别为

$$u^*(t)=-R^{-1}\boldsymbol{B}^{\mathrm{T}}\boldsymbol{P}\boldsymbol{x}(t)=-x_1(t)+(1-\sqrt{3+\mu})x_2(t)$$

$$J^*(\boldsymbol{x}(0))=\frac{1}{2}\boldsymbol{x}^{\mathrm{T}}(0)\boldsymbol{P}\boldsymbol{x}(0)=\sqrt{3+\mu}$$

7.9　略

第 8 章

8.1　m 的极大似然估计 $\hat{m}_{ML}$ 为

$$\hat{m}_{ML}=\frac{1}{n}\sum_{i=1}^{n}x_i$$

8.2　略

8.3　状态方程相应矩阵为

$$F=1,\ \Gamma=1,H=1,Q=1,R=1$$

(1)$P_0=\infty$　采用信息滤波器

$\hat{x}_{k|k-1}=\{0,\ 1,\ -1,\ 2.13,\ 2.67,\ 0.40,\ 0.77,\ 0.91\}$

$P_{k|k-1}=\{\infty,\ 2,\ 1.67,\ 1.63,\ 1.62,\ 1.62,\ 1.62,\ 1.62\}$

(2)$P_0=1$　采用卡尔曼滤波器

$\hat{x}_{k|k-1}=\{0,\ 0.67,\ -1,\ 2.10,\ 2.65,\ 0.40,\ 0.77,\ 0.91\}$

$P_{k|k-1}=\{2,\ 1.67,\ 1.63,\ 1.62,\ 1.62,\ 1.62,\ 1.62,\ 1.62\}$

(3)$P_0=0$　采用卡尔曼滤波器

$\hat{x}_{k|k-1}=\{0,\ 0.50,\ -1,\ 2.08,\ 2.65,\ 0.39,\ 0.77,\ 0.91\}$

$P_{k|k-1}=\{1,\ 1.5,\ 1.60,\ 1.62,\ 1.62,\ 1.62,\ 1.62,\ 1.62\}$

8.4　略

8.5　略

8.6　略

参考文献

[1] 绪方胜彦. 现代控制工程[M]. 卢伯英,等译. 北京:科学出版社,1976.

[2] KATSUHIKO O. 现代控制工程[M]. 4 版. 卢伯英,于海勋,等译. 北京:电子工业出版社,2003.

[3] RICHARD C D,ROBERT H B. 现代控制系统[M]. 8 版. 谢红卫,邹逢兴,等译. 北京:高等教育出版社,2001.

[4] KARL J Å,BJORN W. 计算机控制系统——原理与设计[M]. 3 版. 周兆英,林喜荣,刘中仁,等译. 北京:电子工业出版社,2001.

[5] 郑大钟. 线性系统理论[M]. 2 版. 北京:清华大学出版社,2002.

[6] 王诗宓,杜继宏,窦曰轩. 自动控制理论例题习题集[M]. 北京:清华大学出版社,2002.

[7] 李友善. 自动控制原理[M]. 3 版. 北京:国防工业出版社,2005.

[8] 刘豹. 现代控制理论[M]. 2 版. 北京:机械工业出版社,2006.

[9] 尤昌德. 线性系统理论基础[M]. 北京:电子工业出版社,1985.

[10] 于长官. 现代控制理论[M]. 哈尔滨:哈尔滨工业大学出版社,1997.

[11] 关肇直,陈翰馥. 线性控制系统的能控性和能观测性[M]. 北京:科学出版社,1975.

[12] 周凤岐,强文鑫,阙志宏. 现代控制理论及其应用[M]. 成都:电子科技大学出版社,1999.

[13] 王孝武. 现代控制理论基础[M]. 北京:机械工业出版社,2004.

[14] 张爱民. 自动控制原理[M]. 北京:清华大学出版社,2006.

[15] 巨林仓,杨清宇,张钊,刘齐寿. 自动控制原理[M]. 北京:中国电力出版社,2007.

[16] 葛思擘,张爱民,杜行俭,杨清宇. 自动控制理论要点与解题[M]. 西安:西安交通大学出版社,2006.

[17] 张爱民,葛思擘,杜行俭,杨清宇. 自动控制理论学习指导、典型题解[M]. 西安:西安交通大学出版社,2006.

[18] 仝茂达. 线性系统理论和设计[M]. 合肥:中国科学技术大学出版社,1998.

[19] 吴麒,王诗宓. 自动控制原理[M]. 2 版(上册). 北京:清华大学出版社,2006.

[20] 吴麒,王诗宓. 自动控制原理[M]. 2 版(下册). 北京:清华大学出版社,2006.

[21] KATSUHIKO O. 离散时间控制系统[M]. 2 版. 陈杰,蔡涛,张娟,等译. 北京:机械工业出版社,2006.

[22] 李国勇. 最优控制理论与应用[M]. 北京:国防工业出版社, 2008.

[23] 付梦印, 邓志红, 张继伟. Kalman 滤波理论及其在导航系统中的应用[M]. 北京:科学出版社, 2003.

[24] 薛定宇. 反馈控制系统设计与分析:MATLAB 语言应用[M]. 北京:清华大学出版社，2000.
[25] 周凤岐，周军，郭建国. 现代控制理论基础[M]. 西安:西北工业大学出版社，2011.
[26] 关新平，吴忠强. 现代控制理论[M]. 北京:电子工业出版社，2012.
[27] 闫茂德，高昂，胡延苏. 现代控制理论[M]. 北京:机械工业出版社，2016.
[28] 张宇献，李勇. 现代控制理论教程[M]. 北京:电子工业出版社，2017.
[29] 张嗣瀛，高立群. 现代控制理论[M] . 2 版. 北京:清华大学出版社，2017.